"十四五"职业教育国家规划教材

"十四五"职业教育江苏省规划教材

荣获中国石油和化学工业优秀出版物奖一等奖

建筑施工技术

第四版

程和平　主　编
徐小明　张爱芳　副主编
黄　彬　岳　翎　主　审

U0359864

化学工业出版社

·北京·

内 容 简 介

本书依据现行国家标准、规范，结合施工工艺和技术要求，融入建筑材料、施工质量控制、施工组织管理、施工安全管理、施工事故分析等内容，在内容设置上注重培养学生的实践能力。基础理论以"实用为主、必需和够用为度"，编写内容结合了专业建设、课程建设和教学改革成果，在广泛调查和研讨的基础上进行规划编写而成。

全书分为土方工程施工、地基处理与基础施工、砌体工程施工、现浇钢筋混凝土结构施工、预应力混凝土工程施工、装配式混凝土结构施工、防水工程施工、装饰工程施工和外墙外保温工程施工9个学习单元。

本书可作为高等职业教育施工类各专业的教材，也可供相关专业与从事工程建设的工程技术人员使用和参考。

图书在版编目（CIP）数据

建筑施工技术/程和平主编 . —4 版 . —北京：化学工业
出版社，2020.9（2024.8重印）

普通高等教育"十一五"国家级规划教材 "十二五"
职业教育国家规划教材 经全国职业教育教材审定委员会审定
"十三五"江苏省高等学校重点教材

ISBN 978-7-122-37260-4

Ⅰ.①建… Ⅱ.①程… Ⅲ.①建筑工程-工程施工-高
等职业教育-教材 Ⅳ.①TU74

中国版本图书馆 CIP 数据核字（2020）第 104061 号

责任编辑：王文峡　　　　　　　　　　　　　　　装帧设计：韩　飞
责任校对：王素芹

出版发行：化学工业出版社（北京市东城区青年湖南街 13 号　邮政编码 100011）
印　　装：河北延风印务有限公司
787mm×1092mm　1/16　印张 21　字数 540 千字　2024 年 8 月北京第 4 版第 6 次印刷

购书咨询：010-64518888　　　　　　　　　　　　售后服务：010-64518899
网　　址：http://www.cip.com.cn
凡购买本书，如有缺损质量问题，本社销售中心负责调换。

定　价：49.00 元

前　言

本书自出版以来，先后立项为普通高等教育"十一五"国家级规划教材、"十二五"职业教育国家规划教材、"十三五"江苏省高等学校重点教材，并获中国石油和化学工业优秀出版物奖一等奖。一直以来，承蒙广大师生和从业人员的关注和认可，已实现多次重印，同时，也收到了不少中肯的意见和建议。随着时间的推移和技术的进步，不断地涌现出了一些新材料、新技术、新规范，并且伴随着教学改革的深入和信息技术对教材建设、教学手段的影响，教材修订组开始着手进行了第四版的修订。

在第四版的修订中，又新增加了一批有丰富施工实践经验的高级工程师和具有多年施工教学实践、教学改革经验的教师充实到教材修订组。教材修订组在修订过程中，深入工程第一线，结合读者对第三版的反馈意见，对照现行国家规范要求，认真分析，更新了新的施工技术和方法，结合信息技术的发展，丰富了教材内容的展现形式，以利于读者的深度学习。经修订后，本书具有以下特色。

1. 坚持"三全"育人，巧妙融入课程思政内容，充分发挥教材的思政育人作用。

将课程思政与技术学习巧妙融合、润物无声，让课程思政易于接受，于无形中达到效果，使学生在德育与知识的相互交融中汲取丰富营养，为社会培养良好品格的高素质人才。体现了党的二十大精神进教材。

2. 以施工过程为主线，更加突出专业和职业教育特色。

全书的编排按照"土方→基础→主体→装饰"的施工过程展开，每个单元又分若干个任务，每个任务也是按照施工程序展开，如在钢筋工程施工中按照"图纸审核→钢筋的配料→钢筋进场→钢筋加工→钢筋连接与安装→钢筋检查验收"来开展任务训练，每个单元后又安排了一定的能力训练题和思考与拓展题帮助学生消化、吸收和巩固。

3. 融入信息技术，突出富媒体教材特色。

运用现代信息技术，使教材呈现形式多样化，教材中采用了大量的施工现场图片和视频，读者可以通过扫描二维码，随时随地"码上学"。充分体现现代化学习方式的互动性、移动性、随时性，也有效地丰富了教师的教学手段，提高了学生的学习效率。

4.校企深度合作开发，更好地融入国家职业标准、施工工法、技能培训的内容。

与南通四建集团有限公司、江苏建达全过程工程咨询有限公司在现代学徒制实践的基础上共同开发教材，将职业标准、施工工法、优质的企业标准更好地融入教材中。

全书由程和平任主编，徐小明、张爱芳任副主编。其中程和平负责编写项目1、项目2、项目3；张爱芳负责编写项目4；徐小明负责编写项目5、项目8；项目6由任国亮编写；项目7、项目9由南通四建集团有限公司沈董健编写。特别要感谢的是常州市建筑科学研究院集团有限公司的黄彬高级工程师和岳翎博士，对本书的编写和修改提出了许多宝贵意见。

由于编者水平有限，书中难免有不足之处，恳请广大读者、同行和专家批评指正。

编者
2020 年 5 月

第一版前言

　　建筑施工技术课程是土木工程专业的主要专业课之一。建筑施工技术是研究建筑工程中主要工种工程的施工规律、施工工艺原理和施工方法的学科。在培养学生综合运用专业知识、提高处理工程实际问题的能力等方面起着重要的作用。其宗旨在于培养学生能够根据工程具体条件，选择合理的施工方案，运用先进的生产技术，达到控制工程造价、缩短工期、保证工程质量、降低工程成本的目的。在建筑工程施工中，实现技术与经济的统一。

　　现代建筑正朝着高技术方向发展，其复杂性、先进性是以往时代所不能比拟的。

　　近年来，中国在建筑工程施工的技术领域发生了深刻的变化，取得了许多重大的突破和新的成果。由于建筑产品生产的特殊性，建筑工程施工极为复杂，作业方式千变万化，时空利用十分紧凑，工程技术质量问题尤其突出。作为土木工程专业的一门重要的专业课，建筑施工技术除了要讲述建筑工程各工种工程的常规施工工艺和施工方法以外，还应介绍主要建筑结构形式的施工方案，满足技术经济、工程质量和施工工期的要求；介绍常用施工机械和施工工器具的性能并能合理地选用；尽可能多地介绍新工艺、新技术、新材料，以及本学科的发展和有关工程技术信息。这是本书编写的目的和指导思想。

　　本书较完整、系统地介绍建筑施工技术的基本知识、基本理论，有选择地介绍中国建筑工程施工的新材料、新技术、新工艺、新方法，按照国家现行施工质量及验收规范的要求对相关内容进行补充和修订，以保证教材内容的科学性和先进性。力求体现下列特点。

　　（1）遵循"理论满足必需、够用"的原则确定教材的基本内容。在此基础上，介绍近年来发展起来的新技术，包括人工地基、地下连续墙、逆筑法施工、新型模板、网架结构施工、高层建筑施工等。

　　（2）淘汰部分陈旧的知识，介绍新的施工技术、施工工艺与方法；加强针对性、技能性和实用性。

　　（3）整合知识结构，将相关学科的基础知识引入建筑施工技术课程。

　　本书以培养高等工程技术人才为目标，可作为高职高专土木工程类各专业的教材，也可作为土木工程施工技术与管理人员的培训教材和参考书。

本书第一章、第四章、第五章、第七章、第九章由程绪楷编写；第二章、第三章、第六章由汪正俊编写；第八章、第十章、第十二章、第十三章、第十四章、第十五章、第十六章、第十七章、第十八章、第二十章、第二十一章由程和平编写；第十一章、第十九章由沈江元编写，全书由程绪楷主编并统稿定稿。

本书在编写过程中得到参编院校有关领导的大力支持，参考了大量的出版文献和资料，在此谨表衷心的感谢。由于编者的水平所限和时间仓促，书中难免存在不足之处，敬请广大读者、专家和同行批评指正。

编者

2005 年 1 月于淮南

第二版前言

本教材于 2007 年通过申报立项为普通高等教育"十一五"国家级规划教材。修订时主要考虑了以下几个方面。

第一，《建筑施工技术》第一版自 2005 年 4 月出版以来，多所院校选用了该教材，已实现多次重印；同时，也收到不少中肯的意见和建议。

第二，在国家提倡多层次办学的形势下，应用型人才培养模式日益受到广泛重视，而应用型人才培养模式的显著特点是理论课学时减少、注重实践性等。当前，土木工程专业的毕业生，大部分就业于建设行业生产第一线。所以有必要精简原教材内容，及时增加新的施工技术。

本教材经修订后，力求突出以下特色。

（1）注重培养应用型人才，着眼新技术及培养学生工作后指导现场施工的能力。

（2）突出复杂技术，同时兼顾实用的一般技术。

（3）贯彻少而精的原则，删除了第一版教材中一些不常用施工技术的有关内容。

（4）重要计算内容均有例题、习题。

（5）严格遵守国家现行标准规范，反映新技术、新工艺。

（6）体系完整，内容精练，插图直观。

修订工作分工如下：程和平负责绪论、第一章、第三章、第八章、第十章；程伟负责第二章、第四章、第七章、第九章；田江永负责第五章、第六章、第十一章、第十二章。修订工作得到化学工业出版社和教材编审委员会的精心指导和帮助，范优铭高级工程师作为主审，对本书提出了许多宝贵意见和建议，在此一并表示致谢。

由于编者水平所限，书中难免有不妥之处，欢迎广大读者批评指正，意见可发送至 hpcheng@email.czie.net。

编者

2009 年 3 月

第三版前言

本书于 2005 年出版第一版，2007 年通过评审立项为普通高等教育"十一五"国家级规划教材，2009 年完成了第二版的修订出版。一直以来，承蒙广大师生和从业人员的厚爱、关注，已实现多次重印，同时也收到了不少中肯的意见和建议。2013 年又通过了职业教育"十二五"国家规划教材的选题立项，在这样的背景下我们进行了第三版的编写。

在第三版的编写中，我们组织了有丰富工程施工实践经验的高级工程师和多年施工教学实践经验的教师组成教材编写组，根据施工技术原理、施工过程和成果要求（验收规范），结合施工任务完成的工作过程，介绍了必要的技术要求和控制点、控制方法，将质量与安全管理等内容结合进来，以达到施工技术所要实现的目标和要求。

全书由程和平主编，李灵、田江永副主编，任国亮担任主审。程和平负责编写单元 2、单元 6、单元 8；李灵负责编写绪论、单元 3、单元 9；田江永负责编写单元 1、单元 5；季荣华参加了单元 4、单元 7 的编写工作。特别要感谢的是常州市建筑科学研究院股份有限公司徐汉东高级工程师，不仅参与了单元 2 的编写工作，还对本书的编写和修改提出了许多宝贵意见。

本书在编写过程中，参阅了很多的文献资料，谨向这些文献的作者以及第一、二版的全体编写人员致以诚挚的谢意。

鉴于建筑施工技术的不断发展和课程教学改革的进一步深化，以及编者水平的限制，本书定有许多不足之处，恳请广大读者、同行和专家批评指正。

编者
2014 年 12 月

目　录

项目 4　现浇钢筋混凝土结构施工

项目 5　预应力混凝土工程施工

项目9　外墙外保温工程施工

二维码一览表

项目 1 土方工程施工

知识目标

1. 熟悉土的基本物理性质；
2. 掌握基坑降水、截水和回灌技术；
3. 掌握常见的基坑支护的施工方法；
4. 熟悉土方工程施工中常见的质量、安全问题及质量、安全验收规范；
5. 熟悉土方施工中常用的设施和设备；
6. 了解常见的基坑监测项目和方法。

能力目标

1. 会进行地基土的现场鉴别；
2. 会进行土方工程量的计算；

3. 能够根据土方条件正确选择降水方法；
4. 能结合工程实际，选择和制定合理的土方工程施工方案；
5. 能进行常规土方工程的施工质量检查和验收。

素质目标

1. 能结合工程条件进行基坑支护方式的选择，以减少开挖面，保护周边环境安全；
2. 在土方工程施工中，能结合工程情况采取措施进行降尘，以保护环境，实现绿色施工。

建筑工程的整个施工过程，第一项工程为土方工程，即施工场地的处理。土方工程具有工程量大、施工工期长、施工条件复杂、工人劳动强度大等特点。土方工程多是露天作业，受气候、季节、水文、地质影响大，在雨季和冬季施工时，更为困难。因此，在土方工程施工前，应根据工程及水文地质条件，以及施工所处的季节与气候条件，合理安排与组织土方工程施工，注意做好排水降水和土壁稳定技术措施，改善施工条件，尽量采用机械化和先进技术施工，充分发挥机械效率，减轻繁重的体力劳动，以利于加快施工速度，缩短工期，提高劳动生产率及降低工程成本，为整个建筑工程提供一个平整、坚实、干燥的施工场地，并为基础工程施工做好准备。

任务 1.1 地基土现场鉴别

1.1.1 土的基本物理性质

1.1.1.1 土的组成

地基土现场鉴别

大自然的土是岩石经过长期地质和自然力作用演变的产物。土由土颗粒（固相）、水（液相）和空气（气相）三部分组成（见图 1-1）。土中颗粒的大小、成分及三相之间的比例关系，反映出土的干湿、松密、软硬等不同的物理力学性质。

1.1.1.2　土的基本物理性质

土的基本物理性质指标见表1-1。

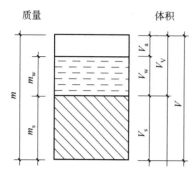

m—土的总质量（$m=m_s+m_w$），kg；

m_s—土中固体颗粒的质量，kg；

m_w—土中水的质量，kg；

V—土的总体积（$V=V_a+V_w+V_s$），m^3；

V_a—土中空气的体积，m^3；

V_w—土中水所占的体积，m^3；

V_s—土中固体颗粒的体积，m^3；

V_V—土中孔隙体积（$V_V=V_a+V_w$），m^3。

图1-1　土的三相组成示意图

表1-1　土的基本物理性质指标

指标名称	符号	单位	物理意义	表达式	附注
密度	ρ	kg/m^3	单位体积土的质量，又称质量密度	$\rho=\dfrac{m}{V}$	由试验方法（一般用环刀法）直接测定
重度	γ	kN/m^3	单位体积土所受的重力，又称重力密度	$\gamma=\dfrac{W}{V}$ 或 $\gamma=\rho g$	由试验方法测定后计算求得
相对密度	d_s	—	土粒单位体积的质量与4℃时蒸馏水的密度之比	$d_s=\dfrac{m_s}{V_s\rho_w}$	由试验方法（用比重瓶法）测定
干密度	ρ_d	kg/m^3	单位体积土干燥时的质量	$\rho_d=\dfrac{m_s}{V}$	由试验方法（一般用环刀法）测定后计算求得
干重度	γ_d	kN/m^3	土的单位体积内颗粒的重力	$\gamma_d=\dfrac{W_s}{V}$	由试验方法直接测定
含水量	ω	%	土中水的质量与固体颗粒质量之比	$\omega=\dfrac{m_w}{m_s}\times100$	由试验方法（烘干法）测定
饱和密度	ρ_{sat}	kg/m^3	土中孔隙完全被水充满时土的密度	$\rho_{sat}=\dfrac{m_s+V_V\rho_w}{V}$	由计算求得
饱和重度	γ_{sat}	kN/m^3	土中孔隙完全被水充满时土的重度	$\gamma_{sat}=\rho_{sat}g$	由计算求得
有效重度	γ'	kN/m^3	在地下水位以下，土体受到水的浮力作用时土的重度，又称浮重度	$\gamma'=\gamma_{sat}-\gamma_w$	由计算求得
孔隙比	e	—	土中孔隙体积与土粒体积之比	$e=\dfrac{V_V}{V_s}$	由计算求得
孔隙率	n	%	土中孔隙体积与土的体积之比	$n=\dfrac{V_V}{V}\times100$	由计算求得
饱和度	S_r	%	土中水的体积与孔隙体积之比	$S_r=\dfrac{V_w}{V_V}\times100$	由计算求得

注：W—土的总重力（量）；ρ_w—蒸馏水的密度，一般取$\rho_w=1t/m^3$；γ_w—水的重度，近似取$\gamma_w=10kN/m^3$；g—重力加速度，取$g=10m/s^2$。

（1）土的天然密度　其指土在天然状态下单位体积的质量，可用土工试验常用的环刀法取样测定，单位为kg/m^3，土的天然密度ρ按下式计算：

$$\rho=\dfrac{m}{V} \tag{1-1}$$

（2）土的干密度　其指单位体积土干燥时的质量，常用环刀法取样测定，单位为kg/m^3，

土的干密度 ρ_d 可根据土的固体颗粒质量与总体积的比值求得：

$$\rho_d = \frac{m_s}{V} \tag{1-2}$$

（3）土的天然含水量　其指在天然状态下，土中水的质量与固体颗粒质量之比的百分率，该量反映了土的干湿程度，用 ω 表示：

$$\omega = \frac{m_w}{m_s} \times 100\% \tag{1-3}$$

（4）土的孔隙比和孔隙率　孔隙比 e 是土的孔隙体积 V_V 与固体体积 V_s 的比值；孔隙率 n 是土的孔隙体积 V_V 与总体积 V 的比值，用百分率表示。

$$e = \frac{V_V}{V_s} \tag{1-4}$$

$$n = \frac{V_V}{V} \times 100\% \tag{1-5}$$

孔隙比和孔隙率反映了土的密实程度。孔隙比和孔隙率越小，土越密实。

1.1.2　土的现场鉴别

在建筑施工中，按照施工开挖的难易程度将土分为八类，如表 1-2 所示，其中一至四类为土，五到八类为岩石。土的类别不同，开挖的方法、手段、运用的工具、用工和费用都不同。土质越硬，消耗的机械作业量和劳动量越多，工程费用越大。

表 1-2　土的工程分类

土的分类	土的名称	开挖方法及工具	可松性系数	
			K_s	K_s'
一类土（松软土）	砂，亚砂土，冲积砂土，种植土，泥炭（淤泥）	能用锹、锄头挖掘	1.08～1.17	1.01～1.03
二类土（普通土）	亚黏土，潮湿的黄土，夹有碎石、卵石的砂，种植土、填筑土及亚砂土	用锹、锄头挖掘，少许用镐翻松	1.14～1.28	1.02～1.05
三类土（坚土）	软及中等密实黏土，重亚黏土，粗砾石，干黄土及含碎石、卵石的黄土、亚黏土，压实的填筑土	主要用镐，少许用锹、锄头，部分用撬棍	1.24～1.30	1.04～1.07
四类土（砂砾坚土）	重黏土及含碎石、卵石的黏土，粗卵石，密实的黄土，天然级配砂石，软的泥灰岩及蛋白石	用镐、撬棍，然后用锹挖掘，部分用楔子及大锤	1.26～1.37	1.06～1.09
五类土（软石）	硬石炭纪黏土，中等密实的页岩、泥灰岩，白垩土，胶结不紧的砾岩，软的石灰岩	用镐或撬棍，大锤，部分使用爆破	1.30～1.45	1.10～1.20
六类土（次坚石）	泥岩，砂岩，砾岩，坚实的页岩、泥灰岩，密实的石灰岩，风化花岗岩，片麻岩	用爆破方法，部分用风镐	1.30～1.45	1.10～1.20
七类土（坚石）	大理岩，辉绿岩，粗、中粒花岗岩，坚实的白云岩，砂岩，砾岩，片麻岩，石灰岩	用爆破方法	1.30～1.45	1.10～1.20
八类土（特坚石）	玄武岩，花岗片麻岩，坚实的细粒花岗岩、闪长岩，石英岩，辉绿岩	用爆破方法	1.45～1.50	1.20～1.30

作为工程管理人员，管理过程中有时需要对土的类别进行鉴别，可按表 1-2 中土的类别鉴别方法，再经过长期现场实践经验，就可准确地确定开挖土方的工程类别。

1.1.3　土的可松性

天然土经开挖后，其体积因松散而增加，虽经振动夯实，仍然不能完全复原，这种现象

称为土的可松性。用于表达土的可松性程度的系数称为可松性系数，有最初可松性系数和最终可松性系数，分别表示为

$$K_s = \frac{V_2}{V_1}; \quad K'_s = \frac{V_3}{V_1} \tag{1-6}$$

式中　K_s——最初可松性系数；

　　　K'_s——最终可松性系数；

　　　V_1——原状土的体积；

　　　V_2——土经开挖后的松散体积；

　　　V_3——土经回填压实后的体积。

各类土的可松性系数见表 1-2。土的可松性对土方量的平衡调配、确定场地设计标高、计算运土机具的数量、填土挖方所需体积等均有直接影响。土的最初可松性系数 K_s 是计算车辆装运土方体积及挖掘机械的主要参数；土的最终可松性系数 K'_s 是计算填方所需挖土工程量的主要参数。

【例 1-1】 某基坑体积 208m³，现需回填，用 8m³ 的装载车从附近运土，问需要多少车次的土？（$K_s = 1.2$，$K'_s = 1.04$）

解　填方用土量为

$$V_1 = V_3/K'_s = 208/1.04 = 200 \ (\text{m}^3) \ (\text{原状土})$$

$$V_2 = K_s V_1 = 1.2 \times 200 = 240 \ (\text{m}^3) \ (\text{松散土})$$

8m³ 的装载车运土需要车次为

$$n = 240/8 = 30 \ (\text{车次})$$

任务 1.2　场地平整

1.2.1　基坑、基槽土方量计算

场地平整

土方工程施工前，通常要计算土方工程量。土方工程量是土方工程施工组织设计的重要数据，是采用人工挖掘组织劳动力，或采用机械施工计算机械台班和工期的依据。土方工程外形往往很复杂，不规则，要准确计算土方工程量难度很大。一般情况下，将其划分成一定的几何形状，采用具有一定精度又与实际情况近似的方法计算。

1.2.1.1　基坑土方量计算

基坑是指长宽比小于或等于 3 的矩形土体，其土方量可按立体几何中拟柱体（由两个平行的平面做底的一种多面体，见图 1-2）体积计算。

$$V = \frac{H}{6}(A_1 + 4A_0 + A_2) \tag{1-7}$$

式中　H——基坑深度，m；

A_1，A_2——基坑上、下底面面积，m²；

　　　A_0——基坑中截面的面积，m²。

1.2.1.2　基槽和路堤、管沟的土方量计算

基槽和路堤、管沟的土方量可以沿长度方向分段后（图 1-3），按相同的方法计算各段

的土方量［式(1-8)］，再将各段土方量相加即得到总土方量［式(1-9)］。

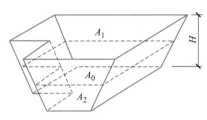

图 1-2 基坑土方工程量计算

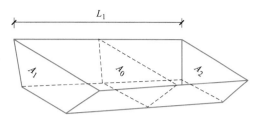

图 1-3 基槽土方工程量计算

$$V_1 = \frac{L_1}{6}(A_1 + 4A_0 + A_2) \tag{1-8}$$

$$V = V_1 + V_2 + \cdots + V_n \tag{1-9}$$

式中　　　　L_1——第一段的长度，m；

V_1，V_2，$\cdots$，V_n——各分段的土方量，m^3。

1.2.2 场地平整土方工程量计算

场地平整前，要确定场地设计标高，计算挖填土方量以便据此进行土方挖填平衡计算，确定平衡调配方案，并根据工程规模、施工期限、现场机械设备条件，选用土方机械，拟定施工方案。

1.2.2.1 场地平整高度的计算

对较大面积的场地平整，正确地选择场地平整高度（设计标高），对节约工程投资、加快建设速度均具有重要意义。场地设计标高的确定原则如下。

① 满足生产工艺和运输的要求。

② 尽量利用地形，以减少挖方数量。

③ 尽量使场地内的挖方量与填方量达到平衡，以降低土方运输费用。

④ 需有一定的泄水坡度，能满足排水要求。

⑤ 考虑最高洪水位的要求。

总之，合理确定场地设计标高，是对工程设计和工程施工都十分重要的一项工作。除了进行必要的理论计算以外，还要对场地设计标高的各种影响因素进行分析，经综合考虑后作出最后的决定，作为最终采用的场地设计标高。

场地平整高度计算常用的方法为"挖填土方量平衡法"，因其概念直观，计算简便，精度能满足工程要求，应用最为广泛，其计算步骤和方法如下。

（1）计算场地设计标高　如图 1-4(a) 所示，将地形图划分成若干方格网（或利用地形图的方格网），每个方格的角点标高，一般可根据地形图上相邻两等高线的标高，用插入法求得。当无地形图时，也可在现场打设木桩定好方格网，然后用仪器直接测出。

一般要求是，使场地内的土方在平整前和平整后相等而达到挖方量和填方量平衡，如图 1-4(b)。设达到挖填平衡的场地平整标高为 H_0，则由挖填平衡条件，H_0 值可由式(1-10)求得。

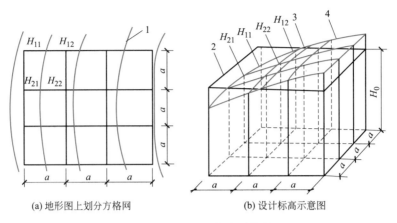

(a) 地形图上划分方格网　　　　(b) 设计标高示意图

图 1-4　场地设计标高计算简图

a—方格网边长，m；H_{11}，…，H_{22}——任一方格的四个角点的标高，m；

1—等高线；2—自然地坪；3—设计标高平面；4—自然地面与设计标高平面的交线（零线）

$$H_0 = \frac{\sum H_1 + 2\sum H_2 + 3\sum H_3 + 4\sum H_4}{4N} \tag{1-10}$$

式中　H_1——一个方格共有的角点标高，m；

　　　H_2——两个方格共有的角点标高，m；

　　　H_3——三个方格共有的角点标高，m；

　　　H_4——四个方格共有的角点标高，m；

　　　N——方格网数，个。

（2）考虑设计标高的调整值　式(1-10)计算的 H_0 为一理论数值，实际上还需考虑以下因素进一步进行调整。

① 由于土具有可松性，必要时应相应地提高设计标高。

② 由于设计标高以上的各种填方（挖方）工程而影响设计标高的降低（提高）。

③ 由于边坡填挖土方量不等（特别是坡度变化大时）而影响设计标高的增减。

④ 根据经济比较结果，而将部分挖方就近弃土于场外，或将部分填方就近取土于场外而引起挖填土的变化后需增减设计标高。

考虑这些因素所引起的挖填土方量的变化后，可适当提高或降低设计标高。

（3）考虑泄水坡度对设计标高的影响　如果按照公式计算出的设计标高进行场地平整，那么，整个场地表面将处于同一个水平面；但实际上由于排水要求，场地表面有一定的泄水坡度。因此，还需根据场地泄水坡度的要求（单面泄水或双面泄水），计算出场地内各方格角点实际施工时所采用的设计标高。

① 单向泄水场地各点设计标高的计算　场地单向泄水时，场地内任意一点的设计标高为

$$H_n = H_0 \pm li \tag{1-11}$$

式中　H_0——场地内设计确定的标高；

　　　l——该点至场地中心线的距离；

　　　i——场地泄水坡度（不小于 0.2%）；

　　　±——该点比 H_0 高则取"＋"号，反之取"－"号。

② 双向泄水场地各点设计标高的计算　场地双向泄水时，场地内任意一点的设计标

高为

$$H_n = H_0 \pm l_x i_x \pm l_y i_y \tag{1-12}$$

式中　　l_x，l_y——该点对场地中心线 x—x、y—y 的距离；

　　　　i_x，i_y——x—x、y—y 方向的泄水坡度。

1.2.2.2　场地平整土方工程量的计算

在编制场地平整土方工程施工组织设计或施工方案、进行土方的平衡调配以及检查验收土方工程时，常需要进行土方工程量的计算。计算方法有横断面法和方格网法两种。

横断面法是将计算场地划分成若干横断面后逐段计算，最后将逐段计算结果汇总。横断面法计算精度较低，可用于地形起伏变化较大、断面不规则的场地。当场地地形较平坦时，一般采用方格网法。

方格网法用于地形较平缓或台阶宽度较大的地段。其基本步骤是计算前先将场地平面划分成方格网，并根据地形图上的等高线，用线性插入的方法将每个方格的角点标高（自然地面标高）计算出来并标于图上。当没有地形图时，可用测量仪器测出方格网各角点的实际高程，再标到图上。

方格网法虽然计算方法较为复杂，但精度较高，其计算步骤和方法如下。

（1）划分方格网　根据已有地形图（一般用 1∶500 的地形图）将待计算场地划分成若干个方格网，尽量与测量的纵、横坐标网对应，方格边长主要取决于地形变化的复杂程度，一般取 10m、20m、30m 或 40m 等，通常多采用 20m，将相应设计地面标高和自然地面标高分别标注在方格点的右上角和右下角。将设计地面标高与自然地面标高的差值，即各角点的施工高度（挖或填），填在方格网的左下角，挖方为（－），填方为（＋）。

（2）计算零点位置、画零线　零点是位于方格网线上的挖填作业分界点，因此零点必出现在施工高度正负号改变的两相邻角点之间；计算出各个零点的位置后，各方格的零点相连即可作出零线，零线则是场地挖填作业的分界线。在实际中是曲线的零线，此处用折线近似替代。

零点位置可用计算法或图解法确定，确定零点位置计算步骤如下。

① 计算法计算零点位置　如图 1-5 所示，计算式见式(1-13)。

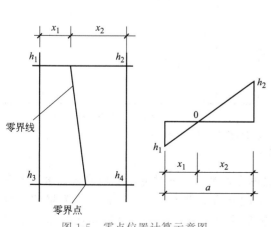

图 1-5　零点位置计算示意图

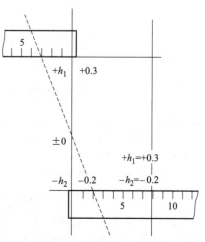

图 1-6　零点位置图解法

$$x_1 = \frac{h_1}{h_1 + h_2}a \; ; \; x_2 = \frac{h_2}{h_1 + h_2}a \tag{1-13}$$

式中　x_1，x_2——角点至零点的距离，m；

　　　　h_1，h_2——相邻两角点的施工高度，m，均用绝对值；

　　　　a——方格网的边长，m。

② 图解法计算零点位置　图解法直接求出零点方法如图 1-6 所示，用尺在各角上标出相应比例，用线相连，与方格相交点即为零点位置。该方法很方便，同时可避免计算或查表出错。

（3）计算土方工程量　按方格网底面积图形和表 1-3 所列体积计算公式计算每个方格内的挖方或填方量。

表 1-3　常用方格网点计算公式

项　目	图　示	计　算　公　式
一点填方或挖方 （三角形）		$V = \frac{1}{2}bc\frac{\sum h}{3} = \frac{bch_3}{6}$
两点填方或挖方 （梯形）		$V_+ = \frac{b+c}{2}a\frac{\sum h}{4}$ 　$= \frac{a}{8}(b+c)(h_1+h_3)$ $V_- = \frac{d+e}{2}a\frac{\sum h}{4}$ 　$= \frac{a}{8}(d+e)(h_2+h_4)$
三点填方或挖方 （五边形）		$V = \left(a^2 - \frac{bc}{2}\right)\frac{\sum h}{5}$ 　$= \left(a^2 - \frac{bc}{2}\right)\frac{h_1+h_2+h_4}{5}$
四点填方或挖方 （正方形）		$V = \frac{a^2}{4}\sum h$ 　$= \frac{a^2}{4}(h_1+h_2+h_3+h_4)$

注：1. a—方格网的边长，m；b，c，d，e—零点到一角的边长，m；h_1，h_2，h_3，h_4—方格网四角点的施工高程，m，用绝对值代入；$\sum h$—填方或挖方施工高程的总和，m，用绝对值代入；V—挖方或填方体积，m^3。

2. 本表公式是按各计算图形底面积乘以平均施工高程而得出的。

（4）计算土方总量　在方格网上，零线通过的方格被分成两部分（或是一个直角三角形加一个五边形；或是两个直角梯形）。零线不通过的方格则仍为正方形。将各个方格的挖填方量分别汇总相加，即得出场地方格网内的总挖方量和总填方量（不包括场地的边坡挖填方量）。

【例 1-2】　图 1-7 所示为一个 $90\text{m}\times60\text{m}$ 的施工场地，各个角点的自然标高已标注在图上。平整后的场地采用双向排水，$i_x=1\%$，$i_y=0.5\%$，方格边长 $a=30\text{m}$。试确定场地设计标高，计算场地的挖方总量和填方总量。

解

（1）初步确定设计标高（H_0）

根据式(1-10)，由于 $N=6$，又因为

$$\sum H_1=23.24+24.09+23.43+22.35=93.11\ (\text{m})$$

$$2\sum H_2=2\times(23.76+23.93+24.00+23.18+22.36+22.79)$$
$$=280.04\ (\text{m})$$

$$3\sum H_3=3\times0=0$$

$$4\sum H_4=4\times(23.34+23.70)=188.16\ (\text{m})$$

所以
$$H_0=\frac{93.11+280.04+188.16}{4\times6}=23.39\ (\text{m})$$

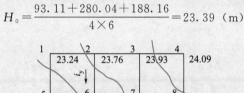

土方量计算例题

图 1-7　场地平整土方工程量计算

（2）计算考虑双向泄水坡度后的场地设计标高

场地尺寸：长×宽＝$90\text{m}\times60\text{m}$，则场地设计标高的最低点为 9 号角点。它的设计标高为
$$H_9=H_0-45i_x-30i_y=23.39-45\times1\%-30\times0.5\%=22.79\ (\text{m})$$

以 9 号角点的设计标高为基数，沿横向各角点依次增加 $ai_x=30\times1\%=0.3$（m）；沿纵向各角点依次增加 $ai_y=30\times0.5\%=0.15$（m）；将结果填入各角点的右上角，见图 1-8。

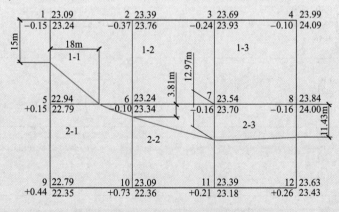

图 1-8　土方计算方格网

（3）计算施工高度

施工高度＝设计标高－自然标高；施工高度得"－"值为挖方；施工高度得"＋"值为填方；将计算结果填入各角点的左下位置，见图 1-8。

（4）确定零点位置、画零线

按照"零点必出现在施工高度变号的两相邻角点之间"的规律，可得出零点位置在
1—5，5—6，6—10，7—11，8—12 各线上。根据式(1-13)计算如下。

1—5 线上，距1点：$x=\dfrac{0.15\times30}{0.15+0.15}=15$（m）

5—6 线上，距5点：$x=\dfrac{0.15\times30}{0.15+0.10}=18$（m）

6—10 线上，距6点：$x=\dfrac{0.10\times30}{0.10+0.73}=3.61$（m）

7—11 线上，距7点：$x=\dfrac{0.16\times30}{0.16+0.21}=12.97$（m）

8—12 线上，距8点：$x=\dfrac{0.16\times30}{0.16+0.26}=11.43$（m）

依次连接各方格内的零点即可绘出零线。

（5）列表计算各方格内的挖填方量

见表1-4。

表 1-4　土方量计算过程与结果

方格编号	方格简图	计算过程(V_W—方格内挖方量，V_T—方格内填方量)	计算结果/m³
1-1	−0.15　−0.37 15m +0.15 ⟍18m −0.10	$V_W=\left(30^2-\dfrac{1}{2}\times15\times18\right)\times\dfrac{1}{5}\times(0.15+0.37+0.10)=94.86$ $V_T=\dfrac{1}{2}\times15\times18\times\dfrac{1}{3}\times0.15=6.75$	−94.86 +6.75
1-2	−0.37　−0.24 −0.10　−0.16	$V_W=30^2\times\dfrac{1}{4}\times(0.37+0.24+0.16+0.10)=195.75$	−195.75
1-3	−0.24　−0.10 −0.16　−0.16	$V_W=30^2\times\dfrac{1}{4}\times(0.24+0.10+0.16+0.16)=148.50$	−148.50
2-1	+0.15 12m −0.10 ⟍3.61m +0.44　+0.73	$V_W=\dfrac{1}{2}\times12\times3.61\times\dfrac{1}{3}\times0.10=0.72$ $V_T=\left(30^2-\dfrac{1}{2}\times12\times3.61\right)\times\dfrac{1}{5}\times(0.73+0.44+0.15)=231.88$	−0.72 +231.88
2-2	−0.10　−0.16 3.61m⟍12.97m +0.73　+0.21	$V_W=\dfrac{1}{2}\times(3.61+12.97)\times30\times\dfrac{1}{4}\times(0.10+0.16)=16.17$ $V_T=\dfrac{1}{2}\times(26.39+17.03)\times30\times\dfrac{1}{4}\times(0.73+0.21)=153.06$	−16.17 +153.06
2-3	−0.16　−0.16 12.97m⟍11.43m +0.21　+0.26	$V_W=\dfrac{1}{2}\times(12.97+11.43)\times30\times\dfrac{1}{4}\times(0.16+0.16)=29.28$ $V_T=\dfrac{1}{2}\times(17.03+18.57)\times30\times\dfrac{1}{4}\times(0.21+0.26)=62.75$	−29.28 +62.75
合计		总挖方量 485.28m³；总填方量 454.44m³	

1.2.3 土方调配

土方调配是土方工程施工组织设计（土方规划）中的一个重要内容，在平整场地土方工程量计算完成后进行。土方调配的目的就是对挖土的利用、土方的堆弃和填土三者之间的关系进行综合协调处理。好的土方调配方案，应该是使土方运输量（或费用）达到最小，而且又能方便施工。土方调配应按以下原则进行。

① 力求挖方与填方基本平衡，就近调配，减少重复倒运。

② 挖方量与运距的乘积之和尽可能为最小，即土方运输总量或运费为最小。

③ 好土用于回填质量要求高的地段。

④ 应尽量做到近期施工与后期利用相结合，分区与全场相结合，还应尽可能与大型地下建筑物的施工相结合以避免重复挖运和场地混乱。

⑤ 选择恰当的调配方向、运输路线，合理布置挖填方分界线，以使土方机械与车辆的功能充分发挥。

总之，进行土方调配，必须根据现场的具体情况、有关技术资料、工期要求、土方机械与施工方法，结合上述原则，予以综合考虑，从而制定出经济合理的调配方案。

任务 1.3 基坑降水

基坑工程中的降低地下水也称地下水控制，即在基坑工程施工过程中，地下水要满足支护结构和挖土的施工要求，并且不因地下水位的变化，对基坑周围的环境和设施带来危害。对于大型基坑，由于土方量大，有时会遇上雨季，或遇有地下水，特别是流沙（见图 1-9），施工较复杂，因此事先应拟定施工方案，着重解决基坑排水与降水等问题，同时要注意防止边坡塌方。

基坑降水

图 1-9 流沙现象图片

1.3.1 地面水排除

排除地面水一般采用排水沟、截水沟、挡水土坝等。临时性排水设施应尽量与永久性排水设施相结合，排水沟的设置应利用自然地形特征，使水直接排至场外或流向低洼处再用水泵抽走。主排水沟最好设置在施工区域的边缘或道路的两旁，其横断面和纵向坡度应根据当地气象资料，按照施工期内最大流量确定。排水沟的横断面不应小于 0.5m×0.5m，纵坡不应小于 0.2%。出水口处应设置在远离建筑物或构筑物的低洼地点，并应保证排水畅通。

1.3.2 基坑排水

开挖底面低于地下水位的基坑时，地下水会不断渗入坑内。雨季施工时，地面水也会流入坑内。如果流入坑内的水不及时排走，不但使施工条件恶化，而且更严重的是土被水泡软后，会造成边坡塌方和坑底土的承载能力下降，造成竣工后的建筑物产生不均匀沉降。因此，在基坑开挖前和开挖时，做好排水工作，保持土体干燥是十分重要的。

在软土地区基坑开挖深度超过 3m 时，一般就要用井点降水。开挖深度浅时，也可边开挖边用排水沟和集水井进行集水明排。地下水控制方法有多种，选择时应根据土层情况、降水深度、周围环境、支护结构种类等综合考虑后优选控制地下水技术方案。当因降水而危及基坑及周边环境安全时，宜采用截水或回灌方法。

1.3.2.1 集水明排法

集水明排法多是在基坑的坑底周围或中央设置排水明沟，在基坑四角或每隔 30～40m 设置集水井，使基坑渗出的地下水通过排水明沟汇集于集水井内，然后用水泵将其排出基坑外（图 1-10）。抽出的水应予引开，以防倒流。当基坑开挖不深，基坑涌水量不大时，集水明排法是应用最广泛，也是最简单、经济的方法。

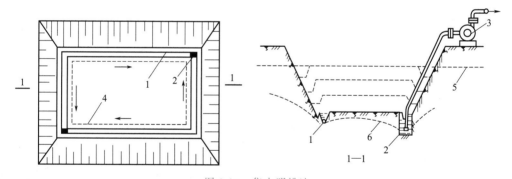

图 1-10 集水明排法
1—排水明沟；2—集水井；3—离心式水泵；4—设备基础或建筑物基础边线；
5—原地下水位线；6—降低后地下水位线

排水明沟宜布置在拟建建筑基础边 0.4m 以外，沟边缘离开边坡坡脚应不小于 0.3m。排水明沟的底面应比挖土面低 0.3～0.4m。集水井底面应比沟底面低 0.5～1.0m，并随基坑的挖深而加深，以保持水流畅通，地下水位低于开挖基坑底 0.5m。集水井截面为（0.6mm× 0.6m）～（0.8m×0.8m），井壁可用竹笼、钢筋笼或木方、木板支撑加固。当基坑挖至设计标高后，井底铺设碎石滤水层，以免在抽水时间较长时将泥沙抽出，并防止井底的土被搅动。如为渗水性强的土层，水泵出水管口应远离基坑，以防抽出的水再渗回坑内；同时抽水时可能使邻近基坑的水位相应降低，因而可利用这一条件，同时安排数个基坑一起施工。

1.3.2.2 人工降低地下水位

人工降低地下水位，就是在基坑开挖前，预先在基坑四周埋设一定数量的滤水管（井），利用抽水设备从中抽水，使地下水位降落到坑底以下，直至施工结束为止。这样，可使所挖的土始终保持干燥状态，改善施工条件，同时还能使动水压力方向向下，从根本上防止流沙发生。土内水分排出后，边坡可改陡，以减小挖土量。

人工降低地下水位的方法有轻型井点、喷射井点、管井井点、电渗井点、深井井点等，可根据土的渗透系数、降低水位的深度、工程特点及设备条件等参照表 1-5 选用。

表 1-5　各类井点的适用范围

井点类别	土层渗透系数/(m/d)	降低水位深度/m
单层轻型井点	0.1～50	3～6
多层轻型井点	0.1～50	6～12(由井点层数而定)
喷射井点	0.1～2	8～20
电渗井点	<0.1	根据选用的井点确定
管井井点	20～200	3～5
深井井点	10～250	>15

（1）轻型井点

1）轻型井点降水原理　轻型井点降水，是沿基坑周围以一定的间距埋入井点管（下端为滤管），在地面上用集水总管将各井点管连接起来，并在一定位置设置抽水设备，利用真空泵和离心泵的真空吸力作用，使地下水经滤管进入井点管，然后经总管排出，从而降低地下水位。

2）轻型井点的设备　轻型井点由管路系统和抽水设备两部分组成（图 1-11）。

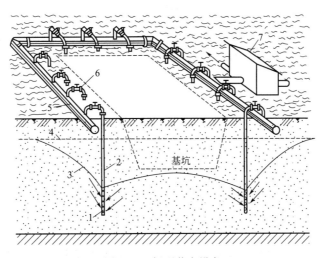

图 1-11　轻型井点设备

1—滤管；2—井点管；3—降低后地下水位线；4—原有地下水位线；5—总管；6—弯联管；7—水泵房

① 管路系统　包括井点管、滤管、弯联管及总管。

井点管为直径 38～110mm 的钢管，长度 5～7m，管下端配有滤管和管尖。滤管（图 1-12）直径与井点管相同，管壁钻有直径为 12～19mm 的滤孔。滤孔面积为滤管表面积的 2%～5%，滤管外面包以两层孔径不同的铜丝布或塑料布滤网。为使流水畅通，在骨架管与滤网之间用塑料管或梯形铅丝隔开，塑料管沿骨架绕成螺旋形。滤网外面再绕一层粗铁丝保护网，滤管下端装一个锥形铸铁头。井点管上端用弯联管与总管相连。弯联

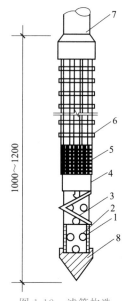

图 1-12　滤管构造

1—钢管；2—管壁上的小孔；3—缠绕物；
4—细滤网；5—粗滤网；6—粗铁丝
保护网；7—井点管；8—铸铁头

管装有阀门，以便检修井点。弯联管宜使用透明塑料管，以便能随时看到井点管的工作情况。

总管宜采用直径为 $100\sim127mm$ 的无缝钢管，每段长 4m，其上每隔 0.8m 或 1.2m 设有一个与井点管连接的短接头。

② 抽水设备　其是由真空泵、离心泵、水气分离器等组成（图 1-13）。

3）轻型井点的布置　井点系统布置应根据水文地质资料、工程要求和设备条件等确定。一般要求掌握的水文地质资料有地下水含水层厚度、承压或非承压水及地下水变化情况、土质、土的渗透系数、不透水层的位置等。要求了解的工程性质主要有基坑（槽）形状、大小及深度，此外还应了解设备条件，如井管长度、泵的抽吸能力等。

① 平面布置　根据基坑（槽）形状，轻型井点可采用单排布置［图 1-14（a）］、双排布置［图 1-14（b）］、环形布置［图 1-14（c）］，当土方施工机械需进出基坑时，也可采用 U 形布置［图 1-14（d）］。

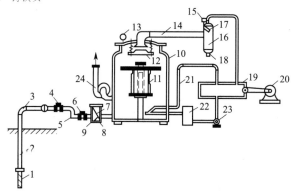

图 1-13　轻型井点设备工作原理

1—滤管；2—井点管；3—弯联管；4—阀门；5—集水总管；6—阀门；7—滤管；8—过滤箱；
9—淘砂孔；10—水气分离器；11—浮筒；12—阀门；13，15—真空计；14—进水管；
16—副水气分离器；17—挡水板；18—放水口；19—真空泵；20—电动机；21—冷却水管；
22—冷却水箱；23—循环水泵；24—离心泵

基坑的宽度小于 6m，降水深度不超过 5m 时，采用单排井点，并布置在地下水上游一侧，两端延伸长度不小于基坑的宽度，如基坑宽度大于 6m 或土质排水不良时，宜采用双排线状井点。

环形布置适用于大面积基坑，如采用 U 形布置，则井点管不封闭的一段应在地下水的下游方向。

井点管距基坑壁一般不小于 1m，以防局部漏气。井点管间距应根据土质、降水深度、工程性质等按计算或经验确定。靠近河流处或总管四角部位，井点应适当加密。

② 高程布置（图 1-15）　轻型井点的降水深度，考虑抽水设备的水头损失以后，一般不超过 6m，井点管埋设深度 H 按式(1-14)计算。

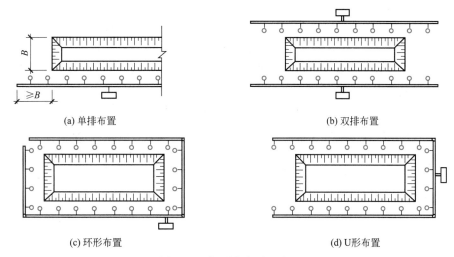

(a) 单排布置　　　　　　　　　　　　(b) 双排布置

(c) 环形布置　　　　　　　　　　　　(d) U形布置

图 1-14　轻型井点平面布置

B—基坑的宽度

$$H \geqslant H_1 + h + iL \tag{1-14}$$

式中　H_1——井点管埋设面至基坑底面的距离，m；

h——基坑中央最深挖掘面至降水曲线最高点的安全距离，一般为 0.5～1.0m，人工开挖取下限，机械开挖取上限；

i——水力坡度，与土层渗透系数、地下水流量等因素有关，根据扬水试验和工程实测确定；对环状或双排井点可取 1/15～1/10；对单排线状井点可取 1/4；

L——井点管至基坑中心的水平距离，单排井点为至基坑另一边的距离，m。

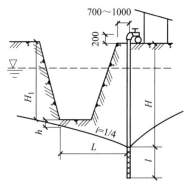

图 1-15　高程布置（单位：mm）

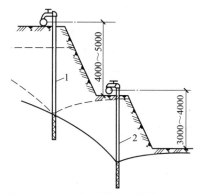

图 1-16　二级轻型井点（单位：mm）

1—第一层井点管；2—第二层井点管

同时还应考虑井点管一般要露出地面 0.2m 左右，H 计算出后，为安全计，一般再增加 1/2 滤管长度。井点管的滤水管不宜埋入渗透系数极小的土层。

一套抽水设备的总管长度一般不大于 120m。当主管过长时，可采用多套抽水设备；井点系统可以分段，各段长度应大致相等，宜在拐角处分段，以减少弯头数量，提高抽吸能力；分段宜设阀门，以免管内水流紊乱，影响降水效果。

当一级轻型井点不能满足降水深度要求时，可采用明沟排水与井点相结合的方法，将总管安装在原有地下水位线以下，或采用二级井点排水（图 1-16），即先挖去第一级井点排干的土，然后再在坑内布置埋设第二级井点，以增加降水深度。抽水设备宜布置在地下水的上游，并设在总管的中部。

4）轻型井点的计算   轻型井点的计算包括基坑涌水量计算、确定井点管数量与间距等。

① 基坑涌水量计算   基坑涌水量按照水井理论进行计算。根据井底是否达到不透水层，可将水井分为完整井和非完整井。井底达到含水层下面的不透水层顶面的称为完整井，否则称为非完整井。根据地下水有无压力，又分为承压井和无压井。图 1-17 为环状井点系统无压完整井和无压非完整井的剖面图，各类井的涌水量计算方法不同，这里以无压井为例进行介绍。

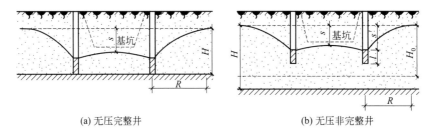

(a) 无压完整井   (b) 无压非完整井

图 1-17   环状井点系统井剖面图

根据水井理论，推导出无压完整井涌水量计算公式为：

$$Q = 1.366K \frac{(2H-S)S}{\lg R - \lg x_0} \tag{1-15}$$

$$R = 1.95S\sqrt{HK} \tag{1-16}$$

$$x_0 = \sqrt{\frac{F}{\pi}} \tag{1-17}$$

式中 Q——无压完整井轻型井点的总涌水量，m^3/d；

K——土的渗透系数，m/d；

H——含水层厚度，m；

S——水位降低值，m；

R——抽水影响半径，m；

x_0——环状轻型井点的假想半径，m，当矩形基坑长宽比小于 5 时，可按式（1-17）计算；

F——环状轻型井点系统所包围的面积，m^2。

对于完整井，地下水是从井壁涌入井内；非完整井则有所不同，地下水不仅从井壁涌入井内，还从井底涌入井内，所以非完整井涌水量比完整井涌水量大。无压非完整井涌水量按式（1-18）计算：

$$Q = 1.366K \frac{(2H_0-S)S}{\lg R - \lg x_0} \tag{1-18}$$

式中 H_0——含水层有效深度，m。

H_0 按表 1-6 计算，如计算结果大于实际含水层厚度，则取值等于实际含水层厚度。

表 1-6   有效深度 H_0 值

$s'/(s'+l)$	0.2	0.3	0.5	0.8
H_0	$1.3(s'+l)$	$1.5(s'+l)$	$1.7(s'+l)$	$1.85(s'+l)$

注：表中的 s' 为井点管内水位降低深度；l 为滤管长度。

单根井点管的出水量按式（1-19）计算：

$$q = 65\pi dl \sqrt[3]{K} \tag{1-19}$$

式中　d——滤管直径，m；

　　　l——滤管长度，m；

　　　K——渗透系数，m/d。

② 确定井点管数量与间距

井点管数量
$$n = 1.1 \frac{Q}{q} \tag{1-20}$$

井点管间距
$$D = \frac{L}{n} \tag{1-21}$$

式中　D——井点管间距，m；

　　　L——总管长度，m；

　　　n——井点管根数，根。

按公式计算出的井距，要与总管上短接头的间距相配合，即选用的井距实际上是总管上的短接头的间距（通常为 0.8m、1.2m、1.6m、2.0m）。可使选用的实际井距略小于按公式计算出的数值，井点管的实际数量计算时采用 1.1 的备用系数，主要是考虑井点管堵塞等影响。

【例 1-3】 某建筑物矩形基坑见图 1-18，其开挖深度为 4m。基坑底部平面尺寸：坑底宽度为 20.5m，长度为 30.5m。基坑边坡为 1：m＝1：0.5。自然地面标高取为 ±0.000，地下水位标高为 −1.000m，不透水层标高为 −10.000m。不透水层上面的含水层为细砂层，渗透系数 $K=15$m/d。地下水为无压水，采用轻型井点降低地下水位，试进行井点系统的布置和设计。

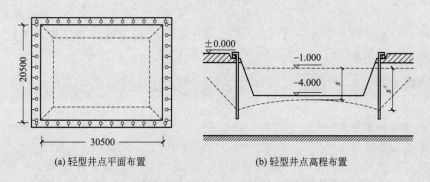

(a) 轻型井点平面布置　　　　(b) 轻型井点高程布置

图 1-18　轻型井点布置图（单位：mm）

解

（1）轻型井点布置

为增加井点系统的降水深度，将总管埋设在 −0.500m 标高处，先挖 0.50m 深的沟槽，然后在槽底铺设总管。经计算基坑上口的平面尺寸为 24m×34m，总管距基坑边缘 1.0m，故环状总管的总长度为 $L=(26+36)\times2=124$(m)，基坑中心要求降水深度为 $s=4.0-1.0+0.5=3.5$(m)。

采用一级轻型井点，井点管的埋设深度（不包括滤管）为

$$H \geqslant H_1 + h + iL = 3.5 + 0.5 + \frac{1}{10} \times \frac{26}{2} = 5.3 \text{(m)} \quad \text{（短边方向满足即可）}$$

井点管长 6.0m，滤管长 1.0m，井点管露出总管铺设面 0.2m，埋入土中 5.8m（不包括滤管）。即实际埋入深度 $H=5.8m>5.3m$，符合埋深要求；基坑中心的实际降水深度为 4.0m>3.5m；滤管底部距不透水层的距离 $=10.0-(7.0+0.3)=2.7(m)$。

（2）基坑涌水量计算

基坑的长宽比小于 5，可按无压非完整井环型井点系统计算涌水量，即：

$$Q=1.366K\frac{(2H_0-S)S}{\lg R-\lg x_0}$$

由 $s'=6.0+0.3-1.0=5.3(m)$，$s'/(s'+l)=5.3/(5.3+1)=0.84$，查表 1-6，$H_0=1.85(s'+l)=1.85\times(5.3+1)=11.66m>9.0m$（含水层厚度），故取 $H_0=9.0m$。

抽水影响半径

$$R=1.95S\sqrt{HK}=1.95\times3.5\times\sqrt{9.0\times15}=79.3(m)$$

环型井点系统假想半径

$$x_0=\sqrt{\frac{F}{\pi}}=\sqrt{\frac{26\times36}{3.14}}=17.27(m)$$

故

$$Q=1.366\times15\times\frac{(2\times9-3.5)\times3.5}{\lg79.30-\lg17.27}=1571(m^3/d)$$

$$q=65\pi dl\sqrt[3]{K}=65\times3.14\times0.05\times1.0\times\sqrt[3]{15}=25.17(m^3/d)$$

（3）计算井点管数量和井距

井点管数量

$$n=1.1\frac{Q}{q}=1.1\times\frac{1571}{25.17}\approx69$$

封闭的环形总管的总长度为 124m，考虑施工机械进出基坑方便，可在基坑地下水下游一侧不封闭，留出 6m 宽的通道，则总管总长度为 118m，井距为：

$$D=\frac{L}{n}=\frac{118}{69}=1.71(m)$$

选定井点管数量为 69 根，井距为 1.7m。

（4）选择抽水设备

干式真空泵常用的型号有 W5 型和 W6 型。采用 W5 型真空泵时，总管长度一般不大于 100m；采用 W6 型真空泵时，总管长度一般不大于 200m，本例可选用 W6 型真空泵。然后再根据水泵的流量和吸水扬程，查离心泵性能表，选择离心泵的型号。

5）轻型井点的施工　井点系统的埋设程序为：排放总管→埋设井点管→用弯联管将井点管与总管接通→安装抽水设备。轻型井点安装的关键工作是井点管的埋设。

井点管的埋设一般用水冲法进行，并分为冲孔与埋管两个过程，如图 1-19 所示，冲孔时，先用起重设备将冲管吊起并插在井点的位置上，然后开动高压水泵，将土冲松，冲管则边冲边沉。冲孔直径一般为 300mm，以保证井点管四周有一定厚度的砂滤层，冲孔深度宜比滤管底深 0.5m 左右，以防冲管拔出时，部分土颗粒沉于底部而触及滤管底部。

井孔冲成后，立即拔出冲管，插入井点管，并在井点管与孔壁之间迅速填灌砂滤层，一般宜选用干净粗砂，填灌均匀，并填至滤管顶上 1～1.5m，以保证水流畅通。井点填砂后，在地面以下 0.5～1.0m 范围内需用黏土封口，以防漏气。

井点管埋设完毕，应接通总管与抽水设备进行试抽水，检查有无漏水、漏气，出水是否正常，有无淤塞等现象，如有异常情况，应检修好后方可使用。

6）井点管的使用　轻型井点使用时，应保证连续不断抽水，时抽时停，滤网易堵塞，也容易抽出土粒，使水混浊，并引起附近建筑物由于土粒流失而沉降开裂。正常出水规律是"先大后小，先混后清"，抽水时需要经常观测真空度以判断井点系统工作是否正常，若井点管淤塞，可借助听管内水流声响，手扶管壁有振动感，冬、夏季手摸管子有冬暖夏凉感等简便方法检查。如发现淤塞井点管太多，严重影响降水效果时，应逐根用高压水反向冲洗或拔出重埋。

7）井点管的拆除　井点系统的拆除必须在地下室或地下结构物竣工后并将基坑进行回填土后进行。拔管后所留的孔洞应用砂或土填塞，对有防渗要求的地基，地面以下 2m 范围可用黏土填塞密实。

（2）管井井点　这种井点是沿基坑周围每隔一定距离（20～50m）设置一直径为 150～250mm 的钢管，每个管井内单独设一台水泵不断抽水，用来降低地下水位。

管井井点由滤水井管、吸水管和抽水机械等组成。管井井点设备较简单，排水量大，降水较深，较轻型井点具有更大的降水效果，可代替多组轻型井点作用，水泵设在地面，易于维护。适于渗透系数较大，地下水丰富的土层、砂层或用明沟排水法易造成土粒大量流失，引起边坡塌方及用轻型井点难以满足要求的情况下使用。但管井属于重力排水范畴，吸程高度受到一定限制，要求渗透系数较大（20.0～200.0m/d）。

（3）深井井点　当降水深度大，管井井点采用一般的离心泵和潜水泵不能满足降水要求时，可将水泵放入井管内，依靠水泵的扬程把地下水提送到地面上。

深井井点降水是在深基坑的周围埋置深于基底的井管，通过设置在井管内的潜水泵将地下水抽出，使地下水位低于坑底。该法具有排水量大，降水深（＞15m）；井距大，对平面布置的干扰小；不受土层限制；井点制作、降水设备及操作工艺、维护均较简单，施工速度快；井点管可以整根拔出重复使用等优点；但一次性投资大，成孔质量要求严格。适于渗透系数较大（10～250m/d）、土质为砂类土、地下水丰富、降水深、面积大、时间长的情况，降水深度可达 50m。

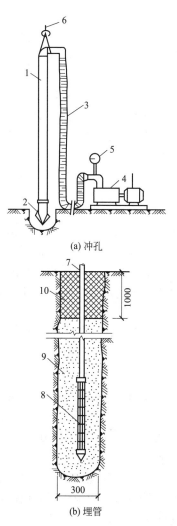

(a) 冲孔

(b) 埋管

图 1-19　井点管的埋设（单位：mm）
1—冲管；2—冲嘴；3—胶管；
4—高压水泵；5—压力表；
6—起重机吊钩；7—井管点；
8—滤管；9—填砂；10—黏土封口

1.3.2.3　截水

截水即利用截水帷幕防止基坑外的地下水流入基坑内部。截水帷幕的厚度应满足基坑防渗要求，截水帷幕的渗透系数宜小于 1.0×10^{-6} cm/s。

落底式竖向截水帷幕，应插入不透水层。当地下含水层渗透性较强、厚度较大时，可采用悬挂式竖向截水与坑内井点降水相结合或采用悬挂式竖向截水与水平封底相结合的方案。

截水帷幕目前常用注浆法、旋喷法、深层搅拌水泥土桩挡墙等。

1.3.2.4 回灌

基坑开挖，为保证挖掘部位地基土稳定，常用井点排水等方法降低地下水位。在降水的同时，由于挖掘部位地下水位的降低，导致其周围地区地下水位随之下降，使土层中因失水而产生压密，因而经常会引起邻近建（构）筑物、管线的不均匀沉降或开裂。为了防止这一情况的发生，通常采用设置井点回灌的方法。

井点回灌是在井点降水的同时，将抽出的地下水，通过回灌井点持续地再灌入地基土层内，使降水井点的影响半径不超过回灌井点的范围。这样，回灌井点就以一道隔水帷幕，阻止回灌井点外侧的建筑物下的地下水流失，使地下水位基本保持不变，土层压力仍处于原始平衡状态，从而可有效地防止降水井点对周围建（构）筑物、地下管线等的影响。

采用回灌井点时，回灌井点与降水井点的距离不宜小于6m。回灌井点的间距应根据降水井点的间距和被保护建（构）筑物的平面位置确定。

回灌井点宜进入稳定降水曲面下1m，且位于渗透性较好的土层中，回灌井点滤管的长度应大于降水井点滤管的长度。回灌水量可通过水位观测孔中水位变化进行控制和调节，回灌宜不超过原水位标高，回灌水宜用清水。

任务 1.4　土方开挖与填筑

1.4.1　土方施工准备工作

土方开挖前需做好下列主要准备工作。

（1）场地清理　场地清理包括拆除影响施工的建筑物、构筑物；拆除和改造通信和电力设施、自来水管道、煤气管道和地下管道；迁移树木，去除耕植土及河塘淤泥等工作。

（2）排除地面积水　尽可能利用自然地形和永久性排水设施，采用排水沟、截水沟或挡水坝等措施，把施工区域内的雨雪自然水、低洼地区的积水及时排除，使场地保持干燥，便于土方工程施工。

（3）测设地面控制点　大型场地的平整，可利用全站仪、水准仪将场地设计平面图的方格网在地面上测设固定下来，各角点用木桩定位，并在桩上注明桩号、施工高度数值，便于施工。

（4）修筑临时设施　修好临时道路、电力、通信及供水设施，以及生活和生产用临时房屋。

1.4.2　土方边坡

为了防止塌方，保证施工安全，在基坑（槽）开挖深度超过一定限度时，土壁应做成有斜率的边坡，或者设置临时支撑以保持土壁的稳定。

土方边坡的坡度是以土方挖方深度 H 与放坡宽度 B 之比表示（图1-20）。即

$$土方边坡坡度 = \frac{H}{B} = \frac{1}{B/H} = 1:m，式中 m = B/H 称为边坡系数。$$

土方边坡的大小主要与土质、开挖深度、开挖方法、边坡留置时间的长短、边坡附近的各种荷载状况及排水情况有关。

当土质为天然湿度、构造均匀、水文地质条件较好且无地下水时，开挖基坑（槽）及管沟时可不放坡，采取直立开挖不加支护，但挖方深度应按表 1-7 的规定。

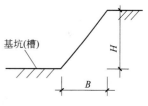

图 1-20　边坡的表示方法

表 1-7　基坑（槽）和管沟不加支撑时的容许深度

项次	土的种类	容许深度/m
1	密实、中密的砂子和碎石类土（充填物为砂土）	1.00
2	硬塑、可塑的粉质黏土及粉土	1.25
3	硬塑、可塑的黏土和碎石类土（充填物为黏性土）	1.50
4	坚硬的黏土	2.00

如挖方深度超过表 1-7 规定的且在 5m 以内，当土具有天然湿度、构造均匀、水文地质条件好、无地下水，不加支撑的基坑（槽）和管沟必须放坡。边坡最陡坡度应符合表 1-8 的规定。

表 1-8　深度在 5m 内的基坑（槽）、管沟边坡的最陡坡度（不加支撑）

土的类别	边坡坡度（高：宽）		
	坡顶无荷载	坡顶有静载	坡顶有动载
中密的砂土	1：1.00	1：1.25	1：1.50
中密的碎石类土（充填物为砂土）	1：0.75	1：1.00	1：1.25
硬塑的粉土	1：0.67	1：0.75	1：1.00
中密的碎石类土（充填物为黏性土）	1：0.50	1：0.67	1：0.75
硬塑的粉质黏土、黏土	1：0.33	1：0.50	1：0.67
老黄土	1：0.10	1：0.25	1：0.33
软土（经井点降水后）	1：1.00	—	—

注：1. 静载指堆土或材料等，动载指机械挖土或汽车运输作业等，静载或动载距挖方边缘的距离应保证边坡和直立壁的稳定，堆土或材料应距挖方边缘 1.0m 以外，高度不超过 1.5m；

2. 当有成熟施工经验时，可不受本表限制。

使用时间较长的临时性挖方边坡坡度，应根据工程地质和边坡高度，结合当地同类土体的稳定坡度值确定。如地质条件好，土（岩）质较均匀，高度在 10m 以内的临时性挖方边坡坡度应按表 1-9 确定。

表 1-9　临时性挖方边坡坡度

土的类别		边坡值（高：宽）
砂土（不包括细砂、粉砂）		1：1.25～1：1.50
一般性黏土	硬	1：0.75～1：1.00
	硬塑	1：1～1：1.25
	软	1：1.5 或更缓
碎石类土	充填坚硬、硬塑黏性土	1：0.5～1：1.0
	充填砂土	1：1～1：1.5

注：1. 有成熟施工经验，可不受本表限制，设计有要求时，应符合设计标准；

2. 如采用降水或其他加固措施，也不受本表限制；

3. 开挖深度对软土不超过 4m，对硬土不超过 8m。

1.4.3　土壁支护

1.4.3.1　基槽支护

横撑式支撑用于宽度不大、深度较小沟槽开挖的土壁支撑。根据挡土板放置方式不同，分为水平挡土板支撑和垂直挡土板支撑两类（图1-21）。

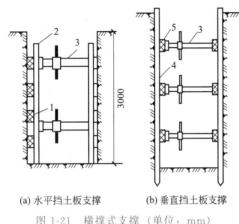

図 1-21　横撑式支撑（单位：mm）

1—水平挡土板；2—立柱；3—工具式横撑；
4—垂直挡土板；5—横楞木

水平挡土板支撑的布置分为断续式和连续式两种。断续式水平挡土板支撑适用于地下水很少、深度在2m以内能保持直立壁的干土和天然湿度的黏土；连续式水平挡土板支撑适用于开挖深度3～5m、可能坍塌的干土，或湿度大、疏松的砂砾、软黏土或粉土层。垂直挡土板支撑适用于沟槽下部有含水层，挖土深度超过5m的砂砾、软黏土或粉土层。开挖深度6～10m、地下水少、天然湿度的情况下，若地面荷载很大，做圆形结构护壁时，可采用混凝土或钢筋混凝土挡土板支护。

挖土时，支撑好一层，下挖一层。土壁要求平直，挡土板应紧贴土面支撑牢固。挡土时操作要快，避免土块塌落。在地下水位很高时，还应考虑降水。施工中应经常检查，若有松动变形，应及时加固或更换。支撑的拆除应按回填的顺序依次进行，多层支撑应自下而上逐层拆除，同时应分段逐步进行。拆除下一段并经回填夯实后，再拆除上一段。

1.4.3.2　基坑支护

基坑支护结构一般根据地质条件、基坑开挖深度、对周边环境保护要求及降排水情况等选用。在基坑支护结构设计中首先要考虑安全可靠性，其次要满足本工程地下结构施工的要求，并应尽可能降低造价和便于施工。

（1）水泥土挡墙（图1-22）　其是通过沉入地下设备将喷入的水泥与土进行掺和，形成柱状的水泥加固土桩，并相互搭接而成，具有挡土、截水双重功能，一般靠自重和刚度进行挡土，适用于淤泥、淤泥质土、黏土、粉质黏土、粉土、具有薄夹砂层的土、素填土等地基承载力标准值不大于150kPa的土层，作为基坑截水及较浅基坑的支护。水泥土桩与桩之间的搭接宽度应根据挡土及截水要求确定，考虑截水作用时，桩的有效搭接宽度不宜小于150mm；当不考虑截水作用时，搭接宽度不宜小于100mm。

水泥土挡墙的优点是坑内无支撑，便于机械化挖土作业，施工机具较简单，成桩速度快，使用材料单一，节省三材，造价较低；其缺点是相对位移较大，不适宜用于深基坑，一般不

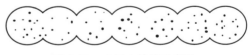

图 1-22　水泥土挡墙示意图

宜大于6m，当基坑长度大时，要采取中间加墩、起拱等措施，以减少位移。水泥土挡墙宜用于基坑侧壁安全等级为二、三级者；地基土承载力不宜大于150kPa。

（2）型钢桩横挡板支撑（图1-23）　沿挡土位置预先打入钢轨、工字钢或H型钢桩。边挖方边将3～6cm厚的挡土板塞进钢桩之间挡土，并在横向挡板与型钢桩之间打入楔子，使

横板与土体紧密接触。土质好时，在桩间可以不加挡板，桩的间距根据土质和挖深等条件而定。其适用于土质较好，地下水位较低，深度不是很大的黏性土、砂土基坑。这种支护因基坑底部标高以下的被动土压力较小，不能在易产生管涌的软弱地基中应用。当地下水位较高时，要与降低地下水位措施配合使用。

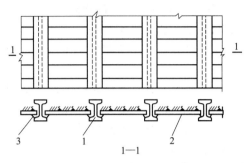

图 1-23 型钢桩横挡板支撑

1—型钢桩；2—横向挡土板；3—木楔

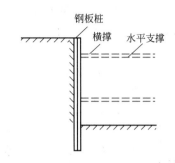

图 1-24 钢板桩或钢筋混凝土板桩支撑

（3）钢板桩或钢筋混凝土板桩支撑（图 1-24） 钢板桩的截面形状有一字形、U 形和 Z 形。由带锁口或钳口的热轧型钢制成，打设方便，承载力较大，可重复使用。钢板桩互相连接地打入地下，形成连续钢板桩墙，既挡土又起到止水帷幕的作用，常用钢板桩截面形式见图 1-25。钢板桩可作为坑壁支护、防水围堰等，有较好的技术和经济效益。但其需用大量特制钢材，一次性投资较高，故采用租赁方式较为经济，且刚度较小，沉桩时易产生噪声。

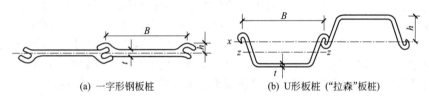

(a) 一字形钢板桩 (b) U形板桩（"拉森"板桩）

图 1-25 常用钢板桩截面形式

B—有效宽度；h—有效高度；t—厚度

板桩入土深度及悬臂长度应经计算确定，如基坑宽度很大，可加入水平支撑。适于在一般地下水、深度和宽度不是很大的黏性或砂土层中应用。钢板桩柔性较大，基坑较深时支撑（或拉锚）工程量较大，给坑内施工带来一定困难，而且，由于钢板桩用后拔除时带土，如处理不当会引起土层移动，将会给施工的结构或周围的设施带来危害，故应予以充分注意，采取有效技术措施以减少带土。

钢筋混凝土板桩是一种传统的支护结构，截面带企口有一定挡水作用，顶部设圈梁，用后不再拔除，永久保留在地基土中。其施工方法是先放坡开挖上层土（如地下水位高则用轻型井点降水），然后设钢筋混凝土板桩，由于挡土高度减小，在开挖下层土时可用单锚板桩代替复杂的多支撑板桩，简化支撑或拉锚。如钢筋混凝土板沿基础边线精确地打设，还可兼作基础混凝土浇筑时的模板。

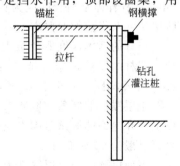

图 1-26 钻孔灌注桩排桩挡墙

（4）钻孔灌注桩排桩挡墙（图 1-26） 常用直径为 600～1000mm 的钻孔灌注桩做成排桩挡墙，顶部浇筑钢筋混凝土圈梁，设内支撑体系，是支护结构中应用较多的一种。

在开挖的基坑周围，用钻机钻孔，现场浇筑钢筋混凝土桩，达到强度后，在基坑中间用机械或人工挖土，下挖1m左右装上横撑，在桩背面装上拉杆与已设锚桩拉紧，然后继续挖土到要求深度。在桩间，土方挖成外拱形，使之起土拱作用。如基坑深度小于6m，或邻近有建筑物，也可不设锚拉杆，采取加密桩距或加大桩径的方法处理。该法适于在开挖较大、较深（>6m）的基坑，临近有建筑物、不允许支护，背面地基有下沉、位移时采用。

灌注桩施工无噪声、无振动、无挤土，刚度大，抗弯能力强，变形较小。多用于基坑侧壁安全等级为一、二、三级，坑深7～15m的基坑工程。但其永久保留在地基土中，可能对以后的地下工程施工造成障碍。

（5）土层锚杆支护（图1-27）

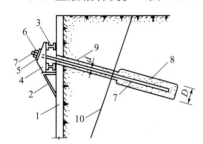

图1-27　土层锚杆支护构造
1—挡墙；2—承托支架；3—横梁；
4—台座；5—承压垫板；6—锚具；
7—钢拉杆；8—水泥浆或砂浆锚固体；
9—非锚固段；10—滑动面；
D—锚固体直径；d—拉杆直径

土层锚杆简称土锚杆，是在地面或深开挖的地下室墙面或基坑立壁未开挖的土层钻孔，达到设计深度后，在孔内放入钢筋、钢管、钢丝束或其他抗拉材料，灌入水泥浆与土层结合成为抗拉强的锚杆。

土层锚杆按使用要求分为临时性锚杆和永久性锚杆，按承载方式分为摩擦承载锚杆和支压承载锚杆，按施工方式分为钻孔灌浆锚杆（一般灌浆锚杆、高压灌浆锚杆）、预应力锚杆以及扩孔锚杆。一般灌浆锚杆是指钻孔后放入拉杆，灌注水泥浆或水泥砂浆，养护后形成的锚杆；高压灌浆锚杆是指钻孔后放入拉杆，压力灌注水泥浆或水泥砂浆，养护后形成的锚杆，压力作用使水泥浆或水泥砂浆进入土壁裂缝固结，可提高锚杆抗拔力；预应力锚杆是指钻孔后放入拉杆，对锚固段进行一次压力灌浆，然后对拉杆施加预应力锚固，再对自由段进行灌浆所形成的锚杆，预应力锚杆穿过松软土层锚固在稳定土层中，可减小结构的变形；扩孔锚杆是指采用扩孔钻头扩大锚固段的钻孔直径，形成扩大的锚固段或端头，可有效地提高锚杆的抗拔力。

土层锚杆由锚头、拉杆和锚固体组成。锚头由锚具、承压垫板、横梁和台座组成。土层锚杆用的拉杆，常用的有钢管（钻杆用作拉杆）、粗钢筋、钢丝束和钢绞线，主要根据土层锚杆的承载能力和现有材料的情况来选择，承载能力较小时，多用粗钢筋，承载能力较大时，我国多用钢绞线。锚固体是由水泥浆或水泥砂浆将拉杆与土体连接成一体的抗拔构件。

锚杆以土的主动滑动面为界，分为非锚固段（自由段）和锚固段。非锚固段处在可能滑动的不稳定土层中，可以自由伸缩，其作用是将锚头所承受的荷载传递到主动滑动面外的锚固段。锚固段处在稳定土层中，与周围土层牢固结合，将荷载分散到稳定土体中去。非锚固段长度不宜小于5m，并应超过潜在滑裂面1.5m，锚固段长度由计算确定，并不宜小于4m。锚杆杆体下料长度应为锚杆自由段、锚固段及外露长度之和，外露长度需满足台座、腰梁尺寸及张拉作业要求。

锚杆的埋置深度要使最上层锚杆上面的覆土厚度不小于4m，以避免地面出现隆起现象。锚杆的层数根据基坑深度和土压力大小设置一层或多层。上下层垂直间距不宜小于2m，水平间距不宜小于1.5m，避免产生群锚效应而降低单根锚杆的承载力。

土层锚杆的倾角一般要求为15°～25°，且不宜大于45°；土层锚杆的长度一般都在10m以上。在允许的倾角范围内根据地层结构，应使锚杆的锚固体置于较好的土层中。锚杆钻孔直径一般为90～150mm。

下面以预应力土层锚杆为例来介绍锚杆的施工，预应力土层锚杆的施工程序为：钻孔→安放杆体→注浆→预应力张拉→防腐处理。

① 钻孔　钻孔前，要根据设计要求和土层条件，定出孔位，做出标记；就位后，钻机应保持平稳，导杆或立轴应与钻杆倾角一致，并在同一轴线上；钻孔完毕后，用清水把孔底沉渣冲洗干净，直至孔口清水返出。

螺旋钻干
作业成孔

② 安放杆体　为使锚杆安置于钻孔的中心，在锚杆上应安设定位器，每隔 1.0～2.0m 应设一个。锚杆钢筋或钢丝应平直、顺直、除油除锈。杆体自由段应用塑料布或塑料管包扎，与锚固体连接处用铅丝绑扎。安放锚杆杆体时，应防止杆体扭曲、压弯，注浆管宜随锚杆一同放入孔内，管端距孔底为 50～100mm，杆体放入角度与钻杆倾角保持一致，安好后使杆体始终处于钻孔中心。

③ 注浆　注浆材料应根据设计要求确定，一般宜选用水泥∶砂＝1∶1～1∶2，水灰比 0.38～0.45 的水泥砂浆或水灰比 0.40～0.45 的纯水泥浆，必要时可加入一定量的外加剂或掺合料。浆液应搅拌均匀，过筛，随搅随用，浆液应在初凝前用完，注浆管路应经常保持畅通。常压注浆采用砂浆泵将浆液经压浆管输送至孔底，再由孔底返出孔口，待孔口溢出浆液或排气管停止排气时，可停止注浆。浆液硬化后不能充满锚固体时，应进行补浆，注浆量不得小于计算量，其充盈系数为 1.1～1.3。注浆时，宜边灌注边拔出注浆管。但应注意管口应始终处于浆面以下，注浆时应随时活动注浆管，待浆液溢出孔口时全部拔出。拔出套管时应注意钢筋有无被带出的情况，否则应再压进去直至不带出为止，再继续拔管。注浆完毕应将外露的钢筋清洗干净，并保护好。

④ 预应力张拉　锚固体养护达到水泥砂浆强度的 75%，方可进行预应力张拉。先取设计拉力的 10%～20% 预张拉 1～2 次，以使各部位接触紧密，锚筋平直。张拉时控制应力取值 $0.65f_{ptk}$ 或 $0.85f_{pyk}$，分级加载并进行观测，为减小邻近锚杆张拉的应力损失，预应力锚杆宜采用隔一拉一的"跳张法"张拉。

⑤ 防腐处理　土层锚杆属临时性结构，宜采用简单防腐方法。锚固段采用水泥砂浆封闭防腐，锚筋周围保护层厚度不得小于 10mm；自由段锚筋应涂润滑油或防腐漆，外部包裹塑料布，进行防腐处理；锚头宜采用沥青防腐。

锚杆和型
钢结合支护

土层锚杆的支撑，其优点是承受拉力大，土壁稳定，通过施加预应力，可有效控制邻近建筑物的变形量；支护结构简单，适应性强，施工机械小，所需场地少，经济效益显著；有利于机械化挖土作业，不影响基础施工。

土层锚杆适用于难以采用支撑的大面积、深基坑的坑壁支护。但不宜用于在地下水较高或含有化学腐蚀物的土层或在松散、软弱的土层内使用。

（6）灌注桩与土层锚杆结合支护（图 1-28）　同挡土灌注桩支撑，但桩顶不设锚桩锚杆，而是挖到一定深度，每隔一定距离向桩背面斜下方用锚杆钻机打孔，安放钢筋锚杆，用水泥压力灌浆，达到强度后，安上横撑，拉紧固定，在桩中间进行挖土，直至设计深度。如设 2～3 层锚杆，可挖一层土，装设一层锚杆。适用于大型较深基坑，施工期较长，不允许设内支撑邻近有高层建筑，对下沉位移要求较高等情况采用。

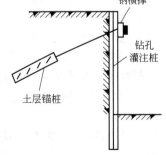

钢横撑

钻孔
灌注桩

土层锚桩

图 1-28　灌注桩与土层
锚杆结合支撑

（7）地下连续墙支护（图 1-29）　地下连续墙施工工艺，即在工程开挖土方前，用特制的挖槽机械在泥浆护壁的情况下，每次开挖一定长度（一个单元槽段）的沟槽，待开挖至设计深度并清除沉淀下来的泥渣后，将在地面上加工好的钢筋骨架用起重机械吊入充满泥浆的沟槽内，然后通过导管向沟槽内浇筑混凝土，由于混凝土是由沟槽底部开始逐渐向上浇筑，因此，随着混凝土的浇筑，泥浆也被置换出来，待混凝土浇筑至设计标高后，一个单元槽段即施工完毕。各个槽段之间由特制的接头连接，形成连续的地下钢筋混凝土墙。若将用作支护挡墙的地下连接墙又作为建筑物地下室或地下构筑物的结构外墙，即"两墙合一墙"，则经济效益更为显著。

我国于 20 世纪 70 年代后期开始出现壁板式地下连续墙，此后用于深基坑支护结构。地下连续墙作为支护结构围护墙，适用于基坑侧壁安全等级为一、二、三级者。

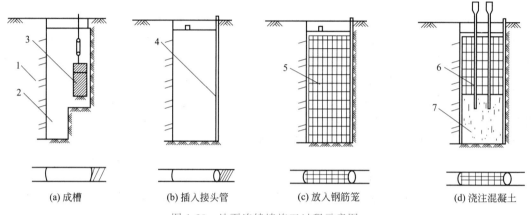

图 1-29 地下连续墙施工过程示意图

1—已完成的单元槽段；2—泥浆；3—成槽机；4—接头管；5—钢筋笼；6—导管；7—浇筑的混凝土

在建筑施工中，地下连续墙应用广泛，占有重要地位，地下连续墙具有以下优点。

① 施工时振动小，噪声低，非常适于在城市施工。

② 墙体刚度大，用于基坑开挖时，可承受很大的土压力，极少发生地基沉降或塌方事故，已经成为深基坑支护工程中必不可少的挡土结构。

③ 防渗性能好。由于墙体接头形式和施工方法的改进，使地下连续墙几乎不透水。

④ 可以贴近施工。由于具有上述几项优点，可以紧贴原有建筑物建造地下连续墙。

⑤ 可用于逆作法施工。将地下连续墙与逆作法结合，就形成一种深基础和多层地下室施工的有效方法，地下部分可以自上而下施工。

⑥ 适用于多种地基条件。地下连续墙对地基的适用范围很广，从软弱的冲积地层到中硬地层、密实的砂砾层，各种软岩和硬岩等所有的地基都可以建造地下连续墙。

⑦ 可用作刚性基础。目前地下连续墙不再单纯作为防渗防水、深基坑围护墙，而且越来越多地用地下连续墙代替桩基础、沉井或沉箱基础，承受更大荷载。

⑧ 占地少，可以充分利用建筑红线以内有限的地面和空间，充分发挥投资效益。

同时地下连续墙的一些缺点，也要引起重视。

① 在一些特殊的地质条件下（如很软的淤泥质土，含漂石的冲积层和超硬岩石等），施工难度很大。

② 如果施工方法不当或施工地质条件特殊，可能出现相邻墙段不能对齐和漏水的问题。

③ 地下连续墙如果用作临时的挡土结构，比其他方法所用的费用要高。

④ 在城市施工时，废泥浆的处理比较麻烦。

（8）土钉墙支护　土钉墙（图 1-30）是采用土钉加固的基坑侧壁土体与护面等组成的

结构。它是在土体内放置一定长度和分布密度的土钉体，并在坡面上喷射混凝土，从而形成加筋土体加固区带，用以弥补土体抗拉强度和抗剪强度低的不足。

土体的抗剪强度较低，抗拉强度几乎可以忽略，但土体具有一定的结构整体性，在基坑开挖时，可存在使边坡保持直立的临界高度，但在超过这个深度或有地面超载时将会发生突发性的整体破坏。一般护坡措施均基于支挡护坡的被动制约机制，以挡土结构承受其后的土体侧压力，防止土体整体稳定性破坏。土钉墙技术则是通过土钉体与土共同作用，不仅有效地提高了土体的整体刚度，弥补了土体自身强度的不足，土体自身结构强度潜力得到了充分发挥，改变了边坡变形和破坏的性状，显著提高了整体稳定性，更重要

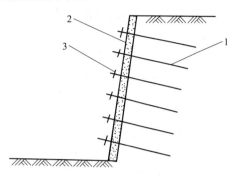

图 1-30　土钉墙
1—土钉；2—喷射细石混凝土面层；3—垫板

的是土钉墙受荷载作用过程中不会发生素土边坡那样的突发性塌滑，土钉墙不仅延迟了塑性变形发展阶段，而且具有明显的渐进性变形和开裂破坏，不会发生整体性塌滑。土钉墙设计及构造应符合下列规定。

① 土钉墙墙面坡度不宜大于 1∶0.1。

② 土钉必须和面层有效连接，应设置承压板或加强钢筋等构造措施，承压板或加强钢筋应与土钉螺栓连接或钢筋焊接连接。

③ 土钉的长度宜为开挖深度的 0.5～1.2 倍，间距宜为 1～2m，与水平面夹角宜为 5°～20°。

④ 土钉钢筋宜采用 HRB335、HRB400 级钢筋，钢筋直径宜为 16～32mm，钻孔直径宜为 70～120mm。

⑤ 注浆材料宜采用水泥浆或水泥砂浆，其强度等级不宜低于 M10。

⑥ 喷射混凝土面层宜配置钢筋网，钢筋直径宜为 6～10mm，间距宜为 150～300mm；喷射混凝土强度等级不宜低于 C20，面层厚度不宜小于 80mm。

⑦ 坡面上下段钢筋网搭接长度应大于 300mm。

土钉墙的特点是安全可靠，可缩短工期，施工机具简单，经济效益好等。土钉墙宜用于基坑侧壁安全等级为二、三级的非软土场地；基坑深度不宜大于 12m；当地下水位高于基坑底面时，应采取降水或截水措施。土钉墙墙顶应采用砂浆或混凝土护面，坡顶和坡脚应设排水措施，坡面上可根据具体情况设置泄水孔。

（9）加筋水泥土桩法（SMW 工法）　SMW 工法（Soil Mixing Wall）就是采用多轴搅拌钻机在原地层中切碎土体，同时由钻机前端低压注入水泥类悬浊液与切碎土体搅拌充分混合而形成止水性较高的水泥土柱列式挡土墙（图 1-31），并按挡土墙功能在墙体中插入加强芯材的一种地下施工技术。

由于 SMW 工法是由水泥土柱列墙和芯材构成的复合围护结构，具有止水、承担水土侧压力、承担拉锚或逆作法施工中垂直荷载的功能。

一般意义的 SMW 挡土墙是 H 型钢和水泥土搅拌连续墙组合而成的一种特种结构。H 型钢和水泥土这两种材料组合在一

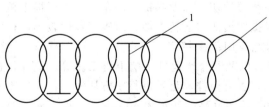

图 1-31　SMW 工法挡土墙示意图
1—H 型钢；2—水泥土

起，可以发挥各自的材料特点：水泥土具有较好的抗渗性能，止水效果好，与土相比它经过对土的水泥化改良；强度提高几十倍以上，特别是抗压性能较高；H 型钢则具有刚度大，截面面积小，抗拉压强度高等特点。因此，SMW 挡土墙由于内插 H 型钢使墙体刚度得以提高，改善了单一水泥土挡墙的受力方式，增强了墙体的抗弯能力，有效地减小了墙体变位，从而减轻了基坑开挖对周围环境的影响。

SMW 工法施工顺序如下。

① 导沟开挖：确定是否有障碍物及做泥水沟。

② 置放导轨。

③ 设定施工标志。

④ SMW 钻拌：钻掘及搅拌，重复搅拌，提升时搅拌。

⑤ 置放应力补强材（H 型钢）。

⑥ 固定应力补强材。

⑦ 施工完成 SMW。

SMW 工法的主要特点如下。

① 施工不扰动邻近土体，不会产生邻近地面下沉、房屋倾斜、道路裂损及地下设施移位等危害。

② 钻杆具有螺旋推进翼与搅拌翼相间设置的特点，随着钻掘和搅拌反复进行，可使水泥强化剂与土得到充分搅拌，而且墙体全长无接缝，从而使它可比传统的连续墙具有更可靠的止水性，其渗透系数 K 可达 10^{-7}cm/s。

③ 它可在黏性土、粉土、砂土、砂砾土、ϕ100mm 以上卵石及单轴抗压强度 60MPa 以下的岩层中应用。

④ 所需工期较其他工法短，在一般地质条件下，为地下连续墙的三分之一。

⑤ 废土外运量远比其他工法少。

1.4.4　土方开挖

1.4.4.1　土方机械化施工

土方开挖

人工挖土主要适用于小型土方工程、机械挖土中配合桩与桩之间较小间隙和避免地基土扰动的基底修土、局部加深和边角及边坡的尺寸修整等。对于大量土方工程一般均采用机械化施工。

土方机械化开挖应根据基础形式、工程规模、开挖深度、地质、地下水情况、土方量、运距、现场和机具设备条件、工期要求以及土方机械的特点等合理选择挖掘机械，以充分发挥机械效率，节省机械费用，加速工程进度。

（1）推土机　推土机是在拖拉机机头装上推土铲刀而成的，如图 1-32 所示，铲刀通过液压系统由链杆控制，能强制切土，还可调整铲刀的切土深度和铲刀的角度。由于推土机可同时完成铲土、运土、卸土三种作业。推土机操作灵活，运转方便，所需工作面较小，行驶速度快，易于转移，能爬 30°左右的缓坡，因此应用范围较广。其多用于场地清理和平整，开挖深度 1.5m 以内的基坑，回填基坑和沟槽，以及配合铲运机、挖土机工作等。此外，在推土机后面可安装松土装置，破松硬土和冻土，也可拖挂羊足碾进行土方压实工作。推土机可以推挖一～三类土，经济运距在 100m 以内，效率最高的运距为 60m。几台推土机同时作业，前后距离应大于 8m。为提高生产率，可采用下坡推土法（图 1-33）、槽形推土法（图 1-34）、并列推土法（图 1-35）、多铲集运法（图 1-36）等施工方法。

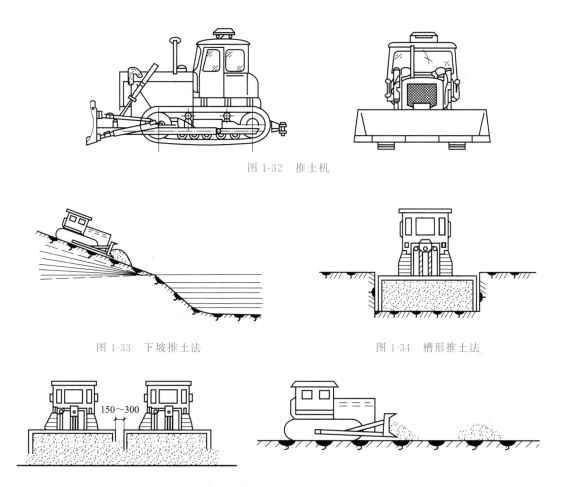

图 1-32 推土机

图 1-33 下坡推土法

图 1-34 槽形推土法

图 1-35 并列推土法（单位：mm）

图 1-36 多铲集运法

（2）铲运机 其是一种利用装在前后轮轴或左右履带之间的带有铲刃的铲斗，在行进中顺序完成铲削、装载、运输和卸铺的铲土运输机械，按行走方式分为拖式铲运机（图 1-37）和自行式铲运机（图 1-38）两种。

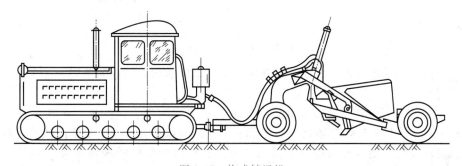

图 1-37 拖式铲运机

铲运机的特点是能综合完成挖土、运土、平土或填土等全部土方施工工序，对行驶道路要求较低，操纵灵活、运转方便、生产率高，在土方工程中常应用于大面积场地平整，开挖大基坑、沟槽以及填筑路基、堤坝等工程。适宜于铲运含水量不大于 27% 的松土和普通土，

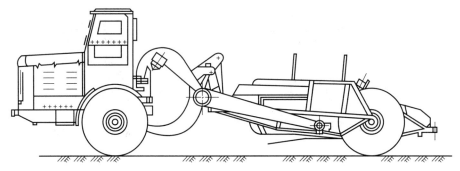

图 1-38　自行式铲运机

不适于在砾石层和冻土地带及沼泽区工作,当铲运三、四类较坚硬的土时,宜用推土机助铲或用松土机配合将土翻松 0.2~0.4m,以减少机械磨损,提高生产率。

自行式铲运机的经济运距以 800~1500m 为宜,拖式铲运机的运距以 600m 内为宜,当运距为 200~300m 时效率最高。在规划铲运机的开行路线时,应力求符合经济运距的要求。

(3) 单斗挖掘机　其是基坑(槽)土方开挖中常用的一种机械。按其行走装置的不同,分为履带式和轮胎式两类。单斗挖掘机有正铲、反铲、拉铲和抓铲等数种,用以挖掘基坑、沟槽,清理、平整场地。更换工作装置后,还可进行装卸、起重、打桩等其他作业。

① 正铲挖掘机 [图 1-39(a)]　工作特点是前进向上、强制切土;适用于开挖含水量不大于 27% 的一至三类土,且与自卸汽车配合完成整个挖掘运输作业;可以挖掘大型干燥基坑和土丘等。

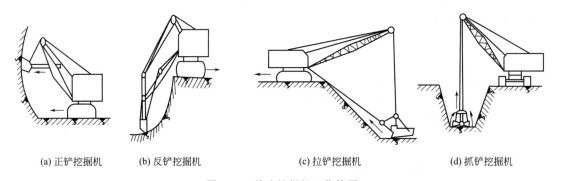

(a) 正铲挖掘机　　(b) 反铲挖掘机　　　　(c) 拉铲挖掘机　　　　(d) 抓铲挖掘机

图 1-39　单斗挖掘机工作简图

正铲挖掘机的开挖方式,根据开挖路线与运输车辆的相对位置的不同,挖土和卸土的方式有以下两种。

a. 正向挖土,反向卸土 [图 1-40(a)]　即挖掘机向前进方向挖土,运输车辆停在挖掘机后面装土,挖掘机和运输车辆在同一工作面上。采用这种方式挖土工作面较大,汽车不易靠近挖掘机,往往是倒车开到挖掘机后面装车。卸土时铲臂的回转角度大,一般在 180° 左右,生产率低,故一般很少采用。只有在基坑宽度较小,开挖深度较大的情况下,才采用这种方式。

b. 正向挖土,侧向卸土 [图 1-40(b)]　即挖掘机向前进方向挖土,运输车辆位于正铲的侧面装土 (可停在停机面上或高于停机面)。这种开挖方法,卸土时铲臂的回转角度一般小于 90°,可避免汽车倒车和转弯较多的缺点,行驶方便,因而应用较多。

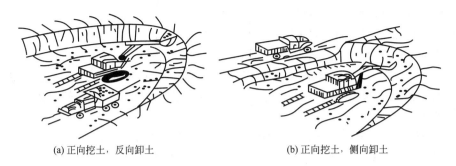

(a) 正向挖土，反向卸土　　　　　　　(b) 正向挖土，侧向卸土

图 1-40　正铲挖掘机挖土和卸土方式

② 反铲挖掘机 ［图 1-39(b)］　工作特点是后退向下、强制切土。其挖掘力较大，能开挖停机面以下的一、二类土。反铲挖掘机主要用于开挖深度在 4m 以内的基坑、基槽和管沟等，也可用于地下水位较高的土方开挖。反铲挖掘机可以与自卸汽车配合，装土运走，也可弃土于坑槽附近。反铲挖掘机的作业方式有沟端开挖和沟侧开挖两种。

反铲挖
掘机挖土

a. 沟端开挖 ［图 1-41(a)］　反铲挖掘机停在沟端，向后退着挖土，汽车停在两旁装土。其优点是挖土方便，挖土深度和宽度较大，机身回转角度好，视线好，机身停放平稳。

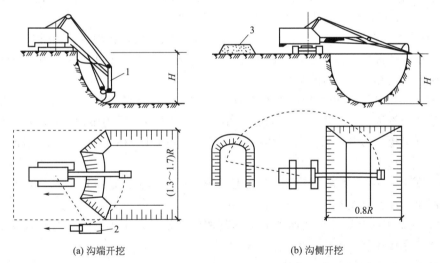

(a) 沟端开挖　　　　　　　　　　　　(b) 沟侧开挖

图 1-41　反铲挖掘机作业方式

1—反铲挖掘机；2—自卸汽车；3—弃土堆；R—挖掘机的回转半径；H—开挖深度

b. 沟侧开挖 ［图 1-41(b)］　挖掘机在沟槽一侧挖土，挖掘机移动方向与挖土方向垂直，这种方法开挖要注意沟槽边边坡的稳定性。挖土的深度和宽度均较小，但当土方允许就近堆在槽旁时，能弃土于距沟边缘较远的地方。

③ 拉铲挖掘机 ［图 1-39(c)］　工作特点是后退向下，自重切土。拉铲挖掘机的土斗用钢丝绳悬挂在挖掘机的长臂上，挖土时土斗在自重作用下落到地面切入土中。其挖土深度和挖土半径均较大，能开挖停机面以下一、二类土，但不如反铲动作灵活准确，适于开挖大型基坑及水下挖土。拉铲挖掘机的作业方式基本与反铲挖掘机相似，也可分为沟端开挖和沟侧开挖。

④ 抓铲挖掘机 ［图 1-39(d)］　工作特点是直上直下、自重切土。抓铲挖掘机是在挖掘

机的长臂上用钢丝绳悬吊一个抓斗，挖土时抓斗在自重作用下落到地面切土。抓铲能在回转半径范围内开挖基坑上任何位置的土方，并可在任何高度上卸土（装车或弃土）。

对小型基坑，抓铲立于一侧抓土；对较宽的基坑，则在两侧或四面抓土。抓铲应离基坑边一定距离，土方可直接装入自卸汽车运走，或堆弃在基坑旁或用推土机推到远处堆放。挖淤泥时，抓斗易被淤泥吸住，应避免用力过猛，以防翻车。抓铲施工，一般均需加配重。

抓铲挖掘机适用于开挖土质比较松软、施工面狭窄的深基坑、基槽，清理河床及水中挖取土，桥基、桩孔挖土，最适宜于水下挖土，或用于装卸碎石、矿渣等松散材料。

（4）土方机械的选择　土方机械的选择，通常应根据工程特点和技术条件提出几种可行方案，然后进行技术经济分析比较，选择效率高、综合费用低的机械进行施工，一般选用土方施工单价最小的机械。在大型建设项目中，土方工程量很大，而施工机械的类型及数量常常有一定的限制，必须将机械进行统筹分配，以使施工费用最小。一般可以用线性规划的方法来确定土方施工机械的最优分配方案。

在土方工程施工中土方机械的选择要注意以下问题。

① 平整场地。地势较平坦、含水量适中的大面积平整场地，选用铲运机较适宜。地形起伏较大，挖方、填方量大且集中的平整场地，运距在 1000m 以上时，可选用正铲挖掘机配合自卸车进行挖土、运土，在填方区配备推土机平整及压路机碾压施工。挖填方高度均不大，运距在 100m 以内时，采用推土机施工，灵活、经济。

② 地面上的坑式开挖。单个基坑和中小型基础基坑开挖，在地面上作业时，多采用抓铲挖掘机和反铲挖掘机。抓铲挖掘机适用于一、二类土质和较深的基坑；反铲挖掘机适于四类以下土质，深度在 4m 以内的基坑。

③ 长槽式开挖。这是指在地面上开挖具有一定截面长度的基槽或沟槽，适于挖大型厂房的柱列基础和管沟，宜采用反铲挖掘机；若为水中取土或土质为淤泥，且坑底较深，则可选用抓铲挖掘机挖土。若土质干燥，槽底开挖不深，基槽长 30m 以上，可采用推土机或铲运机施工。

④ 整片开挖。对于大型浅基坑且基坑土干燥，可采用正铲挖掘机开挖。若基坑内土潮湿，则采用拉铲或反铲挖掘机，可在坑上作业。

⑤ 独立柱基础的基坑及小截面条形基础基槽的开挖。采用小型液压轮胎式反铲挖掘机配以翻斗车来完成浅基坑（槽）的挖掘和运土。

一般常用土方机械的选择可参考表 1-10。

表 1-10　常用土方机械的选择

机械名称、特性	作业特点及辅助机械	适用范围
推土机 操作灵活，运转方便，需工作面小，可挖土、运土，易于转移，行驶速度快，应用广泛	（1）作业特点 ①推平；②运距 100m 内的推土（效率最高为60m）；③开挖浅基坑；④推送松散的硬土、岩石；⑤回填、压实；⑥配合铲运机助铲；⑦牵引；⑧下坡坡度最大 35°，横坡最大为 10°，几台同时作业，前后距离应大于 8m （2）辅助机械 土方挖后运出需配备装土、运土设备，推挖三、四类土，应用松土机预先翻松	① 推一至四类土 ②找平表面、场地平整 ③短距离移挖作填、回填基坑（槽）、管沟并压实 ④开挖深度不大于 1.5m 的基坑（槽） ⑤堆填高 1.5m 内的路基、堤坝 ⑥拖羊足碾 ⑦配合挖掘机从事集中土方、清理场地、修路开道等

机械名称、特性	作业特点及辅助机械	适用范围
铲运机 操作简单灵活,不受地形限制,不需特设道路,准备工作简单,能独立工作,不需其他机械配合能完成铲土、运土、卸土、填筑、压实等工序,行驶速度快,易于转移;需用劳动力少,生产效率高	(1)作业特点 ①大面积整平;②开挖大型基坑、沟渠;③运距 800～1500m 内的挖运土(效率最高为 200～350m);④填筑路基、堤坝;⑤回填压实土方;⑥坡度控制在 20° 以内 (2)辅助机械 开挖坚土时需用推土机助铲,开挖三、四类土宜先用松土机预先翻松 20～40cm;自行式铲运机用轮胎行驶,适合于长距离,但开挖需用助铲	①开挖含水率 27% 以下的一至四类土 ②大面积场地平整、压实 ③运距 800m 内的挖运土方 ④开挖大型基坑(槽)、管沟,填筑路基等,但不适于砾石层、冻土地带及沼泽地区使用
正铲挖掘机 装车轻便灵活,回转速度快,移位方便;能开挖坚硬土层,易控制开挖尺寸,工作效率高	(1)作业特点 ①开挖停机面以上土方;②工作面应在 1.5m 以上;③开挖高度超过挖掘机挖掘高度时,可采取分层开挖;④装车外运 (2)辅助机械 土方外运应配备自卸汽车,工作面应有推土机配合平土,集中土方进行联合作业	①开挖含水量不大于 27% 的一至四类土和经爆破后的岩石与冻土碎块 ②大型场地整平土方 ③工作面狭小且较深的大型管沟和基槽路堑 ④独立基坑 ⑤边坡开挖
反铲挖掘机 操作灵活,挖土、卸土均在地面作业,不用开运输道	(1)作业特点 ①开挖地面以下深度不大的土方;②最大挖土深度 4～6m,经济合理深度为 1.5～3m;③可装车和两边甩土、堆放;④较大较深基坑可用多层接力挖土 (2)辅助机械 土方外运应配备自卸汽车,工作面应有推土机配合推到附近堆放	①开挖含水量大的一至三类的砂土或黏土 ②管沟和基槽 ③独立基坑 ④边坡开挖
拉铲挖掘机 可挖深坑,挖掘半径及卸载半径大,操纵灵活性较差	(1)作业特点 ①开挖停机面以下土方;②可装车和甩土;③开挖截面误差较大;④可将土甩在基坑(槽)两边较远处堆放 (2)辅助机械 土方外运需配备自卸汽车、推土机,创造施工条件	①挖掘一至三类土,开挖较深较大的基坑(槽)、管沟 ②大量外借土方 ③填筑路基、堤坝 ④挖掘河床 ⑤不排水挖取水中泥土
抓铲挖掘机 钢绳牵拉灵活性较差,工效不高,不能挖掘坚硬土;可以装在简易机械上工作,使用方便	(1)作业特点 ①开挖直井或沉井土方;②可装车或甩土;③排水不良也能开挖;④吊杆倾斜角度应在 45° 以上,距边坡应不小于 2m (2)辅助机械 土方外运时,按运距配备自卸汽车	①土质比较松软,施工面较狭窄的深基坑、基槽 ②水中挖取土,清理河床 ③桥基、桩孔挖土 ④装卸散装材料

1.4.4.2 基坑(槽)开挖

基坑、基槽的开挖首先应进行房屋定位和标高引测,然后根据基础的底面尺寸、埋置深度、土质好坏、地下水位的高低及季节性变化等不同情况,考虑施工需要,确定是否需要留工作面、放坡、增加排水设施和设置支撑,从而定出挖土边线并撒灰线。

(1)放线 通过对基础图纸的审查得到建筑轴线与基坑(槽)开挖边线的关系,并根据建筑平面控制网建立的轴线控制桩,将基坑(槽)开挖边线位置通过放线工作在开挖区域的地面确定出来,并撒白灰进行标记。基坑(槽)开挖边线分为上口边线和下口边线。下口边线的控制直接影响基坑(槽)的边坡坡度,应严格控制避免超挖。基坑(槽)开挖通常是逐步加深的，应对每次加深的下口边线进行控制，直至达到基坑设计预留标高，使开挖完成的基坑（槽）边坡坡脚位置符合放坡要求。

（2）基坑（槽）开挖　开挖基坑（槽）要按规定的尺寸合理确定开挖顺序和分层开挖深度，连续地进行施工，尽快地完成。因土方开挖施工要求标高、断面准确，土体应有足够的强度和稳定性，所以在开挖过程中要随时注意检查。挖出的土除预留一部分用作回填外，不得在场地内任意堆放，应把多余的土运到弃土地区，以免妨碍施工。为防止坑壁滑坡，根据土质情况及坑（槽）深度，在坑顶两边一定距离（一般为1.0m）内不得堆放弃土，在此距离外堆土高度不得超过1.5m，否则，应验算边坡的稳定性。在桩基周围、墙基或围墙一侧，不得堆土过高。在坑边放置有动载的机械设备时，也应根据验算结果，离开坑边较远距离，如地质条件不好，还应采取加固措施。为了防止基底土（特别是软土）受到浸水或其他原因的扰动，基坑（槽）挖好后，应立即做垫层或浇筑基础，否则，挖土时应在基底标高以上保留150~300mm厚的土层，待基础施工时再挖去。如用机械挖土，为防止基底土被扰动，结构被破坏，不应直接挖到坑（槽）底。一般铲运机、推土机挖土时，留土厚度为20cm左右；挖土机用反铲、正铲和拉铲挖土时，留土厚度为30cm左右为宜。挖土不得挖至基坑（槽）的设计标高以下，如个别处超挖，应用与基土相同的土料填补，并夯实到要求的密实度。如用原土填补不能达到要求的密实度时，应用碎石类土填补，并仔细夯实。重要部位如被超挖时，可用低强度等级的混凝土填补。

（3）土方开挖工程质量检验标准（表1-11）。

表1-11　土方开挖工程质量检验标准　　　　　　　　　单位：mm

项	序	项目	允许偏差或允许值					检验方法
			柱基、基坑、基槽	挖方场地平整		管沟	地（路）面基层	
				人工	机械			
主控项目	1	标高	−50	±30	±50	−50	−50	水准仪
	2	长度、宽度（由设计中心线向两边量）	+200 −50	+300 −100	+500 −150	+100	—	经纬仪、用钢尺量
	3	边坡	按设计要求					观察或用坡度尺检查
一般项目	1	表面平整度	20	20	50	20	20	用2m靠尺和楔形塞尺检查
	2	基底土性	按设计要求					观察或土样分析

注：地（路）面基层的偏差只适用于直接在挖、填方作地（路）面的基层。

1.4.5　土方回填

为保证填方工程满足强度、变形和稳定性方面的要求，既要正确选择填土的土料，又要合理选择填筑和压实方法。

土方回填

1.4.5.1　填土料选择

填方必须有足够的强度和稳定性，因此正确选择填方土料与填筑方法是十分重要的。

① 碎石类土、砂土和爆破石渣（粒径不大于每层铺厚的2/3，当用振动碾压时，不超过3/4），可用于表层下的填料。

② 含水量符合压实要求的黏性土，可作各层填料。

③ 碎块草皮和有机质含量大于8%的土仅用于无压实要求的填方。

④ 淤泥和淤泥质土，一般不能用作填料；但在软土或沼泽地区，经过处理后，含水量符合压实要求的，可用于填方中的次要部位。

⑤ 含盐量符合规定的盐渍土，一般可以使用，但填料中不得含有盐晶、盐块或含盐植物的根茎。

1.4.5.2 填土料的处理

土的最佳含水量是指通过压实能得到最大密实度的土的含水量。当土的含水量大于最佳含水量时，应翻松、晾晒、风干或换土、掺入吸水材料，否则夯实后会产生橡皮土；当土的含水量小于最佳含水量时，可预先洒水湿润或边铺边喷水。

1.4.5.3 压土方法

压土方法有碾压法、夯实法和振动法三种，此外还可利用运土工具压实。

（1）碾压法　靠沿填筑面滚动的鼓筒或轮子的压力压实土壤。一切拖动和自动的碾压机具，如平滚碾、羊足碾和气胎碾（图 1-42）等的工作都属于同一原理。

碾压法主要用于大面积的填土，如场地平整、路基、堤坝等工程。平滚碾适用于碾压黏性和非黏性土壤；羊足碾只能用来压实黏性土壤；气胎碾对土壤压力较为均匀，故其填土质量较好。

(a) 平滚碾　　　　　　(b) 羊足碾　　　　　　(c) 气胎碾

图 1-42　碾压机具

按碾轮重量，平滚碾又分为轻型（重 5t 以下）、中型（重 8t 以下）和重型（重 10t）三种。轻型平滚碾压实土层的厚度不大，但土层上部变得较密实，当用轻型平滚碾初碾后，再用重型平滚碾碾压，就会取得较好的效果。如直接用重型平滚碾碾压松土，则由于强烈的起伏现象，碾压效果较差。

用碾压法压实时，铺土应均匀一致，碾压遍数要相同，碾压方向应从填土区的两边逐渐压向中心，每次碾压应有 15～20cm 的重叠。

（2）夯实法　夯实法是利用夯本身的质量和夯的冲击运动或振动，对被压实的材料施加动压力，以提高其密实度、强度和承载能力，主要用于小面积的回填土或作业面受到限制的环境下。常用的夯实机械有夯锤、振动平板夯实机（图 1-43）和振动冲击夯实机（图 1-44）等。

图 1-43　振动平板夯实机

图 1-44　振动冲击夯实机

（3）振动法　利用振动压实机械来夯实土壤，此法用于振实非黏性土效果较好。实践中常用将碾压和振动结合而设计和制造出振动平碾、振动凸块碾等压实机械，振动平碾（图1-44）适用于填料为爆破石渣、碎石类土、杂填土或粉土的大型填方；振动凸块碾（图1-45）则适用于粉质黏土或黏土的大型填方。当压实爆破石渣或碎石类土时，可选用8～15t重的振动平碾，铺土厚度为0.6～1.5m，先静压、后振压，碾压遍数应由现场试验确定，一般为6～8遍。

图 1-45　振动凸块碾

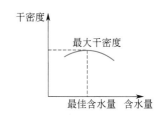

图 1-46　土的干密度与含水量的关系图

1.4.5.4　影响填土压实质量的因素

填土压实质量与许多因素有关，其中主要影响因素为土的含水量、压实功以及每层铺土厚度。

（1）含水量　土的含水量对压实效果的影响比较显著。当含水量较小时，由于粒间引力（包括毛细管压力）使土保持着比较疏松的状态或凝聚结构，土中孔隙大都互相连通，水少而气多，在一定的外部压实功作用下，虽然土孔隙中气体易被排出，密度可以增大，但由于水膜润滑作用不明显以及外部功也不足以克服粒间引力，土粒相对不容易移动，因此压实效果比较差。含水量逐渐增大时，水膜变厚，引力缩小，水膜又起着润滑作用，外部压实功比较容易使土粒移动，压实效果渐佳；土中含水量过大时，空隙中出现了自由水，部分压实功被自由水所抵消，减少了有效压力，压实效果反而降低。从土的密度与含水量关系图（图1-46）可以看出，曲线有一峰值，此处的干密度为最大，称为最大干密度 ρ_{max}，只有在土中含水量达最佳含水量的情况下压实的土，水稳定性最好，土的密度最大。然而含水量较小时土粒间引力较大，虽然干密度较小，但其强度可能比最佳含水量还要高。可是此时因密实度较低，孔隙多，一经饱水，其强度会急剧下降。因此，用干密度作为表征填方密实程度的技术指标，取干密度最大时的含水量为最佳含水量，而不取强度最大时的含水量为最佳含水量。

土在最佳含水量时的最大干密度，可由击实试验取得，也可查经验表确定。当回填土过湿时，应先晒干或掺入其他吸水材料；过干时应洒水湿润，尽可能使土保持在最佳含水量范围内。各种土的最佳含水量和最大干密度可参考表1-12。

表 1-12　土的最佳含水量和最大干密度

项次	土的种类	变动范围		项次	土的种类	变动范围	
		最佳含水量/%（质量分数）	最大干密度/(g/cm³)			最佳含水量/%（质量分数）	最大干密度/(g/cm³)
1	砂土	8～12	1.80～1.88	3	粉质黏土	12～15	1.85～1.95
2	黏土	19～23	1.58～1.70	4	粉土	16～22	1.61～1.80

注：1. 表中土的最大干密度应根据现场实际达到的数字为准。

2. 一般性的回填可不进行此项测定。

（2）压实功　指压实工具的重量、碾压遍数或锤落高度、作用时间等对压实效果的影响，是除含水量以外的另一重要因素。当压实功加大到一定程度后，对最大干密度提高的作用就不再明显。所以在实际施工中，应根据不同的土以及压实密度要求和不同的压实机械来决定压实的遍数。此外，松土不宜用重型碾压机直接滚压，否则土层会有强烈起伏现象，效果不佳。土的密度与压实功之间的关系如图 1-47 所示。

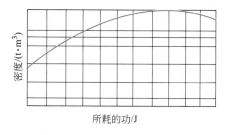

图 1-47　土的密度与压实功的关系

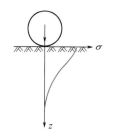

图 1-48　压实作用沿深度的变化
σ—压实应力；z—土的深度

（3）每层铺土厚度　土层表面受到较大的夯压作用，由于土层的应力扩散，使压实应力随深度增加而快速减少（图 1-48）。所以，只有在一定深度内土体才能被有效压实，该有效压实深度与压实机械、土的性质和含水量等有关，每层铺土厚度应小于压实机械的作用深度，但其中还有最优土层厚度。铺得过厚，要压很多遍才能达到规定的密实度；铺得过薄，则容易起皮且影响施工进度，费工费时。最优的铺土厚度应能使土方压实而机械的功耗费最少。

对于重要填方工程，其达到规定密实度所需的压实遍数、铺土厚度等应根据土质和压实机械在施工现场的压实试验决定。若无试验依据应符合表 1-13 的规定。

表 1-13　填方每层的铺土厚度和压实遍数

压实机具	每层铺土厚度/mm	每层压实遍数	压实机具	每层铺土厚度/mm	每层压实遍数
平滚碾	200～300	6～8	推土机	200～300	6～8
羊足碾	200～350	8～16	拖拉机	200～300	8～16
蛙式打夯机	200～250	3～4	人工打夯	≤200	3～4

1.4.5.5　填土质量检查

填土必须具有一定的密实度，以避免建筑物的不均匀沉陷。填土密实度以设计规定的控制干密度 ρ_d（或规定的压实系数 λ）作为检查标准。土的控制干密度与最大干密度之比称为压实系数。不同的填方工程，设计要求的压实系数不同，一般场地平整，其压实系数为 0.9左右，对于地基填土（在地基主要受力层范围内）为 0.93～0.97。

检查土的实际干密度，一般采用环刀取样法，或用轻便触探仪直接通过锤击数来检验。其取样组数：基坑回填土每 20～50m³ 取样一组；基槽、管沟填土每层长度按 20～50m 取样一组；室内回填土每层按 100～500m² 取样一组；场地平整填土每层按 400～900m² 取样一组。取样部位应在每层压实后的下半部。试样取出后测出实际干密度。

填土压实后的实际干密度，应有 90% 以上符合设计要求，其余 10% 的最低值与设计值的差不得大于 0.08g/cm³，且应分散不应集中。

填方施工结束后，应检查标高、边坡坡度、压实程度等。检验标准应符合表 1-14 的规定。

表 1-14　回填土工程质量检验标准　　　　　　　　单位：mm

项	序	检查项目	允许偏差或允许值					检验方法
			桩基、基坑、基槽	场地平整		管沟	地(路)面基础层	
				人工	机械			
主控项目	1	标高	−50	±30	±50	−50	−50	水准仪
	2	分层压实系数	按设计要求					按规定方法
一般项目	1	回填土料	按设计要求					取样检查或直观鉴别
	2	分层厚度及含水量	按设计要求					水准仪及抽样检查
	3	表面平整度	20	20	30	20	20	用靠尺或水准仪

1.4.6　土方施工安全措施

根据《危险性较大的分部分项工程安全管理办法》，开挖深度超过 3m（含 3m）的基坑（槽）的土方开挖、支护、降水工程，或虽未超过 3m 但地质条件和周边环境复杂的基坑（槽）支护、降水工程，属于危险性较大的分部分项工程。开挖深度超过 5m（含 5m）的基坑（槽）的土方开挖、支护、降水工程以及开挖深度虽未超过 5m，但地质条件、周围环境和地下管线复杂，或影响毗邻建筑（构筑）物安全的基坑（槽）的土方开挖、支护、降水工程，属于超过一定规模的危险性较大的分部分项工程范围。对于危险性较大的分部分项工程，应单独编制专项施工方案，对超过一定规模的危险性较大的分部分项工程，还应组织专家对单独编制的专项施工方案进行论证。在土方施工的过程中要注意做到。

① 土方开挖应遵循"开槽支撑，先撑后挖，分层开挖，严禁超挖"的原则。

② 基坑、基槽的挖掘深度大于 2m 时，应在坑、槽周边设置防护栏杆，防护栏杆的设置应符合《建筑施工高处作业安全技术规范》（JGJ 80—2016）的有关规定。在公共场所如道路、城区、广场等处进行开挖土方作业时，应在作业区四周设置围栏和护板，并要设立警告标志牌，夜间设红灯示警。

③ 土方开挖中如发现文物或古墓，应立即妥善保护并及时报请当地有关部门来现场处理，待妥善处理后，方可继续施工。如挖掘发现地下管线（管道、电缆、通信）等应及时通知有关部门来处理，如发现测量用的永久性标桩或地质、地震部门设置的观测点等亦应加以保护。如施工必须毁坏时，亦应事先取得原设置或保管单位的书面同意。

④ 为预防边坡塌方，一般禁止在边坡上侧堆土，当在边坡上侧堆置材料及移动施工机械时，应距离边坡上边缘 1.0m 以外，材料堆置高度不得超过 1.5m。基坑开挖时，两人操作间距应大于 2.5m。多台机械开挖，挖掘机间距应大于 10m。配合机械挖土的施工人员要清楚挖土区域及机械前后行走范围及回转半径，严禁在机械前后行走范围及回转半径内行走及施工配合作业。在挖掘机工作范围内，不许进行其他作业。

⑤ 挖土应由上而下，逐层进行，严禁先挖坡脚或逆坡挖土。挖土方不得在危岩、孤石的下边或贴近未加固的危险建筑物的下面进行。

⑥ 在有支撑的基坑（槽）中使用机械挖土时，应防止碰坏支撑。在坑槽边使用机械挖土时，应计算支撑强度，必要时应加强支撑。挖掘机离边坡应有一定的安全距离，以防塌方，造成翻机事故。

⑦ 施工中应经常检查支撑和观测邻近建筑物的情况，如发现支撑有松动、变形、位移等情况，应及时加固或更换。如换支撑时，应先加新支撑后拆旧支撑。支撑的拆除应按回填顺序自而上逐层拆除，拆除一层，经回填夯实后，再拆上层。拆除支撑时，应注意防止附近建筑物或构筑物产生下沉和破坏，必要时采取加固措施。

⑧ 土方施工后，裸露场地、土堆等要应根据使用周期和使用功能，采用扬尘防治网覆盖、植被种植、场地硬化等防尘措施进行处理，以尽可能减少土石方裸露面积和时间。

任务 1.5 基坑监测

基坑监测

基坑工程中支护结构的变形、受力、位移由于受地质条件、荷载条件、材料性质、施工条件和外界其他因素的复杂影响，很难单纯从理论上准确计算，而这些特征值又是影响基坑安全、施工安全的重要标志。因此，在理论分析指导下有计划地进行现场工程监测，在基坑侧壁和支挡结构以及周边建（构）筑物有代表性部位设置应力、应变、斜率和孔隙水压与变形等测试元器件，通过对支护和周围环境的监测，随时掌握土层和支护结构的变化情况，以及邻近建筑物、地下管线和道路的变形情况就变得十分必要。

因此，对基坑工程的监测既是检验基坑设计理论正确性和发展设计理论的重要手段，同时又是指导施工顺利进行、避免基坑工程事故的必要措施。

1.5.1 监测项目

基坑支护设计应根据支护结构类型和地下水控制方法，按表 1-15 选择基坑监测项目，并应根据支护结构构件、基坑周边环境的重要性及地质条件的复杂性确定监测点部位及数量。选取的监测项目及其监测部位应能够反映支护结构的安全状态和基坑周边环境受影响的程度。

表 1-15 基坑监测项目选择

检测对象		监测项目	监测元件与仪器	支护结构的安全等级		
				一级	二级	三级
（一）			围护结构			
1	围护桩墙	支护结构顶部水平位移	经纬仪、水准仪	应测	应测	应测
2		支护结构深部水平位移	测斜仪	应测	应测	选测
3		挡土构件内力	钢筋应力传感器、频率仪	应测	宜测	选测
4		土压力	土压力计	宜测	选测	选测
5		支护结构沉降	水准仪	应测	宜测	选测
6		孔隙水压力	孔隙水压力计、频率仪	宜测	选测	选测
7	内支撑	支撑轴力	钢筋应力传感器、位移计、频率仪	应测	宜测	选测
8		支撑立柱沉降	水准仪	应测	宜测	选测
9	外拉锚	锚杆拉力	锚杆拉力检测仪	应测	宜测	选测
10	坑内地下水	地下水位	观测井、孔隙水压力计、频率仪	应测	应测	选测
（二）			相邻环境			
11	—	基坑周边建（构）筑物，地下管线、道路沉降	水准仪	应测	应测	应测
12	—	坑边地面沉降	水准仪	应测	应测	宜测

基坑工程中，测斜及支撑结构轴力的量测必不可少，因为它们能综合反映基坑变形、基坑受力情况，直接地反馈基坑的安全度。

基坑和支护结构的监测项目，要根据支护结构的重要程度、周围环境的复杂性和施工的要求而定。一般来说，大型工程均需测量这些项目，特别是位于闹市区的大中型工程，而中、小型工程则可选择其中几项监测项目。

1.5.2 常用的监测仪器

（1）变形监测仪器
① 水准仪和全站仪：量测支护结构、地下管线和周围环境的沉降和变位。

② 测斜仪：支护结构和土体水平位移观测。

③ 深层沉降标：测量支护结构后土体位移的变化，以判定支护结构的稳定状态。

水位计
测量地下水位

④ 水位计：量测地下水位变化情况，以监测降水效果。

（2）应力监测仪器

① 土压力计：量测作用于围护墙上的土压力状态（主动、被动和静止）大小及变化情况，以便了解其与设计取值的差异。

② 孔隙水压力计：宜通过钻孔埋设，观测支护结构后孔隙水压力的变化情况，以判断基坑外土体的松密和移动情况。

③ 钢筋应力计：量测支撑结构的轴力、弯矩等，以判断支撑结构是否可靠。

④ 温度计：和钢筋应力计一起埋设在钢筋混凝土支撑中，用来计算由于温度变化引起的应力。

⑤ 应力、应变传感器：用于量测混凝土支撑系统中的内力。

⑥ 低应变动检测仪和超声波无损检测仪：用来检测支护结构的完整性和强度。

1.5.3 监测点布置及监测

（1）基准点 基准点应在施工前布置在施工影响范围以外，一般不少于两个，经观测其已稳定时方可投入使用，监测期间应定期联测以检验其稳定性，在整个施工期间，应采取有效保护措施，确保其能够正常使用。

在施工之前应进行不少于两次的初始观测，支护结构施工和基坑开挖期间一般每天观测一次，当观测值相对稳定时，可适当降低观测频率；当达到报警指标或观测值变化速率加快或出现危险事故征兆时，应增加观测频率。

（2）监测点 验证设计数据时，监测点应布置在设计中的最不利位置和断面；指导施工的监测点应布置在相同工况下的最先施工部位；表面变形观测点的位置既要考虑反映监测对象的变形特征，又要便于架设仪器进行观测，还要有利于测点的保护，深埋测点不能影响和妨碍结构正常受力，不能削弱结构的变形刚度和强度，要提前埋设，一般在 30d 以上，并且要保证监测时测量元件能够进入稳定工作状态。实施多项内容监测时，要力求各类测点布置能在时空上有机结合，力求同一监测部位能同时反映不同的物理变化量。若测点遭到破坏，应尽快在原位或靠近处补设，以保证该点观测数值的连续性。

1.5.4 监测结果的分析与评价

要通过监测获得的数据进行定量分析与评价，及时反馈基坑施工过程的安全性，以指导下一步施工的进行。一旦发生险情，应及时预报，并提出合理的建议和措施，直至解除预警。对监测结果的分析评价主要包括以下内容。

① 对支护结构侧向位移进行细致的定量分析，包括位移速率和累计位移最大值及其所处位置，并及时绘制测斜变化曲线形态；对引起位移速率增大的原因，如开挖、超挖、支撑不及时、渗漏、管涌等情况进行记录和深入分析。

② 对沉降与沉降速率进行分析，区分其沉降原因，分析其是由支护结构水平位移引起还是地下水下降等引起，并与支护结构的侧向位移进行比较。

③ 对各项检测结果进行综合分析，并相互验证和比较。

④ 根据监测结果全面分析基坑开挖对周边环境的影响和支护效果，并通过反向分析查

明工程施工的技术原因。

1.5.5 监测报告的编制

工程结束时应提交完整的监测报告，报告内容包括：

① 监测项目和各测点的平面和立面布置图；

② 采用仪器的型号、规格和标定资料；

③ 测试资料整理的计算方法；

④ 监测值全部过程变化曲线；

⑤ 监测最终结果评述。

思考与拓展题

1. 土按开挖的难易程度分几类？如何判别？

2. 什么是土的可松性？土的可松性对土方施工有何影响？

3. 什么是土方调配？土方调配的原则是什么？

4. 确定场地设计标高应考虑哪些因素？如何确定？

5. 土方量计算方法有哪几种？

6. 常见的基坑支护结构的形式有哪些？

7. 如何正确选择填方土料？

8. 简述土钉支护的施工工艺。

9. 简述水泥土挡墙的施工工艺。

10. 试述轻型井点安装与使用注意事项。

11. 试述推土机、铲运机的工作特点、适用范围。

12. 单斗挖掘机中，正铲与反铲挖掘机的工作特点和适用条件是什么？

13. 简述正、反铲的基本作业方法。

14. 基槽开挖中应注意哪些事项？

15. 影响填土压实的主要因素有哪些？怎样检查填土压实的质量？

16. 在基坑工程中，现场监测的主要项目有哪些？

能力训练题

1. 选择题

(1) 正铲挖土机挖土的特点是（   ）。

    A. 后退向下，强制切土   B. 前进向上，强制切土

    C. 后退向下，自重切土   D. 直上直下，自重切土

(2) 在同一压实功条件下，土的含水量对压实质量的影响是（   ）。

    A. 含水量大好   B. 含水量小好

    C. 含水量为某一值时好   D. 含水量为零好

(3) 当用单斗挖掘机开挖基槽时，宜采用的工作装置为（   ）。

    A. 反铲   B. 拉铲   C. 正铲   D. 抓铲

(4) 对于同一种土，最初可松性系数 K_s 与最终可松性系数 K_s' 的关系是（   ）。

A. $K_s > K_s' > 1$　　B. $K_s < K_s' < 1$　　C. $K_s' > K_s > 1$　　D. $K_s' < K_s < 1$

（5）施工高度的含义是指（　　）。

A. 设计标高　　　　　　　　　　B. 自然地面标高

C. 设计标高减去自然标高　　　　D. 场地中心标高减去自然标高

（6）当基坑的土是细砂或粉砂时，宜选用的降水方法是（　　）。

A. 轻型井点降水　　　　　　　　B. 用抽水泵从基坑内直接抽水

C. 四周同时设排水沟和集水井　　D. 同时采用 B 和 C

（7）土方施工时，常以土的（　　）作为土的夯实标准。

A. 可松性　　　B. 天然密度　　　C. 干密度　　　D. 含水量

（8）某土方工程挖方量为 $1000m^3$，已知该土的 $K_s = 1.25$，$K_s' = 1.05$，实际需运走的土方量是（　　）。

A. $800m^3$　　B. $962m^3$　　　C. $1250m^3$　　D. $1050m^3$

（9）真空井点正常的出水规律为（　　）。

A. 先小后大，先浑后清　　　　　B. 先大后小，先浑后清

C. 先小后大，先清后浑　　　　　D. 先大后小，先清后浑

（10）土的天然含水量是指（　　）之比的百分率。

A. 土中水的质量与所取天然土样的质量　B. 土中水的质量与土的固体颗粒质量

C. 土的孔隙与所取天然土样体积　　　　D. 土中水的体积与所取天然土样体积

（11）铲运机适用于（　　）工程。

A. 中小型基坑开挖　　　　　　　B. 挖土装车

C. 河道清淤　　　　　　　　　　D. 大面积场地平整

（12）某管沟宽度为 8m，轻型井点降水在平面上宜采用（　　）形式。

A. 单排　　　B. 双排　　　　　C. 环形　　　　D. U 形

（13）以下挡土结构中，无止水作用的是（　　）。

A. 地下连续墙　　　　　　　　　B. 密排桩间加注浆桩

C. H 型钢桩加横挡板　　　　　　D. 深层搅拌水泥土墙

（14）较容易产生流砂的土质是（　　）。

A. 淤泥质土　　　　　　　　　　B. 黏土

C. 地下水位以下的细砂土　　　　D. 细砂土

（15）某天然土，土样质量 100g，烘干后质量为 85g，则该土样的含水量为（　　）。

A. 10%　　　B. 15%　　　　　C. 20%　　　　D. 17.6%

2. 计算题

（1）要将 $500m^3$ 的普通土开挖后运走，实际需要运走多少土？如果需要回填 $500m^3$ 的亚黏土，需挖方的体积是多少？（$K_s = 1.2$，$K_s' = 1.04$）

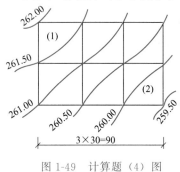

图 1-49　计算题（4）图

（2）某场地平整有 $6000m^3$ 的填方量，需从附近取土填筑，其土质为密实的砂黏土，已知 $K_s = 1.15$，$K_s' = 1.05$，试求：

1）填土挖方量；

2）已知运输工具斗容量为 $8m^3$，需运多少车次？

（3）某矩形基坑，坑底面积为 20m×26m，深 4m，边坡系数为 0.5，试计算该基坑的土方量。

（4）某场地如图 1-49 所示，试按挖填土方量平衡的原则确定场地平整的设计标高，计算出方格角点的施工高度，绘出零线，分别计算挖方量和填方量。

项目2 地基处理与基础施工

任务 2.1 地基处理

地基处理

在建筑工程中遇到工程结构的荷载较大，地基土质又较软弱（强度不足或压缩性大），不能满足建筑物对地基的要求时，就需要针对不同的情况，对地基进行处理或加固。将地基土由松变实、含水量由高变低，以改善地基性质，提高承载力，增加稳定性，减少地基变形和基础埋置深度。

2.1.1 基坑验槽

建（构）筑物基坑均应进行施工验槽。基坑挖至基底设计标高并清理后，施工单位必须会同勘察、设计、建设或监理等单位共同进行验槽，合格后方能进行基础工程施工。这是确保工程质量的关键程序之一，验槽的目的在于检查地基是否与勘察设计资料相符合。

一般设计依据的地质勘察资料取自建筑物基础的有限几个点，无法反映钻孔之间的土质变化曲线，只有在开挖后才能确切地了解。如果实际土质与设计地基土不符，则应由结构设计人员提出地基处理方案，处理后再经有关单位签署后归档备查。

2.1.1.1 验槽的主要内容

不同建筑物对地基的要求不同，基础形式不同，验槽的内容也不同，主要有以下几点。

① 根据设计图纸检查基槽的开挖平面位置、尺寸、槽底深度，检查是否与设计图纸相符，开挖深度是否符合设计要求。

② 仔细观察槽壁和槽底土质类型、均匀程度及有关异常土质是否存在，核对基坑土质及地下水情况是否与勘察报告相符。

③ 检查基槽之中是否有旧建筑物基础、古井、古墓、洞穴、地下掩埋物及地下人防工程等。

④ 检查基槽边坡外缘与附近建筑物的距离，基坑开挖对建筑物稳定是否有影响。

⑤ 检查核实分析钎探资料，对存在的异常点位进行复核检查。

2.1.1.2 验槽方法

验槽主要靠施工经验，以观察为主，而对于基底以下的土层不可见部位，要辅以钎探、夯音配合共同完成。

（1）观察法

① 观察槽壁、槽底的土质情况，验证基槽开挖深度，初步验证基槽底部土质是否与勘察报告相符，观察槽底土质结构是否被人为破坏。

② 基槽边坡是否稳定，是否有影响边坡稳定的因素存在，如地下渗水、坑边堆载或近距离扰动等（对难于鉴别的土质，应采用洛阳铲等手段挖至一定深度仔细鉴别）。

③ 基槽内有无旧的房基、洞穴、古井、掩埋的管道和人防设施等。如存在上述问题，应沿其走向进行追踪，查明其在基槽内的范围、延伸方向、长度、深度及宽度。

④ 在进行直接观察时，可用袖珍式贯入仪进行辅助检查。

验槽观察的内容见表 2-1。

表 2-1   验槽观察的内容

观察的项目		观察内容
槽壁土层		土层分布情况及走向
重点部位		柱基、墙角、承重墙下及其他受力较大部位
整个槽底	槽底土质	是否挖到老土层上（地基持力层）
	土的颜色	是否均匀一致，有无异常过干过湿
	土的软硬	是否软硬一致
	土的虚实	有无振颤现象，有无空穴声音

（2）钎探法   对基槽底以下 2～3 倍基础宽度的深度范围内，土的变化和分布情况，以及是否有空穴或软弱土层，需要用钎探明。钎探方法是将一定长度的钢钎打入槽底以下的土层内，根据每打入一定深度的锤击次数，间接地判断地基土质的情况。

① 工艺流程   绘制钎点平面布置图→放钎点线→核验点线→就位打钎→记录锤击数→拔钎→盖孔保护→验收→灌砂。

② 钎探   钎探分人工和机械两种方法。人工打钎时，钢钎用直径为 22～25mm 的钢筋制成，钎长为 1.8～2.0m（图 2-1），使用人力（机械）使大锤（穿心锤）自由下落规定的高度，撞击钎杆垂直打入土层中，并记录每打入土层 30cm 的锤击数（图 2-2），为设计承载力、基土土层的均匀度等质量指标及地勘结果提供验收依据。一般每钎分五步打（每步为300mm），钎顶留 300～500mm，以便拔出。钎探点的记录编号应与注有轴线号的打钎平面图相符，钎孔布置形式和孔的间距，应根据基槽形状和宽度以及土质情况决定。打钎完成后，要从上而下逐步分层分析钎探记录，再横向分析钎孔相互之间的锤击次数，将锤击数过

多或过少的钎孔，在打钎图上加以圈定，以备到现场重点检查，钎探后的孔要用砂灌实。

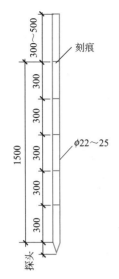

图 2-1 钢钎（单位：mm）

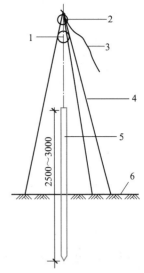

图 2-2 基坑钎探示意图（单位：mm）
1—重锤；2—滑轮；3—操纵绳；
4—三脚架；5—钢钎；6—基坑底

用打钎机打钎时，其锤重约 10kg，锤的落距为 50cm，钢钎为直径 25mm，长 1.8m。

（3）轻型动力触探　遇到下列情况之一时，应在基坑底普遍进行轻型动力触探（现场也可用轻型动力触探替代钎探）。

① 持力层明显不均匀。

② 浅部有软弱下卧层。

③ 有浅埋的坑穴、古墓、古井等，直接观察难以发现。

④ 勘察报告或设计文件规定应进行轻型动力触探。

验槽时应重点观察柱基、墙角、承重墙下或其他受力较大部位；如有异常部位，要会同勘察、设计等有关单位进行处理。

2.1.2　地基局部处理

根据勘察报告，局部存在异常的地基或经基槽检验查明的局部异常地基，均需根据实际情况、工程要求和施工条件，妥善进行局部处理。处理方法可根据具体情况有所不同，但均应遵循减小地基不均匀沉降的原则，使建筑物各部位的沉降尽量趋于一致。

对于验槽和钎探发现局部异常的地基，探明原因和范围后，由工程设计负责人制定处理方案，由施工单位进行处理。常见的处理方法可概括为"挖、填、换"三个字。

2.1.2.1　软松土坑（填土、墓穴、淤泥等）的处理

一般应挖除软松土部分，直至见到天然土为止，然后用与坑边天然土层相近的材料分层夯实回填至坑底标高处。常用回填材料有砂、砂砾石、天然土、3∶7 或 2∶8 的灰土。采用天然土分层夯实回填时，每层厚度 200mm，如图 2-3 所示。

软松土坑范围较大，超过基槽的宽度时，应将该范围内的基槽适当加宽，挖至天然层，

将部分基础加深，做成 1∶2 踏步与两端相接。

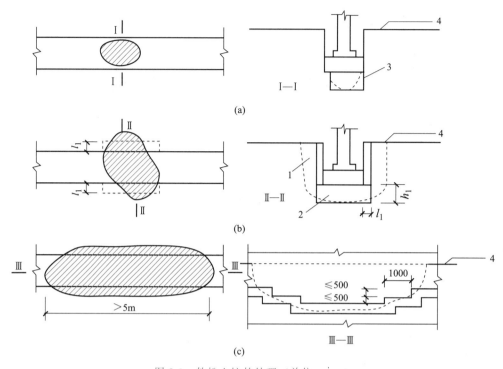

图 2-3 软松土坑的处理（单位：mm）

1—软弱土；2—2∶8 灰土；3—软松土全部挖除然后填以好土；4—天然地面

2.1.2.2 土井、砖井的处理

当井内有水并且在基础附近时，可将水位降低到可能程度，用中、粗砂及块石、卵石等夯填至地下水位以上 500mm。如有砖砌井圈时，应将砖砌井圈拆除至坑（槽）底以下 1m 或更多些，然后用素土或灰土分层夯实回填至基底（或地坪底）。

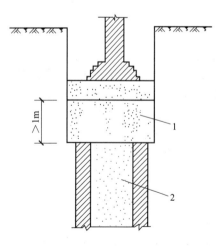

图 2-4 基槽下砖井处理方法
1—灰土；2—砖井

当枯井在室外，距基础边沿 5m 以内时，先用素土分层夯实回填至室外地坪下 1.5m 处，将井壁四周砖圈拆除或松软部分挖去，然后用素土或灰土分层夯实回填。

当枯井在基础下（条形基础 3 倍宽度或柱基 2 倍宽度范围内），先用素土分层夯实回填至基础底面下 2m 处，将井壁四周松软部分挖去，有砖砌井圈时，将砖砌井圈拆除至槽底以下 1~1.5m，然后用素土或灰土分层夯实回填至基底（图 2-4）。

当井在基础转角处，若基础压在井上部分不多时，除用以上方法回填处理外，还应对基础加强处理，如在上部设钢筋混凝土板跨越或采用从基础中挑梁的办法解决［图 2-5(a)］；若基础压在井上部分较多时，用挑梁的办法较困难或不经济时，可将基础沿墙长方向向外延长出去，使延长部分落在天然土上，并使落在天然土上的基础总面积不小于井圈范围内原有基础的面积，同时在墙内适当配筋或用钢筋混凝土梁加强［图 2-5(b)］。

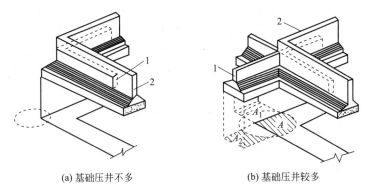

(a) 基础压井不多　　　　　　　　　(b) 基础压井较多

图 2-5　墙角下砖井处理方法

1—挑梁；2—墙基础；A—基础压在井上部分面积；A_1，A_2—基础延长部分落在天然土上部分面积

当井已淤填，但不密实时，可用大块石将下面软土挤密，再用上述方法回填处理。若井内不能夯填密实时，可在井内设灰土挤密桩或在砖井圈上加钢筋混凝土盖封口，上部再回填处理。

2.1.2.3　局部软硬土的处理

当基础下局部遇基岩、旧墙基、老灰土、大块石、大树根或构筑物等，均应尽可能挖除，采用与其他部分压缩性相近的材料分层夯实回填，以防建筑物由于局部落于较硬物上造成不均匀沉降而使建筑物开裂；或将坚硬物凿去 300～500mm 深，再回填土砂混合物夯实。

当基础一部分落于原土层上，另一部分落于回填土地基上时，可在填土部位用现场钻孔灌注桩或钻孔爆扩桩直至原土层，使该部位上部荷载直接传至原土层，以避免地基的不均匀沉降。

2.1.2.4　橡皮土的处理

当黏性土含水量很大趋于饱和时，碾压（夯拍）后会使地基土变成踩上去有一种颤动感觉的"橡皮土"。所以，当发现地基土（黏土、亚黏土等）含水量趋于饱和时，要避免直接碾压（夯拍），可采用晾槽或掺石灰粉的办法降低土的含水量，有地表水时应排水，地下水位较高时应将地下水降低至基底 0.5m 以下，然后再根据具体情况选择施工方法。如果地基土已出现橡皮土，则应全部挖除，填以 3:7 灰土、砂土或级配砂石，或插片石夯实；也可将橡皮土翻松、晾晒、风干至最优含水量范围再夯实。

2.1.2.5　流砂的处理

开挖土质不好，地下水位较高的基坑时，当挖至地下水水位以下，由于地下水压力的作用，坑底下面的土会随地下水涌入基坑。这种现象称为流砂现象。

流砂现象的危害：发生流砂时，土完全丧失承载能力；使施工条件恶化，难以达到开挖设计深度；严重时会造成边坡塌方及附近建筑物下沉、倾斜、倒塌等。

降低地下水位，改变水流方向，消除动水压力，是防治流砂现象的重要途径。其具体措施有抛大石块法、打钢板桩法、抢挖法、水下挖土法、人工降低地下水位法、地下连续墙法等。

（1）抛大石块法　基坑开挖中出现流砂现象，抢挖至标高后，立即铺设芦席并抛大石块，增加土的压重，以平衡动水压力。此法对于解决局部或轻微流砂现象是有效的。

（2）打钢板桩法　将钢板桩打入坑底一定深度，增加地下水由坑外流入坑内的渗流路线，减小水力坡度，从而减小动水压力。浇筑地下连续墙可起到同样的效果。

（3）抢挖法　对于仅有轻微流砂现象的基坑可组织分段抢挖，即使挖土速度超过冒砂速度，挖到标高后，立即抛入大石块填压，以平衡动水压力。

（4）人工降低地下水位法　采用人工降低地下水位法可使地下水渗流方向朝下，向下的动水压力增大了土粒间的压力，从而有效地制止流砂现象发生。

（5）水下挖土法　采用不排水的水下挖土法，使坑内外水压相平衡，避免其发生流砂现象。

（6）地下连续墙法　通过建造地下连续墙以达到截水、防止流砂发生的目的。

2.1.3　地基加固

地基加固

地基加固常用的方法有换填法、预压法、强夯法、挤密法、振冲法、深层搅拌法、高压喷射注浆法等。

2.1.3.1　换填法

当建筑物的地基比较软弱，不能满足上部荷载对地基强度和变形的要求，并且软弱土层的厚度又不是很大时，常采用换填法来处理。在工程实践中，常可分为以下几种情况。

（1）挖　就是挖去表面的软土层，将基础埋置在承载力较大的基岩或坚硬的土层上，此种方法主要用于软土层不厚，上部结构荷载不大的情况。

（2）填　当软土层很厚，而又需要大面积进行加固处理时，则可在原有的软土层上直接回填一定厚度的好土或砂石等。

（3）换　就是将挖土和填土相结合，施工时先将基础下一定范围内的软土挖去，而用人工填筑的垫层作为持力层，按其回填的材料不同可分为砂和砂石地基、灰土地基等。

① 砂和砂石地基。砂和砂石地基是将基础下一定范围内的土层挖去，然后采用级配良好、质地坚硬的中粗砂和碎石、卵石等，经分层夯实，作为基础的持力层，以提高地基承载力、减少地基沉降量、加速软弱土层的排水固结。该法具有施工工艺简单、工期短、造价低等特点，适用于处理透水性强的软弱黏性土地基，但不适用于加固湿陷性黄土地基和渗透系数小的黏性土地基。

② 灰土地基。灰土地基是将基础底面以下一定范围内的软弱土挖去，用按一定体积配合比的灰土在最优含水量情况下分层回填夯实（或压实），灰土垫层的材料为石灰和土，石灰和土的体积比一般为3∶7或2∶8。灰土地基的强度随用灰量的增大而提高，当用灰量超过一定值时，其强度增加很小。灰土地基具有一定的强度、水稳定性和抗渗性，施工工艺简单，取材容易，费用较低，是一种应用广泛、经济、实用的地基加固方法。该法适用于加固处理1～4m厚的软弱土、湿陷性黄土、杂填土等，还可用作结构的辅助防渗层。

2.1.3.2　预压法

预压法是在建筑物建造前，对建筑场地进行预压，使土体中的水排出，逐渐固结，地基发生沉降，同时强度逐步提高的方法。

（1）堆载预压法　在建造建筑物之前，用临时堆载（砂石料、土料、其他建筑材料、货物等）的方法对地基施加荷载，并给予一定的预压期，使地基预先压缩完成大部分沉降并使地基承载力得到提高后，卸除荷载再建造建筑物。预压荷载的数量、范围、速率和预压时间应根据相应的规范计算确定。

该法适用于各类软弱地基，包括天然沉积土层或人工冲填土层，如沼泽土、淤泥水力冲填土，较广泛用于冷藏库、油罐、机场跑道、集装箱码头等沉降要求比较高的地基。

（2）砂井堆载预压法　该法是在软弱地基中按一定距离打入管井，井口灌入透水性良好的砂作为竖向排水通道，并在砂井顶部设置砂垫层作为水平排水通道，在砂垫层上部压载以增加土中附加应力，附加应力产生超静水压力，使土体中孔隙水较快地通过砂井从砂垫层排出，以达到加速土体固结，提高地基土强度的目的（图 2-6）。

该法适用于透水性低的饱和软弱黏性土加固，常用于机场跑道、油罐、冷藏库、水池、水工结构、道路、路堤、堤坝、码头、岸坡等工程的地基处理。对于泥炭等有机沉积地基则不适用。

（3）袋装砂井堆载预压法　该法是在普通砂井堆载预压基础上改良和发展起来的一种新方法。因为普通砂井的施工，存在着以下普遍性问题。

① 砂井成孔方法易使井周围土扰动，使透水性减弱，或使砂井中混入较多泥沙，或难使孔壁直立。

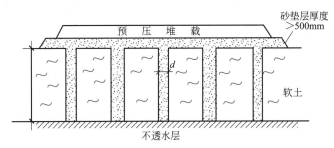

图 2-6　砂井布置剖面图

d—砂井直径

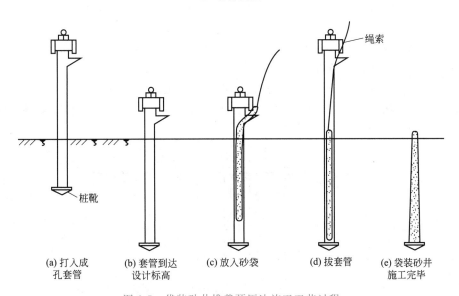

图 2-7　袋装砂井堆载预压法施工工艺过程

② 砂井不连续或缩井、断颈、错位现象很难完全避免。

③ 所用成井设备相对笨重，不便于在很软弱的地基上进行大面积施工。

④ 砂井采用大截面完全是为了施工的需要，而从排水要求出发并不需要，从而造成材料大量浪费。

⑤ 造价相对比较高。

采用袋装砂井则基本解决了上述大直径砂井堆载预压存在的问题，使砂井的设计和施工更趋合理和科学化，是一种比较理想的竖向排水体系。

袋装砂井堆载预压地基的特点是：能保证砂井的连续性，不易混入泥砂；打设砂井设备实现了轻型化，比较适应于在软弱地基上施工；采用小截面砂井，用砂量大为减少；施工速度快；工程造价降低，每 $1m^2$ 地基的袋装砂井费用仅为普通砂井的 50% 左右。其适用范围同砂井堆载预压地基，相应施工工艺过程如图 2-7 所示。

（4）塑料排水板堆载预压法　该法是用插板机将带状塑料排水板（图 2-8）插入软弱土层中，组成垂直和水平排水系统，然后在地基表面堆载预压（或真空预压），土中孔隙水沿塑料板的沟槽上升逸出地面，从而加快软土地基的沉降过程，使地基得到压密加固（图 2-9）。

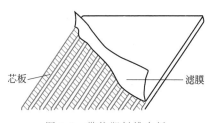

图 2-8　带状塑料排水板

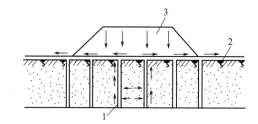

图 2-9　典型的塑料排水板堆载预压地基工程剖面图
1—塑料排水板；2—土工织物；3—堆载

塑料排水板堆载预压地基的特点如下。

① 板单孔过水面积大，排水畅通。

② 重量轻，强度高，耐久性好；其排水沟槽截面不易因受土压力作用而压缩变形。

③ 用机械埋设，效率高，管理简单；特别在大面积超软弱地基土上进行机械化施工，可缩短地基加固周期。

④ 加固效果与袋装砂井相同，承载力可提高 70%～100%，经 100d，固结度可达到 80%；加固费用比袋装砂井节省 10% 左右。

该法适用范围同砂井堆载预压法和袋装砂井堆载预压法。

（5）真空预压法　该法是在软黏土地基表面铺设砂垫层，用土工薄膜覆盖且周围密封，

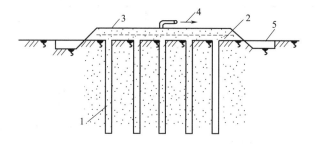

图 2-10　典型的真空预压法加固地基工程剖面图
1—砂井；2—砂垫层；3—薄膜；4—抽水气；5—黏土

用真空泵对砂垫层抽气，使薄膜下的地基形成负压，随着地基中水和气的抽出，地基土得到固结。为了加速固结，也可采用打砂井或插塑料排水板的方法，即在铺设砂垫层和土工薄膜之前打砂井或插排水板，以达到缩短排水距离的目的（图 2-10）。真空预压法的特点如下。

① 不需要大量堆载，可省去加载和卸载工序，节省大量原材料、能源和运输能力，缩短预压时间。

② 真空法所产生的负压使地基土的孔隙水加速排出，可缩短固结时间；同时由于孔隙水排出，渗流速度增大，地下水位降低，由渗流力和降低水位引起的附加应力也随之增大，提高了加固效果；同时负压可通过管路送到任何场地，适应性强。

③ 孔隙渗流水的流向及渗流力引起的附加应力均指向被加固土体，土体在加固过程中的侧向变形很小，真空预压可一次加足，地基不会发生剪切破坏而引起地基失稳，可有效缩短总的排水固结时间。

④ 所用设备和施工工艺比较简单，无需大量的大型设备，便于大面积使用。

⑤ 无噪声、无振动、无污染。

⑥ 技术经济效果显著，缩短了工期，降低了工程造价。

真空预压法适用于超软黏性土以及边坡、码头、岸边等地基稳定性要求较高的工程地基加固，土愈软，加固效果愈明显。不适用于在加固范围内有足够的水源补给的透水土层，以及无法堆载的倾斜地面和施工场地狭窄的工程。

2.1.3.3　强夯法

强夯法是用起重机械（起重机或起重机配三脚架、龙门架，见图 2-11）将大吨位（一般 8～30t）夯锤起吊到 6～30m 高度后，使其自由落下，给地基土以强大冲击能量的夯击，迫使土层孔隙压缩，土体局部液化，并在夯击点周围产生裂隙，形成良好的排水通道，以排除孔隙中的水和气体，使土粒重新排列，迅速固结，从而提高地基承载力，降低其压缩性。

(a) 夯锤起吊　　　　　　　　　　　　　(b) 夯孔

图 2-11　强夯法

该法具有工效高、施工速度快、节省加固材料和施工简便等优点，缺点是施工时噪声和振动较大。适于加固碎石土、砂土、低饱和度粉土、黏性土、湿陷性黄土、素填土、杂填土以及围海造地地基、工业废渣、垃圾地基等的处理；也可用于防止粉土及粉砂的液化，消除或降低大孔土的湿陷性等级；对于高饱和度淤泥、软黏土、泥炭、沼泽土，如采取一定技术措施也可采用，还可用于水下夯实。强夯法不得用于不允许对工程周围建筑物和设备有一定振动影响的地基加固，必需时应采取防振、隔振措施。

2.1.3.4 挤密法

挤密法是在软弱地基中成孔后，在孔中填入砂、石、土等材料，并分层振实成桩，从而使桩挤密其周围的软弱或松散土层，于是土与桩组成复合地基，可共同承受荷载。根据填入材料及施工方法的不同，挤密法有以下几种。

（1）土桩、灰土桩法　对地下水位以上的湿陷性黄土、素填土、杂填土及含水率较大的软弱地基，可用此法进行处理。施工时利用锤击将钢管打入土中侧向挤密成孔，然后在孔中分层填入素土或灰土，边拔管边振实填料成桩，与桩间土共同组成复合地基以承受上部荷载。灰土按体积比2∶8或3∶7加适量水拌和均匀，桩与土组成复合地基，夯实后具有一定的胶凝性，故灰土挤密桩比素土桩承载力高。桩距一般取2～3m，长度取决于需要加固土层的厚度及桩管的有效长度。

（2）砂石桩法　砂石桩法是采用振冲或冲击的方法，在软弱地基成孔，填入砂石料并挤压入土中，形成大直径挤实砂石桩的地基处理方法。主要包括砂桩挤密法、水泥粉煤灰碎石桩法等。

① 砂桩挤密法。砂桩挤密法施工时宜用锤击或振动沉管的方法成孔。施工顺序为定位、沉管灌砂、提升、下沉振实、再次提升和振实成桩。桩径为300～600mm，桩距取3.5倍桩径。砂桩挤密法适用于处理松砂、杂填土、素填土及黏粒含量不高的黏性土地基。但对饱和软黏土地基施工时易破坏土的天然结构，挤密效果较差，采用时应慎重。

② 水泥粉煤灰碎石桩法。水泥粉煤灰碎石桩，简称CFG桩，它是将碎石（或石屑）、粉煤灰和水泥加水拌合，用振动沉管打桩机或长螺旋钻管内泵压成桩机具制成的一种具有一定黏结强度的桩体。CFG桩是一种低强度混凝土桩，可充分利用桩间土的承载力共同作用，并可传递荷载到深层地基中去，具有较好的技术性能和经济效果。由于大量采用粉煤灰，桩体材料具有良好的流动性与和易性，灌筑方便，易于控制施工质量；同时可节约大量水泥、钢材，利用工业废料，降低工程费用，与采用预制钢筋混凝土桩加固相比，可节省30%～40%的造价成本。

CFG桩施工工艺有振动沉管CFG桩施工工艺和长螺旋钻管内泵压CFG桩施工工艺等，施工时，要根据场地和土层条件进行选择。CFG桩的适用范围很广，在砂土、粉土、黏土、淤泥质土、杂填土等地基均可采用，并且对独立基础、条形基础、筏形基础都适用。

2.1.3.5 振冲法

振冲法，又称振动水冲法，是以起重机吊起振冲器，启动潜水电机带动偏心块，使振动器产生高频振动；同时，启动水泵，通过喷嘴喷射高压水流，在边振边冲的共同作用下，将振动器沉到土中的预定深度，经清孔后，从地面向孔内逐段填入碎石，或不加填料，使土在振动作用下被挤密实，达到要求的密实度后即可提升振动器，如此重复填料和振密，直至地面，使得在地基中形成一个大直径的密实桩体，该密实桩体与原地基构成复合地基，从而有效地提高地基的承载力，并减少沉降和不均匀沉降，是一种快速、经济、有效的加固方法。

振冲地基按加固机理和效果的不同，分为振冲置换法和振冲密实法两类。

（1）振冲置换法　是在地基土中借振冲器成孔，振密填料置换，制造一群以碎石、砂砾等散粒材料组成的桩体，与原地基土一起构成复合地基，使地基承载力提高，沉降减少，它又称振冲置换碎石桩法。

振冲置换法适用于处理不排水、抗剪强度不小于 20kPa 的黏土、粉土、饱和黄土和人工填土等地基，不适用于地下水位较高、土质松散易塌方和含有大块石等障碍物的土层中。

（2）振冲密实法　其是利用振动和压力水使砂层液化，砂颗粒相互挤密，重新排列，孔隙减少，从而提高地基承载力和抗液化能力，故又称振冲挤密砂桩法。

振冲密实法适用于处理砂土和粉土等地基，但不加填料的振冲密实法仅适用于处理黏粒含量小于 10% 的粗砂、中砂地基。

2.1.3.6　深层搅拌法

深层搅拌法是利用水泥作为固化剂，通过深层搅拌机在地基深部，就地将软土和固化剂（浆体或粉体）强制拌合，利用固化剂和软土发生一系列物理、化学反应，使其凝结成具有整体性、水稳性好和较高强度的水泥加固体，与天然地基形成复合地基。其加固原理是：水泥与软黏土拌合后，水泥矿物和土中的水分发生强烈的水解和水化反应，同时从溶液中分解出氢氧化钙生成硅酸三钙（$3CaO \cdot SiO_2$）、硅酸二钙（$2CaO \cdot SiO_2$）、铝酸三钙（$3CaO \cdot Al_2O_3$）、铁铝酸四钙（$4CaO \cdot Al_2O_3 \cdot Fe_2O_3$）、硫酸钙（$CaSO_4$）等水化物，有的自身继续硬化形成水泥石骨架，有的则因与有活性的土进行离子交换、团粒反应、硬凝反应和碳酸化作用等，使土颗粒固结、结团，颗粒间形成坚固的联结，并具有一定强度。

深层搅拌法在施工中一般采用二次搅拌工艺，其工艺流程如图 2-12 所示，即：深层搅拌机定位→预搅下沉→配制水泥浆（或砂浆）→喷浆搅拌提升→原位重复搅拌下沉→重复搅拌提升直至孔口→关闭搅拌机、清洗→移至下一根桩位重复以上工序。

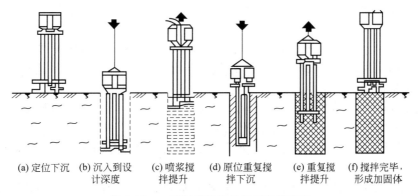

(a) 定位下沉　(b) 沉入到设　(c) 喷浆搅　(d) 原位重复搅　(e) 重复搅　(f) 搅拌完毕,
　　　　　　计深度　　　拌提升　　　拌下沉　　　拌提升　　形成加固体

图 2-12　深层搅拌法的施工工艺流程

此法具有无振动、无噪声、无污染、无侧向挤压，对邻近建筑物影响小，施工期较短，造价低廉和效益显著等优点，适用于加固较深较厚的淤泥、淤泥质土，粉土和含水量较高且地基承载力不大于 120kPa 的黏性土地基。

2.1.3.7　高压喷射注浆法

高压喷射注浆法是利用钻机钻至设计深度，然后借助高压设备，通过带特殊喷嘴的注浆管，将高压浆液喷入土层。喷嘴在喷射浆液时，一边缓慢旋转，一边徐徐提升，借助高压浆液的喷射，不断切削土层并与切削下来的土充分搅拌混合，胶体硬化后即在地基中形成直径比较均匀，具有一定强度的圆柱体（即旋转桩），从而使地基得到加固。该法适用于处理淤泥、淤泥质土、黏性土、粉土、黄土、砂土、人工填土、碎石土等地基，也可以用于既有建筑地基处理、深基坑侧壁挡土或挡水、基坑底部加固、防止管涌与隆起、堤坝加固等工程。

任务 2.2　浅埋式钢筋混凝土基础施工

浅埋式钢筋混凝土基础，按构造形式不同又可分为条形基础、杯形基础、筏形基础、箱形基础等。

2.2.1　条形基础施工

条形基础包括柱下钢筋混凝土独立基础和墙下钢筋混凝土条形基础。这种基础的抗弯和抗剪性能良好，可在竖向荷载较大、地基承载力不高以及承受水平力和力矩等荷载情况下使用。因高度不受台阶宽高比的限制，故适于在需要"宽基浅埋"的场合中采用，其横断面一般呈倒 T 形。

（1）构造要求

① 锥形基础（条形基础）边缘高度不宜小于 200mm。阶梯形基础的每阶高度宜为 300～500mm。

② 底板受力钢筋的最小直径不宜小于 8mm，间距不宜大于 200mm。当有垫层时钢筋保护层的厚度不宜小于 35mm，无垫层时不宜小于 70mm。

③ 插筋的数目与直径应和柱内纵向受力钢筋相同。插筋的锚固及柱的纵向受力钢筋的搭接长度，按国家现行设计规范的规定执行。

（2）工艺流程　土方开挖、验槽→混凝土垫层施工→恢复基础轴线、边线、校正标高→基础钢筋、柱、墙钢筋安装→基础模板及支撑安装→钢筋、模板验收→混凝土浇筑、试块制作→养护、模板拆除。

（3）施工要点

① 基坑（槽）应进行验槽，局部软弱土层应挖去，用灰土或砂砾分层回填夯实至基底相平。基坑（槽）内浮土、积水、淤泥、垃圾、杂物应清除干净。验槽后地基混凝土应立即浇筑，以免地基被扰动。

② 垫层达到一定强度后，在其上弹线、支模。铺放钢筋网片时底部用与混凝土保护层同厚度的水泥砂浆垫塞，以保证位置正确。

③ 在浇筑混凝土前，应清除模板上的垃圾、泥土和钢筋上的油污等杂物，模板应浇水加以润湿。

④ 基础混凝土宜分层连续浇筑完成。阶梯形基础的每一台阶高度内应分层浇捣，每浇筑完一台阶应稍停 0.5～1.0h，待其初步获得沉实后，再浇筑上层，以防止下台阶混凝土溢出，在上台阶根部出现烂脖子现象，台阶表面应基本抹平。

⑤ 锥形基础的斜面部分模板应随混凝土浇捣分段支设并顶紧压牢，以防模板上浮变形，边角处的混凝土应注意捣实。

⑥ 基础上有插筋时，要加以固定，保证插筋位置的正确，防止浇捣混凝土发生移位。混凝土浇筑完毕，外露表面应覆盖浇水养护。

浅埋式钢筋混凝土基础施工

2.2.2　杯形基础施工

杯形基础常用于装配式钢筋混凝土柱的基础，形式有一般杯口基础、双杯口基础、高杯口基础等，如图 2-13 所示。所用材料为钢筋混凝土，接头采用细石混凝土灌浆。施工要点如下。

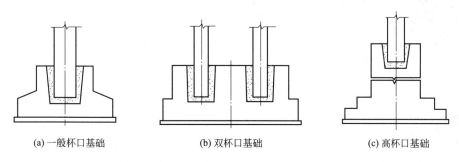

(a) 一般杯口基础　　　　(b) 双杯口基础　　　　(c) 高杯口基础

图 2-13　杯形基础形式

① 混凝土应按台阶分层浇灌，对高杯口基础的高台阶部分按整段分层浇灌。

② 杯口模板可用木或钢定型模板，可做成整体的，也可做成二半形式，中间各加楔形板一块。

③ 浇捣杯口混凝土时，应注意杯口模板的位置，由于杯口模板仅上端固定，浇捣混凝土时，四侧应对称均匀进行，避免将杯口模板挤向一侧。

④ 杯形基础一般在杯底均留有 5cm 厚的细石混凝土找平层。如用无底式杯口模板施工，应先将杯底混凝土振实，然后浇筑杯口四周的混凝土。基础浇捣完毕，混凝土初凝后终凝前用倒链将杯口模板取出，并将杯口内侧表面混凝土凿毛。

⑤ 施工高杯口基础时，由于最上一台阶较高，可采用后安装杯口模板的方法施工，即当混凝土浇捣接近杯口底时，再安装固定杯口模板，继续灌筑杯口四侧混凝土。

2.2.3　筏形基础施工

筏形基础（图 2-14）有整板式钢筋混凝土板（平板式）和钢筋混凝土底板、梁整体（梁板式）两种类型，适用于有地下室或地基承载能力较低而上部荷载较大的情况，筏形基础在外形和构造上如倒置的钢筋混凝土楼盖。前者用于荷载较大的情况，后者一般在荷载不大，柱网较均匀且间距较小的情况下采用。由于筏形基础的整体刚度较大，能有效将各柱子的沉降调整得较为均匀。其施工要点如下。

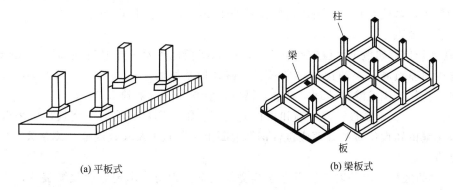

(a) 平板式　　　　　　　　(b) 梁板式

图 2-14　筏形基础

① 施工前，如地下水位过高，应将地下水位降至基坑底面以下 500mm，以保证在无水

情况下进行基坑开挖和基础施工。

基础垫
层施工

底板防水
层施工

② 基础垫层施工。基坑土方开挖至设计标高，经验槽合格后，即可采用 C15 混凝土浇筑垫层。若底板有防水要求，应待底板混凝土达到 25% 以上强度后再进行底板防水层施工；防水层施工完毕，应浇筑一定厚度的混凝土保护层，以避免进行钢筋安装绑扎时防水层受到破坏。

③ 筏形基础施工，可根据结构情况、施工条件以及进度要求等确定施工方案，一般有两种方法：一是先在垫层上绑扎底板、梁的钢筋和柱子锚固插筋，先灌筑底板混凝土，待达到 25% 强度后，再在底板上支梁模板，继续灌筑梁部分混凝土；二是采取底板和梁模板一次同时支好，混凝土一次同时灌筑完成，梁侧模采取钢支架支撑，并固定牢固。两种方法都应注意保证梁位置和柱插筋位置正确。混凝土应一次连续浇筑完成，不宜留施工缝，必须留设时，应按施工缝要求进行处理并有止水措施。

④ 在基础底板上埋设好沉降观测点，定期进行观测，做好记录。

⑤ 基础浇筑完毕，表面应覆盖和洒水养护，并防止地基被水浸泡。

2.2.4 箱形基础施工

箱形基础是由钢筋混凝土底板、顶板、侧墙及一定数量的纵横墙构成的封闭箱体（图 2-15），适用于上部结构分布不均匀的高层建筑物的情况。

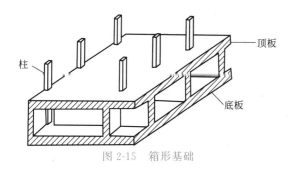

图 2-15 箱形基础

（1）构造要求

① 箱形基础在平面布置上尽可能对称。

② 混凝土强度等级不低于 C30，且应满足抗渗要求。

③ 底、顶板的厚度应根据受力情况，底板厚度为隔墙间距的 1/10～1/8，顶板厚度为 200～400mm。

④ 高度与埋置深度：箱形基础的长度不包括底板悬挑部分，高度应满足结构承载力和刚度的要求，其值不宜小于箱形基础长度的 1/20，并不宜小于 3m。

（2）施工要点

① 基坑开挖，如地下水位较高，应采取措施降低地下水位至基坑底面以下 500mm 处，并尽量减少对基坑底部土的扰动。当采用机械开挖基坑时，在基坑底面以上 200～400mm 厚的土层，应用人工挖除并清理，基坑验槽后，应立即进行基础施工。

② 施工时，基础底板、内外墙和顶板的支模、钢筋绑扎和混凝土浇筑，可采取分块进行，其施工缝的留设位置和处理应符合钢筋混凝土工程施工及验收规范有关要求，外墙接缝应设止水带。

③ 基础的底板、内外墙和顶板宜连续浇筑完毕。为防止出现温度收缩裂缝，一般应设置贯通后浇带，带宽不宜小于 800mm，在后浇带处钢筋应贯通，顶板浇筑后相隔 2～4 周，用比设计强度提高一级的细石混凝土将后浇带填灌密实，并加强养护。

④ 基础施工完毕，应立即进行回填土。停止降水时，应验算基础的抗浮稳定性，抗浮稳定系数不宜小于 1.2，如不能满足时，应采取有效措施，如继续抽水直至上部结构荷载加上后能满足抗浮稳定系数的要求为止，或在基础内采取灌水或加重物等，防止基础上浮或倾斜。

任务 2.3　桩基础施工

建造荷载较大的厂房或建筑物时，如遇到地基的软弱土层很厚，采用浅埋基础不能满足变形要求，而做其他人工地基没有条件或不经济时，常采用桩基础。桩基是深基础中的一种，由基桩（沉入土中的单桩）和连接于桩基桩顶的承台共同组成。桩基础的作用是将上部结构的荷载传递到深部较坚硬、压缩性较小、承载力较大的土层上；或使软弱土层受挤压，提高地基土的密实度和承载力，以保证建筑物的稳定性，减少地基沉降。

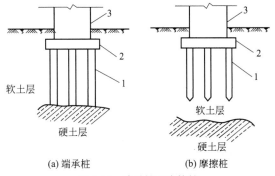

图 2-16　端承桩和摩擦桩
1—桩；2—承台；3—上部结构

① 按桩的承载性质不同，桩基础可分为端承桩和摩擦桩，如图 2-16 所示。

端承桩是穿过软土层并将建筑物的荷载传递给坚硬土层的桩，适用于表层软弱土层不太厚，而下部为坚硬土层的情况，其又可分为端承桩和摩擦端承桩。端承桩是指在极限承载力状态下，桩顶荷载由桩端阻力承受的桩；摩擦端承桩是指在极限承载力状态下，桩顶荷载主要由桩端阻力承受的桩。

摩擦桩是将桩沉至软弱土层一定深度，用以挤密软弱土层，提高土层的密实度和承载力，适用于软弱土层较厚，其下部有中等压缩性土层，而坚硬土层距地表很深的情况，其又可分为摩擦桩和端承摩擦桩。摩擦桩是指在极限承载力状态下，桩顶荷载由桩侧阻力承受的桩；端承摩擦桩是指在极限承载力状态下，桩顶荷载主要由桩侧阻力承受的桩。

桩顶部由承台连成整体，再在承台梁上修筑建筑物。

② 按桩的施工方法不同，桩基础有预制桩和灌注桩两类。

预制桩是在工厂或施工现场用不同的材料制成的各种形状的桩，然后用打桩设备将预制好的桩沉入地基土中。

灌注桩是在设计桩位上先成孔，然后放入钢筋骨架，再浇筑混凝土而成的桩。灌注桩按成孔的方法不同，分为泥浆护壁成孔灌注桩、干作业钻孔灌注桩、人工挖孔灌注桩、沉管灌注桩等。

2.3.1　桩基施工准备

桩基施工前应做好室内外的必要准备，虽然桩的施工方法不同，但准备工作却基本一致。

2.3.1.1　图纸资料的准备

① 基础工程施工图（包括桩基和其他形式的基础）。

② 建筑物基础的工程地质资料，如工程地质勘察报告。

③ 建筑施工现场和邻近区域内的情况调查资料（高压电线、电话线、地下管线、地下构筑物及危险房屋、精密仪器车间等）。

④ 桩基施工机械及配套设备的技术性能资料和有关桩的荷载试验资料。

⑤ 桩基工程施工技术措施。

2.3.1.2 桩基工程施工技术措施的内容

① 打桩施工平面图，其中要标明桩位、编号、施工顺序、水电线路及临时设施。
② 确定打桩或成孔机械、配套设备，以及施工工艺的有关资料。
③ 施工作业计划和劳动组织规划，机械设备、备（配）件、工具和材料供应计划。
④ 主要机械的试运转、试打或试钻、试灌注的计划。
⑤ 保证工程质量、安全生产和季节性施工的技术措施。

2.3.1.3 打桩施工现场的准备

① 做好场地平整工作，清除桩基范围内的高空、地面、地下障碍物；架空高压线距打桩架不得小于 10m；对于不利于施工机械运行的松软场地进行处理，修设桩机进出、行走道路。雨期施工时，应有排水措施。
② 根据基础施工图确定桩基础轴线，并将桩位测设到地面上，先定出中心，再引出两侧，桩位可用石灰点或钉桩标出。桩基轴线位置偏差不得超过 20mm，单排桩的轴线偏差不得超过 10mm，桩位标志应妥善保护。场地外设 2～3 个水准点，在施工过程中可据此检查桩位的偏差以及桩的入土深度。桩基轴线的定位控制桩和水准点，应设置在不受桩基施工影响的地方。
③ 桩基正式施工前应进行打桩或成孔试验，检查设备和工艺是否符合要求，数量不得少于 2 根。
④ 在建筑旧址或杂填土地区施工时，预先应进行钎探，并将探明的在桩位处的旧基础、石块、废铁等障碍物挖除，或采取其他处理措施。
⑤ 打桩场地建（构）筑物有防震要求时，应采取必要的防护措施。
⑥ 学习、熟悉桩基施工图纸，并进行会审；做好技术交底，特别是地质情况、设计要求、操作规程和安全措施的交底。
⑦ 准备好桩基工程沉桩记录和隐蔽工程验收记录表格，并安排好记录和监理人员等。

2.3.2 预制桩施工

预制桩是在工厂或施工现场制成的各种材料和形式的桩，然后用沉桩设备将桩沉入（打、压、振）土中。预制桩能承受较大的荷载、坚固耐久、施工速度快，是广泛应用的桩型之一。预制桩主要有钢筋混凝土方桩（图 2-17）、钢筋混凝土管桩（图 2-18）、钢管或型钢钢桩等。

图 2-17　预制钢筋混凝土方桩　　　　　图 2-18　预制钢筋混凝土管桩

钢筋混凝土预制桩（含预应力钢筋混凝土桩）施工速度快，适用于穿透中间层较软弱或夹有不厚的砂层、持力层埋置深度及变化不大、地下水位高、对噪声及挤土影响无严格限制的地区。

2.3.2.1　钢筋混凝土预制桩制作、运输和堆放

钢筋混凝土预制桩可以制作成各种需要的断面及长度，桩的制作及沉桩工艺简单，不受地下水位高低变化的影响，常用的为钢筋混凝土实心方桩和空心管桩。

（1）制作程序　现场制作场地压实、整平→场地地坪浇筑→支模→扎钢筋→浇筑混凝土→养护至 30%强度拆模→支间隔端头模板、刷隔离剂、绑钢筋→浇间隔桩混凝土→制作第二层桩→养护至 70%强度起吊→达 100%强度后运输、堆放。

（2）制作方法

① 混凝土预制桩可在工厂或施工现场预制。较短的桩一般在预制厂制作，较长的桩一般在施工现场附近露天预制。如在工厂制作，为便于运输，长度不宜超过 12m。如在现场制作，一般不超过 30m。

现场预制多采用工具式木模板或钢模板，支在坚实平整的地坪上，模板应平整牢靠，尺寸准确。用间隔重叠法生产，桩头部分使用钢模堵头板，并与两侧模板相互垂直，邻桩与上层桩的浇筑必须待邻桩或下层桩的混凝土达到设计强度的 30%以后进行，重叠层数一般不宜超过四层。混凝土空心管桩采用成套钢管模胎在工厂用离心法制成。

② 长桩可分节制作，单节长度应满足桩架的有效高度、制作场地条件、运输与装卸能力等方面的要求，并应避免在桩尖接近硬持力层或桩尖处于硬持力层中接桩。

③ 桩中的钢筋应严格保证位置的正确，桩尖应对准纵轴线，钢筋骨架主筋连接宜采用对焊或电弧焊，主筋接头配置在同一截面内的数量不得超过 50%；相邻两根主筋接头截面的距离应大于 $35d_g$（d_g 为主筋直径），且不小于 500mm。桩顶 1m 范围内不应有接头。桩顶钢筋网的位置要准确，纵向钢筋顶部保护层不应过厚，钢筋网格的距离应正确，以防锤击时打碎桩头，桩顶一定范围内的箍筋应加密并加设钢筋网片，同时桩顶面和接头端面应平整。

④ 混凝土强度等级应不低于 C30，粗骨料用 5～40mm 碎石或卵石，用机械拌制混凝土，坍落度不大于 6cm，为防止桩顶被击碎，混凝土浇筑应由桩顶向桩尖方向连续浇筑，不得中断，应防止另一端的砂浆积聚过多，并用振捣器仔细捣实。接桩的接头处要平整，使上下桩能互相贴合对准。浇筑完毕应覆盖洒水养护不少于 7d，如用蒸汽养护，在蒸汽养护后，还应适当自然养护，30d 方后可使用。

（3）起吊、运输和堆放　当桩的混凝土达到设计强度标准值的 70%后方可起吊，如需提前起吊，必须进行强度和抗裂度验算，并采取必要的防护措施。吊点应系于设计规定之处，如设计未作规定时，应符合起吊弯矩最小的原则，如无吊环，可按图 2-19 所示位置设置吊点起吊。在吊索与桩间应加衬垫，起吊应平稳提升，采取措施保护桩身质量，防止撞击和受振动。

桩运输时的强度应达到设计强度标准值的 100%。长桩运输可采用平板拖车、平台挂车或汽车后挂小炮车运输；短桩运输可采用载重汽车，现场运距较近，也可采用轻轨平板车运输。装载时桩支撑应按设计吊钩位置或接近设计吊钩位置叠放平稳并垫实，支撑或绑扎要牢固，以防运输中晃动或滑动；长桩采用挂车或炮车运输时，桩不宜设活动支座，行车应平稳，并掌握好行驶速度，防止任何碰撞和冲击。

堆放场地应平整坚实，排水良好。桩应按规格、桩号分层叠置，支撑点应设在吊点或近

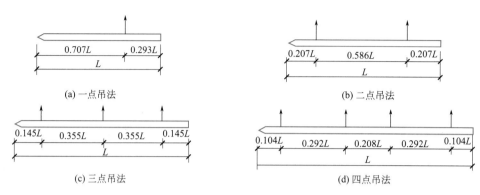

图 2-19 预制桩吊点位置
L—桩长

旁处保持在同一横断平面上，各层垫木应上下对齐，并支撑平稳，堆放层数不宜超过 4 层。桩应运到打桩位置堆放，应布置在打桩架附设的起重钩工作半径范围内，并考虑到起吊方向，避免转向。

2.3.2.2 锤击沉桩施工

锤击沉桩也称打入桩，是靠打桩机的桩锤下落到桩顶产生的冲击能而将桩沉入土中的一种沉桩方法，该法施工速度快，机械化程度高，适用范围广，是预制钢筋混凝土桩最常用的沉桩方法。但施工时有噪声和振动，对施工场所、施工时间有所限制。

（1）打桩机具 打桩用的机具主要包括桩锤、桩架及动力装置三部分。

1）桩锤 其是打桩的主要机具，其作用是对桩施加冲击力，将桩打入土中。主要有落锤、单动式汽锤和双动式汽锤、柴油锤、振动锤、液压锤等。

落锤一般由生铁铸成，重 0.5～1.5t，构造简单，使用方便，提升高度可随意调整，一般用卷扬机拉升施打。但打桩速度慢（6～20 次/min），效率低，适于在黏土和含砾石较多的土中打桩。

汽锤利用蒸汽或压缩空气的压力将桩锤上举，然后下落冲击桩顶沉桩，根据其工作情况又可分为单动式汽锤与双动式汽锤。单动式汽锤的冲击体在上升时耗用动力，下降靠自重，打桩速度较落锤快（60～80 次/min），锤重 1.5～15t，适于各类桩在各类土层中施工。双动汽锤的冲击体升降均耗用动力，冲击力更大、频率更快（100～120 次/min），锤重 0.6～6t，还可用于打钢板桩、水下桩、斜桩和拔桩。

柴油锤本身附有桩架、动力设备，易搬运转移，不需外部能源，应用较为广泛。但施工中有噪声、污染和振动等影响，在城市施工受到一定的限制。

振动锤是利用机械强迫振动，通过桩帽传到桩上使桩下沉。

液压锤是利用冲击缸体通过液压油提升与降落，使每一击能获得更大的贯入度。液压锤不排出任何废气，无噪声，冲击频率高，并适合水下打桩，是理想的冲击式打桩设备，但构造复杂，造价高。锤重应根据地质条件、工程结构、桩的类型、密集程度及施工条件等选择。

2）桩架 主要用于吊桩就位、悬吊桩锤，要求其具有较好的稳定性、机动性和灵活性，能保证锤击落点准确，并可调整垂直度。

常用桩架基本有两种形式，一种是沿轨道行走移动的多功能桩架（图 2-20），另一种是装在履带式底盘上自由行走的桩架（图 2-21）。

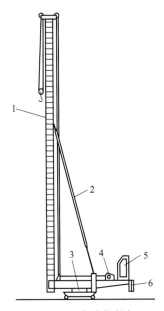

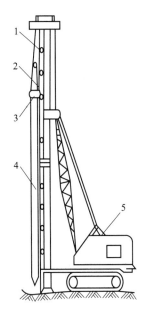

图 2-20 多功能桩架
1—立柱；2—斜撑；3—回转平台；
4—卷扬机；5—司机室；6—平衡重

图 2-21 履带式桩架
1—导架；2—桩锤；3—桩帽；
4—桩；5—起重机

桩架的选用主要根据所选定的桩锤的形式、重量和尺寸；桩的材料、材质、截面形式与尺寸及桩长和桩的连接方式；桩的种类、桩数及桩的布置方式；作业空间、打入位置；打桩的连续程度与工期要求等而定。

3）动力装置　打桩机的动力装置及辅助设备主要根据选定的桩锤种类而定。落锤以电源为动力，需配置电动卷扬机等设备；蒸汽锤以高压饱和蒸汽为驱动力，需配置蒸汽锅炉等设备；气锤以压缩空气为动力源，需配置空气压缩机等设备；柴油锤以柴油为能源，桩锤本身有燃烧室，不需外部动力设备。

（2）打桩施工

1）打桩顺序（图 2-22）　预制桩打入土层时，都会挤压周围的土，一方面能使土体密实，但同时在桩距较近时会使桩相互影响，或造成后打的桩下沉困难，或后打的桩挤压先打的桩使其"上飘"或偏移，特别是在群桩打入施工时，这些现象更为突出。为了保证打桩工程质量，防止周围建筑物受土体挤压的影响，打桩前应根据场地的土质、桩的密集程度、桩的规格与长短和桩架的移动方便等因素来正确选择打桩顺序。

当桩较密集时（桩中心距小于或等于 4 倍桩边长或桩径），应由中间向两侧对称施打或由中间向四周施打。这样，打桩时土体由中间向两侧或四周均匀挤压，易于保证施工质量。当桩数较多时，也可采用分区段施打。

当桩较稀疏时（桩中心距大于 4 倍桩边长或桩径），可采用上述两种打桩顺序，也可采用由一侧向另一侧单一方向施打的方式（即逐排施打），或由两侧同时向中间施打。

当桩规格、埋深、长度不同时，宜按"先大后小，先深后浅，先长后短"的原则进行施打，以免打桩时因土的挤压而使邻桩移位或上拔，在粉质黏土及黏土地区，应避免按着一个方向进行，使土体一边挤压，造成入土深度不一，土体挤密程度不均，导致不均匀沉降。在实际施工过程中，不仅要考虑打桩顺序，还要考虑桩架的移动是否方便。在打完桩后，当桩顶高于桩架底面高度时，桩架不能向前移动到下一个桩位继续打桩，只能后退打桩；当桩顶标高低于桩架底面高度时，则桩架可以向前移动打桩。

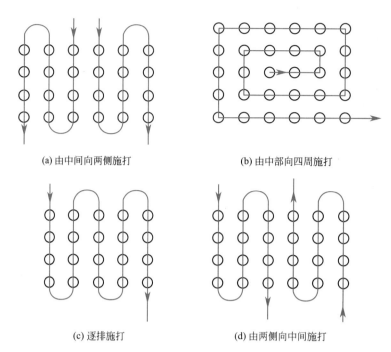

(a) 由中间向两侧施打   (b) 由中部向四周施打

(c) 逐排施打   (d) 由两侧向中间施打

图 2-22　打桩顺序

2）打桩程序　包括吊桩、插桩、打桩、接桩、送桩、截桩头。

① 吊桩　打桩机就位后，先将桩锤和桩帽吊升起来，其高度应超过桩顶，并固定在桩架上，以便开始吊立桩身，待桩吊至垂直状态后送入龙门导杆内。立桩要对准桩位、调整垂直，桩的垂直偏差不得超过 0.5%。

② 插桩　桩就位后，在桩顶安上桩帽，桩帽与桩周围的间隙应为 5～10mm，然后放下桩锤轻轻压住桩帽。桩帽与桩接触表面必须平整，桩锤、桩帽与桩身应在同一直线上，以免沉桩产生偏移。在桩的自重和锤重的压力下，桩便会沉入一定深度，等桩下沉达到稳定状态后，再一次复查其平面位置和垂直度，若有偏差应及时纠正，必要时要拔出重插，校核桩的垂直度可采用直角观测法，即用两个方向（互成 90°）的经纬仪使导架保持垂直。校正符合要求后，即可进行打桩。为了防止击碎桩顶，应在混凝土桩的桩顶和桩帽之间、桩锤与桩帽之间放上硬木、麻袋等弹性衬垫作缓冲层。

③ 打桩　桩立正后即开始打桩。起始几锤应控制锤的落距（短距轻击），待桩入土一定深度并稳定以后，再以全落距施打。这样可以保证桩位准确、桩身垂直。桩的施工原则应是"重锤低击""低提重打"，以尽量减小对桩头的冲击力，不损伤桩顶，加快桩的下沉。轻锤高击所获得的动量小，冲击力大，其回弹也大，桩头易损坏，大部分能量被桩身吸收，桩不易打入，且轻锤高击所产生的应力，还会促使距桩顶 1/3 桩长度范围内的薄弱处产生水平裂缝，甚至使桩身断裂。

当桩下沉遇到孤石或硬夹层时，应减小锤的落距，待穿透夹层后再恢复正常落距。打桩系隐蔽工程，应做好打桩记录，作为验收鉴定质量的依据。

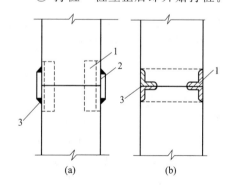

图 2-23　焊接接桩节点构造
1—角钢与主筋焊接；2—钢板；3—焊缝

④ 接桩　当设计的桩较长，但由于打桩机高度有限或预制、运输等因素，只能采用分段预制、分段打入的方法，需在桩打入过程中将桩接长。常用接头方式有焊接（图 2-23）、法兰连接（图 2-24）及硫黄胶泥锚接（图 2-25）等几种。前两种可用于各类土层，硫黄胶泥锚接适用于软土层，其中以焊接应用最多。

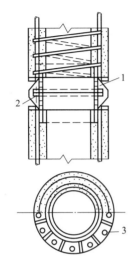

图 2-24　法兰连接接桩节点构造
1—法兰盘；2—螺栓；3—螺栓孔

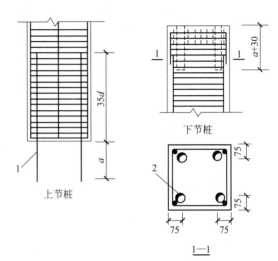

图 2-25　硫黄胶泥锚接接桩节点构造（单位：mm）
1—锚筋；2—锚筋孔；a—上节桩竖向连接钢筋伸出长度；d—连接钢筋直径

焊接接桩，钢板宜用低碳钢，焊条宜用 E43，焊接时应先将四角点焊固定，然后对称焊接，并确保焊缝质量和设计尺寸。接桩时，一般在距离地面 1m 左右进行，上、下节桩的中心线偏差不得大于 10mm，节点弯曲矢高不得大于 0.1% 的两节桩长。在焊接后应使焊缝在自然条件下冷却 10min 后方可继续沉桩。

预制桩时，在桩的端部设置法兰，需接桩时用螺栓把它们连在一起，这种方法施工简便，速度快，主要用于混凝土管桩。但法兰盘制作工艺复杂，用钢量大。

硫黄胶泥锚接接桩，使用的硫黄胶泥配合比应通过试验确定。硫黄胶泥锚接方法是将熔化的硫黄胶泥注满锚筋孔内并溢出桩面，然后迅速将上段桩对准落下，胶泥冷硬后，即可继续施打。采用该法接桩，可节约钢材，操作简便，接桩时间比焊接法大为缩短，但不宜用于坚硬土层中。锚接时应注意：锚筋应刷清并调直；锚筋孔内应有完好螺纹，无积水、杂物和油污；接桩时接点的平面和锚筋孔内应灌满胶泥；灌筑时间不得超过 2min；灌筑后停歇时间应满足要求；胶泥试块每班不得少于一组。

⑤ 送桩　如桩顶标高低于自然土面，则需用送桩管将桩送入土中。桩与送桩管的纵轴线应在同一直线上，拔出送桩管后，桩孔应及时回填或加盖。

⑥ 截桩头　如桩底到达了设计深度，而配桩长度大于桩顶设计标高时需要截去桩头。截桩头宜用锯桩器锯割，或用手锤人工凿除混凝土，钢筋用气割割齐。严禁用大锤横向敲击或强行扳拉截桩。

3）打桩控制　打桩时主要控制两个方面：一是能否满足贯入度及桩尖标高或入土深度要求；二是桩的位置偏差是否在允许范围之内。

桩入土深度是否已达到设计位置，其判断方法与桩的类型有关。对于设计规定桩尖打入坚土层的端承桩，是以桩的最后贯入度为主，桩尖入土深度或标高作参考。设计规定桩尖落在软土层的摩擦桩，则是以桩尖设计标高为主，最后贯入度作参考。

测量贯入度应在规定的条件下进行，即桩顶无损坏、锤击无偏心、在规定锤的落距下和桩帽与桩垫工作正常。如果贯入度已经达到要求而桩尖标高尚未达到时，应继续锤击 3 阵，其每阵 10 击的平均贯入度不应大于规定的数值。

打桩时，如控制指标已符合要求，而其他的指标与要求相差较大时，应会同监理、设计单位研究处理。当遇到贯入度剧变，桩身突然发生倾斜、移位或有严重回弹，桩顶或桩身出现严重裂缝、破碎等情况时，应暂停打桩，并分析原因，采取相应措施。

（3）沉桩对周围环境的影响及预防措施

1）对环境影响

打（沉）桩由于巨大体积的桩体在冲击作用下于短时间内沉入土中，会对周围环境带来下述危害。

① 挤土　由于桩体入土后挤压周围土层造成的。

② 振动　打桩过程中在桩锤冲击下，桩体产生振动，振动波向四周传播，会给周围的设施造成危害。

③ 超静水压力　土壤中含的水分在桩体挤压下产生很高的压力，此高压水向四周渗透时会给周围设施带来危害。

④ 噪声　桩锤对桩体冲击产生的噪声，达到一定分贝时，会对周围居民的生活和工作带来不利影响。

2）预防措施

为避免和减轻上述打桩产生的危害，根据过去的经验总结，可采取下述措施。

① 限速　即控制单位时间（如 1d）打桩的数量，可避免产生严重的挤土和超静水压力。

② 正确确定打桩顺序　一般在打桩的推进方向挤土较严重，为此，宜背向保护对象向前推进打设。

③ 挖应力释放沟（或防振沟）　在打桩区与被保护对象之间挖沟（深 2m 左右），此沟可隔断浅层内的振动波，对防振有益。如在沟底再钻孔排土，则可减轻挤土影响和超静水压力。

④ 埋设塑料排水板或袋装砂井　可人为建造竖向排水通道，易于排除高压力的地下水，使土中水压力降低。

静力压桩施工

2.3.2.3　静力压桩施工

静力压桩是通过静力压桩机（图 2-26）的压桩机构，以压桩机自重和桩机上的配重作反力而将预制钢筋混凝土桩分节压入地基土层中成桩。当预制桩在竖向静压力作用下沉入土中时，桩周土体发生急速而激烈的挤压，土中孔隙水压力急剧上升，土的抗剪强度大大降低，从而使桩身很快下沉。其特点是：桩机全部采用液压装置驱动，压力大，自动化程度高，纵横移动方便，运转灵活；桩定位精确，不易产生偏心，可提高桩基施工质量；施工无噪声、无振动、无污染；沉桩采用全液压夹持桩身向下施加压力，可避免锤击应力打碎桩头；桩截面可以减小，混凝土强度等级可降低 1～2 级，配筋比锤击法可省 40%；效率高，施工速度快；压桩力能自动记录，可预估和验证单桩承载力，施工安全可靠，便于拆装维修，运输等。但存在压桩设备较笨重，要求边桩中心到已有建筑物间距较大，压桩力受一定限制，挤土效应仍然存在等问题。

静力压桩适用于软土、填土及一般黏性土层，特别适合于居民稠密及危房附近环境保护要求严格的地区沉桩；但不宜用于地下有较多孤石、障碍物或有 4m 以上硬隔离层的情况。

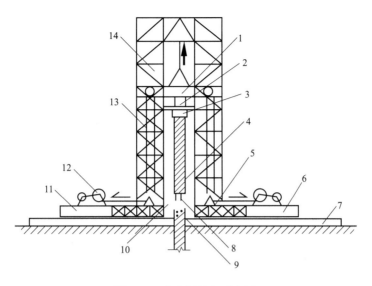

图 2-26　静力压桩机示意图

1—活动压梁；2—油压表；3—桩帽；4—上段桩；5—加重物仓；6—底盘；

7—轨道；8—上段接桩锚筋；9—下段桩；10—导笼口；11—操作平台；

12—卷扬机；13—加压钢绳滑轮组；14—桩架导向笼

（1）静力压桩的施工要点

① 静压预制桩的施工，一般都采取分段压入，逐段接长（可用焊接、硫黄胶泥接桩）的方法。当第一节桩压入土中，其上端距地面 2m 左右时将第二节桩接上，继续压入。对每一根桩的压入，各工序应连续。其施工程序为：测量定位→压桩机就位→吊桩、插桩→桩身对中调直→静压沉桩→接桩→再静压沉桩→送桩→终止压桩→切割桩头。静压预制桩施工前的准备工作、桩的制作、起吊、运输、堆放、施工流水、测量放线、定位等均同锤击法打（沉）预制桩。压桩的工艺程序如图 2-27 所示。

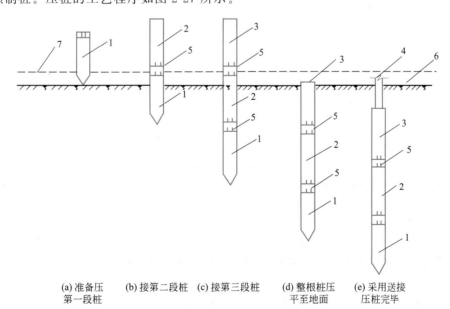

(a) 准备压　　(b) 接第二段桩　　(c) 接第三段桩　　(d) 整根桩压　　(e) 采用送接
第一段桩　　　　　　　　　　　　　　　　　　　　平至地面　　　　压桩完毕

图 2-27　压桩的工艺程序

1—第一段桩；2—第二段桩；3—第三段桩；4—送桩；5—桩接头处；6—地面线；7—压桩架操作平台线

② 压桩时，桩机就位利用行走装置完成。行走装置是由横向行走（短船行走）和回转机构组成。把船体作为铺设的轨道，通过横向和纵向油缸的伸程和回程使桩机实现步履式的横向和纵向行走。当横向两油缸一只伸程，另一只回程，可使桩机实现小角度回转，这样可使桩机达到要求的位置。

③ 静压预制桩每节长度一般在 12m 以内，插桩时先用起重机吊运或用汽车运至桩机附近，再利用桩机上自身设置的工作吊机将预制混凝土桩吊入夹持器中，夹持油缸将桩从侧面夹紧，即可开动压桩油缸，先将桩压入土中 1m 左右后停止，调正桩在两个方向的垂直度后，压桩油缸继续伸程把桩压入土中，伸长完后，夹持油缸回程松夹，压桩油缸回程，重复上述动作可实现连续压桩操作，直至把桩压入预定深度土层中。在压桩过程中要认真记录桩入土深度和压力表读数的关系，以判断桩的质量及承载力。当压力表读数突然上升或下降时，要停机对照地质资料进行分析，判断是否遇到障碍物或产生断桩现象等。

④ 压桩时，应始终保持桩轴心受压，若有偏移应立即纠正，接桩应保证上、下节桩轴线一致，并应尽量减少每根桩的接头个数，一般不宜超过 4 个接头。压桩应连续进行，如需接桩，可压至桩顶离地面 0.8～1.0m 用硫黄砂浆锚接，一般在下部桩留 $\phi50mm$ 锚孔，上部桩顶伸出锚筋，长（15～20）d。接桩时避免桩端停在砂土层上，以免在压桩时阻力增大压入困难。用硫黄胶泥接桩间歇不宜过长（正常气温下为 10～18min）；接桩面应保持干净，浇筑时间不超过 2min；上、下桩中心线应对齐，节点矢高不得大于 0.1％桩长。

⑤ 当桩压至接近设计标高时，不可过早停压，应使压桩一次成功，以免发生压不下或超压现象。如果桩顶接近地面，而压桩力尚未达到规定值，可以送桩。静力压桩情况下，只需用一节长度超过要求送桩深度的桩，放在被送的桩顶上便可以送桩，不必采用专用的钢送桩。工程中有少数桩不能压至设计标高，此时可将桩顶截去，以便压桩机移位。如初压时桩身发生较大移位、倾斜；压入过程中桩身突然下沉或倾斜；桩顶混凝土破坏或压桩阻力剧变时，应暂停压桩，及时研究处理。

⑥ 压桩应控制好终止条件，一般可从以下几方面进行控制。

a. 对于摩擦桩，按照设计桩长进行控制，但在施工前应先按设计桩长试压几根桩，待停置 24h 后，用与桩的设计极限承载力相等的终压力进行复压，如果桩在复压时几乎不动，即可以此进行控制。

b. 对于端承摩擦桩或摩擦端承桩，按终压力值进行控制。对于桩长大于 21m 的端承摩擦桩，终压力值一般取桩的设计极限承载力。当桩周土为黏性土且灵敏度较高时，终压力可按设计极限承载力的 0.8～0.9 倍取值；当桩长小于 21m，而大于 14m 时，终压力按设计极限承载力的 1.1～1.4 倍取值，或桩的设计极限承载力取终压力值的 0.7～0.9 倍；当桩长小于 14m 时，终压力按设计极限承载力的 1.4～1.6 倍取值，或设计极限承载力取终压力值0.6～0.7 倍，其中对于小于 8m 的超短桩，按 0.6 倍取值。

c. 超载压桩时，一般不宜采用满载连续复压法，但在必要时可以进行复压，复压的次数不宜超过 2 次，且每次稳压时间不宜超过 10s。

（2）质量控制

① 施工前应对成品桩进行外观及强度检验，接桩用焊条或半成品硫黄胶泥应有产品合格证书，或送有关部门检验，压桩用压力表、锚杆规格及质量也应进行检查。硫黄胶泥半成品应每 100kg 做一组试体（3 件），进行强度试验。

② 压桩过程中应检查压力、桩垂直度、接桩间歇时间、桩的连接质量及压入深度。重要工程应对电焊接桩的接头进行 10％的探伤检查。对承受反力的结构（对锚杆静压桩）应加强观测。

③ 施工结束后，应进行桩的承载力及桩体质量检验。

2.3.2.4　振动压桩施工

预制桩除了采用打桩和压桩的方法进行沉桩外，还有用振动沉桩的方法。振动沉桩和打桩基本相同，所不同的是采用激振器代替桩锤。

（1）使用范围　振动沉桩适用于砂质黏土、砂土和软土地区的沉桩施工；不宜用在砾石和密实的黏土层中沉桩。

（2）振动沉桩与水冲法配合　振动沉桩过程中，为了加速桩的下沉，可以用水冲法配合。水冲法是在桩旁插入一根与之平行的射水管，管下有喷嘴，沉桩时，从喷嘴射出压力 400kPa 的水，冲松土体。采用此法沉桩，当桩沉至接近设计标高（至少 1m）时，停止射水，并将射水管拔出，只开动激振器将桩沉至设计标高，否则，桩尖土质被压力水冲坏后将会影响桩的承载力。

2.3.3　灌注桩施工

灌注桩施工

灌注桩是直接在桩位上用机械成孔或人工挖孔，在孔内安放钢筋、灌注混凝土而成型的桩，广泛应用于中高层建筑的基础工程中。灌注桩的施工过程中，成孔是关键工序之一，而成孔机械类型较多，且各具特点和相应的适用范围。根据成孔方法的不同可分为钻、挖、冲孔灌注桩，套管灌注桩和爆扩桩等。

2.3.3.1　螺旋钻成孔灌注桩

螺旋钻成孔灌注桩（图 2-28）宜用于地下水位以上的一般黏性土、砂土及人工填土地基，不宜用于地下水位以下的上述各类土及碎石土、淤泥和淤泥质土地基。

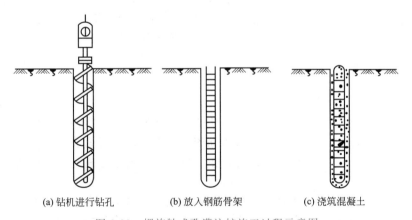

(a) 钻机进行钻孔　　　(b) 放入钢筋骨架　　　(c) 浇筑混凝土

图 2-28　螺旋钻成孔灌注桩施工过程示意图

螺旋式钻孔机分为长螺旋式（钻杆长度在 10m 以上）及短螺旋式（钻杆长度 3~5m）。一般工业与民用建筑工程桩基成孔多用长螺旋式钻机，而短螺旋式钻机多用于扩底桩成孔。

（1）螺旋钻孔机钻孔　螺旋钻孔机就位后，机身必须平稳，确保在钻孔过程中不发生倾斜、晃动。开钻前，应在桩架导杆上做出控制深度的标志，以准确控制钻孔深和观测、记录。

开始钻进或穿过软硬土层交界处时，应保证钻杆垂直并缓慢进尺，以便钻孔准确而垂直。遇土层内含砖块或含水率较大的软塑黏性土层时，要尽量减少钻杆的晃动，以免孔径扩大。当钻到设计规定深度时，一般应在原地空转清土，然后停转提升钻杆，将虚土带出孔洞，如果清土后仍超过规定的允许厚度时，应用辅助工具掏土或二次投钻清土。规范规定孔底沉渣或虚土（沉淤）允许厚度：端承桩沉渣≤100mm；摩擦桩沉渣≤300mm。否则将影响桩的设计承载能力。

在钻孔过程中，如出现钻杆跳动、机架摇晃、钻不进等异常情况，应立即停机检查、处理。在钻砂土层时，钻深不宜超过地下初见水位，以防发生塌孔。若遇地下水、塌孔、缩孔等异常情况，应会同有关单位研究处理。钻孔完毕后，应及时封盖孔口，不允许在盖板上行车，防止松土下落或孔口土壁坍陷。

（2）灌注混凝土　桩孔灌注混凝土之前，必须对桩孔深度、桩孔直径、桩孔的垂直度、孔壁情况、孔底虚土厚度和积水深度进行复查，对不合格者应及时处理并做好记录。对于钢筋混凝土桩，应先安放钢筋笼，钢筋不得碰撞孔壁，防止虚土落入孔底。在灌注混凝土时，应采取措施固定钢筋笼的位置。每根桩应分层振实连续灌注，分层的厚度由振捣工具的振捣能力决定，一般不得大于1.5m。为便于振捣和保证混凝土质量，其坍落度一般以80～100mm为宜。

混凝土灌注至桩顶时，应适当超过桩顶设计标高，以保证在凿除浮浆层后，桩顶标高和混凝土质量均能符合设计要求。

（3）施工常遇问题及预防处理方法

① 钻孔偏斜　钻杆不垂直，钻头导向部分导向性差，土质软硬不一，或者遇上孤石等，都会引起钻孔偏斜。

防止措施：钻孔偏斜时，可提起钻头，上下反复扫钻几次削去硬土；或在孔中回填黏土至偏孔处0.5m以上重新钻进。

② 孔底虚土　施工时，因虚土影响承载力，孔底虚土较规范大时必须清除。

防止措施：用20kg铁饼人工夯实或用孔底夯实机夯实。

③ 断桩　水下灌注混凝土桩的质量除混凝土本身质量外，是否断桩是鉴定其质量的关键。

防止措施：力争首批混凝土浇灌一次成功；分析地质情况，研究解决对策；严格控制现场混凝土配合比。

2.3.3.2　泥浆护壁成孔灌注桩

泥浆护壁成孔灌注桩是利用原土自然造浆或人工造浆浆液进行护壁，通过循环泥浆将被钻头切下的土块带出孔外成孔，然后安放钢筋笼，水下灌注混凝土成桩。

成孔方式有正（反）循环回转钻成孔、正（反）循环潜水钻成孔、冲击钻成孔、冲抓锥成孔、钻斗钻成孔等。

泥浆护壁成孔灌注桩适用于地下水位以下的黏性土、粉土、砂土、填土、碎（砾）石土及风化岩层；以及地质情况复杂、夹层多、风化不均、软硬变化较大的岩层。

（1）施工工艺　泥浆护壁成孔灌注桩的施工工艺流程：测定桩位→埋设护筒→桩机就位→制备泥浆→机械（潜水钻机、冲击钻机等）成孔→泥浆循环出渣→清孔→安放钢筋骨架→浇筑水下混凝土。

1）埋设护筒和制备泥浆　钻孔前，在现场放线定位，按桩位挖去桩孔表层土，并埋设护筒（图2-29）。护筒的作用是固定桩孔位置，保护孔口，防止地面水流入，成孔时引导钻头的方向，以保证钻机沿着桩位垂直方向顺利下钻，使孔顶部位的土层不致因钻杆反复上下升降、机身振动而导致孔口坍塌。护筒可用钢板制作，高0.3m左右，上部设1～2个溢浆孔,其内径应大于钻头直径200mm。

在钻孔过程中,向孔中注入相对密度为1.1~1.5的泥浆,使桩孔内孔壁土层中的孔隙渗填密实,避免孔内漏水,保持护筒内水压稳定;泥浆相对密度大,加大了孔内的水压力,可以稳固孔壁,防止塌孔;通过循环泥浆可使切削的泥石渣悬浮后排出,起到携砂、排土的作用。

在黏土中钻孔时,可利用钻削下来的土与注入的清水混合成适合护壁的泥浆(自造泥浆);在砂土中钻孔时,应注入高黏性土(膨润土)和水拌和成的泥浆(制备泥浆)。泥浆护壁效果的好坏直接影响成孔质量,在钻孔中,应经常测定泥浆性能。为保

图2-29 埋设护筒

证泥浆达到一定的性能,还可加入加重剂、分散剂、增黏剂及堵漏剂等掺合剂。

2)成孔

① 潜水钻成孔 潜水钻机是一种旋转式钻孔机,其防水电机变速机构和钻头密封在一起,由桩架及钻杆定位后可潜入水、泥浆中钻孔。注入泥浆后通过正循环或反循环排渣法将孔内切削土粒、石渣排至孔外。

潜水钻成孔有正循环排渣和泵举反循环排渣两种排渣方式,如图2-30所示。

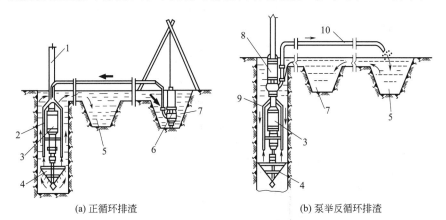

(a) 正循环排渣　　　　　　　　　　(b) 泵举反循环排渣

图2-30 潜水钻成孔排渣

1—钻杆;2—送水管;3—主机;4—钻头;5—沉淀池;6—潜水泥浆泵;

7—泥浆池;8—砂石泵;9—抽渣管;10—排渣胶管

正循环排渣法:在钻孔过程中,旋转的钻头将碎泥渣切削成浆状后,利用泥浆泵压送高压泥浆,经钻机中心管、分叉管送入到钻头底部强力喷出,与切削成浆状的碎泥渣混合,携带泥土沿孔壁向上运动,从护筒的溢流孔排出。

泵举反循环排渣法:砂石泵随主机一起潜入孔内,直接将切削碎泥渣随泥浆抽排出孔外。

② 回转钻成孔 回转钻机是由动力装置带动钻机回转装置,再经回转装置带动装有钻头的钻杆转动,钻头切削土壤而形成桩孔。

根据泥浆循环方式的不同,分为正循环和反循环两种工艺。正循环回转钻成孔的工艺原理如图2-31所示。泥浆或高压水由钻杆内部注入,并从钻杆底部喷出,携带钻下的土渣沿孔壁向上流动,携带土渣的泥浆流入沉淀池,经沉淀的泥浆再注入钻杆,由此进行正循环。正循环工艺施工费用较低,但泥浆上升速度慢,大粒径土渣易沉底,一般用于孔浅、孔径不

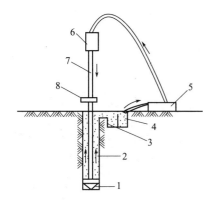

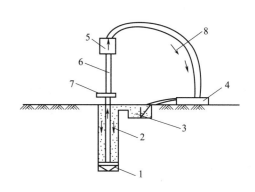

图 2-31　正循环回转钻成孔工艺原理

1—钻头；2—泥浆循环方向；3—沉淀池；

4—泥浆池；5—泥浆泵；6—水龙头；

7—钻杆；8—钻机回转装置

图 2-32　反循环回转钻成孔工艺原理

1—钻头；2—新泥浆流向；3—沉淀池；4—砂石泵；

5—水龙头；6—钻杆；7—钻机回转装置；8—混合液流向

大的桩。反循环回转钻成孔的工艺原理如图 2-32 所示。泥浆由钻杆与孔壁间的环状间隙流入钻孔，然后，由砂石泵或真空泵在钻杆内形成真空，使泥浆携带土渣由钻杆内腔吸出至地面而流入沉淀池，经沉淀的泥浆再流入钻孔，由此进行反循环。反循环工艺的泥浆上升速度快，排放土渣的能力大，可用于孔深、孔径大的桩。

③ 冲击钻成孔　冲击钻机通过机架、卷扬机把带刃的重钻头（冲击锤）提高到一定高度，靠自由下落的冲击力切削破碎岩层或冲击土层成孔（图 2-33）。

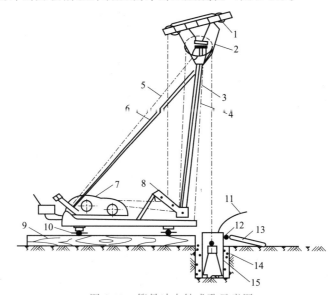

图 2-33　简易冲击钻成孔示意图

1—副滑轮；2—主滑轮；3—主杆；4—前拉索；5—后拉索；6—斜撑；7—双滚筒卷扬机；

8—导向轮；9—垫木；10—钢管；11—供浆管；12—溢流口；13—泥浆渡槽；

14—护筒回填土；15—钻头

冲击钻头有十字形、工字形、人字形等，一般常用十字形冲击钻头。

冲孔前先在孔口埋设护筒，使冲孔机就位，冲锤对准护筒中心。开始时用低锤密冲（落距 0.4～0.6m）。并及时加块石和黏土泥浆护壁，使孔壁挤压密实，直到护筒以下 3～4m 后，才可加大冲击钻头的冲程，提高钻进效率。孔内冲碎的石渣，一部分随泥浆挤入孔壁，大部分石渣用掏渣筒掏出。进入基岩后应低锤击或间断冲击，每钻进 100～500mm 应清孔取样一次，以备终孔验收。如冲孔发生偏斜，应回填片石（厚 300～500mm）后重新冲孔。

④ 冲抓锥成孔　冲抓锥锥头（图 2-34）上有一重铁块和活动抓片，通过机架和卷扬机将冲抓锥提升到一定高度，下落时松开卷筒刹车，抓片张开，锥头便自由下落冲入土中，然后开动卷扬机提升锥头，这时抓片闭合抓土。冲抓锥整体提升至地面上卸去土渣，依次循环成孔。

冲抓锥成孔施工过程、护筒安装要求、泥浆护壁循环等与冲击钻成孔施工相同。其适用于松软土层（砂土、黏土）中冲孔，但遇到坚硬土层时宜换用冲击钻施工。

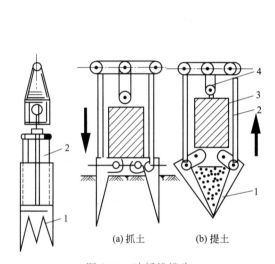

图 2-34　冲抓锥锥头
1—抓片；2—连杆；
3—压重；4—滑轮组

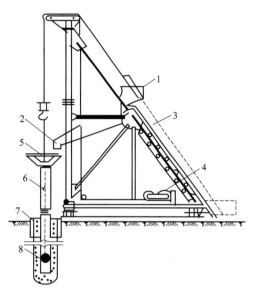

图 2-35　水下混凝土浇筑
1—上料斗；2—贮料斗；3—滑道；4—卷扬机；
5—漏斗；6—导管；7—护筒；8—隔水栓

3）清孔　钻孔深度达到设计要求后，即可进行清孔。清孔即清除孔底沉渣、淤泥浮土，以减少桩基的沉降量，提高承载能力。

泥浆护壁成孔清孔时，对于土质较好不易坍塌的桩孔，可用空气吸泥机清孔，气压为 0.5MPa，使管内形成强大高压气流向上涌，同时不断地补足清水，被搅动的泥渣随气流上涌从喷口排出，直至喷出清水为止。

对于稳定性较差的孔壁应采用泥浆循环法清孔或抽渣筒排渣，清孔后的泥浆相对密度应控制在 1.15～1.25。

4）浇筑水下混凝土　泥浆护壁成孔灌注混凝土的浇筑是在水中或泥浆中进行的，故称为浇筑水下混凝土。

水下混凝土宜比设计强度提高一个强度等级，必须具备良好的和易性，配合比应通过试验确定。水下混凝土浇筑常用导管法（图 2-35）。

浇筑时，先将导管内及漏斗灌满混凝土，其量应保证导管下端一次埋入混凝土面以下 0.8m 以上，然后剪断悬吊隔水栓的钢丝，混凝土拌和物在自重作用下迅速排出球塞进入水中。

（2）施工常遇问题及预防处理方法

1）孔壁坍塌　指成孔过程中孔壁土层不同程度坍落。主要原因是提升和下落冲击锤、掏渣筒或钢筋骨架时碰撞护筒及孔壁；护筒周围未用黏土紧密填实，孔内泥浆液面下降，孔内水压降低等造成塌孔。

预防处理方法：一是在孔壁坍塌段用石子、黏土投入，重新开钻，并调整泥浆密度和液面高度；二是使用冲孔机时，填入混合料后低锤密击，使孔壁坚固后，再正常冲击。

2）偏孔　指成孔过程中出现孔位偏移或孔身倾斜。偏孔的主要原因是桩架不稳固，导杆不垂直或土层软硬不均。对于冲孔成孔，则可能是由于导向不严格或遇到探头石及基岩倾斜所引起的。

预防处理方法：将桩架重新安装牢固，使其平稳垂直，如孔的偏移过大，应填入石子、黏土，重新成孔；如有探头石，可用取岩钻将其除去或低锤密击将石击碎；如遇基岩倾斜，可以投入毛石于低处，再开钻或密打。

3）孔底隔层　指孔底残留石渣过厚，孔脚涌进泥砂或塌壁泥土落底。造成孔底隔层的主要原因是清孔不彻底，清孔后泥浆浓度减少或浇筑混凝土、安放钢筋骨架时碰撞孔壁造成塌孔落土。

预防处理方法：做好清孔工作，注意泥浆密度及孔内水位变化，施工时注意保护孔壁。

4）夹泥或软弱夹层　指桩身混凝土混进泥土或形成浮浆泡沫软弱夹层。其形成的主要原因是浇筑混凝土时孔壁坍塌或导管口埋入混凝土高度太小，泥浆被喷翻，掺入混凝土中。

预防处理方法：经常注意混凝土表面标高变化，保持导管下口埋入混凝土下的高度，并应在钢筋笼下放孔内 4h 内浇筑混凝土。

5）流砂　指成孔时发现大量流砂涌塞孔底。流砂产生的原因是孔外水压力比孔内水压力大，孔壁土松散。流砂严重时可抛入碎砖石、黏土，用锤冲入流砂层，防止流砂涌入。

2.3.3.3　人工挖孔灌注桩

人工挖孔灌注桩是指机孔采用人工挖掘方法进行成孔，然后安放钢筋笼，浇筑混凝土而成的桩。优点是设备简单；无噪声、无振动、不污染环境，对施工现场周围原有建筑物的影响小；可按施工进度要求决定同时开挖桩孔的数量，必要时各桩孔可同时施工，土层情况明确，可直接观察到地质变化，桩底沉渣能清除干净，施工质量可靠。缺点是人工消耗大，开挖效率低，安全操作条件差等。由于存在上述缺点，在 2021 年 12 月住房和城乡建设部发布的《房屋建筑和市政基础设施工程危及生产安全施工工艺、设备和材料淘汰目录（第一批）》的公告中将人工挖孔灌注桩列为限制使用，并规定存在下列条件之一的区域不得使用：①地下水丰富、软弱土层、流沙等不良地质条件的区域；②孔内空气污染物超标准；③机械成孔设备可以到达的区域。

人工挖孔灌注桩的施工工艺：①按设计图纸放线、定桩位。②开挖桩孔土方。③支设护壁模板。④放置操作平台。⑤浇筑护壁混凝土。⑥拆除模板继续下段施工。⑦排出孔底积水，浇筑桩身混凝土。

人工挖孔桩的施工安全应予以特别重视。孔下操作人员必须戴安全帽；孔下有人时孔口必须有监护人员；护壁要高出地面 150～200mm；使用的电葫芦、吊笼等应安全可靠并配有自动卡紧保险装置；每日开工前必须检测井下的有毒有害气体；桩孔开挖深度超过 10m 时，应有专门向井下送风的设备。

人工挖孔桩施工常遇问题及预防处理方法参见表 2-2。

表 2-2 　人工挖孔桩施工常遇问题及预防处理方法

常遇问题	产　生　原　因	预防措施及处理方法
塌孔	①地下水渗流比较严重 ②混凝土护壁养护期内,孔底积水,抽水后,孔壁周围土层内产生较大水差压,从而易于使孔壁土体失稳 ③土层变化部位挖孔深度大于土体稳定极限高度 ④孔底偏位或超挖,孔壁原状土体结构受到扰动、破坏或松软土层挖孔,未及时支护	有选择地先挖孔几个桩孔进行连续降水,使孔底不积水,周围桩体土体黏聚力增强,并保持稳定;尽可能避免桩孔内产生较大水压差;挖孔深度控制不大于稳定极限高度;防止偏位或超挖;在松软土层挖孔,及时进行支护 对塌方严重孔壁,用砂、石子填塞,并在护壁的相应部位设泄水孔,用以排除孔洞内积水
井涌（流泥）	遇残积土、粉土,特别是均匀的粉细砂土层,当地下水位差很大时,使土颗粒悬浮在水中成流态泥土从井底上涌	遇有局部或厚度大于 1.5m 的流动性淤泥和可能出现涌土、涌砂时,可采将每节护壁高度减小到300～500mm 并随挖随验随浇筑混凝土,或采用钢护筒作护壁,或采用有效的降水措施以减轻动水压力
护壁裂缝	①护壁过厚,其自重大于土体的极限摩阻力,因而导致下滑,引起裂缝 ②过度抽水后,在桩孔周围造成地下水位大幅度下降,在护壁外产生负摩擦力 ③由于塌方使护壁失去部分支撑的土体下滑,使护壁某一部分受拉而产生环向水平裂缝,同时由于下滑不均匀和护壁四周压力不均,造成较大的弯矩和剪力作用,而导致垂直和斜向裂缝	护壁厚度不宜太大,尽量减轻自重,在护壁内适当配Φ10@200mm 竖向钢筋,上、下节竖向钢筋要连接牢靠,以减少环向拉力;桩孔口的护壁导槽要有良好的土体支撑,以保证其强度和稳固;裂缝一般可不处理,但要加强施工监视、观测,发现问题,及时处理
淹井	①井孔内遇较大泉眼或土渗透系数大的砂砾层 ②附近地下水在井孔集中	可在群桩孔中间钻孔,设置深井,用潜水泵降低水位,至桩孔开挖完成,再停止抽水,填砂砾封堵深井
截面大小不一或扭曲	①挖孔时未每节对中测量桩中心轴线及半径 ②土质松软或遇粉细砂层难以控制半径 ③孔壁支护未严格控制尺寸	挖孔时应按每节支量测桩中心轴线及半径,遇松软土层或粉细砂层,加强支护,严格认真控制支护尺寸
超量	①挖孔时未每层控制截面,出现超挖 ②遇有地下土洞、落水洞、下水道或古墓、坑穴 ③孔壁坍落,或成孔后间歇时间过长,孔壁风干或浸水剥落	挖孔时每层每节严格控制截面尺寸,不超挖;遇地下洞穴,用 3：7 灰土填补、夯实;按塌孔一项防止孔壁坍落;成孔后在 48h 内浇筑桩混凝土,避免长期搁置

2. 3. 3. 4　沉管灌注桩

沉管灌注桩（图 2-36）是利用锤击打桩设备或振动沉桩设备,将带有钢筋混凝土的桩尖或带有活瓣式桩靴的钢管沉入土中,造成桩孔,然后放入钢筋骨架并浇筑混凝土,随之拔出套管,利用拔管时的振动将混凝土捣实,便形成所需要的灌注桩。

沉管灌注桩适于有地下水、流砂、淤泥的情况。

根据沉管方法和拔管时振动不同,可分为锤击沉管灌注桩、振动沉管灌注桩。

（1）桩靴（图 2-37）　桩靴可分为钢筋混凝土预制桩靴和活瓣式桩靴,作用是阻止地下水及泥沙进入套管。

（2）套管　一般采用无缝钢管,直径为 270～600mm,要求有足够强度和刚度。

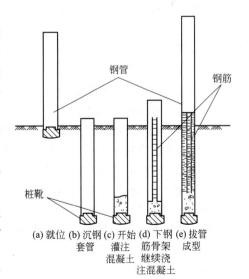

(a) 就位　(b) 沉钢　(c) 开始　(d) 下钢　(e) 拔管
　套管　灌注　筋骨架　成型
　　　混凝土　继续浇
　　　　　注混凝土

图 2-36 　沉管灌注桩

（3）成孔　常用的成孔机械有锤击沉桩机和振动沉管机。

（4）混凝土浇筑与拔管　根据承载力的要求不同，拔管可分别采用单打法、复打法和反插法。

① 单打法　即一次拔管法。拔管时每提升 0.5～1.0m，振动 5～10s 后，再拔管 0.5～1.0m，如此反复进行，直到全部拔出为止。

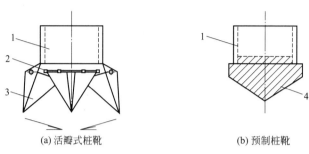

(a) 活瓣式桩靴　　　　　　(b) 预制桩靴

图 2-37　桩靴

1—桩管；2—锁轴；3—活瓣；4—桩靴

② 复打法　在同一桩孔内进行两次单打，或根据要求进行局部复打。在第一次沉管，浇筑混凝土，拔管完毕后，清除桩管外壁上的污泥，立即在原桩位上再次安设桩靴，进行第二次复打沉管，使第一次浇筑未凝固的混凝土向四周挤压以扩大桩径，然后再浇筑第二次混凝土，拔管方法与单打桩相同。

施工时应注意：两次沉管轴线应重合，复打桩施工必须在第一次浇筑的混凝土初凝以前完成第二次混凝土的浇筑和拔管工作；钢筋骨架应在第二次沉管后放入桩管内。

③ 反插法　即将桩管每提升 0.5～1.0m，再下沉 0.3～0.5m，反插深度不宜大于活瓣桩尖长度的 2/3。在拔管过程中分段浇筑混凝土，使管内混凝土始终不低于地表面，或高于地下水位 1.0～1.5m 以上，如此反复进行，直至拔管完毕。拔管速度不应超过 0.5m/min。此种方法，在淤泥层中可消除缩颈现象，但在坚硬土层中易损坏桩尖，不宜采用。

沉管成孔灌注桩的承载力比同等条件的钻孔灌注桩提高 50%～80%。单打桩截面比沉入的钢管扩大 30%，复打桩扩大 80%，反插桩扩大 50%左右。因此，沉管成孔灌注桩具有用小钢管浇筑出大断面桩的效果。

与一般钻孔灌注桩比，沉管成孔灌注桩避免了一般钻孔灌注桩桩尖浮土造成的桩身下沉，持力不足的问题，同时也有效改善了桩身表面浮浆现象，另外，该工艺也更节省材料。但是施工质量不易控制，拔管过快容易造成桩身缩颈，而且由于是挤土桩，前期浇注好的桩易受到挤土效应而产生倾斜断裂甚至错位。

由于施工过程中，锤击会产生较大噪声，振动会影响周围建筑物，故不太适合在市区运用，已有一些城市在市区禁止使用。这种工艺非常适合土质疏松、地质状况比较复杂的地区，但遇到土层有较大孤石时，该工艺无法实施，应改用其他工艺穿过孤石。

（5）施工常遇问题及预防处理方法

1）断桩　其裂缝为水平或略带倾斜，一般都贯通整个截面，常常出现于地面以下 1～3m 软硬土层交接处。

断桩原因主要有：桩距过小，邻桩施打时土的挤压产生的水平推力和隆起上拔力的影响；软硬土层传递水平力不同，对桩产生剪应力；桩身混凝土终凝不久，强度弱，承受不了外力的影响。

避免断桩的措施如下。

① 布桩应坚持少桩疏排的原则，桩与桩之间中心距不宜小于 3.5 倍桩径。

② 桩身混凝土强度较低时，尽量避免振动和外力的干扰，因此要合理确定打桩顺序和桩架行走路线。

③ 采用跳打法或控制时间法以减少对邻桩的影响。控制时间法指在邻桩混凝土初凝以前，必须把影响范围内的桩施工完毕。

断桩的检查与处理：在浅层（2～3m）发生断桩，可用重锤敲击桩头侧面，同时用脚踏在桩头上，如桩已断，会感到浮振；深处断桩目前常用动测或开挖的办法检查。断桩一经发现，应将断桩段拔出，将孔清理后，略增大面积或加上铁箍连接，再重新浇混凝土补做桩身。

2）缩颈桩　又称瓶颈桩，是指部分桩径缩小、桩截面积不符合设计要求。

缩颈桩产生的原因是：拔管过快，管内混凝土存量过少，混凝土本身和易性差，出管扩散困难造成缩颈；在含水量大的黏性土中沉管时，土体受到强烈扰动和挤压，产生很高的孔隙水压力，拔管后，这种水压力便作用到新浇筑的混凝土桩上，使桩身发生不同程度的缩颈现象。

防治措施：在容易产生缩颈的土层中施工时，要严格控制拔管速度，采用"慢拔密击"；混凝土坍落度要符合要求且管内混凝土必须略高于地面，以保持足够的压力，使混凝土出管扩散正常。

施工时可设专人随时测定混凝土的下落情况，遇有缩颈现象，可采取复打处理。

3）桩尖进水、进泥砂　常见于地下水位高、含水量大的淤泥和粉砂土层，是由于桩管与桩尖接合处的垫层不紧密或桩尖被打破所致。

处理办法：可将桩管拔出，修复改正桩靴缝隙或将桩管与预制桩尖接合处用草绳、麻袋垫紧后，用砂回填桩孔后重打；如果只受地下水的影响，则当桩管沉至接近地下水位时，用水泥砂浆灌入管内约 0.5m 作封底，并再灌 1m 高的混凝土，然后继续沉桩。若管内进水不多（小于 200mm）时，可不进行处理，只在灌第一槽混凝土时酌情减少用水量即可。

4）吊脚桩　即桩底部的混凝土隔空，或混凝土中混进了泥砂而形成松软层。形成吊脚桩的原因是由于混凝土桩尖质量差，强度不足，沉管时被打坏而挤入桩管内，且拔管时冲击振动不够，桩尖未及时被混凝土压出或活瓣未及时张开。

为了防止出现吊脚桩，要严格检查混凝土桩尖的强度（应不小于 C30），以免桩尖被打坏而挤入管内。沉管时，用吊砣检查桩尖是否有缩入管内的现象。如果有，应及时拔出纠正并将桩孔填砂后重打。

2.3.4　承台施工

承台就是在桩顶浇筑的钢筋混凝土梁或板，它支撑上部墙或柱传来的荷载并传给下面的桩基。承台的尺寸，除按计算满足上部结构需要外，按规定厚度一般不小于 300mm，周边距边桩中心的距离不宜小于桩的直径或边长。承台的钢筋保护层厚度不宜小于 50mm。

承台施工必须在桩基施工中间验收合格后进行。灌注桩的桩顶处理必须在桩身混凝土达到设计强度后方可进行。首先处理桩头，按照设计规定的桩顶标高，将预制桩多余部分凿除，但要注意勿损伤桩身混凝土。桩顶部位的主筋要伸入承台梁内，其长度应符合设计规定。一般桩顶主筋伸入承台混凝土内的长

桩头破除

度，受拉时不小于 25 倍钢筋的直径；受压时不少于 15 倍的钢筋直径，以保证桩和承台梁间应力的可靠传递和连接。剔出的钢筋应清除干净，弯折成规定的形状。如桩顶低于设计标高时必须用同级混凝土接长并要求达到规定强度。埋入承台的部分桩顶应凿毛、冲净。

承台梁安放、绑扎钢筋前，应清除槽底虚土及杂物，浇筑混凝土前应进行隐蔽工程验收。

2.3.5　桩基工程的施工安全

① 桩基工程施工区域，应实行封闭式管理，进入现场的各类施工人员，必须接受安全教育，严格按操作规程施工，服从指挥，坚守岗位，集中精力操作。

② 按不同类型桩的施工特点，针对不安全因素，制定可靠的安全措施，严格实施。

③ 对施工机具和危险区域（冲击、锤击桩机，人工挖掘成孔的周围，桩架下），要加强巡视检查，有险情或异常情况时，应立即停止施工并及时报告，待有关人员查明原因，排除险情或加固处理后，方能继续施工。

④ 打桩过程中可能引起停机面土体挤压隆起或沉陷，打桩机械及桩架应随时调整，保持稳定，防止意外事故发生。

⑤ 对护筒埋设完毕、灌注混凝土完毕的桩坑应加以保护，避免人和物品掉入而发生人身事故。

⑥ 操作成孔桩机时，应注意钻机安设平稳，以防止钻架突然倾倒或钻具突然下落而发生事故。

⑦ 加强机械设备的维护管理，机电设备应有防漏电装置。

2.3.6　桩基验收

2.3.6.1　桩基验收规定

桩基验收

① 当桩顶设计标高与施工场地标高相同时，或桩基施工结束后，有可能对桩位进行检查时，桩基工程的验收应在施工结束后进行。

② 当桩顶设计标高低于施工场地标高，送桩后无法对桩位进行检查时，对打入桩可在每根桩桩顶沉至场地标高时，进行中间验收，待全部桩施工结束，承台或底板开挖到设计标高后，再作最终验收；对灌注桩可对护筒位置作中间验收。

2.3.6.2　桩基资料验收

桩基资料验收包括以下几项内容。

① 工程地质勘察报告、桩基施工图、图纸会审纪要、设计变更及材料代用通知单等。

② 经审定的施工组织设计、施工方案及执行中的变更情况。

③ 桩位测量放线图，包括工程桩位复核签证单。

④ 制作桩的材料试验记录，成桩质量检查报告。

⑤ 单桩承载力检测报告。

⑥ 基坑挖至设计标高的桩位竣工平面图及桩顶标高图。

2.3.6.3　施工质量及验收要求

施工质量合格标准应满足以下要求。

① 桩的平面位置、垂直度、标高应符合设计要求。

② 桩长、桩端深入持力层的位置应符合设计要求。

③ 桩身（包括预制桩节间的连接接头）质量完整，混凝土强度达到设计要求。

④ 单桩承载力应达到设计要求。

桩基工程的检验和验收按时间顺序可分为三个阶段：施工前检验、施工过程检验和施工后检验。

（1）施工前检验

1）预制桩　预制桩包括混凝土预制桩、钢桩。

① 成品桩应按选定的标准图或设计图制作，现场应对其外观质量及桩身混凝土强度进行检验，其误差应符合表 2-3 的要求。

② 应对接桩用焊条、压桩用压力表等材料和设备进行检验。

表 2-3　混凝土桩制作允许偏差

桩型	项目		允许误差
钢筋混凝土实心桩	横截面边长/mm		±5
	桩顶对角线之差/mm		≤5
	保护层厚度/mm		±5
	桩身弯曲矢高/mm		不大于 0.1% 桩长且不大于 20
	桩尖偏心/mm		≤10
	桩端面倾斜/mm		≤0.005
	桩节长度/mm		±20
钢筋混凝土土管桩	外径/mm	300～700mm	+5,−2
		800～1400mm	+7,−4
	桩节长度		±0.5%L
	管壁厚度/mm		+20,0
	保护层厚度/mm		+5,0
	桩身弯曲度	L≤15m	≤L/1000
		15m<L≤30m	≤L/2000
	端部倾斜		≤0.5%D
	桩端板	端面平整度/mm	≤0.5
		外径/mm	0,−1
		内径/mm	0,−2
		厚度/mm	正偏差不限,0

2）灌注桩

① 混凝土拌制应对原材料质量与计量、混凝土配合比、坍落度、混凝土强度等级等进行检查。

② 钢筋笼制作应对钢筋规格、焊条规格、品种、焊口规格、焊缝长度、焊缝外观和质量、主筋和箍筋的制作偏差等进行检查，钢筋笼制作允许偏差应符合表 2-4 的要求。

表 2-4　混凝土灌注桩钢筋笼质量检验标准

项	序	检查项目	允许偏差或允许值		检查方法
			单位	数值	
主控项目	1	主筋间距	mm	±10	用钢尺量
	2	钢筋笼长度	mm	±100	用钢尺量
一般项目	1	钢筋材质检验	设计要求		抽样送检
	2	箍筋间距	mm	±20	用钢尺量
	3	钢筋笼直径	mm	±10	用钢尺量

（2）施工过程检验

1）预制桩　其包括混凝土预制桩、钢桩。

① 打入（静压）深度、停锤标准、静压终止压力值及桩身（架）垂直度检查。

② 接桩质量、接桩间歇时间及桩顶完整状况。

③ 每米进尺锤击数、最后 1.0m 锤击数、总锤击数、最后三阵贯入度及桩尖标高等。

2）灌注桩

① 灌注混凝土前，应对已成孔的中心位置、孔深、孔径、垂直度进行检验，检验的质量要求见表 2-5。

② 对钢筋笼安放的实际位置等进行检查，并填写相应的质量检测、检查记录。

③ 干作业条件下成孔后应对大直径桩桩端持力层进行检验。

④ 对于沉管灌注桩施工工序的质量检查宜按前述的有关项目进行。

⑤ 灌注桩的沉渣厚度：当以摩擦力为主时，不得大于 150mm；当以端承力为主时，不得大于 50mm；套管成孔的灌注桩不得有沉渣。

⑥ 对于挤土预制桩和挤土灌注桩，施工过程均应对桩顶和地面土体的竖向和水平位移进行系统观测；若发现异常，应采取复打、复压、引孔、设置排水措施及调整沉桩速率等措施。

表 2-5　灌注桩的平面位置和垂直度的允许偏差

序号	成孔方法		桩径允许偏差/mm	垂直度允许偏差/%	桩位允许偏差/mm	
					1～3 根、单排桩基垂直于中心线方向和群桩基础的边桩	条形桩基沿中心线方向和群基础的中间桩
1	泥浆护壁钻孔桩	$D \leq 1000$mm	± 50	<1	$D/6$ 且不大于 100	$D/4$ 且不大于 150
		$D > 1000$mm	± 50		$100+0.01H$	$150+0.01H$
2	套管成孔灌筑桩	$D \leq 500$mm	-20	<1	70	150
		$D > 500$mm	-20		100	150
3	干作业成孔灌筑桩		-20	<1	70	150
4	人工挖孔桩	混凝土护壁	$+50$	<0.5	50	150
		钢套管护壁	$+50$	<1	100	200

注：1. 桩径允许偏差的负值是指个别断面。

2. 采用复打、反插法施工的桩径允许偏差不受上表限制。

3. H 为施工现场地面标高与桩顶设计标高的距离，D 为设计桩径。

（3）施工后检验

① 桩基础施工完成后，应对其承载力、桩身质量进行检验，灌注桩的平面位置按表 2-5 的规定检查成桩桩位偏差。

② 打（沉）入桩的桩位偏差按表 2-6 控制，桩顶标高的允许偏差为 -50mm，$+100$mm；斜桩倾斜度的偏差不得大于倾斜角正切值的 15%（倾斜角是桩的纵向中心线与铅垂线间夹角）。

③ 有下列情况之一的桩基工程，应采用静荷载试验对工程桩单桩竖向承载力进行检测：

a. 工程施工前已进行单桩静载试验，但施工过程变更了工艺参数或施工质量出现异常时；

b. 施工前工程未按规定进行单桩静载试验的工程；

c. 地质条件复杂、桩的施工质量可靠性低；

d. 采用新桩型或新工艺。

④ 有下列情况之一的桩基工程，可采用高应变动测法对工程桩单桩竖向承载力进行检测：

a. 除采用静荷载试验对工程桩单桩竖向承载力进行检测的桩基；

b. 设计等级为甲、乙级的建筑桩基静载试验检测的辅助检测。

⑤ 桩身质量除对预留混凝土试件进行强度等级检验外，尚应进行现场检测。检测方法可采用可靠的动测法，对于大直径桩还可采取钻芯法、声波透射法。

⑥ 对专用抗拔桩和对水平承载力有特殊要求的桩基工程，应进行单桩抗拔静载试验和水平静载试验检测。

表 2-6 预制桩（PHC 桩、钢桩）桩位的允许偏差

项次	项目	允许偏差/mm
1	带有基础梁的桩： 1. 垂直基础梁的中心线； 2. 沿基础梁的中心线	$100+0.01H$ $150+0.01H$
2	桩数为 1～3 根桩基中的桩	100
3	桩数为 4～16 根桩基中的桩	1/2 桩径或边长
4	桩数大于 16 根桩基中的桩： 1. 最外边的桩； 2. 中间桩	1/3 桩径或边长 1/2 桩径或边长

注：H 为施工现场地面标高与桩顶设计标高的距离。

 思考与拓展题

1. 试述地基局部处理的方法和原则。
2. 试述地基验槽的主要内容。
3. 试述钎探法工艺流程。
4. 验槽有哪些注意事项？
5. 什么是橡皮土？橡皮土该如何处理？
6. 什么是 CFG 桩？
7. 浅埋式钢筋混凝土基础主要有哪几种形式？
8. 试解释端承桩和摩擦桩质量控制方法的区别。
9. 试述预制桩施工过程及质量要求。
10. 试述静力压桩的优点及适用情况。
11. 灌注桩与预制桩相比有何优缺点？
12. 怎样控制锤击沉管灌注桩的施工质量？
13. 试解释振动成孔灌注桩的单打法、复打法和反插法。
14. 人工挖孔桩施工中应注意哪些主要问题？
15. 灌注混凝土时，常出现的事故有哪些？如何处理？
16. 打桩对周围环境有什么影响？如何预防？

 能力训练题

1. 基坑挖好后应立即验槽做垫层，如不能，则应（　　　）。

　A. 在上面铺防护材料　　　　　　　B. 放在那里等待验槽

C. 继续进行下一道程序　　　　　　　　D. 在基底预留 15～30cm 厚的土层

2. 工地在施工时，简单检验黏性土含水量的方法一般是以（　　）为适宜。

　　A. 手握成团，落地开花　　　　　　　B. 含水量达到最佳含水量

　　C. 施工现场做试验测含水量　　　　　D. 实验室做试验

3. 当建筑物基础下的持力层比较软弱，不能满足上部荷载对地基的要求时，常采用（　　）来处理软弱地基。

　　A. 换土垫层法　　　B. 灰土垫层法　　　C. 强夯法　　　D. 重锤夯实法

4. 在地基处理中，振冲桩适用于加固松散的（　　）地基。

　　A. 碎石土　　　　　B. 砂土　　　　　C. 硬土　　　　　D. 杂填土

5. 用起重机械将重锤吊起从高处自由落下，对地基反复进行强力夯实的地基处理方法是（　　）。

　　A. 换土垫层法　　　B. 灰土垫层法　　　C. 强夯法　　　D. 重锤夯实法

6. 水泥粉煤灰碎石桩简称（　　）。

　　A. CFP 桩　　　　　B. CFG 桩　　　　C. CFD 桩　　　　D. CPG 桩

7. 钢筋混凝土预制桩的混凝土强度达到设计强度的（　　）时，才可进行打桩作业。

　　A. 50%　　　　　　B. 70%　　　　　　C. 90%　　　　　　D. 100%

8. 干作业成孔灌注桩采用的钻孔机具是（　　）。

　　A. 螺旋钻　　　　　B. 潜水钻　　　　　C. 回转钻　　　　　D. 冲击钻

9. 为了能使桩较快地打入土中，打桩时宜采用（　　）。

　　A. 轻锤高击　　　　B. 重锤低击　　　　C. 轻锤低击　　　　D. 重锤高击

10. 采用桩尖设计标高控制为主的成桩方法时，桩尖应处的土层是（　　）。

　　A. 坚硬的黏土　　　B. 碎石土　　　　　C. 风化岩　　　　　D. 软土层

11. 若流动性淤泥土层中的桩发现有缩颈现象时，一般可采用的处理方法是（　　）。

　　A. 反插法　　　　　B. 复打法　　　　　C. 单打法　　　　　D. A 和 B 都可以

12. 在极限承载力状态下，桩顶荷载由桩侧承受的桩（　　）。

　　A. 端承摩擦桩　　　B. 摩擦桩　　　　　C. 摩擦端承桩　　　D. 端承桩

13. 施工时无噪声，无振动，对周围环境干扰小，适合城市中施工的是（　　）。

　　A. 锤击沉桩　　　　B. 振动沉桩　　　　C. 射水沉桩　　　　D. 静力压桩

14. 最适用于在狭窄的现场施工的成孔方式是（　　）。

　　A. 沉管成孔　　　　B. 泥浆护壁钻孔　　C. 人工挖孔　　　　D. 振动沉管成孔

15. 对于预制桩的起吊点，设计未作规定时，应遵循的原则是（　　）。

　　A. 吊点均分桩长　　　　　　　　　　B. 吊点位于重心点

　　C. 跨中正弯矩最大　　　　　　　　　D. 吊点间跨中正弯矩与吊点处负弯矩相等

项目3 砌体工程施工

知识目标

1. 掌握常用脚手架搭设、拆卸的工艺流程和安全要求；
2. 熟悉砌体工程施工中所需配备的垂直运输设施和设备；
3. 掌握常见砌体工程的施工工艺；
4. 熟悉砌体工程特殊气候下的施工措施；
5. 熟悉砌体工程安全技术交底的基本要点。

能力目标

1. 能编制脚手架搭设的施工方案；
2. 能编制砌体结构的施工方案；

3. 能依据砌体工程的施工工艺和质量标准组织施工；
4. 能进行砌体工程的质量检查和验收。

素质目标

1. 能通过脚手架安全技术的学习，树立施工安全无小事的安全意识；
2. 通过专业学习，认识到国家要求逐渐禁止和限制使用实心黏土砖，就是落实"绿水青山就是金山银山"发展理念的一个具体措施，树立人与自然和谐发展的理念；
3. 能通过砌筑技术的发展，学习中国人民的伟大创造精神，认同我国建筑文化，激发爱国热情、民族自豪感和学习兴趣。

砌体工程包括脚手架工程和垂直运输工程，其可由砖、石砌体砌筑，或砌块砌体砌筑。其中，砖、石砌体砌筑是我国的传统建筑施工方法，有着悠久的历史。它取材方便、施工工艺简单、造价低廉，但是砖石砌筑工程生产效率低、劳动强度高，烧砖占用农田，难以适应现代建筑工业化的需要，所以必须研究改善砌筑工程的施工工艺，合理组织砌筑施工，推广使用砌块等砌筑材料。

任务 3.1 脚手架搭设

脚手架（也称鹰架）是建筑工程施工时搭设的一种临时设施。脚手架的用途主要是为建筑物空间作业时提供材料堆放和工人施工作业的场所，脚手架的各项性能（构造形式、装拆速度、安全可靠性、周转率、多功能性和经济合理性等）直接影响工程质量、施工安全和劳动生产率。

脚手架种类很多，按用途分有结构脚手架、装修脚手架和支撑脚手架等；按搭设位置分有外脚手架和里脚手架；按其所用材料分有木脚手架、竹脚手架和金属脚手架；按其结构形式分有多立杆式脚手架、碗扣式脚手架、门式

脚手架的分类

脚手架、附着式升降脚手架及悬吊式脚手架等。

3.1.1 脚手架的搭设原则

搭设脚手架应兼顾下列诸方面的基本原则。

(1) 适用性原则 脚手架应有适当的宽度、步架高度、离墙距离，以满足工人操作、材料堆放和运输的要求。

(2) 安全性原则 脚手架应具有稳定的结构和足够的承载能力，且在施工荷载作用下，不变形、不倾斜、不摇晃，要保证操作人员安全生产。

(3) 统筹性原则 搭设脚手架必须考虑垂直运输设备和楼层或作业面高度，以及应统筹兼顾多层流水作业、交叉作业和多工种作业的要求，合理设置脚手架。

(4) 方便性原则 对脚手架的选择和搭设方式，应考虑到搭设、拆除和搬运的方便，以及多次周转使用。

3.1.2 外脚手架搭设

外脚手架是沿建筑物外墙外侧搭设的一种脚手架。它既可用于砌筑，又可用于室外装修。外脚手架所费工料较多，主要形式有多立杆式、门式、悬挑式、吊式、挂式、升降式等。

3.1.2.1 多立杆式脚手架搭设

多立杆式脚手架按搭设方式又分为单排架和双排架两种。单排架只搭设一排立杆，小横杆的另一端支撑在砖墙上，可以少用一排的立杆。但是单排承载能力较小且稳定性较差，需要在墙面上留有脚手眼，因此，使用高度受一定限制，建筑物在 15m 以上时，不宜采用单排架。双排架由两排立杆和横杆组成完整的结构体系，承载能力较大且稳定性较好。多立杆式脚手架有竹、木 (杉槁) 外脚手架和钢管外脚手架。目前主要采用钢管搭设，虽然其一次性投资较大，但可多次周转、摊销费用低、装拆方便、搭设高度大，且能适应建筑物平立面的变化。脚手架的宽度一般为 1.0～1.5m，砌筑用脚手架的每步架高度为 1.2～1.4m，装饰用脚手架的每步架高度一般为 1.6～1.8m。

钢管多立杆式脚手架有扣件式和碗扣式两种。

(1) 扣件式钢管外脚手架 (图 3-1) 装拆方便、搭设灵活、能适应建筑物平面及高度的变化；承载力大、搭设高度高、坚固耐用、周转次数多；加工简单、一次投资费用低、比较经济，故在建筑工程施工中使用最为广泛。但也存在着扣件 (尤以其中的螺杆、螺母) 易丢易损、螺栓上紧程度差异较大等缺点。扣件式钢管脚手架适用于高度在 50m 以下的高层建筑，但 18m 以上的要进行设计计算 (6 层及 6 层以下建筑除外)。

扣件式钢管外脚手架的搭设

1) 主要组成部件及作用 扣件式钢管脚手架由钢管、扣件、底座、脚手板和安全网等部件组成。

① 钢管 一般采用 $\phi 48mm \times 3.5mm$ 的焊接钢管或无缝钢管，也可用外径为 50～51mm、壁厚 3～4mm 的焊接钢管。根据钢管在脚手架中的位置和作用不同，可分为立杆、纵向水平杆、横向水平杆、剪刀撑、连墙杆、水平斜拉杆等，其作用如下。

a. 立杆 平行于建筑物并垂直于地面，是把脚手架荷载传递给基础的受力杆件。

b. 纵向水平杆 (大横杆) 平行于建筑物并在纵向水平连接各立杆，是承受并传递荷载给立杆的受力杆件。

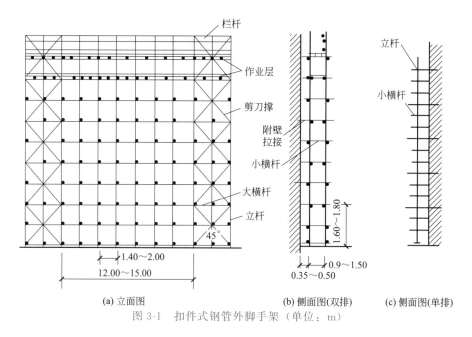

图 3-1　扣件式钢管外脚手架（单位：m）

c. 横向水平杆（小横杆）　垂直于建筑物并在横向水平连接内、外排立杆，是承受并传递荷载给立杆的受力杆件。

d. 剪刀撑（纵向支撑）　设在脚手架外侧面并与墙面平行的十字交叉斜杆，可增强脚手架的纵向刚度。

具体设置要求：脚手架高度在 24m 以下时，在脚手架两端和转角处必须设置剪刀撑，剪刀撑中间间隔不超过 15m 设一道，且每片架子不少于三道。剪刀撑宽度不应小于四跨，且不小于 6m。斜杆与地面夹角宜在 45°～60° 范围内，最下面的斜杆与立杆的连接点离地面不宜大于 500mm。对高度大于 24m 的脚手架，应在脚手架外侧全立面连续设置剪刀撑。

e. 横向支撑（横向剪刀撑）　横向支撑是指在横向构架内从底到顶沿全高呈"之"字形设置的连续斜撑。

具体设置要求：脚手架的纵向构架因条件限制不能形成封闭形，如"一"字形、"L"形、"凹"字形的脚手架，其两端必须设置横向支撑，并于中间每隔 6 个间距加设一道横向支撑。脚手架高度超过 24m 时，每隔 6 个间距要设置横向支撑一道。

f. 抛撑和连墙杆　脚手架由于其横向构架本身是一个高跨比相差悬殊的单跨结构，仅依靠结构本身尚难以做到保持结构的整体稳定，防止倾覆和抵抗风力。对于高度低于 3 步的脚手架，可以采用加设抛撑来防止其倾覆，抛撑的间距不超过 6 倍立杆间距，抛撑与地面的夹角为 45°～60°，并应在地面支点处铺设垫板。对于高度超过 3 步的脚手架防止倾斜和倒塌的主要措施是将脚手架整体依附在整体刚度很大的主体结构上，依靠房屋结构的整体刚度来加强和保证整片脚手架的稳定性。其具体做法是在脚手架上均匀地设置足够多的牢固的连墙点，连墙点的位置应设置在与立杆和大横杆相交的节点处，其布置形式、间距大小对脚手架的承载能力有很大的影响。连墙杆的间距见表 3-1。

表 3-1　连墙杆的间距　　　　　　　　　　　　　　　　　单位：m

脚手架类型	脚手架高度	垂直间距	水平间距
双排	≤50	≤6	≤6
	>50	≤4	≤6
单排	≤24	≤6	≤6

　　每根连墙件抗风荷载的最大面积应小于 $40m^2$，连墙件需从底部第一根纵向水平杆处开始设置，连墙件与结构的连接应牢固，通常采用预埋件连接。

　　连墙杆不仅可以防止脚手架的倾覆，同时还可以加强立杆的纵向刚度和稳定性，其常见做法如图 3-2 所示。

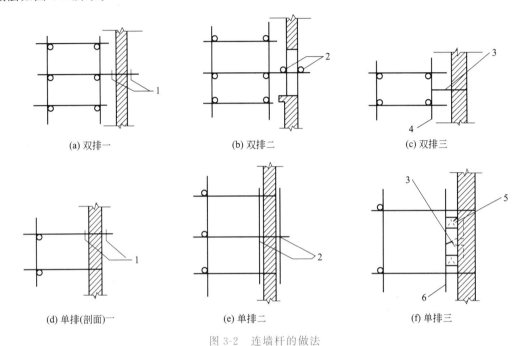

图 3-2　连墙杆的做法

1—扣件；2—短钢管；3—铅丝与墙内埋设的钢筋环拉住；4—顶墙横杆；5—木楔；6—短钢管

　　g. 水平斜拉杆（图 3-3）　设在有连墙杆的脚手架内、外排立杆间的步架平面内的"之"字形斜杆，可增强脚手架的横向刚度。

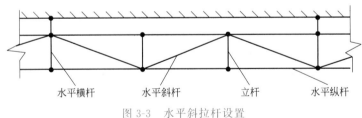

图 3-3　水平斜拉杆设置

　　h. 纵向水平扫地杆　连接立杆下端，是距底座下皮 200mm 处的纵向水平杆，起约束立杆底端在纵向发生位移的作用。

　　i. 横向水平扫地杆　连接立杆下端，是位于纵向水平扫地杆上方处的横向水平杆，起约束立杆底端在横向发生位移的作用。

　　② 扣件　是钢管与钢管之间的连接件，有可锻铸铁扣件和钢板轧制扣件两种，其基本形式有三种（图 3-4）。

　　a. 直角扣件　用于两根垂直相交钢管的连接，依靠扣件与钢管表面间的摩擦力来传递荷载。

　　b. 回转扣件　用于两根任意角度相交钢管的连接。

　　c. 对接扣件　用于两根钢管对接接长的连接。

| (a) 直角扣件 | (b) 回转扣件 | (c) 对接扣件 |

图 3-4 扣件形式

③ 底座（图 3-5） 设在立杆下端，是用于承受并传递立杆荷载给地基的配件。底座可用钢管与钢板焊接，也可用铸铁制成。

④ 脚手板 是提供施工操作条件并承受和传递荷载给纵、横水平杆的板件，当设于非操作层时起安全防护作用，可用竹、木、钢等材料制成。

⑤ 安全网 是保证施工安全和减少灰尘、噪声、光污染的措施，包括立网和平网两部分。

图 3-5 脚手架底座

2）构造要点 扣件式钢管外脚手架分单排和双排两种搭设方案［图 3-1(b)、(c)］。

① 单排 仅在外侧有立杆，其横向水平杆的一端与纵向水平杆或立杆相连，另一端则搁在内侧的墙上。单排脚手架的整体刚度差，承载力低。

② 双排 一般搭设高度 $H \leqslant 50\mathrm{m}$，如 $H > 50\mathrm{m}$ 时则应分段搭设，或采用双立杆等构造措施，并需经过承载力的校核计算。

3）脚手架搭设与拆除

① 施工准备

a. 单位工程负责人应按施工组织设计中有关脚手架的要求，向架设和使用人员进行技术交底。

b. 应按规范规定和施工组织设计的要求对钢管、扣件、脚手板等进行检查验收，不合格产品不得使用。

c. 经检验合格的构配件应按品种、规格分类，堆放整齐、平稳，堆放场地不得有积水。

d. 应清除搭设场地杂物，平整搭设场地，并使排水畅通。

e. 当脚手架基础下有设备基础、管沟时，在脚手架使用过程中不应开挖，否则必须采取加固措施。

② 地基与基础 脚手架的自重及其上的施工荷载均由脚手架基础传至地基，为使脚手架保持稳定，不下沉，保证牢固和安全，必须要有一个牢固可靠的脚手架基础。

a. 脚手架地基与基础的施工，必须根据脚手架搭设高度、搭设场地土质情况，符合现行国家标准的有关规定。

b. 脚手架底座底面标高宜高于自然地坪 150~200mm。

c. 脚手架搭设高度超过 50m 时，必须根据工程表面地质情况，进行脚手架基础的具体设计。

d. 严禁将脚手架架设在深基础外侧的填土层上。

e. 在脚手架外侧还应设置排水沟，以防雨天积水浸泡地基，产生脚手架的不均匀下沉，引起脚手架的倾斜变形。

f. 脚手架基础经验收合格后，应按施工组织设计的要求放线定位。

③ 杆件搭设顺序 放置纵向水平扫地杆→逐根树立立杆（随即与扫地杆扣紧）→安装横向水平扫地杆（随即与立杆或纵向水平扫地杆扣紧）→安装第一步纵向水平杆（随即与各

立杆扣紧）→安装第一步横向水平杆→安装第二步纵向水平杆→安装第二步横向水平杆→加设临时斜撑杆（上端与第二步纵向水平杆扣紧，在装设两道连墙杆后可拆除）→安装第三、四步纵、横向水平杆→安装连墙杆、接长立杆，加设剪刀撑→铺设脚手板→挂安全网。

④ 搭设要点

a. 脚手架必须配合施工进度搭设，一次搭设高度不应超过相邻连墙杆以上 2 步。每搭完一步脚手架后，应按规范校正步距、纵距、横距及立杆的垂直度。

脚手架立
杆垂直度校正

b. 底座、垫板均应准确地放在定位线上，垫板宜采用长度不少于 2 跨、厚度不小于 50mm 的木垫板，也可采用槽钢。

c. 立杆搭设严禁将外径 48mm 与 51mm 的钢管混合使用；开始搭设立杆时，应每隔 6 跨设置一根抛撑，直至连墙件安装稳定后，方可根据情况拆除。

d. 当搭至有连墙杆的构造点时，在搭设完该处的立杆、纵向水平杆、横向水平杆后，应立即设置连墙杆。

e. 纵向水平杆搭设在封闭型脚手架的同一步中，纵向水平杆应四周交圈，用直角扣件与水平杆固定。

f. 单排脚手架的横向水平杆不应设置在下列部位：设计上不允许留脚手眼的部位；过梁上与过梁两端成 60°角的三角形范围内及过梁净跨度 1/2 的高度范围内；宽度小于 1m 的窗间墙；梁或梁垫下及其两侧各 500mm 的范围内；砖砌体的门窗洞口两侧 200mm 和转角处 450mm 的范围内，其他砌体的门窗洞口两侧 300mm 和转角处 600mm 的范围内；独立或附墙砖柱。

g. 剪刀撑、横向斜撑应随立杆、纵向和横向水平杆等同步搭设，各底层斜杆下端均必须支撑在垫块或垫板上。

h. 扣件规格必须与钢管外径（ϕ48mm 或 ϕ51mm）相同，螺栓应拧紧。

i. 在主节点处固定横向水平杆、纵向水平杆、剪刀撑、横向斜撑等用的直角扣件、旋转扣件的中心点的相互距离不应大于 150mm，对接扣件开口应朝上或朝内。各杆件端头伸出扣件盖板边缘的长度不应小于 100mm。

⑤ 脚手架拆除

a. 拆架时应标志出工作区和设置围栏，并派专人看守，严禁行人进入。拆除作业必须由上而下逐层进行，严禁上下同时作业。

b. 连墙杆必须随脚手架逐层拆除，严禁先将连墙杆整层或数层拆除后再拆脚手架；分段拆除高差不应大于 2 步，如高差大于 2 步，应增设连墙杆加固；当脚手架拆至下部最后一根长立杆的高度（约 6.5m）时，应先在适当位置搭设临时抛撑加固后，再拆除连墙杆。

c. 当脚手架采取分段、分立面拆除时，对不拆除的脚手架两端，应先按规范规定设置连墙杆和横向斜撑加固。

d. 各构配件严禁抛掷至地面。

e. 运至地面的构配件应及时检查、整修与保养，并按品种、规格随时码存放。

⑥ 扣件式钢管脚手架的检查与验收　高度在 25m 及 25m 以下的脚手架，由项目工程负责人组织技术和安全检查人员进行验收；高度大于 25m 的脚手架，由上一级技术负责人随着工程进度分阶段组织工程项目负责人、技术和安全检查人员进行验收。

对于脚手架的重点验收项目，主要包括以下六个方面，并要做好验收记录，详细地记在验收报告中。

a. 安装后的扣件，其拧紧螺栓的力矩应用力矩扳手抽查，抽样方法应按随机均布原则进行；抽样检查数目与质量判定标准应按规范的规定确定，不合格时必须整体重新拧紧，并经复验合格方可验收。

b. 杆件是否齐全，连接件、挂扣件、承力件与建筑物的固定件是否牢固可靠。

c. 脚手架上的安全设施（安全网、护栏、挡脚板等）、脚手板、导向和防坠装置是否齐全和安全可靠。

d. 脚手架下的基础是否平整坚实，支垫是否符合要求。

e. 连墙件的规格、数量、位置和垂直、水平间距是否符合要求。

f. 脚手架的垂直度及水平度是否合格，其偏差应符合规范要求。

（2）碗扣式钢管脚手架（图 3-6）　其是一种以碗扣作为连接件的脚手架，如图 3-7 所示，也称为多功能碗扣型脚手架。其构件全部轴向连接，力学性能好，连接可靠，组成的脚手架整体性好。由于碗扣是固定在钢管上的，不存在扣件丢失问题，并且结构简单、装拆快速省力、操作方便，但造价高，故应用不如扣件式钢管脚手架广泛。

碗扣式钢管
脚手架的搭设

图 3-6　碗扣式钢管脚手架

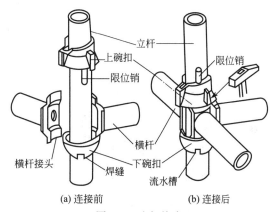

图 3-7　碗扣接头

1）构造特点　碗扣式脚手架是在一定长度的 $\phi 48\text{mm} \times 3.5\text{mm}$ 钢管立杆和顶杆上，每隔 600mm 焊下碗扣及限位销，上碗扣则对应套在立杆上并可沿立杆上下滑动。安装时将上碗扣的缺口对准限位销后，即可将上碗扣抬起（沿立杆向上滑动），把横杆接头插入下碗扣圆槽内，随后将上碗扣沿限位销滑下并沿顺时针方向旋转以扣紧横杆接头，与立杆牢固地连接在一起，形成框架结构。每个碗扣内可同时装 4 个横杆接头，位置任意（图 3-7）。

2）搭设要点

① 组装顺序　立杆底座→立杆→横杆→斜杆→接头锁紧→脚手板→上层立杆→立杆连接销→横杆。

② 注意事项

a. 在已处理好的地基上按设计位置安放立杆垫座（或可调底座），其上再交错安装 3.0m 和 1.8m 长立杆，往上均用 3.0m 长杆，至顶层再用 1.8m 和 3.0m 两种长度找平。

b. 高 30m 以下脚手架垂直度偏差应控制在 1/200 以内，高 30m 以上脚手架应控制在 1/400～1/600，总高垂直度偏差应不大于 100mm。

c. 连墙杆应随脚手架的搭设而随时在设计位置设置，并尽量与脚手架和建筑物外表面垂直。

d. 脚手架应随建筑物升高而随时搭设，但不应超过建筑物 2 个步架。

3.1.2.2　门式脚手架

虽然扣件式钢管脚手架装拆方便，搭设灵活，但由于杆件较多，连接件施工麻烦，搭设速度较慢，因此将几根杆件组合成为一个基本单元，如图 3-8 所示，由于形状类似门形故得名门式脚手架，也称为框组式钢管脚手架。门式脚手架是一种工厂生产、现场搭设的脚手架。它不仅可以作为外脚手架，也可以作为内脚手架或满堂脚手架。门式脚手架的主要特点是尺寸标准，结构合理，承载力高，装拆容易，安全可靠，并可调节高度，特别适用于搭设使用周期短或频繁周转的脚手架。其广泛应用于建筑、桥梁、隧道、地铁等工程施工，若在门架下部安装轮子，也可以作为机电安装、油漆粉刷、设备维修、广告制作的活动工作平台。由于组装件接头大部分不是螺栓紧固性的连接，而是插销或扣搭形式的连接，因此搭设较高大或荷重较大的支架时，必须附加钢管拉结紧固，否则会摇晃不稳。

（1）门式脚手架构造　门式脚手架是用普通钢管材料制成工具式标准件，在施工现场组合而成。其基本单元是由一副门式框架、两副剪刀撑、一副水平梁架和四个连接器组合而成。若干基本单元通过连接器在竖向叠加，扣上臂扣，组成了一个多层框架。在水平方向，用加固杆和水平梁架使相邻单元连成整体，加上斜梯、栏杆柱和横杆组成上下不相通的外脚手架，即构成整片门式脚手架，如图3-9所示。

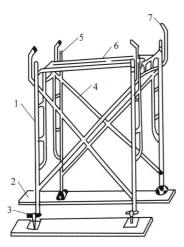

图 3-8　门式脚手架的基本单元

1—门架；2—平板；3—螺旋基脚；4—剪刀撑；

5—连接棒；6—水平梁架；7—锁臂

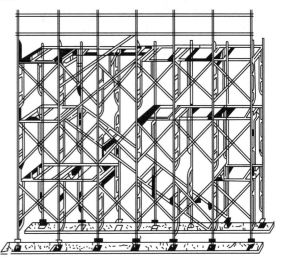

图 3-9　整片门式脚手架

（2）门式脚手架的搭设　门式脚手架一般按以下程序搭设：铺放垫木（板）→拉线、放底座→自一端起立门架并随即装剪刀撑→装水平梁架（或脚手板）→装梯子→（需要时，装设通长的纵向水平杆）→装设连墙杆→按照上述步骤，逐层向上安装→装加强整体刚度的长剪刀撑→装设顶部栏杆。

门式钢管脚手架的搭设高度一般不超过45m，每5层至少应架设一道水平架，垂直和水平方向每隔4～6m应设一扣墙管（水平连接器）与外墙连接，整片脚手架的转角应用钢管通过扣件扣紧在相邻两个门式框架上。施工荷载限定为：均布荷载 $1.8kN/m^2$，或者作用于脚手板跨中的集中荷载 2.0kN。

3.1.2.3　吊篮脚手架

吊篮脚手架（简称吊篮）也称悬吊式脚手架，主要用于建筑外墙施工和装修。它是将架子（吊篮）的悬挂点固定在建筑物顶部悬挑出来的结构上，通过设在每个架子上的简易提升机械和钢丝绳，使架子升降，以满足施工要求。悬吊式脚手架与外墙面满搭外脚手架相比，可节约大量钢管材料、节省劳力、缩短工期、操作方便灵活，技术经济效益较好。

　　吊篮一般分手动（图 3-10）与电动（图 3-11）两种，手动吊篮用扣件钢管组装而成，比电动吊篮经济实用。但用于高层建筑外墙面的维修、清扫时，采用电动吊篮（或擦窗机）则具有灵活、轻便、速度快的优点。

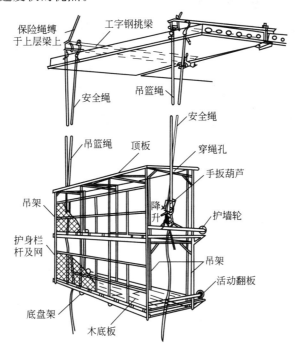

图 3-10　双层作业的手动提升式吊篮

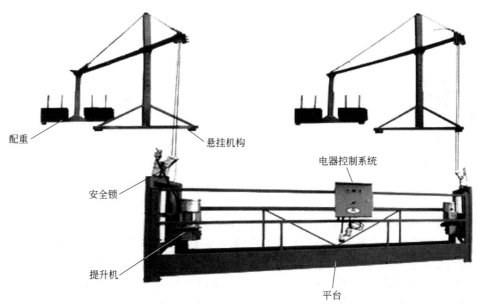

图 3-11　电动吊篮

3.1.2.4　悬挑式脚手架

　　悬挑式脚手架（图 3-12）是一种不落地式脚手架。这种脚手架的特点是脚手架的自重及其施工荷重，全部传递至由建筑物承受，因而搭设不受建筑物高度的限制。主要用于外墙结构、装修施工和防护，以及在全封闭的高层建筑施工中，用以防坠物伤人。

图 3-12 悬挑式脚手架

图 3-13 悬挑结构

（1）适用范围

① ±0.000 以下结构工程回填土不能及时回填，脚手架没有搭设的基础，而主体结构工程又必须立即进行，否则将影响工期。

② 高层建筑主体结构四周为裙房，脚手架不能直接支撑在地面上。

③ 超高层建筑施工，脚手架搭设高度超过了架子的允许搭设高度，因此将整个脚手架按允许搭设高度分成若干段，每段脚手架支撑在由建筑结构向外悬挑的结构上。

（2）悬挑式支撑结构　悬挑式脚手架是利用建筑结构边沿向外伸出的悬挑结构（图 3-13）来支撑外脚手架，并将脚手架的荷载全部或部分传递给建筑结构。悬挑式脚手架的关键是悬挑式支撑结构，它必须有足够的强度、稳定性和刚度，并能将脚手架的荷载传递给建筑结构。大致分为斜拉式挑梁［图 3-14(a)］和下撑式挑梁［图 3-14(b)］两类。

斜拉式挑梁

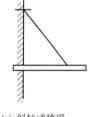
(a) 斜拉式挑梁

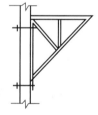
(b) 下撑式挑梁

图 3-14 悬挑式脚手架形式

3.1.2.5　附着升降式脚手架

附着升降式脚手架（也称爬架）是指采用各种形式的架体结构及附着支撑结构，依靠设置在架体上或工程结构上的专用升降设备实现升降的施工脚手架。附着升降式脚手架适用于高层、超高层建筑物或高耸构筑物，同时，还可以携带施工外模板，但使用时必须进行专门设计。

附着升降式脚手架的分类多种多样，按附着支撑的形式可分为悬挑式、吊拉式、导轨式、导座式等；按升降动力类型可分为电动、手拉葫芦、液压等；按升降方式可分为单片式、分段式、整体式等；按控制方式可分为人工控制、自动控制等；按爬升方式可分为套管式、悬挑式、互爬式和导轨式等。

（1）套管式附着升降脚手架　基本结构如图 3-15 所示，由脚手架系统和提升设备两部分组成。其中，脚手架系统由升降框和连接升降框的纵向水平杆、剪刀撑、脚手板以及安全网等组成。

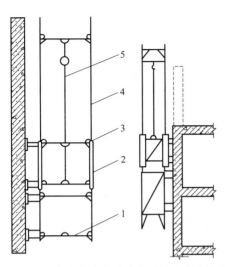

图 3-15　套管式附着升降脚手架的基本结构
1—固定框；2—滑动框；3—纵向水平杆；
4—安全网；5—提升机具

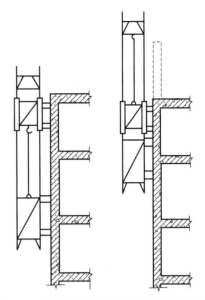

图 3-16　套管式附着升降脚手架的升降原理

套管式附着升降脚手架的升降通过固定框和滑动框的交替升降来实现。固定框和滑动框可以相对滑动，并且分别同建筑物固定。因此，在固定框固定的情况下，可以松开滑动框与建筑物之间的连接，利用固定框上的吊点将滑动框提升一定高度并与建筑物固定，然后再松开固定框同建筑物之间的连接，利用滑动框上的吊点将固定框提升一定高度并固定，从而完成一个提升过程，下降则反向操作，其升降原理如图 3-16 所示。

（2）悬挑式附着升降脚手架　其是目前应用面较广的一种附着升降式脚手架，其种类也很多，基本构造如图 3-17 所示，由脚手架、爬升机构和提升系统三部分组成。脚手架可以用扣件式钢管脚手架或碗扣式钢管脚手架搭设而成；爬升机构包括承力托盘、提升挑梁、导向轮及防倾覆防坠落安全装置等部件；提升系统一般使用环链式电动葫芦和控制柜。

悬挑式附着升降脚手架的升降原理：将电动葫芦（或其他提升设备）挂在挑梁上，葫芦的吊钩挂到承力托盘上，使各电动葫芦受力，松开承力托盘同建筑物的固定连接，开动电动葫芦，则爬架就会沿建筑物上升（或下降），

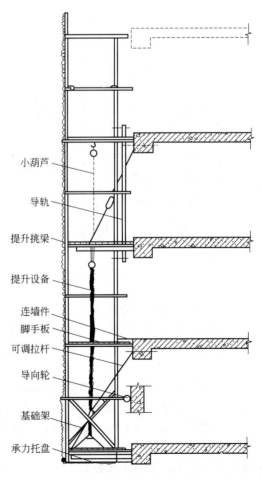

小葫芦
导轨
提升挑梁
提升设备
连墙件
脚手板
可调拉杆
导向轮
基础架
承力托盘

图 3-17　悬挑式附着升降脚手架的基本构造

待爬架升高（或下降）一层，到达一定位置时，将承力托盘同建筑物固定，并将架子同建筑物连接好，则架子就完成一次升（或降）的过程。再将挑梁移至下一个位置，准备下一次升降。

（3）互爬式附着升降脚手架　基本结构如图 3-18 所示，由单元脚手架、附墙支撑机构和提升装置组成。单元脚手架可由扣件式脚手架和碗扣式脚手架搭设而成；附墙支撑机构是将单元脚手架固定在建筑物上的装置，可通过穿墙螺栓或预埋件固定，也可以通过斜拉杆和水平支撑将单元脚手架吊在建筑物上，还可在架子底部设置斜撑杆支撑单元脚手架；提升装置一般使用手拉葫芦，手拉葫芦的吊钩挂在与被提升单元相邻架体的横梁上，挂钩则挂在被提升单元底部。

互爬式附着升降脚手架的升降原理如图 3-19 所示。每一个单元脚手架单独提升，当提升某一单元时，先将提升葫芦的吊钩挂在被提升单元相邻的两个架体上，提升葫芦的挂钩则会钩住被提升单元的底部，解除被提升单元约束，操作人员站在两相邻的架体上进行升降操作；当该升降单元升降到位后，与建筑物固定，再将葫芦挂在该单元横梁上，进行与之相邻的脚手架单元的升降操作。相隔的单元脚手架可同时进行升降操作。

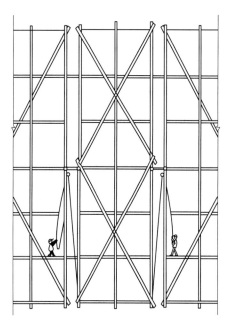

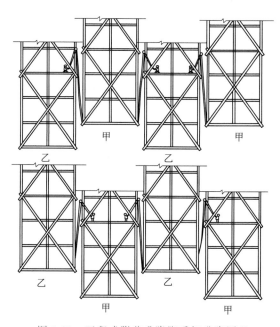

图 3-18　互爬式附着升降脚手架基本结构　　　　图 3-19　互爬式附着升降脚手架升降原理

（4）导轨式附着升降脚手架　由脚手架、爬升机构和提升系统三部分组成。爬升机构是一套独特的机构，包括导轨、导轮组、提升滑轮组、提升挂座、连墙支杆、连墙支座、连墙挂板、限位锁、限位锁挡块及斜拉钢丝绳等定型构件。提升系统采用手拉葫芦或环链式电动葫芦。

导轨式附着升降脚手架的升降原理如图 3-20 所示。导轨沿建筑物竖向布置，其长度比脚手架高一层，架子的上部和下部均装有导轮，提升挂座固定在导轨上，其一侧挂提升葫芦，另一侧固定钢丝绳，钢丝绳绕过提升滑轮组同提升葫芦的挂钩连接；启动提升葫芦，架子沿导轨上升，提升到位后固定；将底部空出的那根导轨及连墙挂板拆除，装到顶部，将提升挂座移到上部，准备下次提升。

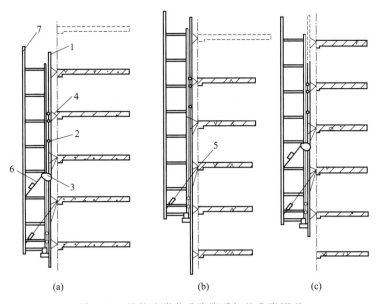

图 3-20 导轨式附着升降脚手架的升降原理

1—导轨；2—导轮；3—提升挂座；4—连墙支杆；5—连墙支座；6—斜拉钢丝绳；7—脚手架

3.1.3 里脚手架搭设

里脚手架是搭设在建筑物内部的一种脚手架，用于楼层砌筑和室内装修。由于在使用过程中不断转移，装拆频繁，故其结构形式和尺寸应轻便灵活、装拆方便，通常将其做成工具式的。常用的工具式里脚手架有折叠式、支柱式、门架式等。

（1）折叠式里脚手架 由折叠式支架和脚手板组成。根据支架的不同可分为角钢折叠式里脚手架、钢管折叠式里脚手架、钢筋折叠式里脚手架。

角钢折叠式里脚手架支架如图 3-21 所示，其搭设间距砌墙时不超过 2m，装修时不超过 2.5m。角钢折叠式里脚手架可搭设两步，第一步高 1m，第二步高 1.65m。钢管折叠式里脚手架和钢筋折叠式里脚手架支架搭设间距，砌墙时不超过 1.8m，装修时不超过 2.2m。

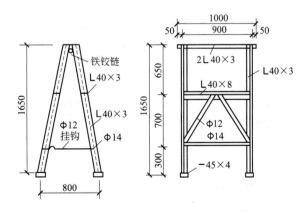

图 3-21 角钢折叠式里脚手架支架（单位：mm）

（2）支柱式里脚手架 由支柱、横杆和脚手板组成，其搭设间距为：砌墙时不超过 2m，装修时不超过 2.5m。根据支柱的不同分为套管式支柱里脚手架、承插式支柱里脚

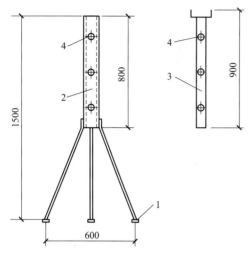

图 3-22　套管式支柱里脚手架（单位：mm）
1—支脚；2—立管；3—插管；4—销孔

手架。

套管式支柱里脚手架包括立管和插管，如图 3-22 所示，插管插入立管中，用销孔间距调节脚手架高度，在插管顶端的凹形支托内搁置方木横杆，横杆上铺设脚手板，架设高度为 1.57～2.17m。承插式支柱里脚手架的支柱有钢管支柱、角钢支柱和钢筋支柱。搭设时将横杆的销头插入支柱的承插管内，再在横杆上铺脚手板，架设高度有 1.2m、1.6m、1.9m，架设高度为 1.9m 时应加销钉固定。

（3）门架式里脚手架　由人形支架、门架和脚手板组成，如图 3-23 所示。支架搭设间距砌墙时不超过 2.2m，装修时不超过 2.5m。按照支架与门架的不同结合方式，又分为套管式与承插式两种。

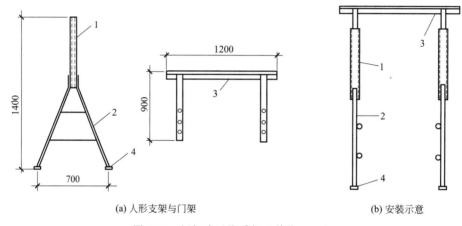

(a) 人形支架与门架　　　　　　(b) 安装示意

图 3-23　门架式里脚手架（单位：mm）
1—立管；2—支脚；3—门架；4—垫板

（4）移动式里脚手架　图 3-24 所示为移动式里脚手架。该脚手架由钢管框型架组装而成，底部设有带螺旋千斤顶的行走轮，框型架一侧有供上下人的梯子，特别适用于顶棚装饰装修工程的施工。

（5）塔式里脚手架　由两角支撑架、端头连接杆、水平对角拉杆、可调底座和可调顶托件组成。塔架可以组成不同的断面形式，塔式里脚手架的构造示意如图 3-25 所示。塔架具有很好的承载能力。塔式里脚手架不仅可以用于室内的砌筑和装饰装修工程，也可以用于室外施工。

3.1.4　脚手架工程的安全管理

3.1.4.1　脚手架安全管理工作的基本内容

① 制定对脚手架工程进行规范管理的文件（规范、标准、工法、规定等）。
② 编制施工组织设计、技术措施以及其他指导施工的文件。

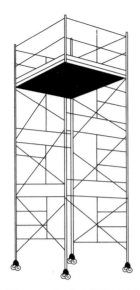

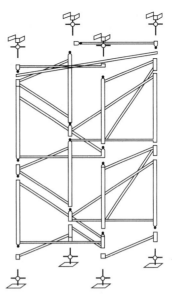

图 3-24　移动式里脚手架　　　　　　　　　图 3-25　塔式里脚手架

③ 建立有效的安全管理机制和办法。

④ 检查验收的实施措施。

⑤ 及时处理和解决施工中所发生的问题。

⑥ 事故调查、定性、处理及其善后安排。

⑦ 施工总结。

3.1.4.2　脚手架工程中常见的安全事故及原因

（1）脚手架工程多发事故的类型

① 整架倾倒或局部垮架。

② 整架失稳、垂直坍塌。

③ 人员从脚手架上高处坠落。

④ 落物伤人（物体打击）。

⑤ 不当操作事故（闪失、碰撞等）。

（2）引发事故的直接原因

1）整架倾倒、垂直坍塌或局部垮架

① 构架缺陷：构架缺少必需的结构杆件，未按规定数量和要求设连墙件等。

② 在使用过程中任意拆除必不可少的杆件和连墙件。

③ 构架尺寸过大、承载能力不足或设计安全度不够与严重超载。

④ 地基出现过大的不均匀沉降。

2）人员高空坠落

① 作业层未按规定设置围挡防护。

② 作业层未满铺脚手板或架面与墙之间的间隙过大。

③ 脚手板和杆件因搁置不稳、扎结不牢或发生断裂而坠落。

④ 不当操作产生的碰撞和闪失。

建筑脚手架在搭设、使用和拆除过程中发生的安全事故，一般都会造成程度不同的人员伤亡和经济损失，带来严重的后果和不良的影响。在屡发不断、为数颇多的事故中，反复出现的多发事故占了很大的比重。这些事故给予人们的教训是深刻的，从对事故的分析中可以得到许多有益的启示，帮助改进技术和管理工作，防止或减少事故的发生。

任务 3.2　垂直运输设备的使用

垂直运输设备是指担负垂直运输建筑材料和供人员上下的机械设备，建筑工程施工的垂直运输工程量很大，如在施工中需要运输大量的建筑材料、周转工具及人员等。常用的垂直运输设备有井架、龙门架、塔式起重机、自行式起重机、混凝土泵、物料提升机、施工电梯等。

垂直运输设备的使用

3.2.1　井架

井架是砌筑工程中常用的垂直运输设备，可用型钢或钢管加工成定型产品，或用其他脚手架部件（如扣件式、门式和碗扣式钢管脚手架等）搭设。一般井架为单孔，也可构成双孔或三孔。井架构造简单、加工容易、安装方便、价格低廉、稳定性好，且当设附着杆与建筑物拉结时，无需拉缆风绳。

图 3-26 所示为普通型钢井架，在井架内设有吊盘（或混凝土料斗）；当为双孔或三孔井架时，可同时设吊盘及料斗，以满足运输多种材料的需要。为了扩大起重运输服务范围，常在井架上安装悬臂桅杆，桅杆长 5～10m，起升荷载 0.5～1t，工作幅度 2.5～5m。当井架高度小于或等于 15m 时，设缆风绳一道；高度大于 15m 时，每增高 10m 增设一道，每道 4 根。

井架使用注意事项如下。

① 井架必须立于可靠的地基和基座之上，井架立柱底部应设底座和垫木，其处理要求同建筑外脚手架。

② 在雷雨季节使用的高度超过 30m 的钢井架，应装设避雷装置，没有装设避雷装置的井架，在雷雨天气应暂停使用。

③ 井架自地面 5m 以上的四周（出料口除外），应使用安全网或其他遮挡材料（竹笆、篷布等）进行封闭，避免吊盘上材料坠落伤人，卷扬机司机操作观察吊盘升降的一面只能使用安全网。

④ 必须采取限位自停措施，以防吊盘上升时"冒顶"。

⑤ 应设置安全卷扬机作业棚，并且卷扬机的设置位置应符合以下要求。

a. 不会受到场内运输和其他现场作业的干扰。

b. 不要设在塔吊起重时的回转半径之内，以免吊物坠落伤人。

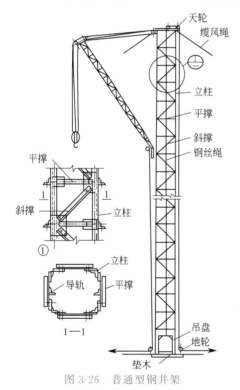

图 3-26　普通型钢井架

c. 卷扬机司机能清楚地观察吊盘的升降情况。

⑥ 吊盘不得长时间悬于井架中，应及时落至地面。

⑦ 吊盘内不要装长杆材料和零乱堆放的材料，以免材料坠落或长杆材料卡住井架酿成

事故。

⑧ 吊盘内的材料应居中放置，避免载重偏在一边。

⑨ 卷扬设备、轨道、地锚、钢丝绳和安全装置等应经常检查保养，发现问题及时加以解决，不得在有问题的情况下继续使用。

⑩ 应经常检查井架的杆件是否发生变形和连接松动情况。经常观察是否发生地基的不均匀沉降情况，并及时加以解决。

⑪ 井架安装的垂直偏差应控制在全高的 1/600 以内。

3.2.2　龙门架

龙门架构造简单、制作容易、用材少、装拆方便，适用于中小工程。但由于立杆刚度和稳定性较差，一般常用于低层建筑。如果分节架设，逐步增高，并与建筑物加强连接，也可以架设较大的高度。常见的龙门架一般由两根钢制格构式支柱及顶部横梁组成（图3-27）。支柱预制成定长的标准节，按使用要求在现场用螺栓连接成整体。钢柱和横梁必须经过严格计算，符合有关设计规定。钢支柱依靠几道缆风绳稳定，缆风绳应按照操作规程设置，缆风绳下端用地锚固定在地上，顶部横梁安装天轮。在支柱侧面固定滑轨，用以控制吊盘并起导向作用。钢支柱截面形式可采用矩形或三角形，材料可选用角钢，也可用钢管。

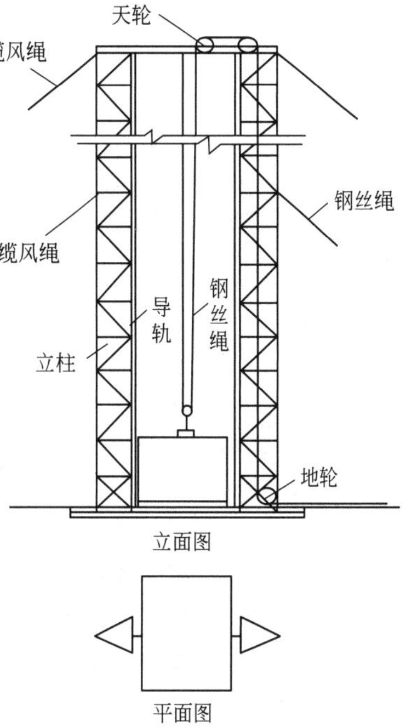

3.2.3　塔式起重机

（1）构造　塔式起重机俗称塔吊，由钢结构、工作机构、电气设备及安全装置组成。钢结构包括起重臂（又称吊臂）、平衡臂、塔尖、塔身（塔架）、转台、底架及台车等。

（2）塔吊类别　塔吊按其在工地上使用架设的要求不同可分为轨道式、固定式、内爬式、附着式四种（图3-28）。

图 3-27　龙门架

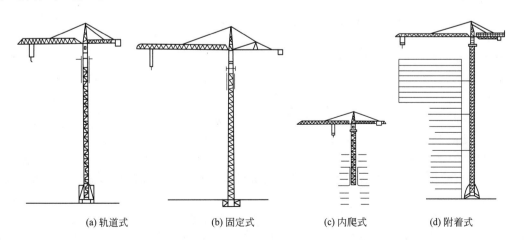

(a) 轨道式　　　　(b) 固定式　　　　(c) 内爬式　　　　(d) 附着式

图 3-28　建筑施工用塔式起重机的几种主要类型示意图

① 轨道式塔吊　可沿轨道行走，作业面大，覆盖范围为长方形空间，适合于条状的板式建筑。轨道式塔吊塔身受力状况较好，造价低，拆装快，转移方便，无需与建筑物拉结，但占用施工现场较多，且轨道基础工作量大，造价较高。

② 固定式塔吊　起升高度不大，一般为50m以内，安装方便，占用施工场地小，适合多层建筑施工。

③ 内爬式塔吊　通常安装在建筑物的电梯井或特设的开间内，也可安装在筒形结构内；依靠爬升机构随着结构的升高而升高，一般是每建造3～8m，起重机就爬升一次，塔身高度20m左右，起重高度随施工高度而定。

起重机以建筑物作支撑，塔身短，起重高度大，而且不占建筑物外围空间，但司机作业往往不能看到起吊全过程，需靠信号指挥；施工结束后拆卸复杂，一般需设辅助起重机拆卸。

④ 附着式塔吊　直接固定在建筑物或构筑物近旁的混凝土基础上，随着结构的升高，不断自行接高塔身，使起重高度不断增大；为了塔身稳定，塔身每隔20m高度左右用系杆与结构锚固。

附着式塔吊多为小车变幅，因起重机装在结构近旁，司机能看到吊装的全过程，自身的安装与拆卸不妨碍施工过程。

（3）塔吊的安全控制要点

① 塔吊的轨道基础和混凝土基础必须经过设计验算，验收合格后方可使用，基础周围应修筑边坡和排水设施，并与基坑保持一定安全距离。

② 塔吊的拆装必须配备下列人员：持有安全生产考核合格证书的项目负责人和安全负责人、机械管理人员；具有建筑施工特种作业操作资格证书的建筑起重机械安装拆卸工、起重司机、起重信号工、司索工等特殊作业操作人员。

③ 拆装人员应穿戴安全保护用品，高处作业时应系好安全带，熟悉并认真执行拆装工艺和操作规程。

④ 顶升前必须检查液压顶升系统各部件连接情况，顶升时严禁回转臂杆和其他作业。

⑤ 塔吊安装后，应进行整体技术检验和调整，经分阶段及整机检验合格后，方可交付使用。在无荷载情况下，塔身与地面的垂直度偏差不得超过4/1000。

⑥ 塔吊的金属结构、轨道及所有电气设备的外壳应有可靠的接地装置，接地电阻不应大于4Ω，并设避雷装置。

⑦ 作业前，必须对工作现场周围环境、行驶道路、架空电线、建筑物以及构件重量和分布等情况进行全面了解。塔吊作业时，塔吊起重臂杆起落及回转半径内不得有障碍物，与架空输电导线的安全距离应符合规定。

⑧ 塔吊的指挥人员、操作人员必须持证上岗，作业时应严格执行指挥人员的信号，如信号不清或错误时，操作人员应拒绝执行。

⑨ 在进行塔吊回转、变幅、行走和吊钩升降等动作前，操作人员应检查电源电压应达到380V，变动范围不得超过＋20V／－10V，送电前启动控制开关应在零位，并应鸣声示意。

⑩ 塔吊的动臂变幅限制器、行走限位器、力矩限制器、吊钩高度限制器以及各种行程限位开关等安全保护装置，必须安全完整、灵敏可靠，不得随意调整和拆除。严禁用限位装置代替操作机构。

⑪ 塔吊机械不得超载和起吊不明重量的物件。特殊情况下必须使用时，必须经过验算，经企业技术负责人批准，且要有专人现场监护，但不可超过限载的10%。

⑫ 突然停电时，应立即把所有控制器拨到零位，断开电源开关，并采取措施将重物安

全降到地面，严禁将起吊重物长时间悬挂在空中。

⑬ 起吊重物时应绑扎平稳、牢固，不得在重物上悬挂或堆放零星物件。零星材料和物件必须用吊笼或钢丝绳绑扎牢固后方可起吊。严禁使用塔吊进行斜拉、斜吊和起吊地下埋设或凝结在地面上的重物。

⑭ 遇有六级以上的大风或大雨、大雪、大雾等恶劣天气时，应停止塔吊露天作业。在雨雪过后或雨雪中作业时，应先进行试吊，确认制动器灵敏可靠后方可进行作业。

⑮ 在起吊荷载达到塔吊额定起重量的 90% 及以上时，应先将重物吊离地面 20～50cm 停止提升，并进行下列检查：起重机的稳定性、制动器的可靠性、重物的平稳性、绑扎的牢固性。

⑯ 重物提升和降落速度要均匀，严禁忽快忽慢和突然制动。非重力下降式塔吊，严禁带载自由下降。

3.2.4　自行式起重机

自行式起重机包括履带式起重机、轮胎式起重机与汽车式起重机等。自行式起重机的优点是灵活性大，移动方便，能在建筑工地流动服务。

（1）履带式起重机　其是一种 360° 全回转起重机。由于履带与地面接触面较大，故对地面产生的压强较小。履带式起重机对现场路面要求不高，在一般较平坦坚实的地面上能负荷行驶。工作时，起重臂可根据需要分节接长，是结构吊装工程中常用的起重机械之一。其缺点是稳定性较差，行走速度慢，对路面易造成损坏，在工地间迁移需要动用平板拖车载运。

履带式起重机由行走装置、回转机构、机身和起重臂等部分组成，如图 3-29 所示。

履带式起重机的技术性能参数主要有三项：起重量 Q、起重高度 H 和回转半径 R。

① 起重量指起重机在相对应的起重臂臂长和仰角时，安全工作所允许的最大起重量。

② 起重高度指起重机吊钩在竖直上限位置时，吊钩中心至停机面的垂直距离。

③ 起重半径指起重机回转中心至吊钩中垂线的水平距离。

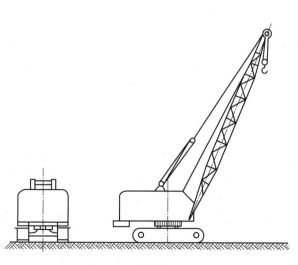

图 3-29　履带式起重机

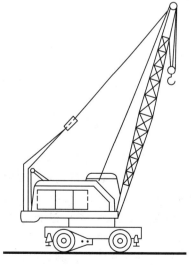

图 3-30　轮胎式起重机

三项参数间相互制约，其数值取决于起重臂长度及其仰角。各种型号的起重机都有几种臂长，当臂长一定时，随着起重臂仰角的增大，起重量和起重高度增加，而回转半径减小。当起重臂仰角一定时，随着起重臂长度的增加，起重半径和起重高度增加而起重量减少。

（2）轮胎式起重机　其是将起重机安装在加重型轮胎和轮轴组成的特制底盘上的一种全回转起重机。其外形如图 3-30 所示。其上部构造和履带式起重机基本相同，吊装作业时则与汽车式起重机相同，也是用四个支腿支撑在地面上以保持稳定。在平坦地面上进行小起重量作业时可负荷行走。其特点是：行驶速度较低，对路面要求较高，稳定性好，转弯半径小，不适合在松软泥泞的建筑场地上工作。

（3）汽车式起重机　其是把起重机构安装在通用或专用汽车底盘上的一种自行式全回转起重机，如图 3-31 所示。起重臂有桁架式和伸缩式两种，其驾驶室与起重机操纵室分开设置。汽车式起重机的优点是行驶速度快，移动迅速且对路面损坏性小。但是，吊装作业时稳定性较差，需设可伸缩的支腿用以增强汽车的侧向稳定，汽车式起重机不能负荷行驶。

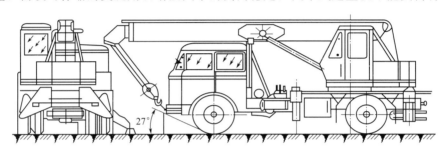

图 3-31　汽车式起重机

3.2.5　混凝土泵

它是水平和垂直输送混凝土的专用设备，用于超高层建筑工程时则更显示出它的优越性。混凝土泵按工作方式分为固定式和移动式两种，按泵的工作原理则分为挤压式和柱塞式两种。

3.2.6　采用小型起重机具的物料提升设施

这类物料提升设施由小型（一般起重量在 1.0t 以内）起重机具如电动葫芦、手扳葫芦、倒链、滑轮、小型卷扬机等与相应的提升架、悬挂架等构成，形成墙头吊、悬臂吊、摇头把杆吊、台灵架等。常用于多层建筑施工或作为辅助垂直运输设施。

3.2.7　施工电梯

施工电梯又称外用施工电梯，或称施工升降机。在高层建筑施工中，它是一种重要的机械设备，它多数是人货两用，少数仅供货用。电梯按其驱动方式可分为齿条驱动和绳轮驱动两种：齿条驱动电梯（图 3-32）又有单吊箱（笼）式和双吊箱（笼）式两种，并装有可靠的限速装置，适于 20 层以上建筑中使用；绳轮驱动电梯为单吊箱（笼），无限速装置，轻巧便宜，适于 20 层以下建筑中使用。

施工电梯的安全控制要点如下。

① 凡建筑工程工地使用的施工电梯，必须是通过省、市、自治区以上主管部门鉴定合格和有许可证的制造厂家的合格产品。

② 在施工电梯周围 5m 内，不得堆放易燃、易爆物品及其他杂物，不得在此范围内挖沟开槽。电梯 2.5m 范围内应搭坚固的防护棚。

③ 严禁利用施工电梯的井架、横竖支撑和楼层站台，牵拉悬挂脚手架、施工管道、绳缆、标语旗帜及其他与电梯无关的物品。

④ 司机必须身体健康，并需经过专业培训和经考核合格，取得主管部门颁发的机械操作合格证后，方可独立操作。

⑤ 经常检查基础是否完好，是否有下沉现象，检查导轨架的垂直度是否符合出厂说明书要求，说明书无规定的就按 80m 高度不大于 25mm，100m 高度不大于 35mm 检查。

⑥ 检查各限位安全装置情况，经检查无误后先将梯笼升高至离地面 1m 处停车检查制动是否符合要求，然后继续上行试验楼层站台，防护门，上限位和前、后门限位，并观察运转情况，确认正常后，方可正式投产。

⑦ 若载运熔化沥青、剧毒物品、强酸、溶液、笨重构件、易燃物品和其他特殊材料时，必须由技术部门会同安全、机务和其他有关部门制定安全措施并向操作人员交底后方可载运。

⑧ 运载货物应做到均匀分布，防止偏载，物料不得超出梯笼之外。

⑨ 运行到上下端时，不允许以限位停车（检查除外）。

图 3-32　齿条驱动电梯

⑩ 凡遇有下列情况时应停止运行：天气恶劣，如雷雨、六级以上大风、大雾、导轨结冰等情况；灯光不明，信号不清；机械发生故障，未彻底排除；钢丝绳断丝磨损超过规定。

任务 3.3　砖砌体施工

3.3.1　砖砌体材料

3.3.1.1　砖

砖砌体材料

建筑用砖，根据生产工艺的特点分为烧结砖（经焙烧而成）、蒸压砖（经高压蒸汽养护硬化而成）、蒸养砖（经常压蒸汽养护硬化而成）；根据使用的原料不同，可分为黏土砖、页岩砖、煤矸石砖、粉煤灰砖、炉渣砖、灰砂砖、混凝土砖等；按孔洞率的大小又分为实心砖（无孔洞或孔洞率小于 25% 的砖）、多孔砖（孔洞率大于或等于 25%，孔的尺寸小而数量多的砖，常用于承重部位，强度等级较高）、空心砖（孔洞率大于或等于 40%，孔的尺寸大而数量少的砖，常用于非承重部位，强度等级偏低）。

砖有烧结普通砖（图 3-33）、烧结多孔砖、烧结空心砖、蒸压灰砂空心砖、蒸压粉煤灰砖等。

（1）烧结普通砖（图 3-33）　按主要原料分为黏土砖、页岩砖、煤矸石砖和粉煤灰砖。

烧结普通砖根据尺寸偏差、外观质量、泛霜和石灰爆裂分为优等品、一等品、合格品三个质量等级。优等品适用于清水墙，一等品、合格品可用于混水墙。

烧结普通砖的外形为直角六面体，其公称尺寸为长 240mm、宽 115mm、高 53mm。配砖规格为 175mm×115mm×53mm。

（2）烧结多孔砖（图 3-34）　使用的原料与生产工艺与烧结普通砖基本相同，其孔洞率不小于 25%。砖的外形为直角六面体，其长度、宽度及高度尺寸应符合 290mm、240mm、190mm、180mm 和 175mm、140mm、115mm、90mm 的要求。

图 3-33　烧结普通砖

图 3-34　烧结多孔砖

烧结多孔砖根据尺寸偏差、外观质量、强度等级和物理性能分为优等品、一等品、合格品三个等级。

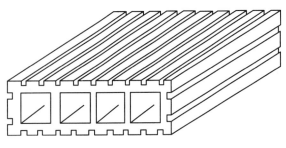

图 3-35　烧结空心砖

（3）烧结空心砖（图 3-35）　其烧制、外形、尺寸要求与烧结多孔砖一致，在与砂浆的接合面上应设有增加结合力的深度 1mm 以上的凹线槽。

烧结空心砖的长度、宽度、高度应符合下列要求：长度可为 240mm、290mm；宽度可为 140mm、180mm、190mm；高度可为 90mm、115mm。

（4）混凝土空心砖　是以水泥为胶结材料，与砂、石等经加水搅拌、成型和养护而制成。混凝土空心砖具有质轻、防火、隔声、保温、抗渗抗震、耐久等特点。

混凝土空心砖

（5）水泥砖　是指利用粉煤灰、煤渣、煤矸石、尾矿渣、化工渣或者天然砂、海涂泥等（以上原料的一种或数种）作为主要原料，用水泥作胶结料，经加水搅拌、成型、养护而成。水泥砖具有自重较轻，强度较高，无需烧制的特点。

水泥砖

砖要按规定及时进场，按砖的强度等级、外观、几何尺寸进行验收，砖的品种、强度等级必须符合设计要求，并应规格一致；并应检查出厂合格证。用于清水墙、柱表面的砖，外观要求应尺寸准确、边角整齐、色泽均匀、无裂纹、掉角、缺棱和翘曲等严重现象。在常温下，为避免砖吸收砂浆中过多的水分而影响黏结力，砖应提前 1~2d 浇水湿润，并可除去砖面上的粉末。烧结类块体的相对含水率宜为 60%~70%，其他非浇结类块体的相对含水率宜为 40%~50%。混凝土空心砖、混凝土实心砖及水泥砖不需浇水湿润，但在气候干燥炎热的情况下，宜在砌筑前对其喷水湿润。但也要注意不能将砖浇得过湿，浇水以水浸入砖内 10~15mm 为宜，浇水过多会产生砌体走样或滑动，块体过湿过干都会影响施工速度和施工质量。如因天气酷热，砖面水分蒸发过快，操作时揉压困难，也可在脚手架上进行二次浇水。

3.3.1.2　砌筑砂浆

砂浆在砌体内的作用，主要是填充砖之间的空隙，并将其黏结成一个整体，使上层砖的荷载能均匀地传到下层，提高砌体的整体强度。砂浆种类选择及其等级的确定，应根据设计要求而定。

砂浆是由胶结材料、细骨料及水组成的混合物。按照胶结材料的不同，砂浆可分为水泥砂浆（水泥、砂、水）、混合砂浆（水泥、砂、石灰膏、水）、石灰砂浆（石灰膏、砂、水）、石灰黏土砂浆（石灰膏、黏土、砂、水）、黏土砂浆（黏土、水）。石灰砂浆、石灰黏土砂浆、黏土砂浆强度较低，只用于临时设施的砌筑。建筑工程常用砌筑砂浆为水泥砂浆、混合砂浆。一般水泥砂浆用于潮湿环境和强度要求较高的砌体，施工规范规定：施工中用水泥砂浆代替水泥混合砂浆，应按设计规定的砂浆强度等级提高一级，所以，施工中不能任意用同强度水泥砂浆来代替水泥混合砂浆。石灰砂浆主要用于砌筑干燥环境中以及强度要求不高的砌体；混合砂浆主要用于地面以上强度要求较高的砌体。

（1）原材料要求

1）水泥　其强度等级应根据设计要求选择。水泥的强度等级应根据设计要求选择。水泥进场使用前应有产品合格证、出厂检验报告和进场复验报告，应分批对其强度、安定性进行复验。检验批应按同一生产厂家、同品种、同等级、同批号连续进场的水泥，袋装水泥不超过200t 为一批，散装水泥不超过 500t 为一批。当在使用中对水泥质量有怀疑或水泥出厂超过三个月（快硬硅酸盐水泥超过一个月）时，应进行复查试验，并按其结果使用。水泥砂浆宜采用《砌筑水泥》(GB/T 3183—2017)，当采用其他品种水泥时，其强度等级不宜大于 32.5 级；水泥混合砂浆采用的水泥，其强度等级不宜大于 42.5 级。不同品种的水泥，不得混合使用。

2）砂　宜用中砂，其中毛石砌体宜用粗砂。砂浆用砂不得含有有害杂物，砂浆用砂的含泥量应满足下列要求。

① 对水泥砂浆和强度等级不小于 M5 的水泥混合砂浆，不应超过 5％。

② 对强度等级小于 M5 的水泥混合砂浆，不应超过 10％。

③ 人工砂、山砂及特细砂，应经试配能满足砌筑砂浆技术条件要求。

3）石灰膏　生石灰熟化成石灰膏时，应用孔径不大于 3mm×3mm 的网过滤，熟化时间不得少于 7d；磨细生石灰粉的熟化时间不少于 2d。配制水泥石灰砂浆时，不得采用脱水硬化的石灰膏，消石灰粉不得直接使用于砌筑砂浆中。

4）粉煤灰　应采用Ⅰ、Ⅱ、Ⅲ级粉煤灰。

5）水　宜采用自来水，水质应符合现行行业标准《混凝土用水标准》（JGJ 63—2006）的规定。

6）外加剂　凡在砂浆中掺入有机塑化剂、早强剂、缓凝剂、防冻剂等，应经检验和试配符合要求后，方可使用。有机塑化剂应有砌体强度的型式检验报告。

（2）砂浆配合比

① 砌筑砂浆配合比应通过有资质的实验室，根据现场的实际情况进行计算和试配确定，并同时满足稠度、分层度和抗压强度的要求。

② 砌筑砂浆的稠度（流动性）宜按表 3-2 选用。

表 3-2　砌筑砂浆的稠度（流动性）

砌体种类	砂浆稠度/mm
烧结普通砖砌体、蒸压粉煤灰砖砌体	70～90
混凝土实心砖、混凝土多孔砖砌体、普通混凝土小型空心砌块砌体、蒸压灰砂砖砌体	50～70

续表

砌体种类	砂浆稠度/mm
烧结多孔砖、空心砖砌体、轻骨料小型空心砌块砌体、蒸压加气混凝土砌块砌体	60～80
石砌体	30～50

注：1. 采用薄灰砌筑法砌筑蒸压加气混凝土砌块砌体时，加气混凝土黏结砂浆的加水量按照其产品说明书控制；

2. 当砌筑其他块体时，其砌筑砂浆的稠度可根据块体吸水性及气候条件确定。

当砌筑材料为粗糙多孔且吸水较大的块料或在干热条件下砌筑时，应选用较大稠度值的砂浆；反之，应选用较小稠度值的砂浆。

③ 砌筑砂浆的分层度不得大于 30mm，确保砂浆具有良好的保水性。

④ 施工中当采用水泥砂浆代替水泥混合砂浆时，应重新确定砂浆强度等级，并应经设计人员确认。

（3）砂浆的拌制及使用

① 砂浆应采用机械搅拌，搅拌时间自投料完算起，应为：水泥砂浆和水泥混合砂浆，不得少于 2min；水泥粉煤灰砂浆和掺用外加剂的砂浆，不得少于 3min；掺用有机塑化剂的砂浆，应为 3～5min。

② 砂浆应随拌随用，水泥砂浆和水泥混合砂浆应分别在 3h 和 4h 内使用完毕；当施工期间最高气温超过 30℃ 时，应分别在拌成后 2h 和 3h 内使用完毕。对掺用缓凝剂的砂浆，其使用时间可根据具体情况延长。

（4）砂浆强度 由边长为 7.07cm 的正方体试件，经过 28d 标准养护，测得一组三块的抗压强度值来评定。砌筑砂浆试块强度验收时，其强度合格标准必须符合下列规定。

① 同一验收批砂浆试块抗压强度平均值应大于或等于设计强度等级值的 1.10 倍。

② 同一验收批砂浆试块抗压强度的最小一组平均值应大于或等于设计强度等级值的 85%。

③ 砂浆强度应以标准养护龄期为 28d 的试块抗压试验结果为准。

砂浆试块应在搅拌机出料口随机取样、制作，同盘砂浆只制作一组试块。

每一检验批且不超过 250m³ 砌体的各种类型及强度等级的砌筑砂浆，每台搅拌机应至少抽验一次。

当施工中或验收时出现下列情况，可采用现场检验方法对砂浆和砌体强度进行原位检测或取样检测，并判定其强度：砂浆试块缺乏代表性或试块数量不足；对砂浆试块的试验结果有怀疑或有争议；砂浆试块的试验结果，不能满足设计要求；发生工程事故，需要进一步分析事故原因。

3.3.2 砖砌体砌筑形式

砖墙根据其厚度不同，可采用一顺一丁、三顺一丁、梅花丁、全顺、两平一侧、全丁的砌筑形式（图 3-36）。

一顺一丁砌法是一皮中全部顺砖与一皮中全部丁砖相互间隔砌成，上下皮间的竖缝相互错开 1/4 砖长。砌体中无任何通缝，而且丁砖数量较多，能增强横向拉结力。这种组砌方式，砌筑效率高，墙面整体性好，墙面容易控制平直，多用于一砖厚墙体的砌筑。但当砖的规格参差不齐时，砖的竖缝就难以整齐。

三顺一丁砌法是三皮中全部顺砖与一皮中全部丁砖间隔砌成，上下皮顺砖与丁砖间竖缝错开 1/4 砖长，上下皮顺砖间竖缝错开 1/2 砖长。这种砌法由于顺砖较多，砌筑效率较高，

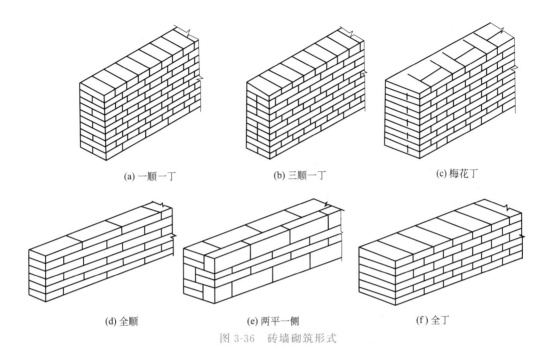

(a) 一顺一丁　　　　　　　(b) 三顺一丁　　　　　　　(c) 梅花丁

(d) 全顺　　　　　　　　(e) 两平一侧　　　　　　　(f) 全丁

图 3-36　砖墙砌筑形式

但三皮顺砖内部纵向有通缝，整体性较差，且墙面也不易控制平直，一般使用较少。宜用于一砖半以上的墙体的砌筑或挡土墙的砌筑。

梅花丁砌法是每皮中丁砖与顺砖相隔，上皮丁砖坐中于下皮顺砖，上下皮间竖缝相互错开 1/4 砖长。这种砌法内外竖缝每皮都能错开，故整体性好，灰缝整齐，而且墙面比较美观，但砌筑效率较低，多用于清水墙面。

全顺砌法是指各皮砖均匀顺砌，上下皮垂直灰缝相互错开 1/2 砖长（120mm），此法仅用于砌半砖厚墙。

两平一侧砌法又称 18 墙，其组砌特点为平砌层上下皮间错缝半砖，平砌层与侧砌层之间错缝 1/4 砖。此种砌法比较费工，效率低，但节省砖块，可以作为层数较小的建筑物的承重墙。

全丁砌筑法就是全部用丁砖砌筑，上下皮竖缝相互错开 1/4 砖长，此法仅用于圆弧形砌体，如水池、烟囱、水塔等。

3.3.3　砖砌体砌筑要求

（1）砖基础的砌筑要求　砖基础有带形基础和独立基础，基础下部扩大部分称为大放脚、上部为基础墙。大放脚有等高式和不等高式两种。基础砌砖应在地基或垫层验收合格后进行。大放脚砌筑应满铺满挤，不允许用填芯（码槽）砌法，关键是砌体砂浆应饱满密实，压缝合理。退台应对称、均匀一致，不能产生过大偏心，以免影响基础受力。当退台收至基础墙时，应挂中线检查墙的位置，不允许超过允许误差值。

大放脚一般采用一顺一丁砌法，上下皮垂直灰缝相互错开 60mm。

砖基础的转角处、交接处，为错缝需要应加砌配砖（3/4 砖、半砖或 1/4 砖）。在这些交接处，纵横墙要隔皮砌通；大放脚的最下一皮及每层的最上一皮应以丁砌为主。

底宽为两砖半等高式砖基础大放脚转角处分皮砌法如图 3-37 所示。

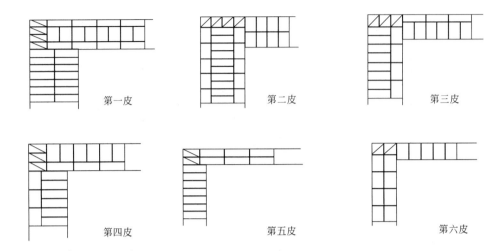

图 3-37 大放脚转角处分皮砌法

（2）砖墙的砌筑要求 上下错缝，内外搭接，以保证砌体的整体性，同时组砌要有规律，少砍砖，以提高砌筑效率，节约材料。

当采用一顺一丁组砌时，七分头的顺面方向依次砌顺砖，丁面方向依次砌丁砖，如图 3-38（a）所示。

砖墙的丁字接头处，应分皮相互砌通，内角相交处的竖缝应错开 1/4 砖长，并在横墙端头处加砌七分头砖，如图 3-38（b）所示。

砖墙的十字接头处，应分皮相互砌通，立角处的竖缝相互错开 1/4 砖长，如图 3-38（c）所示。

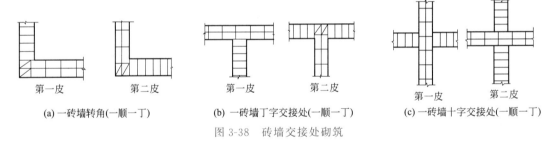

(a) 一砖墙转角(一顺一丁) (b) 一砖墙丁字交接处(一顺一丁) (c) 一砖墙十字交接处(一顺一丁)

图 3-38 砖墙交接处砌筑

（3）构造柱的砌筑要求 设有钢筋混凝土构造柱的墙砌体应分层按下列顺序组织施工：绑扎钢筋→砌砖墙→支模板→浇筑混凝土→拆模→养护。

构造柱与墙体采用马牙槎连接（五退五进，先退后进），在墙体施工时，从每层柱脚开始，先退后进砌筑马牙槎，以增大柱脚断面。墙与柱应沿高度方向每 500mm 设 2Φ6 水平拉结筋，每边伸入墙内不应少于 1m，如图 3-39 所示。

浇灌构造柱的混凝土，坍落度一般以 5～7cm 为宜。构造柱模板可采用木模板或钢模板。构造柱混凝土浇筑，宜采用插入式振捣棒。振捣时，避免直接触碰砖墙，且振捣要密实。

3.3.4 砖砌体施工

砖砌体施工工艺

砌砖施工程序通常包括抄平、放线、摆砖样、立皮数杆、盘角、挂线、砌砖、勾缝等工序。

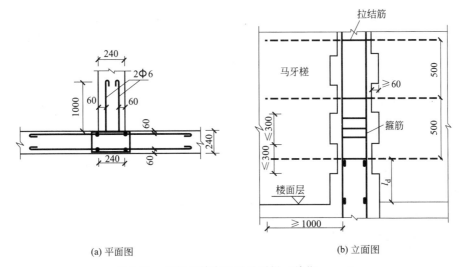

(a) 平面图	(b) 立面图

图 3-39　拉结钢筋布置及马牙槎（单位：mm）

（1）抄平、放线

① 底层抄平、放线　基础砌筑前，依据施工现场的水准点（图 3-40），确定 ±0.000 标高，并在基础面上用水泥砂浆或细石混凝土找平。再依据施工现场轴线延长桩上的标志，拉通线、吊线锤，并将墙身轴线引测到基础面上，再以轴线为标准弹出墙边线，定出门窗洞口的平面位置。轴线放出并经复查无误后，将轴线引测到外墙面上，画上特定的符号，作为楼层轴线引测点。

② 轴线、标高引测　当墙体砌筑到各楼层时，可根据设在底层的轴线引测点，利用经纬仪或铅垂球，把控制轴线引测到各楼层外墙上；可根据设在

图 3-40　水准点

底层的标高引测点，利用钢尺向上直接丈量，把控制标高引测到各楼层外墙上。

③ 楼层抄平、放线　轴线和标高引测到各楼层后，就可以进行各楼层的抄平、放线。为了保证各楼层墙身轴线的重合，并与基础定位轴线一致，引测后，一定要用钢尺丈量各轴线间距，经校核无误后，再弹出各分间的轴线和墙边线，并按设计要求定出门窗洞口的平面位置。

（2）摆砖样　在弹好线的基面上，按选定的组砌方法，根据墙身长度（按门、窗洞口分段）和组砌方式在墙基顶面放线位置试摆砖样（生摆，即不铺灰），偏差小时可通过竖缝调整，以减小砍砖数量，并保证砖及砖缝排列整齐、均匀，以提高砌砖效率。摆砖样在清水墙砌筑中尤为重要。

（3）立皮数杆　皮数杆（图 3-41）是指在其上划有每皮砖和灰缝的厚度，以及门窗洞口、过梁、楼板等高度位置的一种木制标杆。砌筑时用来控制墙体竖向尺寸及各部位构件的竖向标高，并保证灰缝厚度的均匀性。皮数杆一般立于墙的转角处，如墙很长，可每隔 10～12m 再立一根。立皮数杆时，先在立杆处打一木桩，用水准仪在木桩上测出 ±0.000 标高的位置，然后把皮数杆的 ±0.000 线与木桩上 ±0.000 线对齐，并用钉钉牢。

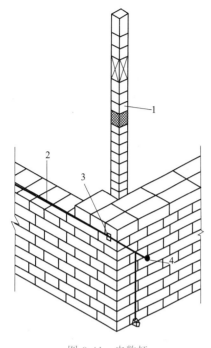

图 3-41　皮数杆
1—皮数杆；2—准线；3—竹片；4—圆铁钉

（4）盘角、挂线　砌筑时，应根据皮数杆先在墙角砌 4～5 皮砖，称为盘角，盘角又称立头角，是确定墙身两面横平竖直的主要依据；盘角时，主要大角盘角不要超过 5 皮砖，应随砌随盘，然后将麻线挂在墙身上（称为挂准线）；盘角时还要和皮数杆对照，检查无误后才能挂线，再按准线砌中间的墙，每砌一皮或两皮，准线向上移动一次，以保证墙面平整。一般二四墙可单面挂线，三七墙及以上的墙则应双面挂线。

（5）砌砖　砌砖的操作方法较多，无论选择何种砌筑方法，首先应保证砖缝的灰浆饱满，其次还应考虑有较高生产效率。常用的砌筑方法主要有挤浆法和"三一"砌砖法。砌筑过程中应三皮一吊、五皮一靠，以保证墙面垂直平整。

① 挤浆法　即用灰勺、大铲或铺灰器在墙顶上铺一段砂浆，然后双手拿砖或单手拿砖，用砖挤入砂浆中一定厚度之后把砖放平，达到下齐边、上齐线、横平竖直的要求。这种砌法的优点：可以连续挤砌几块砖，减少烦琐的动作；平推平挤可使灰缝饱满；效率高；保证了砌筑质量。

② "三一"砌砖法　是一块砖、一铲灰、一揉压并随手将挤出的砂浆刮去的砌筑方法。这种砌法的优点：灰缝容易饱满，黏结性好，墙面整洁。故实心砖砌体宜采用"三一"砌砖法。

（6）勾缝　清水墙砌完后，要进行墙面修正及勾缝。墙面勾缝应横平竖直，深浅一致，搭接平整，不得有丢缝、开裂和黏结不牢等现象。砖墙勾缝宜采用凹缝或平缝，凹缝深度一般为 4～5mm。勾缝完毕后，应进行墙面、柱面和落地灰的清理。

"三一"
砌砖法

勾缝使清水墙面美观、牢固。勾缝宜用 1:1.5 的水泥砂浆，砂应用细砂，也可用原浆勾缝。

3.3.5　砖砌体施工质量要求

砖砌体是由砖块和砂浆通过各种形式的组合而搭砌成的整体，所以砌体质量的好坏取决于组成砌体的原材料质量和砌筑方法。

（1）质量要求　横平竖直、砂浆饱满、组砌得当、接槎可靠。

① 横平竖直　为使砌体均匀受压，不产生剪切水平推力，砌体灰缝应保证横平竖直，厚薄均匀，否则，在竖向荷载作用下，沿砂浆与砖块结合面会产生剪应力。

要做到横平竖直，首先应将基础找平，砌筑时严格按皮数杆拉线，将每皮砖砌平，同时经常用 2m 托线板检查墙体垂直度，发现问题应及时纠正。

② 砂浆饱满　为保证砖块均匀受力和使砌块紧密结合，要求水平灰缝砂浆饱满，厚薄均匀，否则，砖块受力后易弯曲而断裂。水平灰缝厚度及竖向灰缝宽度宜为 10mm，但不应小于 8mm，也不应大于 12mm。水平灰缝厚度用尺量 10 皮砖砌体高度折算，竖直灰缝宽度用尺量 2m 砌体长度折算。

砂浆的饱满程度以砂浆饱满度表示，用百格网检查，要求水平缝的砂浆饱满度达到80％以上。同样，竖向灰缝也应控制厚度并保证粘接，不得出现透明缝、瞎缝和假缝，以避免透风漏雨，影响保温性能。

③ 组砌得当　是指砌筑时要做到上下错缝、内外搭砌。上下错缝是指砖砌体上下两皮砖的竖缝应当错开，以避免上下通缝。错缝搭接的长度一般不应小于 60mm，同时还要考虑到砌筑方便和少砍砖。当上下两皮砖搭接长度小于 25mm 时，即为通缝。在垂直荷载作用下，砌体会由于"通缝"而丧失整体性，影响砌体强度。内外搭砌是指同皮的里外砌体通过相邻上下皮的砖块搭砌而组砌得牢固。

④ 接槎可靠　接槎是指墙体临时间断处的接合方式，一般有斜槎和直槎两种方式。

规范规定：砖砌体的转角处和交接处应同时砌筑，对不能同时砌筑而又必须留置的临时间断处，应砌成斜槎，普通砖砌体斜槎水平投影长度不应小于高度的 2/3（图 3-42），多孔砖砌体的斜槎长高比不应小于 1/2，斜槎高度不得超过一步脚手架的高度；如临时间断处留斜槎有困难时，除转角处外，也可留直槎，但必须做成阳槎，并加设拉结筋；拉结筋的数量为每120mm 墙厚放置一根 ϕ6mm 的钢筋（120mm 厚墙放置 2ϕ6mm 拉结钢筋），间距沿墙高不得超过 500mm，且竖向间距偏差不应超过 100mm，埋入长度从墙的留槎处算起，每边均不应小于500mm，对抗震设防烈度为 6 度、7 度的地区，不应小于 1000mm，末端应有 90°弯钩（图 3-43）。砖砌体接槎时，必须将接槎处的表面清理干净，浇水润湿，并应填实砂浆，保持灰缝平直。

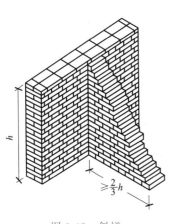

图 3-42　斜槎
h—斜槎高度

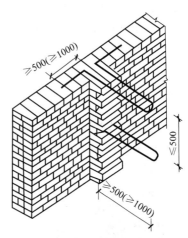

图 3-43　直槎（单位：mm）

（2）砖、小型砌块砌体尺寸、位置的允许偏差及检验方法、抽检数量　见表 3-3。

表 3-3　砖、小型砌块砌体尺寸、位置的允许偏差及检验方法、抽检数量

序号	项目			允许偏差/mm	检验方法	抽检数量
1	轴线位移			10	用经纬仪和尺或用其他测量仪器检查	承重墙、柱全数检查
2	基础、墙、柱顶面标高			±15	用水准仪和尺检查	不应少于 5 处
3	墙面垂直度	每层		5	用 2m 托线板检查	不应少于 5 处
		全高	≤10m	10	用经纬仪、吊线和尺或用其他测量仪器检查	外墙全部阳角
			>10m	20		
4	表面平整度	清水墙、柱		5	用 2m 靠尺和楔形塞尺检查	不应少于 5 处
		混水墙、柱		8		

续表

序号	项目		允许偏差 /mm	检验方法	抽检数量
5	水平灰缝 平直度	清水墙	7	拉5m线和尺检查	不应少于5处
		混水墙	10		
6	门窗洞口高、宽(后塞口)		±10	用尺检查	不应少于5处
7	外墙上下窗口偏移		20	以底层窗口为准,用经纬仪或吊线检查	不应少于5处
8	清水墙游丁走缝		20	以每层第一皮砖为准,用吊线和尺检查	不应少于5处

(3) 技术要求

① 宽度小于1m的窗间墙,应选用整砖砌筑,半砖和破损的砖,应分散使用于墙心或受力较小部位。

② 不得在下列墙体或部位留设脚手眼。

a. 120mm厚墙、料石清水墙和独立柱。

b. 过梁上与过梁成60°角的三角形范围及过梁净跨度1/2的高度范围内。

c. 宽度小于1m的窗间墙。

d. 梁或梁垫下及其左右500mm范围内。

e. 砌体门窗洞口两侧200mm(石砌体为300mm)和转角处450mm(石砌体为600mm)范围内。

f. 轻质墙体。

g. 夹心复合墙外叶墙。

h. 设计不允许设置脚手眼的部位。

③ 施工时需在砖墙中留置的临时洞口,其侧边离交接处的墙面不应小于500mm,洞口净宽度不应超过1m;洞口顶部宜设置过梁。抗震设防烈度为9度地区的建筑物,临时洞口的留置应会同设计单位研究决定,临时施工洞口应做好补砌。

④ 每层承重墙的最上一皮砖,在梁或梁垫的下面,应用丁砖砌筑;隔墙与填充墙的顶面与上层结构的接触处,宜用侧砖或立砖斜砌挤紧(图3-44)。

⑤ 设有钢筋混凝土构造柱的抗震多层砖墙,应先绑扎钢筋,然后砌砖墙,最后浇筑混凝土。墙与柱应沿高度方向每加500mm加设Φ6mm钢筋(一砖墙),每边伸入墙内不应少于1000mm;构造柱应与圈梁连接;砖墙应砌成马牙槎,每一马牙槎沿高度方向的尺寸不超过300mm,马牙槎从每层柱脚开始,应先退后进。该层构造柱混凝土浇筑完之后,才能进行上一层的施工。

图3-44 填充墙顶部侧砖斜砌

⑥ 沉降不均匀将导致墙体开裂,对结构危害很大,砌筑施工中要严加注意。砖砌体相邻施工段的高差,不得超过一个楼层的高度,且不宜大于4m;临时间断处的高差不得超过一步脚手架的高度;为减少灰缝变形而导致砌体沉降,一般每日砌筑高度不宜超过1.8m,雨天施工,不宜超过1.2m。

3.3.6 砖砌体冬期施工

根据《建筑工程冬期施工规程》(JGJ/T 104—2011) 规定，冬期施工期限的划分原则是：根据当地多年气象资料统计，当室外日平均气温连续5d稳定低于5℃即进入冬期施工，当室外日平均气温连续5d高于5℃即解除冬期施工。

冬期施工时，砖在砌筑前应清除冰霜，在正温条件下应浇水，在负温条件下，如浇水困难，则应增大砂浆的稠度。砌筑时，不得使用无水泥配制的砂浆，所用水泥宜采用普通硅酸盐水泥；石灰膏、黏土膏等不应受冻；砂不得有大于1cm的冻结块；为使砂浆有一定的正温度，拌和前，水和砂可预先加热，但水温不得超过80℃，砂的温度不得超过40℃。每日砌筑后，应在砌体表面覆盖保温材料。

(1) 外加剂法　外加剂法是在砂浆中掺入一定数量的氯化钠（单盐）或氯化钠加氯化钙（双盐），以降低冰点，使砂浆中的水分在一定的负温下不冻结。掺氯盐后能使砂浆中的水冰点降低，维持水泥的水化作用连续进行；同时氯盐又是早强剂，能增加水泥颗粒的分散度，增大水泥颗粒对水的吸附能力，降低水泥浆的沉降度，加快水泥的硬化速度；另外氯盐先与水泥中的硅酸三钙水解析出氧化钙，由于氧化钙的作用，将形成相应的氢氧化合物和氯化钙，然后氯化钙再与铝酸三钙化合成水化氯铝酸钙，氯盐与氢氧化钙化合，则可降低水泥液相中石灰浓度，导致硅酸三钙矿物水解的速度加快，从而促进水泥硬化的早期强度。

这种方法施工简便、经济、可靠，是砖石工程冬期施工广泛采用的方法。外加剂法施工应注意下列有关事项。

① 保证砂浆搅拌、运输、砌筑时的温度均应具有5℃以上的正温。

② 如设计无特殊要求，当日最低气温等于或低于 $-15℃$ 时，对砌筑承重墙体的砂浆强度应比常温施工时提高一级。

③ 氯盐对钢筋有腐蚀作用。当掺盐砂浆砌筑配筋砖砌体时，应对钢筋采取防腐措施，涂防锈漆2～3度，以防止锈蚀，也可以加亚硝酸钠或硫酸钠等复合外加剂。

由于氯盐砂浆吸湿性大，保温性能下降并有析盐现象等，下列工程不得采用外加剂法。

① 对装饰有特殊要求的工程。

② 接近高压电线的建筑物（如变电所、发电站等）。

③ 配筋、钢埋件无可靠的防腐处理措施的砌体。

④ 房屋使用时，湿度大于80%的建筑物。

⑤ 经常处于地下水位变化范围内，以及在水下未设防水层的结构。

如掺盐砂浆同时需要掺入微沫剂时，氯盐溶液和微沫剂溶液必须分开拌和并先后加入。

氯盐掺量应适量，不宜过多，超过10%时有严重的析盐现象，若超过20%则砂浆强度显著降低。当气温较低时，还可以采用热砂浆掺氯盐的办法，以保证砂浆的早期强度和砌筑的质量，拌和砂浆时，对原材料进行加热，优先加热水，当水加热不能满足温度要求时，再进行砂子加热。拌和时，其投料顺序是：水和砂先拌和后，再投入水泥，以免较高温度的水与水泥直接接触而产生假凝现象。水泥假凝是指水泥颗粒遇到温度较高的热水时，颗粒表面很快形成薄而硬的壳，阻止水泥与水的水化作用的进行，使水泥水化不充分，新拌混凝土拌合物的和易性下降，导致混凝土强度下降。

(2) 暖棚法　利用廉价的保温材料搭设简易结构的保温棚，将砌筑的现场封闭起来，使砌体在正温条件下砌筑和养护。暖棚法施工时，砖石和砂浆在砌筑时的温度均不得低于5℃；在距所砌结构面0.5m处的气温也不得低于5℃。养护时间不少于3d。暖棚法施工可以为砌体结构营造一个正温环境，对砌体砂浆的强度增长及砌体工程质量均大有提高，但鉴于暖棚法成本较高，以及其搭设条件的限制，故其适用于地下工程、基础工程以及工期紧迫的砌体结构。暖棚法施工的加热可优先采用热风装置，如用天然气、焦炭炉等，但应注意防火。砌体在暖棚内的养护时间应根据暖棚内的温度确定，并应满足表 3-4 的规定。

表 3-4　暖棚法施工时的砌体养护时间

暖棚内温度/℃	5	10	15	20
养护时间/d	≥6	≥5	≥4	≥3

任务 3.4　中、小型砌体施工

中型砌块的施工，是采用各种吊装机械及夹具将砌块安装在设计位置，一般要按建筑物的平面尺寸及预先设计的砌块排列图逐块地按次序吊装，就位固定。小型砌块的施工方法与砖砌体施工方法相同，主要是手工砌筑。

3.4.1　砌块材料

砌块一般以混凝土或工业废料作原料制成实心或空心的块材。它具有自重轻、机械化和工业化程度高、施工速度快、生产工艺和施工方法简单且可大量利用工业废料等优点，因此，用砌块代替普通黏土砖是墙体改进的重要途径。

砌块按形状分为实心砌块和空心砌块两种；按制作原料分为粉煤灰砌块、加气混凝土砌块、混凝土砌块、硅酸盐砌块、石膏砌块等数种；按规格分为小型砌块、中型砌块和大型砌块。砌块高度为 115~380mm 的称小型砌块；高度为 380~980mm 的称中型砌块；高度大于 980mm 的称大型砌块。砌块的规格、型号与建筑的层高、开间和进深有关。由于建筑的功能要求、平面布置和立面体型各不相同，这就必须选择一组符合统一模数的标准砌块，以适应不同建筑平面变化。

由于砌块的规格、型号的多少与砌块幅面尺寸的大小有关，砌块幅面尺寸大，规格、型号就多，砌块幅面尺寸小，规格、型号就少，因此合理地制定砌块的规格，有助于促进砌块生产的发展，加速施工进度，保证工程质量。

常用的有普通混凝土空心砌块、轻集料混凝土空心砌块、加气混凝土砌块、粉煤灰砌块。

（1）普通混凝土空心砌块　以水泥、砂、碎石或卵石加水预制而成。具有块大、空心、壁薄、体轻、高强等特点。其主规格尺寸为 390mm×190mm×190mm，有两个方形孔，空心率不小于 25%。根据抗压强度分为 MU20、MU15、MU10、MU7.5、MU5、MU3.5 六个强度等级。

（2）轻集料混凝土空心砌块　以水泥、砂、轻骨料加水预制而成。其主规格尺寸为 390mm×190mm×190mm。按其孔的排数分为单排孔、双排孔、三排孔和四排孔四类。根据抗压强度分为 MU10、MU7.5、MU5、MU3.5、MU2.5、MU1.5 六个强度等级。

（3）加气混凝土砌块　以水泥、矿渣、砂、石灰等为主要原料，加入发气剂，经搅拌成型、蒸压养护而成的实心砌块。其主规格尺寸为 600mm×250mm×250mm。根据抗压强度分为 A10、A7.5、A5、A3.5、A2.5、A2、A1 七个强度等级。

（4）粉煤灰砌块　以粉煤灰为主及适量的石灰、石膏作为胶凝材料，以煤渣（或矿渣）作骨料，按一定比例配合，再加入一定量的水，经过搅拌，振动成型，蒸汽加压养护而成的砌块。粉煤灰砌块主规格尺寸为 880mm×380mm×240mm、880mm×430mm×240mm。砌块端面应加灌浆槽，坐浆面宜设抗剪槽。根据抗压强度分为 MU13、MU10 两个强度等级。

（5）砂浆　砌块用砂浆主要是水泥、砂、石灰膏、外加剂等材料或相应的代用材料。

3.4.2　中型砌块施工

中型砌块施工应按下列步骤进行。

（1）现场平面布置　砌块建筑在施工过程中，吊装工程是主导工程。施工前必须首先确定机械的停放位置，然后考虑砌块和各种辅助材料的堆放位置，合理地布置施工平面图。

① 井架位置　井架可以兼作垂直运输和吊装机械，其位置最好选择在拟建工程的外侧中部，并靠近有较大空间的地方，这样不但有利于砌块和构件的吊装，而且也有利于砌块和构件的运输，还有利于台灵架本身在转层时的吊升。

② 砌块堆放的位置　最好在井架起吊范围内，以减少二次搬运；对于不同规格应分别堆放。堆放场地应经过平整夯实，并有一定的泄水坡度，外围便于排水。场地上面最好铺垫一层煤渣屑，以避免砌块底面沾污或冬季与地面冰水凝结在一起。堆垛高度不宜超过 3m，顶层二皮宜用阶梯形收头。堆垛之间要便于运输车辆通行和施工机械装卸等。

③ 辅助材料和其他预制构件的堆放　材料及制品的堆放位置均需合理，并尽可能使运输距离最短，减少场内二次搬运。

（2）机具准备　砌块的装卸可用汽车式起重机、履带式起重机和塔式起重机。砌块的水平运输可用专用砌块小车、普通平板车等。另外，还有安装砌块的专用夹具（图 3-45）。

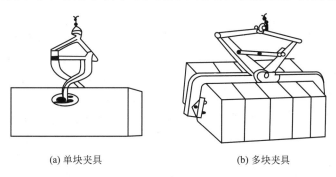

(a) 单块夹具　　　　　　　　　(b) 多块夹具

图 3-45　砌块夹具

（3）绘制砌块排列图　在建筑设计时，必须合理排列砌块。在一般情况下，由施工单位根据工程的具体要求和施工条件来绘制砌块排列图，然后再按图施工。因此，绘制砌块排列图是一项重要的施工准备工作。

砌块排列图应以主规格砌块为主，并参照建筑施工图中的平面图和立面图（必要时还需参照建筑结构剖面图）上门窗大小、楼层标高和构造要求绘制。

砌块排列图要求在立面图上绘出纵、横墙，标出楼板、大梁、过梁、楼梯、孔洞等位置，在纵、横墙上绘出水平灰缝，然后以主规格为主，其他型号为辅，按墙体错缝搭接的原则和竖缝大小进行排列（主规格砌块是指大量使用的主要规格砌块，与之相搭配使用的砌块称为副规格砌块）。若设计无具体规定，尽量使用主规格砌块。砌块排列应按下列原则。

① 砌块应错缝搭接，搭接长度不得小于块高的 1/3，且不应小于 150mm；搭接长度不足时，应在水平灰缝内设 2φ4mm 的钢筋网片。

② 绘制砌块排列图应考虑增强砌体稳定性，外墙转角和纵、横墙交接处必须相互搭砌，上下皮砌块必须排列错缝。尽量考虑不镶砖或少镶砖。必须镶砖的地方，应尽可能分散对称，使墙体受力均匀。砌块排列图如图 3-46 所示。

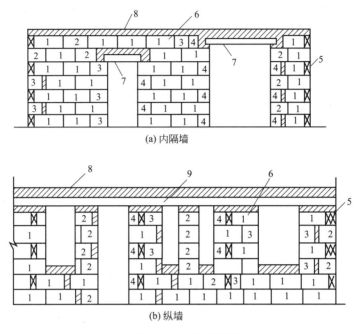

(a) 内隔墙

(b) 纵墙

图 3-46 砌块排列图

1—主规格砌块；2～4—副规格砌块；5—丁砌砌块；6—顺砌砌块；7—过梁；8—镶砖；9—圈梁

此外，砌块排列时应以窗下皮为准，还应注意墙体的大小，以及门窗过梁、楼梯和其他构件在墙体中的位置，便于合理使用砌块。例如，有时在门窗过梁下将最小规格砌块从竖向安装改变为横向安装，则可做到不镶砖或少镶砖；有的窗间墙可用主规格或较大的副规格砌块砌筑到需要高度而不镶砖。

（4）砌块施工工艺　砌块砌筑的主要工序有铺灰、砌块安装就位、校正、灌浆、镶砖等。

① 铺灰　采用稠度良好（5～7cm）的水泥砂浆，铺 3～5m 长的水平灰缝，铺灰应平整饱满，炎热天气或寒冷季节应适当缩短。

② 砌块安装就位　安装砌块采用摩擦式夹具，按砌块排列图将所需砌块安装就位。夹砌块时应避免偏心，砌块就位时，应使夹具中心尽可能与墙身中心线在同一垂直线上，对准位置徐徐下落于砂浆层上，待砌块安放稳定后，方可松开夹具。

③ 校正　砌块就位后，用铅锤球或托线板检查砌块的垂直度，用拉准线的方法检查砌块的水平度。如发现偏斜，可以用人力轻轻推动，也可用瓦刀、小铁棒微微撬挪移动。如发现有高低时，可用木锤敲击偏高处，直至校正为止。如用木锤敲击仍不能校正，应将砌块吊起，重新铺平灰缝砂浆，再进行安装到水平。不得用石块或楔块等垫在砌块底部以求平整。

校正砌块时在门、窗、转角处应用托线板和线锤挂直；墙中间的砌块则以拉线为准，每一层再用 2m 长托线板校正。砌块之间的竖缝尽可能保持在 20～30mm，避免小于 5～15mm 的狭窄灰缝（俗称瞎眼灰缝）。

④ 灌浆　采用砂浆灌竖缝，两侧用夹板夹住砌块，超过 3cm 宽的竖缝采用不低于 C20 的细石混凝土灌缝，收水后用原浆勾缝；此后，一般不允许再撬动砌块，以防损坏砂浆黏结力。

⑤ 镶砖 由于砌块规格限制和建筑平、立面的变化，在砌体中还经常有不可避免的镶砖。镶砖的强度等级不应低于 10MPa。

镶砖主要是用于较大的竖缝（通常大于 110mm）和过梁、圈梁的找平等。镶砖在砌筑前也应浇水润湿，砌筑时宜平砌，镶砖与砌块之间的竖缝，一般为 10~20mm。镶砖工作必须在砌块校正后即刻进行，在任何情况下都不得竖砌或斜砌。

镶砖的上皮砖口与砌块必须找齐，不要使镶砖高于或低于砌块口。否则上皮砌块容易断裂损坏。

门、窗、转角不宜镶砖，必要时应用一砖（190mm 或 240mm）镶砌，不得使用半砖。镶砖的最后一皮和安放搁栅、楼板、梁、檩条等构件下的砖层，都必须使用整块的顶砖，以确保墙体质量。

3.4.3 小型砌块施工

小型砌块分为混凝土空心砌块砌体、加气混凝土砌块砌体、粉煤灰砌块砌体、轻骨料混凝土空心砌块砌体等。

3.4.3.1 混凝土空心砌块砌体

（1）混凝土空心砌块墙砌筑形式（图 3-47） 混凝土空心砌块的主规格为 390mm×190mm×190mm，墙厚等于砌块的宽度，其立面砌筑形式只有全顺一种，即各皮砌块均为顺砌，上下皮竖缝相互错开 1/2 砌块长，上下皮砌块孔洞相互对准。

（2）混凝土空心砌块墙砌筑要点

① 小砌块施工时，必须与砖砌体施工一样设立皮数杆、拉水准线。皮数杆间距宜小于 15m。要清除砌块表面污物和芯柱所用砌块孔洞的底部毛边。砌块一般不需浇水，当天气炎热且干燥时，可提前喷水润湿。轻骨料混凝土小砌块施工前可洒水润湿，但不宜过多。龄期不足 28d 及表面有浮水的小砌块不得施工，小砌块墙体每日砌筑高度宜控制在 1.4m 或一步脚手架高度内。

② 小砌块砌筑应从转角或定位处开始，内外墙同时砌筑，纵横交错搭接。外墙转角处应使小砌块隔皮露端面；T 字交接处应使横墙小砌块隔皮露端面。另外，必须遵守"反砌"原则，每皮砌块应使其底面朝上砌筑。

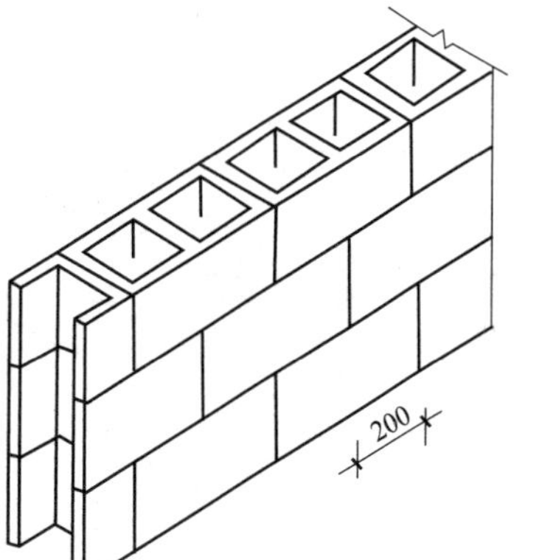

图 3-47 混凝土空心砌块墙的砌筑形式（单位：mm）

③ 小砌块施工应对孔错缝搭砌，个别情况下无法对孔砌筑时，允许错孔砌筑，但搭接长度不应小于 90mm。如不能满足上述要求时，应在砌块的水平灰缝内设置拉结钢筋或钢筋网片。拉结钢筋可用 2 根直径 6mm 的 I 级钢筋；钢筋网片可用直径 4mm 的钢筋焊接而成。拉结钢筋或钢筋网片的长度不应小于 700mm（图 3-48），竖向通缝不得超过两皮砌块。灰缝应横平竖直。砌体水平灰缝的砂浆饱满度，按净面积计算不得低于 90%，竖向灰缝饱满度不得低于 80%，不得出现瞎缝、透明缝等。水平灰缝厚度和竖向灰缝宽度一般为 10mm，最小不小于 8mm，最大不超过 12mm。

④ 空心砌块墙的转角处，应隔皮纵、横墙砌块相互搭砌，即隔皮纵、横砌块端面露头（图 3-49）。空心砌块墙的 T 字交接处，应隔皮使横砌块端面露头。当该处无芯柱时，应在纵墙上交接处砌两块一孔半的辅助规格砌块，隔皮砌在横墙露头砌块下，其半孔应

位于中间（图 3-50）。当该处有芯柱时，应在纵墙上交接处砌一块三孔大规格砌块，砌块的中间孔正对横墙壁露头砌块朝外的孔洞（图 3-51）。在丁字交接处，纵墙如用主规格砌块，则会造成纵墙墙面上有连续三皮通缝，这是不允许的。空心砌块墙的十字交接处，当该处无芯柱时，在交接处应砌一孔半砌块，隔皮相互垂直相交，其半孔应在中间。当该处有芯柱时，在交接处应砌三孔砌块，隔皮相互垂直相交，中间孔相互对正。在十字交接处，如用主规格砌块，则使纵、横墙交接面出现连续三皮通缝，这也是不允许的。空心砌块墙的转角处和交接处应同时砌起，如不能同时砌起，则应留置斜槎，斜槎的长度应等于或大于斜槎高度（图 3-52）。

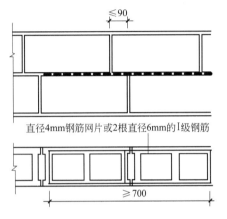

图 3-48　拉结钢筋或钢筋网片设置（单位：mm）

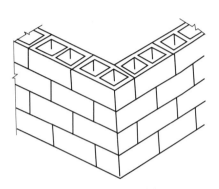

图 3-49　空心砌块墙转角砌法

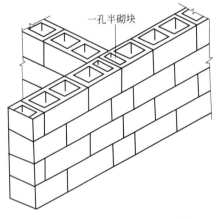

图 3-50　T 字接头处砌法（无芯柱）

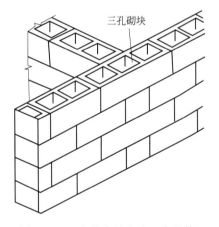

图 3-51　T 字接头处砌法（有芯柱）

⑤ 在非抗震设防地区，除外墙转角处，空心砌块墙的临时间断处可从墙面伸出 200mm 砌成直槎，并每隔三皮砌块高在水平灰缝设 2 根直径 6mm 的拉结筋；拉结筋埋入长度，从留槎处算起，每边均不应小于 600mm，钢筋外露部分不得任意弯折（图 3-53）。空心砌块墙表面不得预留或打凿水平沟槽，对设计规定的洞口、管道、沟槽和预埋件，应在砌筑墙体时预留和预埋。需要在墙上留脚手眼时，可用辅助规格的单孔砌块侧砌，利用其空洞作脚手眼，墙体完工后用不低于 C15 的混凝土填实。墙体中作为施工通道的临时洞口，其侧边离交接处的墙面不应小于 600mm，并在顶部设过梁。填砌临时洞口的砌筑砂浆强度等级宜提高一级。

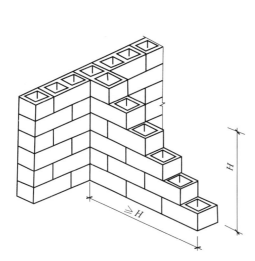

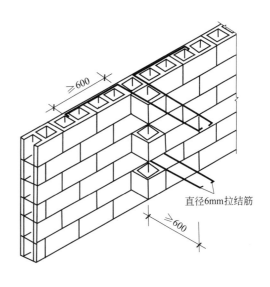

直径6mm拉结筋

图 3-52 空心砌块墙斜槎 　　　　　　图 3-53 空心砌块墙直槎（单位：mm）

　　　　　H—斜槎高度

　　⑥ 在墙体的下列部位，应用强度等级不低于 C20（或 Cb20）的混凝土灌实砌块的孔洞（先灌后砌）：底层室内地面以下或防潮层以下的砌体；无圈梁的楼板支撑面下的一皮砌块；没有设置混凝土垫块的次梁支撑处，灌实宽度不应小于 600mm，高度不应小于一皮砌块；挑梁的悬挑长度不小于 1.2m 时，其支撑部位的内、外墙交接处，纵横各灌实 3 个孔洞，灌实高度不小于三皮砌块。

　　⑦ 如作为后砌隔墙或填充墙时，沿墙高每隔 600mm 应与承重墙或柱内预留的钢筋网片或 2 根直径 6mm 钢筋拉结，钢筋伸入墙内的长度不应小于 600mm。

　　⑧ 需要移动已砌好的砌块时，应清除原有砂浆，重新铺砂浆砌筑。

　　⑨ 空心砌块墙的下列部位不得留置脚手眼：过梁上部与过梁成 60°的三角形范围内；宽度小于 800mm 的窗间墙；梁或梁垫下及其左右各 500mm 的范围内；门窗洞口两侧 200mm 和墙体交接处 400mm 的范围内；设计规定不允许留脚手眼的部位。

3.4.3.2　加气混凝土砌块砌体

　　加气混凝土砌块按强度和干密度分级：强度级别有 A1.0、A2.0、A2.5、A3.5、A5.0、A7.5、A10 七个级别；干密度级别有 B03、B04、B05、B06、B07、B08 六个级别。

　　加气混凝土砌块墙砌筑要点如下。

　　① 加气混凝土砌块砌筑前，应根据建筑物的平面、立面图绘制砌块排列图。砌筑时必须设置皮数杆、拉水准线。加气混凝土砌块砌筑时，应向砌筑面适量浇水。在砌块墙底部应用烧结普通砖、水泥砖（图 3-54）或多孔砖砌筑，或采用普通混凝土小型空心砌块、现浇混凝土坎台（图 3-55）等其高度不宜小于 200mm。不同干密度和强度等级的加气混凝土不应混砌。加气混凝土砌块也不得与其他砖、砌块混砌。但在墙底、墙顶及门窗洞口处局部采用烧结普通砖和多孔砖砌筑不视为混砌。

　　② 砌筑时宜采用专用工具，上下皮砌块的竖向灰缝应相互错开，并不小于 150mm。如不能满足时，应在水平灰缝设置 2φ6mm 的拉结钢筋或直径 4mm 的钢筋网片，长度不应小于 700mm。

图 3-54　底部水泥砖砌筑　　　　　　　　图 3-55　底部现浇混凝土坎台

③ 灰缝应横平竖直，砂浆饱满。水平灰缝砂浆饱满度不应小于 90%，竖向灰缝砂浆饱满度不应小于 80%。水平灰缝厚度和竖向灰缝宽度不应超过 15mm，当蒸压加气混凝土砌块砌体采用蒸压加气混凝土砌块黏结砂浆时，水平灰缝厚度和竖向灰缝宽度宜为 3～4mm。加气混凝土砌块墙每天砌筑高度不宜超过 1.8m。

④ 砌到接近上层梁、板底时，宜用烧结普通砖斜砌挤紧，砖倾斜角为 60°左右，砂浆应饱满。

⑤ 墙体洞口上部应放置 2 根直径 6mm 钢筋，伸过洞口两边长度每边不小于 500mm。

⑥ 加气混凝土砌块墙的转角处，应使纵、横墙的砌块相互搭砌，隔皮砌块露端面。加气混凝土砌块墙的 T 字交接处，应使横墙砌块隔皮露端面，并坐中于纵墙砌块。

⑦ 加气混凝土墙上不得留设脚手眼。每一楼层内的砌块墙应连续砌完，不留接槎。如必须留槎时，应留斜槎。

⑧ 切锯砌块应使用专用工具，不得用斧或瓦刀任意砍劈。

⑨ 加气混凝土砌块墙如无切实有效措施，不得使用于下列部位。

a. 建筑物室内地面标高以下部位。

b. 长期浸水或经常受干湿交替部位。

c. 受化学物质侵蚀（如强酸、强碱）或高浓度二氧化碳等环境。

d. 砌块表面经常处于 80℃ 以上的高温环境。

3.4.3.3　粉煤灰砌块砌体

（1）粉煤灰砌块墙砌筑形式　粉煤灰砌块的主规格长度为 880mm，宽度有 380mm、430mm 两种，高度为 180mm，墙厚等于砌块宽度，其立面砌筑形式只有全顺一种，即每皮砌块均为顺砌，上下皮竖缝相互错开砌块长度的 1/3 以上，并不小于 150mm，如不能满足时，在水平灰缝中应设置 2 根直径 6mm 钢筋或直径 4mm 钢筋网片加强，加强筋长度不小于 700mm。

（2）粉煤灰砌块墙砌筑要点

① 粉煤灰砌块自生产之日算起，应放置一个月后，方可用于砌筑。严禁使用干的粉煤灰砌块上墙，一般应提前 2d 浇水，砌块含水率宜为 8%～12%，不得随砌随浇。

② 砌筑用砂浆应采用水泥混合砂浆。

③ 灰缝应横平竖直，砂浆饱满。水平灰缝厚度不得大于 15mm，竖向灰缝宜用内、外临时夹板灌缝，在灌浆槽中的灌浆高度应不小于砌块高度，个别竖缝宽度大于 30mm 时，应用细石混凝土灌缝。

④ 粉煤灰砌块墙的转角处，应隔皮纵、横墙砌块相互搭砌，隔皮纵、横墙砌块端面露头。在 T 字交接处，隔皮使横墙砌块端面露头。凡露头砌块应用粉煤灰砂浆将其填补抹平。

⑤ 粉煤灰砌块墙与普通砖承重墙或柱交接处，应沿墙高 1m 左右设置 3 根直径 4mm 的拉结钢筋，拉结钢筋伸入砌块墙内长度不小于 700mm。

⑥ 粉煤灰砌块墙与半砖厚普通砖墙交接处，应沿墙高 800mm 左右设置直径 4mm 钢筋网片，钢筋网片形状依照两种墙交接情况而定。置于半砖墙水平灰缝中的钢筋为 2 根，伸入长度不小于 360mm；置于砌块墙水平灰缝中的钢筋为 3 根，伸入长度不小于 360mm。

⑦ 墙体洞口上部应放置 2 根直径 6mm 钢筋，伸过洞口两边长度每边不小于 360mm。

⑧ 洞口两侧的粉煤灰砌块应锯掉灌浆槽。锯割砌块应用专用手锯，不得用斧或瓦刀任意砍劈。

⑨ 粉煤灰砌块墙上不得留脚手眼。

⑩ 粉煤灰砌块墙每天砌筑高度不应超过 1.5m 或一步脚手架高度。

3.4.3.4　轻骨料混凝土空心砌块砌体

（1）轻骨料混凝土空心砌块墙砌筑形式　轻骨料混凝土空心砌块的主规格多为 390mm×190mm×190mm，常用全顺砌筑形式，墙厚等于砌块宽度。上下皮竖向灰缝应相互错开 1/2 砌块长，并不应小于 120mm，如不能保证时，应在水平灰缝中设置 2 根直径 6mm 的拉结钢筋或直径 4mm 的钢筋网片。

（2）轻骨料混凝土空心砌块墙砌筑要点

① 对轻骨料混凝土空心砌块，宜提前 2d 以上适当浇水润湿。严禁雨天施工，砌块表面有浮水时也不得进行砌筑。

② 砌块应保证有 28d 以上的龄期。

③ 砌筑前应根据砌块皮数制作皮数杆，并在墙体转角处及交接处竖立，皮数杆间距不得超过 15m。

④ 砌筑时，必须遵守"反砌"原则，即使砌块底面向上砌筑。上下皮应对孔错缝搭砌。

⑤ 水平灰缝应平直，砂浆饱满，按净面积计算的砂浆饱满度不应低于 90%。竖向灰缝应采用加浆方法，使其砂浆饱满，严禁用水冲浆灌缝，不得出现瞎缝、透明缝，其砂浆饱满度不宜低于 80%。

⑥ 需要移动已砌好的砌块或被撞动的砌块进行修整时，应清除原有砂浆后，再重新铺浆砌筑。

⑦ 墙体转角处及交接处应同时砌起，如不能同时砌起时，留槎的方法及要求同混凝土空心砌块墙中所述的规定。

⑧ 每天砌筑高度不得超过 1.8m。

⑨ 在砌筑砂浆终凝前后的时间，应将灰缝刮平。

3.4.4　砌块砌体施工质量要求

砌块砌体的施工质量要求与砖砌体相同，外观要求墙面清洁、勾缝密实、交接平整。砌块砌体的允许偏差和外观质量标准见表 3-3。

3.4.5　特殊气候下的施工措施

由于砌块施工是露天作业，受到暑热、雨水和冰冻等气候影响。在各种特殊气候下进行砌块吊装，必须按各地不同情况，采取相应的措施，以确保砌块施工质量。

（1）夏季施工　在酷热、干燥和多风的条件下，砂浆和砌块表面水分蒸发很快，铺置于墙身上的砂浆，容易出现未待砌块安装就已干硬的现象。在竖缝中，也常有砂浆脱水现象。这样，就减弱了砂浆和砌块的黏结力，严重地影响了墙体的质量。因此，必须严格掌握砂浆的适当稠度和充分浇水润湿砌块，提高砂浆在施工时的保水性与和易性。砂浆宜随拌随砌。同时，当一个施工段的吊装作业完成，砂浆初凝后，宜用浇水的方法养护墙体，确保墙体内水分不致过快地蒸发。

在有台风的季节里吊装砌块，当每天的吊装高度完成以后，最好将窗间墙、独立墩子等用支撑加固，避免发生倾倒危险。

（2）雨季施工　雨季吊装砌块往往会出现砂浆坠陷，砌块滑移，水平灰缝和竖缝的砂浆流淌，引起门、窗、转角不直和不平等情况，严重影响墙体质量。产生这种情况的主要原因是水分过多。因此，在砌块堆垛上面宜用油布或芦席等遮盖，尽量使砌块保持干燥。凡淋在雨中，浸在水中的砌块一般不宜立即使用。搅拌砂浆时，按具体情况调整用水量。墙体的水平灰缝厚度应适当减小。砌好墙体后，仍应注意遮盖。

（3）冬季施工　最主要的问题是容易遭受冰冻。当砂浆冻结以后，会使硬化终止而影响砂浆强度和黏结力，同时砂浆的塑性降低，使水平灰缝和竖缝砂浆密实性也降低。因此，施工过程中，应将各种材料集中堆放，并用草帘、草包等遮盖保温，砌筑好的墙体也应用草帘遮盖。

冬季施工时，不可浇水润湿砌块。搅拌砂浆可按规定掺入氯化钙或食盐，以提高砂浆的早期强度和降低砂浆的冰点。所用砂浆材料中不得含有冰块或其他冰结物，遭受冰冻的石灰膏不得使用。必要时将砂与水加热。砂浆稠度也应适当减小，铺灰长度不宜过长。

　思考与拓展题

1. 简述扣件式钢管脚手架杆件搭设顺序。
2. 简述井字架和龙门架的构造和使用要求。
3. 试述脚手架的搭设原则。
4. 试述施工电梯的安全控制要点。
5. 试述悬挑式脚手架特点、构造和保证安全的技术要点。
6. 试述附着升降式脚手架特点、构造和保证安全的技术要点。
7. 试述整体升降式脚手架特点、构造和保证安全的技术要点。
8. 砌筑工程对砖有什么要求？
9. 砖砌体有哪几种组砌形式？各有什么优缺点？
10. 什么是皮数杆？皮数杆如何布置？起什么作用？
11. 砖墙为什么要挂线？怎样挂线？
12. 砖砌体施工有哪些施工程序？
13. 砖墙在转角处和交接处，留设临时间断有什么构造要求？
14. 砖砌体的每日砌筑高度如何规定？为什么？
15. 简述构造柱的施工过程及基本要求。
16. 影响砖砌体工程质量的因素与防治措施有哪些？
17. 简述混凝土小型空心砌块砌筑时的一般要求。
18. 什么是砌块排列图？砌块的排列有哪些技术要求？

19. 混凝土空心小型砌块为什么要设置芯柱？施工中应注意哪些问题？

20. 烧结普通砖砌筑前为什么要浇水？混凝土砌块在砌筑前不应浇水的原因是什么？

21. 什么是冬期施工？砌体结构冬期施工的方法主要有哪些？其要点是什么？

 能力训练题

1. 砖墙的水平灰缝厚度和竖缝宽度一般应为（　　）左右。

    A. 3mm　　　　　　B. 7mm　　　　　　C. 10mm　　　　　　D. 15mm

2. 检查灰缝砂浆是否饱满的工具是（　　）。

    A. 楔形塞尺　　　　B. 方格网　　　　　C. 靠尺　　　　　　D. 托线板

3. 砖砌体水平缝的砂浆饱满度应不低于（　　）。

    A. 50%　　　　　　B. 80%　　　　　　C. 40%　　　　　　D. 60%

4. 砂浆的稠度越大，说明砂浆的（　　）。

    A. 流动性越好　　　B. 强度越高　　　　C. 保水性越好　　　D. 黏结力越强

5. 砌砖墙留斜槎时，斜槎长度不应小于高度的（　　）。

    A. 1/2　　　　　　B. 1/3　　　　　　C. 2/3　　　　　　D. 1/4

6. 砌砖墙留直槎时，必须留成阳槎，并加设拉结筋。拉结筋沿墙高每 500mm 留一层，每层按（　　）墙厚留 1 根，但每层至少为 2 根。

    A. 370mm　　　　　B. 240mm　　　　　C. 120mm　　　　　D. 60mm

7. 砌砖墙留直槎时，需加拉结筋。对抗震设防烈度为 6 度和 7 度的地区，拉结筋每边埋入墙内的长度不应小于（　　）。

    A. 50mm　　　　　B. 500mm　　　　　C. 700mm　　　　　D. 1000mm

8. 隔墙或填充墙的顶面与上层结构的接触处，宜（　　）。

    A. 用砂浆塞紧　　　B. 用斜砖砌顶紧　　C. 用埋筋拉结　　　D. 用现浇混凝土连接

9. 某砖墙高度为 2.5m，在常温的晴好天气时，最短允许（　　）砌完。

    A. 1d　　　　　　　B. 2d　　　　　　　C. 3d　　　　　　　D. 5d

10. 砖体墙不得在（　　）的部位留脚手眼。

    A. 宽度大于 1m 的窗间墙　　　　　　　B. 梁垫下 1000mm 范围内

    C. 距门窗洞口两侧 200mm　　　　　　 D. 距砖墙转角 450mm 以外

11. 下列材料运输设备中既可用于垂直运输也可进行水平运输的是（　　）。

    A. 塔式起重机　　　B. 井架　　　　　　C. 龙门架　　　　　D. 建筑施工电梯

12. 可作为人、货两用的垂直运输设施的是（　　）。

    A. 塔吊　　　　　　B. 施工电梯　　　　C. 井架　　　　　　D. 龙门架

13. 常温下砌筑砌块墙体时，铺灰长度最多不宜超过（　　）。

    A. 1m　　　　　　　B. 3m　　　　　　　C. 5m　　　　　　　D. 7m

14. 扣件式钢管脚手架杆件中承受并传递荷载给立杆的是（　　）。

    A. 纵向水平杆　　　B. 水平斜拉杆　　　C. 剪刀撑　　　　　D. 横向水平扫地杆

15. 下列扣件式钢管脚手架的杆件中可增强脚手架横向刚度的是（　　）。

    A. 立杆　　　　　　B. 纵向水平扫地杆　C. 剪刀撑　　　　　D. 水平斜拉杆

项目4 现浇钢筋混凝土结构施工

知识目标

1. 熟悉模板、钢筋、混凝土进场验收程序；
2. 掌握混凝土结构的施工方法和质量控制方法；
3. 熟悉混凝土施工中常见质量、安全问题及质量、安全验收规范。

能力目标

1. 能编写混凝土工程施工方案；
2. 能进行混凝土结构工程施工技术交底；

3. 能进行混凝土工程施工质量检查和验收；
4. 能编制混凝土结构工程常见质量通病防治措施及处理方案。

素质目标

1. 能通过图纸审核、复核工程量，发现图纸中可能存在的错误，培养一丝不苟的工匠精神；
2. 通过汶川地震中的建筑受损情况，分析地震中钢筋混凝土结构建筑物的震害现象及对策，重视施工安全和质量，珍视生命。

钢筋混凝土结构工程包括现浇整体式和预制装配式两大类。前者结构的整体性和抗震性能好，结构件布置灵活，适应性强，所以在工业与民用建筑中得到广泛应用。但传统的现浇钢筋混凝土结构施工时劳动强度大、模板消耗多、工期相对较长，因而出现了工厂化的预制装配式结构。预制装配式混凝土结构可以大大加快施工速度、降低工程费用、提高劳动效率，并且为改善施工现场的管理工作和组织均衡施工提供了有利条件，但也存在整体性和抗震性能较差等缺陷。现浇施工和预制装配这两个方面各有所长，应根据实际技术条件合理选择。

任务 4.1 模板工程施工

混凝土结构的模板工程，是混凝土结构构件成型的一个十分重要的组成部分。现浇混凝土结构用模板工程的造价约占钢筋混凝土工程总造价的 30%，总用工量的 50%。因此，采用先进的模板技术，对于提高工程质量，加快施工速度，提高劳动生产率，降低工程成本和实现文明施工，都具有十分重要的意义。

4.1.1 施工准备

① 模板安装前由项目技术负责人向作业班组长进行书面安全技术交底，再由作业班组长向操作人员进行安全技术交底和安全教育，有关施工及操作人员应熟悉施工图及模板工程的施工设计。

② 进行中心线和位置线的放线。首先用经纬仪引测建筑物的边柱和墙轴线，并以该轴线为起点，测出每条轴线。模板放线时，应先清理好现场，然后根据施工图用墨线弹出模板的内边线和中心线，墙模板要弹出模板的内、外边线，以便于模板安装和校正。做好标高测量工作，用水准仪把建筑物水平标高引测到模板安装位置。标高每隔三层复核一次，并要及时校核标高累计误差。

③ 进行找平工作。模板承垫底部应预先找平，以保证模板位置正确，防止模板底部漏浆。找平方法是沿模板内边线用 1 : 3 水泥砂浆抹找平层，宽度为 50mm，沿模板边线抹，或顶板混凝土浇筑时在墙柱侧边安装模板部位用 2.0m 杠刮平，抹子收光。以保证模板下口严密，预防模板底部漏浆。

④ 设置模板定位基准。采用钢筋定位，即根据构件断面尺寸切割一定长度的钢筋，点焊在主筋上（以勿烧伤主筋断面为准），以保证钢筋与模板位置的准确。

⑤ 水电预埋。模板安装前要检查验收与支模相关的预留洞、预埋件、螺栓、插铁、水电管线、箱盒埋设位置尺寸准确，数量符合设计要求，固定牢靠，做好验收记录，并进行工种交接。模板安装过程中要保护预埋件，防止预埋件脱落、移位。

⑥ 施工缝处安装前准备。混凝土接槎处在施工缝模板安装前，应预先将已硬化混凝土表面层的水泥薄膜或松散混凝土及其砂浆软弱层剔凿、清理干净。外露钢筋插铁沾有灰浆油污应清刷干净。

⑦ 现场使用的模板及配件应按规格和数量逐项清点和检查，未经修复的部件不得使用。钢模板安装前应涂刷脱膜剂。

4.1.2 模板配置

模板的配置

4.1.2.1 模板的作用与基本要求

模板系统是临时性施工措施，由模板和支撑两部分构成。模板是指与混凝土直接接触，使混凝土具有设计所要求的形状和尺寸的部分，新浇筑的混凝土在此模型内养护硬化，并达到一定的强度，形成结构所要求形状的构件。支撑是指支撑模板，承受模板、构件及施工荷载的作用，并使模板保持所要求的空间位置的部分。

模板要承受自重和作用在它上面的结构重量及施工荷载。因此，除模板的组成形状和尺寸应与结构部件相同外，同时应具有一定的强度和刚度，在混凝土、钢筋、施工荷载的荷重作用下，不发生变形、位移和破坏。

支撑系统既要保证模板的空间位置准确，又要满足承受钢筋、混凝土自重及施工荷载的要求，保证在上述荷载作用下不发生沉陷、变形，更不得产生破坏现象。只要能满足其成型和受力的要求，支撑系统的形式和构成是灵活多样的。当然对于常规的结构构件则宜采取基本定型的系统，以便于操作和推广。

在现浇钢筋混凝土结构施工中，对模板系统的基本要求如下。

（1）设计、制作要求　模板体系的设计、制作、安装和拆除的施工程序、作业要求等要进行专门设计并编制专项施工方案。模板体系设计、制作必须符合以下要求。

① 模板系统应具有满足施工要求的强度和刚度，不得在混凝土工程施工过程中发生破坏和超出规范允许的变形。

② 模板制作，应保证规格尺寸准确，满足施工图纸的尺寸要求，棱、角平直光洁，面层平整，拼缝严密。

③ 模板的配置必须具有良好的可拆性，以便于混凝土工程之后的模板拆除工作顺利进行。

④ 模板的支撑体系必须具备可靠的局部稳定性及整体稳定性，以确保混凝土工程的正常施工。

（2）材料要求　模板应保持表面光滑、外形平直，能够保证浇捣混凝土的外观质量及外形尺寸。与模板、支模有关的材料、配件，必须具有足够的强度、刚度，能够满足施工要求。

（3）方案要求　支模施工前应由施工单位编制专项技术方案。技术方案应包括模板及其支撑系统的设计、搭设、拆除、混凝土浇筑方法和浇筑过程观测及安全控制要求等方面内容。

技术方案应有计算书，计算书应包括施工荷载计算，模板及其支撑系统的强度、刚度、稳定性、抗倾覆等方面的验算，支撑层承载的验算。

对已重复使用多次的模板、支撑材料，应进行必要的强度测试，技术方案应以材料强度实测值作为计算依据。

4.1.2.2　模板的分类

模板分类有多种方式，通常按以下几种方式分类。

① 按使用材料　可分为木模板、钢木模板、钢模板、钢竹模板、木胶合板模板、竹胶合板模板、铝合金模板等。

木模板制作方便、拼装随意，尤其适于外形复杂或异形的混凝土构件，此外，由于热导率小，对混凝土冬期施工有一定的保温作用，但周转次数少。由于木模板木材消耗量大、重复使用率低，为节约木材，在现浇钢筋混凝土结构中应尽量少用或不用木模板。

钢木模板是以角钢为边框，以木板作面板的定型模板，其优点是可以充分利用短木料并能多次周转使用。

钢模板一般由钢板和型钢制成，是按设计固定模数生产的定型系列模板，可以灵活地组装成不同结构的模板系统。钢模板的强度和刚度较大，利用定型连接件装拆方便，周转率高。

钢竹模板是以角钢为边框，以竹编胶合板为面板的定型模板。这种模板刚度较大、不易变形、重量轻、操作方便。

木胶合板模板（图4-1），通常由5、7、9、11等奇数层单板（薄木板）经热压固化而胶合成型，相邻纹理方向相互垂直，表面常覆有树脂面膜。具有幅面大、接缝少、自重轻、锯截方便、不翘曲、不开裂等优点，在施工中用量较大。

图 4-1　木胶合板模板

图 4-2　铝合金模板

竹胶合板模板简称竹胶板，由若干层竹编与两表层木单板经热压而成，比木胶合板模板强度更高，表层经树脂涂层处理后可作为清水混凝土模板，但现场拼钉较困难。

铝合金模板（图 4-2）是用铝合金制作的建筑模板，又名铝模板，由铝面板、支架和连接件三部分所组成。铝模板按模数设计，由专用设备挤压成型，可按照不同结构尺寸自由组合。铝模板系统因为技术指标更加先进，提高了房屋建筑工程的施工效率，更能满足国家、社会对建筑工程的要求。

铝模

② 按结构类型可分为基础模板、柱模板、梁模板、楼板模板、墙板模板、楼梯模板、壳模板、烟囱模板等多种。各种现浇钢筋混凝土结构构件，由于其形状、尺寸、构造不同，模板的构造及组装方法也不同，形成了各自的特点。

③ 按施工方法可分为现场装拆式模板、固定式模板、移动式模板。

现场装拆式模板是在施工现场按照设计要求的结构形状、尺寸及空间位置现场组装的模板，当混凝土达到拆模强度后拆除模板，现场装拆式模板多用定型模板和工具式支撑。

固定式模板多用于制作预制构件，是按照构件的形状、尺寸在现场或预制厂制作模板，涂刷隔离剂，浇筑混凝土，当混凝土达到规定的强度后即脱模、清理模板，再重新涂刷隔离剂，继续制作下一批构件。各种胎模（土胎模、砖胎模、混凝土胎模）也属固定式模板。

移动式模板是随着混凝土的浇筑，模板可沿垂直方向或水平方向移动。如烟囱、水塔、墙柱混凝土浇筑时采用的滑升模板、提升模板和筒壳浇筑混凝土时采用的水平移动式模板等。

（1）木模板　木材是最早被人们用来制作模板的工程材料，其他形式的模板在构造上可以说是从木模板演变而来的。

图 4-3 所示为基本元件之一拼板的构造，它由板条和拼条（木档）组成。板条厚度一般为 25～50mm，板条宽度不超过 200mm，以保证干缩时缝隙均匀，浇水后易于密缝。但梁底板的板条宽度不受限制，以减少拼缝，防止漏浆。拼板的拼条一般平放，但梁侧板的拼条则立放。拼条的间距取决于新浇混凝土的侧压力和板条的厚度，一般为 400～500mm。

1）基础模板　基础的特点是高度不大而体积较大，基础模板一般利用地基或基槽（坑）进行支撑。如土质良好，基础的最下一级可不用模板，直接原槽浇筑。安装时，要保证上下模板不产生相对位移，如为杯形基础，则还应设杯口芯模。模板应支撑牢固，要保证上下模板不产生位移。图 4-4 所示为阶梯形基础模板。

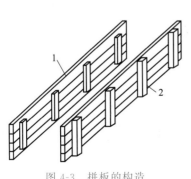

图 4-3　拼板的构造
1—板条；2—拼条

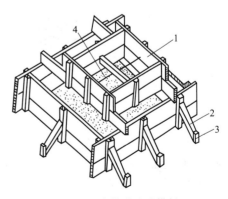

图 4-4　阶梯形基础模板
1—拼板；2—斜撑；3—木桩；4—铁丝

2）柱模板　柱的特点是断面尺寸不大但比较高，如图 4-5 所示，柱模板由内拼板夹在两块外拼板之内组成，为利用短料，可利用短横板（门子板）代替外拼板钉在内拼板上。有些短横板可先不钉上，作为混凝土的浇筑孔，待浇至其下口时再钉上。柱模板底部开有清理孔，沿高度每隔约 2m 开有浇筑孔。柱底部一般有一钉在底部混凝土上的木框，用来固定柱模板的位置。为承受混凝土的侧压力，拼板外要设柱箍，其间距与混凝土侧压力、拼板厚度有关，为 500～700mm，柱箍可为木制、钢制或钢木制。由于柱模板底部所受混凝土侧压力较大，因而柱模板下部柱箍较密。柱模板顶部根据需要开有与梁模板连接的缺口，对于独立柱模，其四周应加支撑，以免混凝土浇筑时产生倾斜。

3）梁模板　梁的特点是跨度大而宽度不大，梁底一般是架空的。梁模板主要由底模、侧模、夹木及支架系统组成。底模用长条模板加拼条拼成，或用整块板条。为承受垂直荷载，在梁底模板下每隔一定间距（800～1200mm）用顶撑（琵琶撑）顶住，顶撑可用圆木、方木或钢管制成，在顶撑底要加铺垫块。为减少梁的变形，顶撑的压缩变形或弹性挠变不超过结构跨度的 1/1000。顶撑底部应支撑在坚实的地面或楼面上，以防下沉。为便于调整高度，宜用伸缩式顶撑或在支柱底部垫以木楔。多层建筑施工中，安装上层楼的楼板时，其下层楼板应达到足够的强度，或设有足够的支柱。

梁侧模板承受混凝土侧压力，为防止侧向变形，底部用夹紧条夹住，顶部可由支撑楼板模板的木搁栅顶住，或用斜撑支牢，如图 4-6 所示。

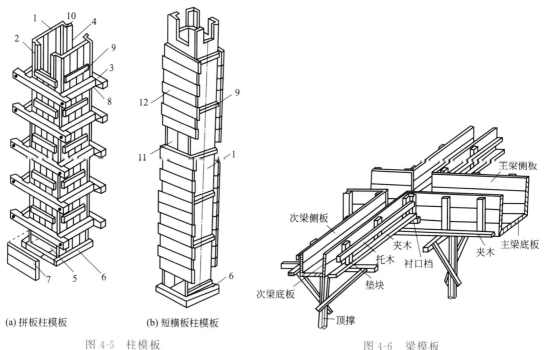

（a）拼板柱模板　　（b）短横板柱模板

图 4-5　柱模板　　　　　　　图 4-6　梁模板

1—内拼板；2—外拼板；3—柱箍；4—梁缺口；
5—清理孔；6—木框；7—盖板；8—拉紧螺栓；
9—拼条；10—三角木条；11—浇筑孔；12—短横板

4）楼板模板　楼板的特点是面积大而厚度比较薄，侧向压力小。楼板模板及其支架系统，主要承受钢筋、混凝土的自重及其施工荷载，保证模板不变形，如图 4-7 所示。

楼板模板的安装应在主、次梁模板安装完成后进行。

5）墙模板　其特点是竖向面积大而厚度一般不大，因此墙模板主要应能保持自身稳定，并能承受浇筑混凝土时产生的水平侧压力。墙模板主要由侧模、主肋、次肋、斜撑、对拉螺栓和撑块等组成，墙模板如图 4-8 所示。

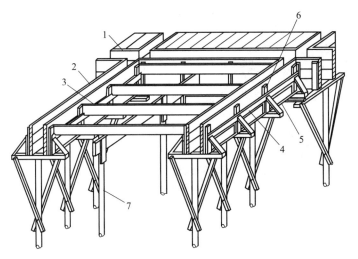

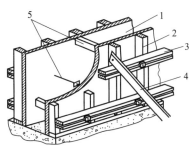

图 4-7　楼板模板

1—楼板模板；2—梁侧模板；3—搁栅；4—横楞；
5—夹条；6—小肋；7—支撑

图 4-8　墙模板

1—侧模；2—次肋；3—主肋；4—斜撑；
5—对拉螺栓和撑块

6）楼梯模板　其构造与楼板相似，不同点是楼梯模板要倾斜支设，且要能形成踏步。踏步模板分为底板及梯步两部分。底板成倾斜面，拼合板由 20～25mm 厚的板拼成，用 50mm×60mm 的木方做带，100mm×100mm 木方为托木和支柱。将梯步放到板上，锯下多余部分成齿形，再把梯步模板钉上，安装固定在绑完钢筋的楼梯斜面上即可。如图 4-9、图 4-10 所示。

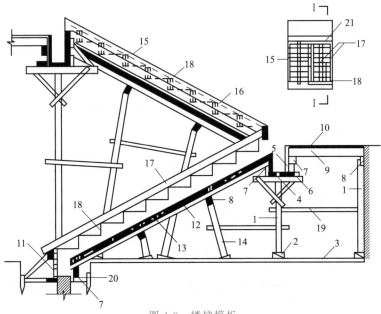

图 4-9　楼梯模板

1—支柱（顶撑）；2—木楔；3—垫板；4—平台梁底板；5—侧板；6—夹木；7—托木；8—杠木；
9—楞木；10—平台底板；11—梯基侧板；12—斜楞木；13—楼梯底板；14—斜向顶撑；
15—外帮板；16—横档木；17—反三角板；18—踏步侧板；19—拉杆；20—木桩；21—平台梁板

图 4-10　楼梯模板实物图

（2）组合钢模板　是一种工具式模板，由钢模板和配件两部分组成，配件包括连接件和支撑件两部分。钢模板有平面模板、阴角模板、阳角模板及连接角模四种。钢模板面板厚度一般为 2.3mm 或 2.5mm；加劲板的厚度一般为 2.8mm。钢模板采用模数制设计，宽度以100mm 为基础，以 50mm 为模数进级（共有 100mm、150mm、200mm、250mm、300mm、350mm、400mm、450mm、500mm、550mm、600mm 十一种规格）；长度以450mm 为基础，以 150mm 和 300mm 为模数进级（共有 450mm、600mm、750mm、900mm、1200mm、1500mm、1800mm 七种规格）；肋高55mm。可适应横竖拼装，拼装成以 50mm 进级的任何尺寸的模板，如拼装时出现不足模数的空隙时，用镶嵌木条补缺，用钉子或螺栓将木条与板块边框上的孔洞连接。钢模板通过各种连接件和支撑件可组合成多种尺寸、结构和几何形状的模板，以适应各种类型建筑物的梁、柱、板、墙、基础和设备等施工的需要，也可用其拼装成大模板、滑模、隧道模和台模等。施工时可在现场直接组装，也可预拼装成大块模板或构件模板用起重机吊运安装。定型组合钢模板组装灵活、通用性强、拆装方便、周转率高。

（3）胶合板模板　混凝土模板用的胶合板有木胶合板和竹胶合板，胶合板用作混凝土模板具有以下优点。

① 板幅大，自重轻，板面平整。既可减少安装工作量，节省现场人工费用，又可减少混凝土外露表面的装饰及磨去接缝的费用。

② 承载能力大，特别是经表面处理后耐磨性好，能多次重复使用。

③ 材质轻，厚18mm 的木胶合板，单位面积质量为 50kg，模板的运输、堆放、使用和管理等都较为方便。

④ 保温性能好，能防止温度变化过快，冬期施工有助于混凝土的保温。

⑤ 锯截方便，易加工成各种形状的模板。

⑥ 便于按工程的需要弯曲成型，用作曲面模板。

⑦ 用于清水混凝土模板，最为理想。

我国于 1981 年，在南京金陵饭店高层现浇平板结构施工中首次采用胶合板模板，胶合板模板的优越性第一次被认识。

1）木胶合板　模板用的木胶合板（图 4-11）通常最外层表板的纹理方向和胶合板板面的长向平行，因此，整张胶合板的长向为强方向，短向为弱方向，使用时必须加以注意。

2）竹胶合板模板　简称竹胶板，由若干层竹编与两表层木单板经热压而成，比木胶合板模板强度更高，表层经树脂涂层处理后可作为清水混凝土模板，但现场拼钉较困难。

我国竹材资源丰富，且竹材具有生长快（一般 2～3 年成材）、生产周期短的特点。另外，一般竹材顺纹抗拉强度为 18MPa，为杉木的 2.5 倍，红松的 1.5 倍；横纹抗压强度为 6～8MPa，是杉木的 1.5 倍，红松的 2.5 倍；静弯曲强度为 15～16MPa。因此，在我国木材资源短缺的情况下，以竹材为原料，制作混凝土模板用竹胶合板（图 4-12），具有收缩率小、膨胀率和吸水率低，以及承载能力大的特点，是一种具有发展前途的新型建筑模板。

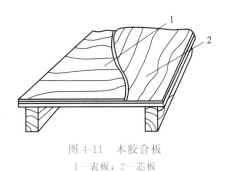

图 4-11　木胶合板
1—表板；2—芯板

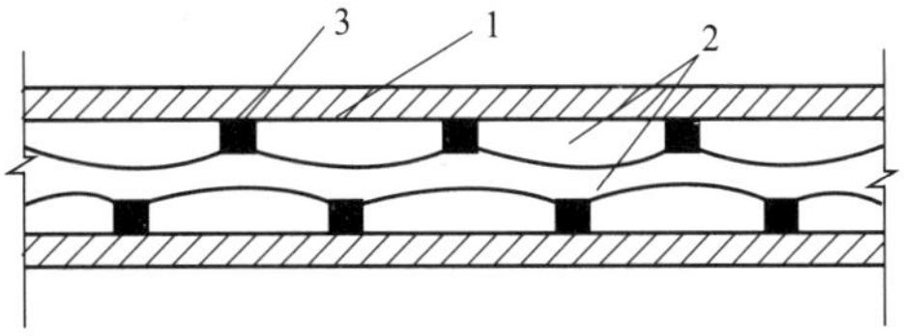

图 4-12　竹胶合板断面示意
1—竹席或薄木片面板；2—竹帘芯板；3—胶黏剂

（4）钢框胶合板模板　是指钢框与木胶合板或竹胶合板结合使用的一种模板。这种模板采用模数制设计，横竖都可以拼装，使用灵活，适用范围广，并有完整的支撑体系。

钢框胶合板模板可适用于墙体、楼板、梁、柱等多种结构施工，是国外应用最广泛的模板形式之一。钢框胶合板模板由钢框和防水木、竹胶合板平铺在钢框上，用沉头螺栓与钢框连牢，构造如图 4-13 所示。钢框边上可钻连接孔，用连接件纵横连接，组装成各种尺寸的模板。用于面板的竹胶合板是用竹片或竹帘涂胶黏剂，纵横向铺放，组坯后热压成型。为使钢框竹胶合板板面光滑平整，便于脱模和增加周转次数，一般板面采用涂料覆面处理或浸胶纸覆面处理。

（5）早拆模板　按照常规的支模方法，现浇楼板的施工一般需要配置 3～4 个层段的模板和支撑。早拆模板的原理是基于短跨支撑、早期拆模思想，根据《混凝土结构工程施工质量验收规范》（GB 50204—2015）的规定，对于跨度≤2m 的现浇楼盖，其混凝土强度达到设计强度的 50% 即可拆模，可比跨度大于 2m 小于 8m 的现浇楼盖拆模强度减少 25%。早拆模板体系就

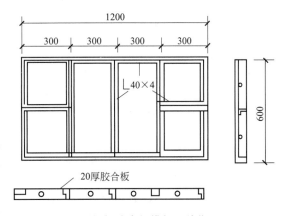

图 4-13　钢框胶合板模板（单位：mm）

是通过合理的增加支撑点，缩小楼板的跨度，以达到加快模板周转，减少模板配置量的目的。

早拆模板体系包括模板系统和支撑系统两部分，如图 4-14 所示。早拆体系的关键技术是在支柱上加装早拆柱头。目前常用的早拆柱头有螺旋式、斜面自锁式、组装式和支承板销式，下面以支承板销式早拆模板体系（图 4-15）为例来进行介绍。

支承板销式早拆模板体系中柱顶板（50mm×150mm）可直接与混凝土接触，两侧梁托

可挂住梁头，梁托附着在方形管上，方形管可上下移动115mm。方形管在上方时，可通过支承板锁住，用锤敲击支承板，则梁托随方形管下落。当梁的两端梁头挂在柱头的梁托上时将梁支起，即可自锁而不脱落。模板梁悬臂部分挂在柱头的梁托上支起后，能自锁而不脱落。可调支座插入立柱的下端，与地面（楼面）接触，用于调节立柱的高度，可调范围0~50mm。

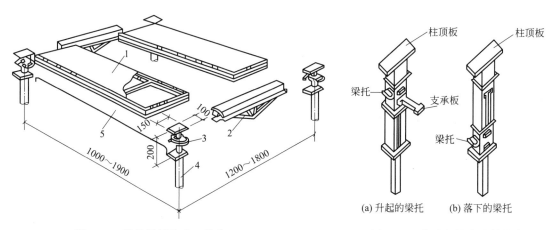

图 4-14　早拆模板体系（单位：mm）
1—模板块；2—托梁；3—升降头；4—可调支柱；5—跨度定位杆

图 4-15　支承板销式早拆柱头

(a) 升起的梁托　　(b) 落下的梁托

安装时先立两根立柱，套上早拆柱头和可调支座，加上一根主梁架起一门架，然后再架起另一门架，用横撑临时固定，依次把周围的梁和立柱架起来，再调整立柱高度和垂直度，并锁紧碗扣接头，最后在模板主梁间铺放模板即可［图4-16(a)］。

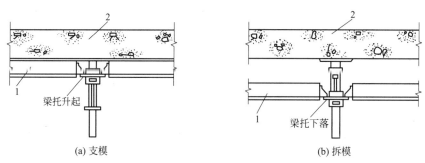

(a) 支模　　　　　　　　　　　(b) 拆模

图 4-16　早期拆模原理
1—模板主梁；2—现浇楼板

模板拆除时，只需用锤子敲击柱头上的支承板，使梁托下落115mm，模板和模板梁便可拆除，而立柱仍然支撑着楼板［图4-16(b)］。当混凝土强度满足要求后，调低可调支座，解开碗扣接头，即可拆除立柱和柱头。

4.1.3　模板进场

（1）进场验收　进入施工现场的模板材料应进行质量、数量验收，模板材料应符合施工技术方案的要求，同时能满足施工进度要求。

① 组合钢模板　其板面平整，无扭曲、凸凹，无重皮、掉漆等缺陷。钢模板的几何尺寸偏差应控制在模板设计制作误差范围内，并不得有边角开焊现象发生。钢模板面

模板的施工

板厚度应符合模板设计要求。钢模板的对接间隙应小于 0.50mm，安装后的模板不得漏浆。

②竹胶板、胶合板及木方　模板用竹胶板、胶合板厚度宜在 10~16mm 之间，不宜太薄。板面必须保证完好，不得有腐朽、虫蛀、木节及划伤、破边、破角、起层、脱皮等影响混凝土成型表观质量的缺陷。

③模板支撑材料　钢管必须持有出厂合格证，材质试验单。支撑钢管必须顺直，无弯曲、重皮、开焊等缺陷。

模板安装附件如钩头螺栓、"3" 形扣件、L 形插销等都必须符合模板设计计算结果的质量要求。

④脱模剂　拆模后，必须清除模板上遗留的混凝土残浆，再刷脱模剂。严禁用废机油作脱模剂，脱模剂材料选用原则应为：既便于脱模又便于混凝土表面装饰。

脱模剂材料宜拌成稠状，应涂刷均匀，不得流淌，一般刷两度为宜，以防漏刷，也不宜涂刷过厚。脱模剂涂刷后，应在短期内及时浇筑混凝土，以防隔离层遭受破坏。

（2）模板的修理维护　模板拆除后应立即进行清理整理，不符合要求的要及时调换，分类码放。损坏的模板经过妥善修理之后，方可使用。拆下的钢模板，如发现不平或肋边损坏变形，应及时修理。

竹胶板、胶合板经多次使用后边缘受损，要及时进行切割，确保板边缘平整。如有脱皮、分层、表面粗糙而影响混凝土成型表观质量的缺陷必须更换，不得使用。

为安装机电管线、管道而在模板上开孔洞时，必须使用开孔器，不得直接用凿子乱开乱挖孔洞。模板上不用的孔洞应及时修补。电、气焊施工时，采用遮挡或铺垫的方法保护模板。

（3）模板材料堆放　各类模板应按规格分类堆放整齐，堆放场地应平整坚实，当无专门措施时，叠放高度一般不应超过 1.6m。

进入施工现场的组合钢模板必须分箱整齐堆放。胶合板、竹胶板应分包堆放，地面应用木方垫起，以免胶合板受潮。堆放整齐后必须进行覆盖，避免雨淋和日晒，防止模板变形和起层。其他木材也应当下垫上盖，避免雨淋、日晒而变形。

4.1.4　模板安装

①模板及其支架的安装必须严格按照施工技术方案进行，其支架必须有足够的支撑面积，底座必须有足够的承载力。竖向模板和支架的支撑部分，当安装在基土上时，应设垫板，且基土必须坚实并有排水措施。对湿陷性黄土，必须有防水措施；对冻胀土，必须有防冻融措施。

②模板的接缝不应漏浆；在浇筑混凝土前，木模板应浇水润湿，但模板内不应有积水。

③模板与混凝土的接触面应平整清洁并涂刷隔离剂，但不得采用影响结构性能或妨碍装饰工程的隔离剂。

④浇筑混凝土前，模板内的杂物应清理干净。

⑤对清水混凝土工程及装饰混凝土工程，应使用能达到设计效果的模板。

⑥用作模板的地坪、胎模等应平整、光洁，不得产生影响构件质量的下沉、裂缝、起砂或起鼓。

⑦对跨度不小于 4m 的现浇钢筋混凝土梁、板，模板应起拱，当设计无具体要求时，起拱高度宜为全跨长的 1/1000~3/1000（钢模 1/1000~2/1000，木模 1.5/1000~3/1000）。

⑧现浇结构模板安装的允许偏差及检验方法应符合表 4-1 的规定。

表 4-1　现浇结构模板安装的允许偏差及检验方法

项　目		允许偏差/mm	检验方法
轴线位置		5	尺量
底模上表面标高		±5	水准仪或拉线、尺量
截面内部尺寸	基础	±10	尺量
	柱、墙、梁	±5	尺量
	楼梯相邻踏步高差	±5	尺量
垂直度	柱、墙层高≤6m	8	经纬仪或吊线、尺量
	柱、墙层高>6m	10	经纬仪或吊线、尺量
相邻两块模板表面高差		2	尺量
表面平整度		5	2m靠尺和塞尺量测

注：检查轴线位置当有纵横两个方向时，沿纵、横两个方向量测，并取其中偏差的较大值。

4.1.5　模板拆除

模板拆除取决于混凝土的强度、各种模板的用途、结构的性质、混凝土硬化时的温度及养护条件等。及时拆模可以提高模板的周转率，也可为其他工种施工创造条件。但过早拆模，混凝土会因强度不足以承担本身自重，或受到外力作用而变形甚至断裂，造成重大质量事故。因此，合理地拆除模板对提高施工的技术经济效果至关重要。

（1）拆模时间　现浇结构的模板及其支架拆除时的混凝土强度，应符合设计要求，当设计无要求时，应符合下列规定。

① 侧面模板　一般在混凝土强度能保证其表面及棱角不因拆除模板而受损坏时，方可拆除。

② 底面模板及支架　对混凝土的强度要求较严格，应符合设计要求；当设计无具体要求时，混凝土强度符合表 4-2 规定后，方可拆除。

表 4-2　底面模板拆除时的混凝土强度要求

构件类型	构件跨度/m	达到设计的混凝土立方体抗压强度标准值的百分率/%	构件类型	构件跨度/m	达到设计的混凝土立方体抗压强度标准值的百分率/%
板	≤2	≥50	梁、拱、壳	≤8	≥75
	>2，≤8	≥75		>8	≥100
	>8	≥100	悬臂构件	—	≥100

（2）拆模顺序

① 一般是先支后拆，后支先拆，先拆除侧模板，后拆除底模板。

② 对于肋形楼板的拆模顺序，首先拆除柱模板，然后拆除楼板底模板、梁侧模板，最后拆除梁底模板。

③ 多层楼板模板支架的拆除，应按下列要求进行。

a. 上层楼板正在浇筑混凝土时，下一层楼板的模板支架不得拆除，再下一层楼板模板的支架仅可拆除一部分。

b. 跨度不小于 4m 的梁均应保留支架，其间距不得大于 3m。

（3）拆模的注意事项　在拆除模板过程中，如发现影响混凝土结构安全质量时，应暂停拆除。经过处理后，方可继续拆除。拆模的注意事项如下。

① 模板拆除时，不应对楼层形成冲击荷载。

② 拆除的模板和支架宜分散堆放并及时清运。

③ 拆模时，应尽量避免混凝土表面或模板受到损坏。

④ 拆下的模板，应及时加以清理、修理，按尺寸和种类分别堆放，以便下次使用。

⑤ 若定型组合钢模板背面油漆脱落，应补刷防锈漆。

⑥ 已拆除模板及支架的结构，应在混凝土达到设计的混凝土强度标准后，才允许承受全部使用荷载。

⑦ 当承受施工荷载产生的效应比使用荷载更为不利时，必须经过核算，并加设临时支撑。

任务 4.2　钢筋工程施工

4.2.1　图纸审核

4.2.1.1　钢筋的种类

钢筋的种类很多，建筑工程常用的钢筋按生产工艺可分为热轧钢筋、冷拔钢丝、热处理钢筋、碳素钢丝、刻痕钢丝和钢绞线等。热轧钢筋的强度等级由原来的Ⅰ级、Ⅱ级、Ⅲ级和Ⅳ级更改为按照屈服强度（MPa）划分，分为 300 级、335 级、400 级、500 级（表 4-3）。

表 4-3　常用热轧钢筋的品种及强度标准值

牌号	符号	公称直径 d/mm	屈服强度标准值 f_{yk}/MPa	极限强度标准值 f_{stk}/MPa
HPB300	Φ	6～22	300	420
HRB335	Φ	6～50	335	455
HRBF335	Φ^F			
HRB400	Φ	6～50	400	540
HRBF400	Φ^F			
RRB400	Φ^R			
HRB500	Φ	6～50	500	630
HRBF500	Φ^F			

注：热轧带肋钢筋牌号中，HRB 属于普通热轧钢筋，HRBF 属于细晶粒热轧钢筋。

钢筋按轧制外形可分为光圆钢筋和变形钢筋（月牙形、螺旋形、人字形钢筋）。钢筋按供应形式可分为盘圆钢筋（直径 3～5mm）、细钢筋（直径 6～10mm）、中粗钢筋（直径 12～20mm）和粗钢筋（直径大于 20mm）。钢筋按化学成分可分为碳素钢钢筋和普通低合金钢钢筋。

此外，按钢筋在结构中的作用不同可分为受压钢筋、受拉钢筋、弯起钢筋、架立钢筋、分布钢筋、箍筋等。

4.2.1.2　结构图的识读

平法的表达形式，概括来讲，是把结构构件的尺寸和配筋等，按照平面整体表示方法制图规则，整体直接表达在各类构件的结构平面布置图上，再与标准构造详图相配合，即构成一套新型完整的结构设计。其改变了传统的那种将构件从结构平面布置图中索引出来，再逐个绘制配筋详图的烦琐方法。

下面以 16G101《混凝土结构施工图——平面整体表示方法制图规则和构造详图》系列图集为例，说明相应混凝土结构施工图识图要点和钢筋构造。

（1）平法设计规则

① 注写方式与截面方式相结合。

② 集中标注与原位标注相结合。

③ 特殊构造不属于标准化内容。

（2）平法　梁的平面整体表示方法：平面注写包括集中标注和原位标注，集中标注表达梁的通用数值，原位标注表达梁的特殊数值。当集中标注中的某项数值不适用于梁的某部位时，则将该数值原位标注。施工时，原位标注取值优先。

1）梁的集中标注内容

① 构件编号（代号、序号、跨数）　梁的代号：KL—框架梁；L—非框架梁；XLA—一端有悬挑梁；XLB—两端有悬挑梁，且悬挑不计入跨数。如 KL2（4A），表示 2 号框架梁，共四跨，一端有悬挑梁。

② 几何要素　截面尺寸 $B \times H$，即梁宽×梁高。

③ 配筋要素

a. 梁箍筋　包括钢筋级别、直径、加密区与非加密区间距及肢数。如 $\phi 10@100/200$（2），表示箍筋直径为 10mm、强度等级为一级的光圆钢筋，箍筋加密区间距为 100mm、非加密区间距为 200mm；（2）表示箍筋肢数为 2 肢箍。第一个箍筋从柱内侧 50mm 处开始布置，加密区长度取值为：抗震等级为一级的应 $\geqslant 2h_b$ 且 $\geqslant 500$mm；抗震等级为二至四级的应 $\geqslant 1.5h_b$ 且 $\geqslant 500$mm（h_b 为梁截面高度）。

b. 梁上部贯通筋或架立筋

ⅰ. 同排纵筋中既有贯通筋又有架立筋时，用加号"＋"将贯通筋与架立筋相连。注写时需将角部纵筋写在加号前面，架立筋写在加号后面的括号内，如 $2\phi 22 + (4\phi 20)$。

ⅱ. 当梁的上部纵筋和梁的下部纵筋均为贯通筋，且多数跨配筋相同时，可加注下部纵筋的配筋值，用分号"；"隔开，如 $2\phi 25$；$3\phi 22$。

④ 补充要素　当梁的顶面标高存在高差，此为可选项。

2）梁的原位标注内容

① 梁支座上部纵筋（负弯矩钢筋）

a. 当上部纵筋多于一排时，用斜线"／"将各排纵筋自上而下分开，如 $6\phi 25$ 4/2 表示上排纵筋为 4 根 $\phi 25$，下排纵筋为 2 根 $\phi 25$。

b. 当同排纵筋有两种不同直径时，用加号"＋"将两种直径纵筋相连接，注写时需将角部纵筋写在加号前面，如 $2\phi 25 + 2\phi 22$。

c. 当梁中间支座两边的上部纵筋不同时，需在支座两边同时标注；当梁的中间支座两边的上部纵筋相同时，可仅在支座一边标注配筋值，另一边省去不注。

② 梁支座下部纵筋（通长筋）

a. 当下部纵筋多于一排时，用斜线"／"将各排纵筋自上而下分开。

b. 当同排纵筋有两种不同直径时，用加号"＋"将两种直径的纵筋相连，注写时需将角部纵筋写在加号前面。

③ 侧面钢筋　有构造钢筋和抗扭钢筋，即腰筋。构造钢筋在前面加字母"G"，起到维护、拉结、分布作用，按构造要求配置即可；抗扭钢筋在前面加字母"N"，设置在梁侧面，起到承重、分压的作用，需要通过计算来配筋。

④ 附加箍筋和吊筋　将其直接画在平面图中的主梁上，用线引注总配筋值。当多数

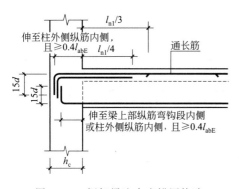

图 4-17 框架梁边支座锚固构造

h_c—柱截面沿框架方向的宽度；d—梁纵筋直径

附加箍筋或吊筋相同时，可在梁施工图上统一注明，少数与统一注明值不同时在原位引注。

3）构造要求

① 抗震框架梁统一锚固

a. 边支座锚固 首先根据 16G101-1 图集的规定判断是弯锚还是直锚（图 4-17），当 h_c 较大可以采用直锚，直锚长度取 l_{aE}（l_{aE} 为受拉钢筋抗震锚固长度）和 $0.5h_c+5d$（h_c 为柱截面高度，d 为梁纵筋直径）两者较大值；当直锚不能满足采用弯锚，弯锚时要保证平直段尽可能伸到柱外侧纵筋的内侧，并 90°向下或向上弯锚 15d（d 为梁纵筋直径）。

b. 下部钢筋中间支座锚固（图 4-18） 通常采用直锚（高低跨除外），直锚长度取 $\max\{l_{aE}, 0.5h_c+5d\}$；根据受力纵筋"能通则通"，可以贯穿多层多跨的连接原则，下部钢筋可以贯穿支座，避开箍筋加密区，同时在受力较小处（由设计人员确定），这样对减少梁柱节点区钢筋，保证混凝土浇筑质量有利。预算可按每跨单独计算。

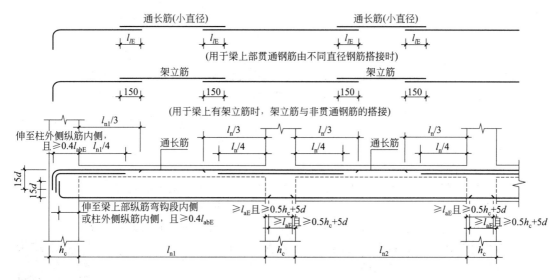

图 4-18 楼层框架梁 KL 纵向钢筋构造

h_c—柱截面沿框架方向的宽度；l_{aE}—受拉钢筋锚固长度；l_{abE}—受拉钢筋抗震锚固长度；

l_{lE}—纵向受拉钢筋抗震搭接长度；l_{n1}—框架梁第一跨（左跨）净跨值；

l_{n2}—框架梁第二跨（右跨）净跨值；l_n—相邻左跨净跨与右跨净跨的较大值

c. 上部支座负筋 第一排：外伸长度为净跨的 1/3。第二、三排：外伸长度为净跨的 1/4。对于端支座，为本跨的净跨；对于中间支座，取支座两边净跨的较大值。

d. 悬挑端钢筋 至少两根角筋，并不少于第一排纵筋的 1/2 伸到梁端弯折不小于 12d，其余 45°下弯；第二排纵筋在 0.75l 处截断，下部钢筋锚固 15d。

② 非框架梁下部纵向钢筋锚固 锚固长度均为 15d。

（3）柱平法 其施工图在柱平面布置图上采用列表注写方式或截面注写方式表达。

【例 4-1】 柱平法施工图列表注写方式示例见表 4-4。

表 4-4　柱平法施工图列表注写方式示例

柱号	标高	$B×H$	B_1	B_2	H_1	H_2	角筋	B 边一侧中部筋	H 边一侧中部筋	箍筋
KZ1	7.5	650×600	300	350	300	300	4Φ25	5Φ25	3Φ25	Φ10@100/200

　　分析　表中 KZ1 表示框架柱 1，标高一般注写各段柱的起止标高，自柱根部往上以变截面位置或截面未变但配筋改变处为界分段注写。$B×H$ 为柱截面尺寸，B_1、B_2、H_1、H_2 是柱和轴线关系的几何参数，需对各段柱分别注写，其中 $B=B_1+B_2$，$H=H_1+H_2$。角筋表示柱 4 角处钢筋，B 边一侧中部筋为除角筋外 B 边的所有钢筋，H 边一侧中部筋为除角筋外 H 边所有钢筋。

　　【例 4-2】 柱平法施工图截面注写方式示例如图 4-19 所示。

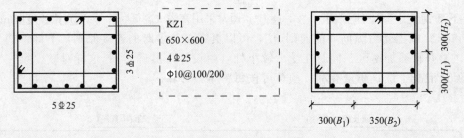

图 4-19　柱平法施工图截面注写方式示例（单位：mm）

　　分析　图中虚框内标注为集中标注，标注形式是：名称，截面尺寸，角筋，箍筋数据。图中 KZ1 表示框架柱 1，650×600 为柱截面尺寸，4Φ25 为角筋，中间钢筋直接注写在截面图的相应边。截面与轴线关系 B_1、B_2、H_1、H_2 的具体数值也要表示出来。

4.2.1.3　图纸审核

　　① 钢筋所在高程、位置及与上下、左右的衔接是否矛盾、是否能施工。
　　② 钢筋的级别、直径、数量、间距、排距及相互间钢筋能否施工。
　　③ 各图纸之间钢筋表中的根数、直径、长度是否与剖面图与节点大样之间一致。
　　④ 与构造原理、受力特点、抗震设防等是否有矛盾。
　　⑤ 其他特殊做法（如"人防"等）。

4.2.2　钢筋的施工

4.2.2.1　钢筋的配料

钢筋配料与代换

　　钢筋配料是根据构件的配筋图计算构件各钢筋的直线下料长度、根数及重量，然后编制钢筋配料单，作为钢筋备料加工的依据。钢筋配筋图中注明的尺寸一般是钢筋外轮廓尺寸，即从钢筋外皮到外皮量得的尺寸，称为外包尺寸。在钢筋加工时，一般也按外包尺寸进行验收。对钢筋加工前是按直线下料，钢筋弯曲时外皮伸长，内皮缩短，只有中线长度不变（图 4-20）。这样按外包尺寸总和下料是不准确的，只有按钢筋中心线长度尺寸下料加工，才能使加工后的钢筋形状、尺寸符合设计要求。钢筋

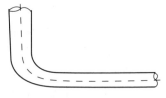

图 4-20　钢筋弯曲

弯曲后的外包尺寸和中心线长度之间的差值，称为"量度差值"。

（1）钢筋的量度差值

1）钢筋弯曲处的量度差值　钢筋弯曲处的量度差值与钢筋弯心直径及弯曲角度有关。当弯心直径为 $2.5d$（d 为钢筋的直径）时，各种弯曲角度的量度差值计算方法如下。

① 弯 90°时的量度差值　见图 4-21(b)。

外包尺寸为 $2.25d + 2.25d = 4.5d$。

中心线弧长为 $\dfrac{3.5\pi d}{4} = 2.75d$。

量度差值为 $4.5d - 2.75d = 1.75d$（取 $2d$）。

② 弯 45°时的量度差值　见图 4-21(c)。

外包尺寸为 $2\left(\dfrac{2.5d}{2} + d\right)\tan 22°30' = 1.86d$。

中心线长度为 $\dfrac{3.5\pi d}{8} = 1.37d$。

量度差值为 $1.86d - 1.37d = 0.49d$。

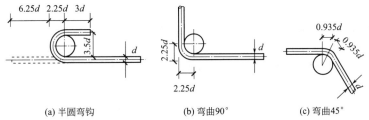

(a) 半圆弯钩　　　　　(b) 弯曲90°　　　　　(c) 弯曲45°

图 4-21　钢筋弯钩及弯曲计算

同理，可得其他常用弯曲角的量度差值，见表 4-5。

表 4-5　钢筋弯曲量度差值

钢筋弯曲角度	30°	45°	60°	90°	135°
量度差值	0.35d	0.49d	0.85d	2d	2.5d

工地为了计算方便，钢筋弯曲处的量度差值通常按以下取值：30°量度差值取 $0.3d$；45°量度差值取 $0.5d$；60°量度差值为 $0.9d$；90°量度差值为 $2d$；135°量度差值为 $2.5d$（d 为钢筋直径）。

2）钢筋弯钩增加值　为了保证可靠黏结和锚固，光圆钢筋末端应做成弯钩。作为受力纵筋时，要求做 180°弯钩，且平直段不小于 $3d$，无抗震要求时通常取 $3d$。当弯心直径为 $2.5d$（d 为钢筋直径），半圆弯钩的增加长度 [图 4-21(a)] 计算方法如下。

弯钩全长为 $3d + \dfrac{3.5\pi d}{2} = 8.5d$。

每个弯钩增加长度（包括量度差值）为 $8.5d - 2.25d = 6.25d$。

3）箍筋下料长度　由于一根箍筋有多个弯曲和弯钩（图 4-22），下料长度逐一计算较麻烦，所以根据常见的箍筋加工形式，将箍筋的下料长度进行简化计算。

(a) 90°/90°　　　　(b) 90°/180°　　　　(c)135°/135°

图 4-22　箍筋形式

非抗震时弯钩平直段取 $5d$，抗震时弯钩平直段通常取 $10d$。箍筋通常按图 4-21(c) 加工，下料长度按表 4-6 进行计算。

表 4-6　箍筋调整值的计算　　　　　　　　　　　　　　单位：mm

箍筋调整值	箍筋直径			
	4～5	**6**	**8**	**10～12**
量外包尺寸	40	50	60	70
量内包尺寸	80	100	120	150～170

（2）钢筋下料长度计算　　钢筋下料长度＝直段长度＋钢筋绑扎搭接增加长度（直锚形式）或钢筋下料长度＝直段长度＋2×15d－2×2d（90°量度差）＋钢筋绑扎搭接增加长度（弯锚形式），钢筋采用机械连接或电渣压力焊连接不需要增加搭接长度。

（3）钢筋的配料单及料牌　　钢筋配料单是根据施工设计图纸标定钢筋的品种、规格及外形尺寸、数量进行编号，并计算下料长度，用表格形式表达的技术文件。其内容由构件的名称、钢筋编号、钢筋简图、尺寸、钢号、数量、下料长度及质量等组成。它是确定钢筋下料加工的依据，是提出材料计划、签发施工任务单和限额领料单的依据，是钢筋施工的重要程序。合理的配料单能节约材料，简化施工操作。

在施工中，仅有配料单还不够，因为钢筋加工工序很多，并且在同一个钢筋加工场中有很多单位工程的各种构件的各种编号的钢筋同时在加工，这些编号的钢筋在外形上大同小异，如果在加工的钢筋上不加上标记，就可能在施工中造成混乱。因而需要将各个编号的钢筋制作一块料牌，作为钢筋加工过程中的依据，也作为在钢筋安装中区别各个工程项目、构件和各种编号钢筋的标志。料牌可用 100mm×70mm 的薄木板或纤维板等制成，料牌正面一般写上这个编号钢筋所在单位工程项目、构件号以及构件数量，料牌反面写上钢筋编号、简图、直径、钢号、下料长度及合计根数等（图 4-23）。

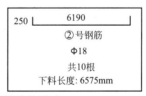

图 4-23　钢筋料牌的形式

【例 4-3】　某三级抗震建筑，二层楼面为现浇楼盖，楼板厚度为 100mm，二层楼面有 6 根框架梁（图 4-24），混凝土 C30，钢筋主筋为 HRB335 级，主筋锚固长度均按 31d 考虑，工程施工需要计算所标各种钢筋下料长度 [梁、柱钢筋保护层厚度取 $c＝25$mm，柱配筋信息：纵筋 8Φ25，箍筋 Φ10@100/200（4×4）]。

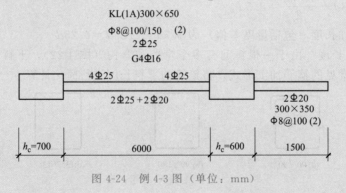

图 4-24　例 4-3 图（单位：mm）

解

(1) 钢筋下料长度计算

1) 支座锚固值计算

① 上部纵筋 (Φ25) 支座锚固长度计算:

$$l_{aE}=31d=31×25=775(mm)$$

左支座 $h_{c左}=700mm<l_{aE}$, 故采取弯锚。

水平端锚固长度: $l_1=h_{c左}-25$ (柱保护层厚度) $-d_{柱箍}$ (柱中箍筋直径) $-d_{柱纵}$ (柱中纵筋直径) -25 (梁纵筋弯锚垂直段与柱纵筋间净距) $=700-25-10-25-25=615$ (mm)

垂直段锚固长度: $l_2=15d=15×25=375(mm)$

弯锚锚固长度: $l_弯=l_1+l_2-2d$ (90°量度差) $=615+375-2×25=940$ (mm)

对于右支座, 纵筋可穿过支座伸入悬挑梁中进行锚固, 故采取直锚。

直锚长度 $l_直=\max(l_{aE},0.5h_{c右}+5d)=\max(775,0.5×600+5×25)=775(mm)$

② 下部纵筋支座锚固长度计算:

a. Φ25:

$$l_{aE}=31d=31×25=775(mm)$$

左支座 $h_{c左}=700mm<l_{aE}$, 故采取弯锚。

水平端锚固长度: $l_1'=h_{c左}-25$(柱保护层厚度) $-d_{柱箍}$(柱中箍筋直径) $-d_{柱纵}$(柱中纵筋直径) -25(梁纵筋弯锚垂直段与柱纵筋间净距) -25(梁上、下纵筋弯锚垂直段处净距) $=700-25-10-25-25-25=590(mm)$

垂直段锚固长度: $l_2'=15d=15×25=375(mm)$

弯锚锚固长度: $l_弯'=l_1'+l_2'-2d$(90°量度差) $=590+375-2×25=915(mm)$

右支座 $h_{c右}=600mm<l_{aE}$, 且梁下部纵筋无法穿过支座伸入悬挑梁中进行锚固, 故采取弯锚。

水平端锚固长度: $l_1''=h_{c右}-25$(柱保护层厚度) $-d_{柱箍}$(柱中箍筋直径) $-d_{柱纵}$(柱中纵筋直径) -25(梁纵筋弯锚垂直段与柱纵筋间净距) $=600-25-10-25-25=515(mm)$

垂直段锚固长度: $l_2''=15d=15×25=375$ (mm)

弯锚锚固长度: $l_弯''=l_1''+l_2''-2d$(90°量度差) $=515+375-2×25=840(mm)$

b. Φ20:

直锚长度: $l_直'=\max(l_{aE},0.5h_c+5d)=\max(31×20,0.5×700+5×20)=620(mm)$

左支座: $h_{c左}-25$(柱保护层厚度) $-d_{柱箍}$(柱中箍筋直径) $-d_{柱纵}$(柱中纵筋直径) $=700-25-10-25=640(mm)>l_直'$, 故采取直锚。直锚长度取620mm。

右支座: 直锚长度 $l_直'=620mm>h_{c右}$, 故采取弯锚。

水平端锚固长度: $l_1'''=h_{c右}-25$(柱保护层厚度) $-d_{柱箍}$(柱中箍筋直径) $-d_{柱纵}$(柱中纵筋直径) -25(梁纵筋弯锚垂直段与柱纵筋间净距) $=600-25-10-25-25=515(mm)$

垂直段锚固长度: $l_2'''=15d=15×20=300(mm)$

弯锚锚固长度: $l_弯'''=l_1'''+l_2'''-2d$(90°量度差) $=515+300-2×20=775(mm)$

2) 梁各纵筋下料长度计算

① 上部通长筋 (2Φ25):

$l=940(l_弯)+6000$(第一跨净跨) $+600(h_{c右})+1500$(悬挑跨净跨) -25(钢筋保护层厚度) $+12d$(向下弯锚长度) $-2d$(90°量度差) $=9265(mm)$

② 上部左支座负筋 (2Φ25):

$$l=\frac{6000}{3}+940(l_弯)=2940(\text{mm})$$

③上部右支座负筋（2 Φ25）：

$$l=\frac{6000}{3}+600(h_{c右})+1500(\text{悬挑跨净跨})-25(\text{钢筋保护层厚度})+12d(\text{向下弯锚长度})-2d$$

$(90°\text{量度差})=4325(\text{mm})$

④下部梁底纵筋（2 Φ25）：

$$l=915(l'_弯)+6000(\text{第一跨净跨})+840(l'_弯)=7755(\text{mm})$$

⑤下部梁底纵筋（2 Φ20）：

$$l=620(l'_直)+6000(\text{第一跨净跨})+775(l'''_弯)=7395(\text{mm})$$

⑥悬挑跨底部纵筋（2 Φ20）：

$$l=1500(\text{悬挑跨净跨})-25+15×20=1775(\text{mm})$$

⑦左跨框架梁箍筋（Φ8）：

箍筋下料长度：$l=(300+650)×2-8×25(\text{钢筋保护层厚度})+20.273d(\text{抗震箍筋}135°\text{弯钩}$
及平直段增加长度$)=1862(\text{mm})$

箍筋根数：$n=\left(\frac{1.5×650-50}{100}+1\right)×2+\frac{6000-2×1.5×650}{150}-1=48(\text{根})$

⑧悬挑梁箍筋（Φ8）：

箍筋下料长度：$l'=(300+350)×2-8×25(\text{钢筋保护层厚度})+20.273d(\text{抗震箍筋}135°\text{弯钩}$
及平直段增加长度$)=1262(\text{mm})$

箍筋根数：$n=\frac{1500-50-25}{100}=15$（根）

⑨构造筋（G4 Φ16）：

$$l=6000+2×15×16=6480（\text{mm})$$

⑩拉筋（Φ8）：

拉筋下料长度：$l=b-2c+29.137d=300-2×25+29.137×8=483$（mm）

拉筋根数：$n=\frac{6000-50×2}{150}+1=41$（根）

（2）钢筋配料单（由学生完成）见表4-7。

表4-7 例4-3表

构件名称	构件编号	简图1	钢号	直径/mm	下料长度/mm	单位根数	合计根数	质量/kg
KL (1A)	①							
	②							
	③							
	④							
	⑤							
	⑥							
	⑦							
	⑧							
	⑨							

（4）弯曲调整值实用取值　在进行钢筋加工前，由于钢筋式样繁多，不可能逐根按每个弯曲点进行弯曲调整值计算，而且也没有必要这样做。理论计算与实际操作的效果多少会有一些差距，主要是由于弯曲处圆弧的不准确性所引起的。计算时按"圆弧"考虑，实际上却不是纯圆弧，而是不规则的弯弧。之所以产生这种情况，其原因与成型工具和习惯操作方法

有密切关系，例如手工成型的弯弧不但与钢筋直径和要求的弯曲程度大小有关，还与扳子的尺寸以及搭扳子的位置有关系，如果扳头离扳柱的距离大，即扳距大，则弯弧长，反之，扳距小，则弯弧短。又如用机械成型时，所选用的弯曲直径并不能准确地按规定取最小值 D，有时为了减少更换，稍偏大取值，个别情况也可能略有偏小。

因此，由于操作条件不同，成型结果也不一样，不能绝对地定出弯曲调整值是多少。通常是根据本施工单位的经验资料，预先确定符合实际需要的、实用的弯曲调整值表备用。

4.2.2.2　钢筋的代换

施工中如供应的钢筋品种和规格与设计图纸要求不符时，可以进行代换。但代换时，必须充分了解设计意图和代换钢材的性能，严格遵守规范的各项规定。对拉裂性要求高的构件，不宜用光面钢筋代换变形钢筋；钢筋代换时不宜改变构件中的有效高度；凡属重要的结构和预应力钢筋，在代换时应征得设计单位的同意，代换后的钢筋用量不宜大于原设计用量的 5%，也不低于 2%，且应满足规范规定的最小钢筋直径、根数、钢筋间距、锚固长度等要求。

（1）代换方法　钢筋代换的方法有两种。

① 当构件受强度控制时，钢筋可按强度相等的原则进行代换，称"等强代换"。

$$n_2 \geqslant \frac{n_1 d_1^2 f_{y1}}{d_2^2 f_{y2}} \tag{4-1}$$

式中　d_1，n_1，f_{y1}——原设计钢筋的直径、根数和设计强度；
　　　d_2，n_2，f_{y2}——拟代换钢筋的直径、根数和设计强度。

式（4-1）有两种特例。

a. 设计强度相同、直径不同的钢筋代换：

$$n_2 \geqslant n_1 \frac{d_1}{d_2} \tag{4-2}$$

b. 直径相同、设计强度不同的钢筋代换：

$$n_2 \geqslant n_1 \frac{f_{y1}}{f_{y2}} \tag{4-3}$$

② 当构件按最小配筋率配筋时，钢筋可按面积相等的原则进行代换，称"等面积代换"。

$$A_{s1} = A_{s2} \tag{4-4}$$

式中　A_{s1}——原设计钢筋的计算面积；
　　　A_{s2}——拟代换钢筋的计算面积。

（2）代换注意事项　钢筋代换时，应办理设计变更文件，并应符合下列规定。

① 重要受力构件（如吊车梁、薄腹梁、桁架下弦等）不宜用 HPB300 级钢筋代换 HRB335、HRB400 变形钢筋，以免裂缝开展过大。

② 钢筋代换后，应满足《混凝土结构设计规范》（2015 年版）（GB 50010—2010）中配筋构造规定，如钢筋间距、锚固长度、最小直径、配筋百分率等要求。

③ 梁的纵向受力钢筋与弯起钢筋应分别代换，以保证正截面与斜截面强度。偏心受压构件（如框架柱、有吊车梁的厂房柱、桁架上弦等）或偏心受拉构件作钢筋代换时，不得取整个截面配筋量计算，应按受力面（受拉或受压）分别代换。

④ 有抗震要求的梁、柱和框架，不宜以强度等级较高的钢筋代换原设计中的钢筋；如必须代换时，其代换的钢筋检验所得的实际强度，还应符合抗震钢筋的要求。

⑤ 受力的预埋件和预制构件的吊环，必须采用未经冷拉的热轧钢筋制作，严禁以其他

钢筋代换。

⑥当构件受裂缝宽度或挠度控制时，钢筋代换后应进行刚度、裂缝验算。

4.2.3 钢筋进场

（1）钢筋的质量检验　钢筋是否符合质量标准，直接影响结构的使用安全。在施工中必须加强钢筋原材料的性能检验，除了外观检查外，主要是进行物理力学性能和化学组成成分检验。

钢筋进场应持有出厂质量证明书或试验报告单，每捆或每盘钢筋均应有标牌。钢筋进场后应按钢筋的品种、批号及直径分批验收，验收内容包括核对标牌、外观检查，并按规定抽取试样进行力学性能试验，检验合格后方准使用。

钢筋的外观检查：钢筋表面不得有裂缝、结疤和折叠；钢筋表面的凸块不得超过螺纹的高度；钢筋的外形尺寸应符合技术标准规定。

钢筋抽样检验：热轧钢筋检验以 60t 为一批，每批钢筋任意抽出两根，每根钢筋各截取一套试件，每套试件为两根，其中一根进行拉力试验，测定其屈服点、抗拉强度和伸长率，另一根进行冷弯试验；钢丝的检验以 3t 为一批，每批要逐盘检查钢丝的外观和尺寸，钢丝表面不得有裂缝、毛刺、劈裂、损伤和油迹等，一批中取 10%（且不少于 6 盘）并从每盘钢丝两端截取试件一套，每套两根，分别进行拉力和冷弯试验。

在钢筋加工过程中，如发现脆断、焊接性能不良或力学性能异常时，则应进行钢筋的化学成分检验或其他专项检验。

（2）钢筋的储存　当钢筋运进施工现场后，必须严格按批分等级、牌号、直径、长度挂牌存放，并注明数量，不得混淆，如图 4-25。钢筋应尽量堆入仓库或料棚内。条件不具备时，应选择地势较高、土质坚实、较为平坦的露天场地存放。在仓库或场地周围挖排水沟，以利泄水。堆放时钢筋下面要加垫木，离地不宜少于 200mm，以防钢筋锈蚀和污染。钢筋成品要分工程名称和构件名称，按号码顺序存放。同一项工程与同一构件的钢筋要存放在一起，按号挂牌排列，牌上注明构件名称、部位、钢筋类型、尺寸、钢号、直径、根数，不能将几项工程的钢筋混放在一起。同时不要和产生有害气体的车间靠近，以免污染和腐蚀钢筋。

钢筋的进场和加工

图 4-25　钢筋的储存

4.2.4 钢筋加工

钢筋的加工包括冷拉、冷拔、调直、除锈、下料剪切、接长、弯曲等工作，每一道工序都关系到钢筋混凝土构件的施工质量，各个环节都应严肃对待。冷拉钢筋与冷拔低碳钢丝已逐渐被淘汰。随着施工技术的发展，钢筋加工已逐步实现机械化和联动化。

（1）钢筋调直　可采用冷拉调直、调直机调直（图 4-26）、锤直和扳直等方法。钢筋的调直宜采用钢筋调直切断机，它具有自动调直、定位切断、除锈、清垢等多种功能。钢筋在调直过程中，若发现脆断、裂纹、力学性能不正常等现象，应停止加工，及时上报技术负责人。

钢筋调
直切断

（2）钢筋除锈　钢筋应保持洁净，表面上的油渍、漆污和锤击能剥落的浮皮、铁锈等，在使用前均应清除干净。钢筋除锈一般可以通过以下两个途径：一是大量钢筋除锈可在钢筋冷拉或钢筋调直机调直过程中完成；二是少量的钢筋局部除锈可采用电动除锈机或人工用钢丝刷、砂盘以及喷砂和酸洗等方法进行。除锈后钢筋表面有严重的麻坑、斑点等已伤蚀截面时，应降级使用或剔除不用，带有蜂窝状锈迹的钢丝不得使用。

（3）钢筋切断　钢筋弯曲前，应根据钢筋配料单上的下料长度分别截断。钢筋切断可用钢筋切断机或手动剪切器。手动剪切器只适用于直径小于 16mm 的钢筋；钢筋切断机可切断直径不大于 40mm 的钢筋，当钢筋直径大于 40mm 时，用氧-乙炔焰割断。钢筋的下料长度应力求准确，其允许偏差为＋10mm。切断时要注意以下事项。

① 将同规格钢筋根据不同长度搭配，统筹排料；一般应先断长料，后断短料，减少短头，减少损耗。

② 断料时应避免用短尺量长料，防止在量料中产生累计误差。为此，宜在工作台上标出尺寸刻度线并设置控制断料尺寸用的挡板。

③ 在切断过程中，如发现钢筋有劈裂、缩头或严重弯头等必须切除；如发现钢筋的硬度与该钢种有较大的出入，应及时向有关人员反映，查明情况。

④ 钢筋的断口，不得有马蹄形或起弯等现象。

（4）钢筋弯曲　切断的钢筋常需弯曲成需要的形状和尺寸。钢筋弯曲的顺序是划线、试弯、弯曲成型。划线主要根据不同的弯曲角在钢筋上标出弯折的部位，以外包尺寸为依据，扣除弯曲量度差值。

钢筋弯曲有人工弯曲和机械弯曲（弯曲机械见图 4-27）。人工弯曲是在成型台上用手摇扳子，每次可弯 4～8 根直径 8mm 以下钢筋，或用扳柱铁板和扳子弯直径 32mm 以下的钢筋。第一根钢筋弯曲成型后，应与配料表上标明的形状、尺寸复核，符合要求后再成批生产。

弯曲机
弯曲钢筋

图 4-26　钢筋调直机

图 4-27　钢筋弯曲机

4.2.5 钢筋连接与安装

钢筋的连接方式可分为三种：绑扎连接、焊接和机械连接。纵向受力钢筋的连接方式应符合设计要求，机械连接接头和焊接连接接头的类型及质量应符合国家现行标准的规定。受力钢筋的接头宜设在受力较小处，在

钢筋的连接

同一根钢筋上宜少设接头。在施工现场，应按国家现行标准《钢筋机械连接技术规程》（JGJ 107—2016）、《钢筋焊接及验收规程》（JGJ 18—2012）的规定抽取钢筋机械连接接头、焊接接头试件进行力学性能检验，其质量应符合规定。

绑扎连接需要较长的搭接长度，会浪费钢材且连接不可靠，故宜限制使用。焊接连接方法，成本较低，质量可靠，故宜优先选用。机械连接设备简单，节约能源，无明火作业，施工不受气候条件限制，连接可靠，技术易于掌握，适用范围广，特别适合于焊接连接有困难的现场。

4.2.5.1 钢筋焊接

采用焊接代替绑扎，可节约钢材、改善结构受力性能、提高工效、降低成本。钢筋焊接常用的方法有闪光对焊、电弧焊、电渣压力焊、气压焊、点焊等。

（1）闪光对焊 原理如图 4-28 所示，是利用钢筋对焊机，将两根钢筋安放成对接形式，压紧于两电极之间，通过低电压强电流，把电能转化为热能，使钢筋加热到一定温度后，即施以轴向压力顶锻，产生强烈飞溅，形成闪光，使两根钢筋焊合在一起。闪光对焊具有成本低、质量好、工效高及适用范围广等特点，广泛用于钢筋接长及预应力筋与螺纹端杆的焊接，热轧钢筋焊接宜优先选用闪光对焊。

根据钢筋品种、直径、焊机功率、施焊部位的不同，闪光对焊的工艺又分连续闪光焊、预热闪光焊、闪光-预热-闪光焊。

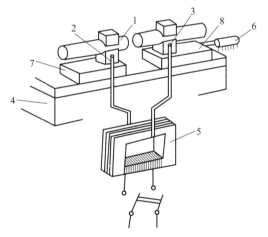

图 4-28 钢筋闪光对焊原理
1—焊接的钢筋；2—固定电极；3—可动电极；
4—机座；5—变压器；6—平动顶压机构；
7—固定支座；8—滑动支座

1）连续闪光焊 工艺过程包括连续闪光和顶锻。施焊时，先闭合一次电路，使两根钢筋端面轻微接触，此时端面的间隙中即喷射出火花般熔化的金属微粒——闪光，接着徐徐移动钢筋使两端面仍保持轻微接触，形成连续闪光。当闪光到预定的长度，使钢筋端头加热到将近熔点时，就以一定的压力迅速进行顶锻。先带电顶锻，再无电顶锻到一定长度，焊接接头即告完成。

2）预热闪光焊（预热闪光-闪光-顶锻） 是在连续闪光焊前增加一次预热过程，以扩大焊接热影响区。其工艺过程包括预热、闪光和顶锻。施焊时先闭合电源，然后使两根钢筋端面交替地接触和分开，这时钢筋端面的间隙中即发出断续的闪光，而形成预热过程。当钢筋达到预热温度后进入闪光阶段，随后顶锻而成。

预热闪光焊适宜焊接直径大于 25mm 且端部较平坦的钢筋。

3）闪光-预热-闪光焊（闪光-预热闪光-连续闪光-顶锻） 闪光-预热-闪光焊是在预热闪

光焊前加一次闪光过程，目的是使不平整的钢筋端面烧化平整，使预热均匀，最后进行加压顶锻。其工艺过程包括一次闪光、预热、二次闪光及顶锻。施焊时首先连续闪光，使钢筋端部闪平，然后同预热闪光焊。

它适宜焊接直径大于 25mm 且端部不平整的钢筋。

4）闪光对焊接头的质量检验　钢筋对焊完毕，应对接头质量进行外观检查和力学性能试验。

① 外观检查　钢筋闪光对焊接头的外观检查，应符合下列要求。

a. 每批抽查 10% 的接头，且不得少于 10 个。

b. 焊接接头表面无横向裂纹和明显烧伤。

c. 接头处有适当的镦粗和均匀的毛刺。

d. 接头处如有弯折，其弯折角不得大于 4°。

e. 接头处的轴线偏移，不得大于钢筋直径的 0.1 倍，且不得大于 2mm。

f. 当有一个接头不符合要求时，应对全部接头进行检查，挑出不合格接头，切除热影响区后重新焊接。

② 拉伸试验　对闪光对焊的接头，应从每批随机切取六个试件，其中三个做拉伸试验，三个做弯曲试验，其拉伸试验结果，应符合下列要求。

a. 三个试件的抗拉强度，均不得低于该级别钢筋的抗拉强度标准值。

b. 在拉伸试验中，至少有两个试件断于焊缝之外，并呈塑性断裂。

当检验结果有一个试件的抗拉强度低于规定指标，或两个试件在焊缝或热影响区发生脆性断裂时，应取双倍数量的试件进行复验。复验结果，若仍有一个试件的抗拉强度不符合规定指标，或有三个试件呈脆性断裂，则该批接头即为不合格品。

③ 弯曲试验　结果应符合下列要求。

a. 由于对焊时上口与下口的质量不能完全一致，弯曲试验要做正弯和反弯两个方向试验。

b. 冷弯不应在焊缝处或热影响区断裂，否则无论其强度多高，均视为不合格。

c. 冷弯后，外侧横向裂缝宽度不得大于 0.15mm，对于 RRB400 级钢筋，不允许有裂纹出现。

当试验结果有两个试件发生破断时，应再取六个试件进行复验。复验结果，当仍有三个试件发生破断，应确认该批接头为不合格品。

（2）电弧焊　工作原理如图 4-29 所示，以焊条作为一极，钢筋为另一极，利用送出的低电压强电流，使焊条与焊件之间产生高温电弧，将焊条与焊件金属熔化，凝固后形成一条焊缝。电弧焊广泛用于钢筋接头与钢筋骨架焊接、装配式结构接头焊接、钢筋与钢板焊接及各种钢结构焊接。

钢筋电弧焊接头形式主要有搭接焊、帮条焊和坡口焊等。

1）搭接接头　焊接时，先将主钢筋的端部按搭接长度预弯，使被焊钢筋与其在同一轴线上，并采用两端点焊定位，然后用双面焊焊在一起，当双面施焊有

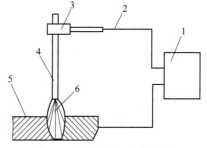

图 4-29　电弧焊工作原理图
1—电源；2—导线；3—焊钳；4—焊条；
5—焊件；6—电弧

困难时，也可采用单面焊，如图 4-30 所示。焊接时，应在搭接焊形成焊缝中引弧；在端头收弧前应填满弧坑，并使主焊缝与定位焊缝的始端和终端熔合。

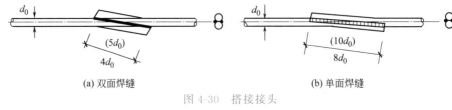

图 4-30　搭接接头

d_0—钢筋直径

2）帮条接头　用两根一定长度的帮条，将受力主筋夹在中间，并采用两端点焊定位，然后用双面焊形成焊缝；当不能进行双面焊时，也可采用单面焊，如图 4-31 所示。

帮条钢筋应与主筋的直径、级别尽量相同，如帮条与被焊接钢筋的级别不同时，还应按钢筋的计算强度进行换算。

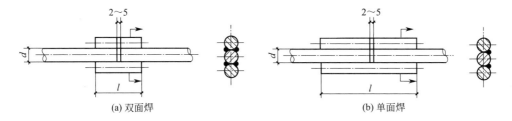

图 4-31　帮条接头（单位：mm）

d—钢筋直径；l—帮条长度

3）坡口（剖口）接头　分平焊和立焊，如图 4-32 所示。适用于直径 16～40mm 的 Ⅰ～Ⅳ级钢筋。当焊接Ⅳ级钢筋时，应先将焊件加温处理，坡口接头较上两种接头节约钢材。坡口平焊时，V 形坡口角度宜为 55°～65°；坡口立焊时，V 形坡口角度宜为 40°～55°，其中下钢筋宜为 0°～10°，上钢筋宜为 35°～45°。

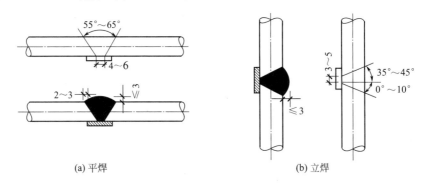

图 4-32　坡口（剖口）接头（单位：mm）

4）电弧焊接头的质量检验　电弧焊的质量检验，主要包括外观检查和拉伸试验两项。

① 外观检查　电弧焊接头外观检查时，应在清渣后逐个进行检查，其检查结果应符合下列要求。

a. 焊缝表面应平整，不得有凹陷或焊瘤。

b. 焊接接头区域内不得有裂纹。

c. 坡口焊、熔槽帮条焊接头的焊缝余高不得大于 3mm。

d. 预埋件 T 字接头的钢筋间距偏差不应大于 10mm，钢筋相对钢板的直角偏差不得大于 4°。

e. 焊缝中的咬边深度、气孔、夹渣等缺陷允许值及接头尺寸的允许偏差，应符合规范的规定。外观检查不合格的接头，经修整或补强后，可提交二次验收。

② 拉伸试验　电弧焊接头进行力学性能试验时，在工厂焊接条件下，以 300 个同接头形式、同钢筋级别的接头为一批，从成品中每批随机切取三个接头进行拉伸试验，其拉伸试验的结果，应符合下列要求。

a. 三个热轧钢筋接头试件的抗拉强度，均不得低于该级别钢筋的抗拉强度。

b. 三个接头试件均应断于焊缝之外，并应至少有两个试件呈延性断裂。

当试验结果，有一个试件的抗拉强度值小于规定值，或有一个试件断于焊缝处，或有两个试件发生脆性断裂时，应再取六个试件进行复检。复检结果当有一个试件抗拉强度小于规定值，或有一个试件断于焊缝处，或有三个试件呈脆性断裂时，应确认该批接头为不合格品。

（3）电渣压力焊　钢筋电渣压力焊（图 4-33）是将两根钢筋安放成竖向对接形式，利用焊接电流通过两根钢筋端面间隙，在焊剂层下形成电弧过程和电渣过程，产生电弧热和电阻热，熔化钢筋，加压完成的一种焊接方法。这种焊接方法比电弧焊节省钢材、工效高、成本低，适用于现浇钢筋混凝土结构中竖向或斜向（倾斜度在 4∶1 范围内）钢筋的连接。

电渣压力焊在供电条件差、电压不稳、雨季或防火要求高的场合应慎用。

电渣压力焊接头（图 4-34）质量检验，包括外观检查和拉伸试验。在一般构筑物中，应以 300 个同级别钢筋接头作为一批；在现浇钢筋混凝土多层结构中，应以每一楼层或施工区段中 300 个同级别钢筋接头作为一批；不足 300 个接头的也作为一批。

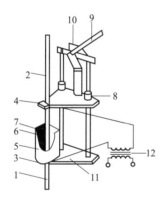

图 4-33　电渣压力焊示意图

1,2—钢筋；3—固定电极；4—活动电极；5—焊剂盒；
6—导电剂；7—焊剂；8—滑动架；9—操纵杆；10—标尺；
11—固定器；12—变压器

图 4-34　电渣压力焊接头

1）外观检查　电渣压力焊接头，应逐个进行外观检查；其接头外观应符合下列要求。

① 接头处四周焊包凸出钢筋表面的高度，应大于或等于 4mm。

② 钢筋与电极接触处，应无烧伤缺陷。

③ 两根钢筋应尽量在同一轴线上，接头处的弯折角不得大于 4°。

④ 接头处的轴线偏移不得大于钢筋直径的 0.1 倍，且不得大于 2mm。

外观检查不合格的接头应切除重焊，或采取补强焊接措施。

2）拉伸试验　电渣压力焊接头进行力学性能试验时，应从每批接头中随机切取三个试件做拉伸试验，其试验结果应符合下列要求。

① 三个试件的抗拉强度均不得小于该级别钢筋规定的抗拉强度。

② 三个试件均应断于焊缝之外。

当试验结果有一个试件的抗拉强度低于规定值，应再取六个试件进行复验。复验结果中，当仍有一个试件的抗拉强度小于规定值，应确认该批接头为不合格品。

（4）气压焊　钢筋气压焊是采用乙炔、氧气混合气体对钢筋接缝处进行加热，使钢筋端部加热达到高温状态，并施加足够的轴向压力而形成牢固的对焊接头。钢筋气压焊属于热压焊，压接后的接头可以达到与母材相同甚至更高的强度，而且气压焊具有设备简单、焊接质量好、效果好且不需要大功率电源等优点。当两钢筋直径不同时，其直径之差不得大于7mm，钢筋气压焊设备主要有氧气和乙炔供气设备、加热器、加压器及钢筋卡具等。气压焊设备示意图如图4-35所示。

钢筋气压焊接头的质量检验，分为外观检查、拉伸试验和弯曲试验三项。对一般构筑物，以300个接头作为一批；对现浇钢筋混凝土结构，同一楼层中以300个接头作为一批；不足300个接头也作为一批。

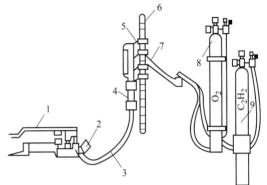

图 4-35　气压焊设备示意图
1—脚踏液压泵；2—压力表；3—液压胶管；
4—活动油缸；5—钢筋卡具；6—钢筋；7—焊枪；
8—氧气瓶；9—乙炔瓶

1）外观检查　钢筋气压焊接头应逐个进行外观检查，其检查结果应符合下列要求。

① 同直径钢筋焊接时，偏心量不得大于钢筋直径的0.15倍，且不得大于4mm；对不同直径钢筋焊接时，应按较小钢筋直径计算。当大于规定值时，应切除重焊。

② 钢筋的轴线应尽量在同一条直线上，若有弯曲，其轴线弯折角不得大于4°。

③ 镦粗直径不得小于钢筋直径的1.4倍，当小于此规定值时，应重新加热镦粗；镦粗长度不得小于钢筋直径的1.2倍，且凸起部分应平缓圆滑。

④ 压焊面偏移不得大于钢筋直径的0.2倍，焊接部位不得有环向裂纹或严重烧伤。

2）拉伸试验　从每批接头中随机切取三个接头做拉伸试验，其试验结果应符合下列要求。

① 试件的抗拉强度均不得小于该级别钢筋规定的抗拉强度。

② 拉伸断裂应断于压焊面之外，并呈延性断裂。

当有一个试件不符合要求时，应再切取六个试件进行复验；复验结果中，当仍有一个试件不符合要求时，应确认该批接头为不合格品。

3）弯曲试验　在梁、板的水平钢筋连接中应切取三个试件做弯曲试验，弯曲试验的结果应符合下列要求。

① 气压焊接头进行弯曲试验时，应将试件受压面的凸起部分消除，并应与钢筋外表面齐平。弯心直径应比原材弯心直径增加1倍钢筋直径，弯曲角度均为90°。

② 弯曲试验可在万能试验机、手动或电动液压弯曲试验器上进行；压焊面应处在弯曲中心点，弯至90°，三个试件均不得在压焊面发生破断。

当试验结果有一个试件不符合要求，应再切取六个试件进行复验。复验结果中，当仍有一个试件不符合要求，应确认该批接头为不合格品。

（5）点焊　是指焊接时利用柱状电极，在两块搭接工件接触面之间形成焊点的焊接方法。点焊时，先加压使工件紧密接触，随后接通电流，在电阻热的作用下工件接触处熔化，冷却后形成焊点。

利用点焊机（图4-36）进行交叉钢筋的焊接，可成型为钢筋网片或骨架，以代替人工绑扎。同人工绑扎相比较，点焊具有功效高、节约劳动力、成品整体性好、节约材料、降低成本等特点。

图 4-36 点焊机

点焊接头的质量检查包括外观检查和强度检验两部分内容。取样时，外观检查应按同一类型制品分批抽查，一般制品每批抽查 5%；梁柱、桁架等重要制品每批抽查 10%，且均不能少于 3 件。要求：焊点处金属熔化均匀；压入深度符合规定；焊点无脱落、漏焊、裂纹、多孔性缺陷及明显的烧伤现象；制品尺寸、网格间距偏差应满足有关规定。强度指标应符合《钢筋焊接及验收规程》（JGJ 18—2012）的规定，试验结果中如有一个试件达不到要求，则应取双倍数量的试件进行复检。复检结果，如仍有一个试件不能达到上述要求，则该批制品即为不合格。采用加固处理后，可进行二次验收。

4.2.5.2 钢筋机械连接

钢筋的机械连接是指通过连接件的机械咬合作用或钢筋端面的承压作用，将一根钢筋的力传递至另一根钢筋的连接方法。其方法有套筒挤压连接、锥螺纹套筒连接、直螺纹套筒连接三种形式。

（1）套筒挤压连接 是把两根待接钢筋的端头先插入一个优质钢套筒，用挤压连接设备沿径向或轴向挤压钢套筒，使之产生塑性变形，依靠变形的钢套筒与被连接钢筋的纵、横肋产生机械咬合而成为一个整体的钢筋连接方法。由于是在常温下挤压连接，所以也称为钢筋冷挤压连接。

套筒挤压连接的优点是接头强度高，质量稳定可靠，安全，无明火，且不受气候影响，适应性强，可用于垂直、水平、倾斜、高空、水下等的钢筋连接，还特别适用于不可焊钢筋、进口钢筋的连接。套筒挤压连接的主要缺点是设备移动不便，连接速度较慢。钢筋套筒挤压连接分径向挤压连接（图 4-37）和轴向挤压连接。

（2）锥螺纹套筒连接 是把钢筋的连接端加工成锥形螺纹（简称丝头），通过锥螺纹连接套筒把两根带丝头的钢筋，按规定

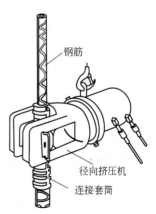

钢筋

径向挤压机
连接套筒

图 4-37 径向挤压连接

的力矩连接成一体的钢筋接头（图4-38）。所用的设备主要是套丝机，通常安放在现场对钢筋端头进行套螺纹。套完锥形螺纹的钢筋用塑料帽保护，防止搬运、堆放过程中受损，套筒一般在工厂内加工。连接钢筋时，利用测力扳手拧紧套筒至规定的力矩值即可完成钢筋对接。锥螺纹套筒连接现场操作工序简单，速度快，适用范围广，不受气候影响，受施工单位欢迎。但锥螺纹接头破坏都发生在接头处，现场加工的锥螺纹质量、漏拧或拧紧力矩不合适、丝扣松动等对接头强度和变形有很大影响。因此，必须重视锥螺纹接头的现场检验，严格执行行业标准中"必须从工程结构中随机抽取试件进行现场检验"的规定，绝不能用型式检验的证明材料或送样试件，作为判定接头强度等级的依据。

（3）直螺纹套筒连接　是把钢筋端部镦粗，然后再切削直螺纹，最后用套筒实行钢筋对接（图4-39、图4-40）。由于镦粗段钢筋切削后的净截面仍大于钢筋原截面，即螺纹不削弱钢筋截面，从而确保接头强度大于母材强度。直螺纹不存在拧紧力矩对接头性能的影响，从而提高了连接的可靠性，也加快了施工速度。直螺纹接头比套筒挤压接头省钢70％，比锥螺纹接头省钢35％，技术经济效果显著。

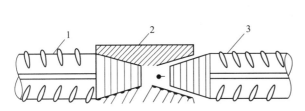

图4-38　锥螺纹套筒连接　　　　　　　　　　图4-39　直螺纹套筒连接
1—已连接钢筋；2—锥螺纹套筒；3—未连接钢筋　　　　　1—钢筋；2—直螺纹套筒

图4-40　直螺纹套筒连接剖切图

（4）钢筋机械连接接头质量检查与验收

① 工程中应用钢筋机械连接时，应由该技术提供单位提交有效的检验报告。

② 钢筋连接工程开始前及施工过程中，应对每批进场钢筋进行接头工艺检验，工艺检验应符合设计图纸或规范要求。

③ 现场检验应进行外观质量检查和单向拉伸试验。对接头有特殊要求的结构，应在设计图纸中另行注明相应的检验项目。

④ 接头的现场检验按验收批进行。同一施工条件下采用同一批材料的同等级、同型式、同规格接头，以500个为一个验收批进行检验与验收，不足500个也作为一个验收批。

⑤ 对接头的每一验收批，必须在工程结构中随机截取三个试件做单向拉伸试验，按设计要求的接头性能等级进行检验与评定。当三个试件单向拉伸试验结果均符合设计图纸或规范强度要求时，该验收批为合格。如有一个试件的强度不符合要求，应再取六个试件进行复检。复检中如仍有一个试件试验结果不符合要求，则该验收批评为不合格。

⑥ 在现场连续检验十个验收批。其全部单向拉伸试件一次抽样均合格时，验收批接头

数量可扩大一倍。

⑦ 外观质量检验的质量要求、抽样数量、检验方法及合格标准由各类型接头的技术规程确定。

4.2.5.3　钢筋的绑扎

钢筋在绑扎和安装前，应首先熟悉钢筋图，核对钢筋配料单和料牌，根据工程特点、工作量大小、施工进度、技术水平等，研究与有关工种的配合，确定施工方法。

（1）准备工作

① 核对成品钢筋的钢号、直径、形状、尺寸和数量等是否与配料单和料牌相符。如有错漏，应纠正增补。

② 准备绑扎用的铁丝、绑扎工具（如钢筋钩，见图4-41）、绑扎架等。钢筋绑扎用的铁丝，可采用20～22号镀锌铁丝，其中22号铁丝只用于绑扎直径12mm以下的钢筋。

③ 准备控制混凝土保护层用的水泥砂浆垫块、塑料卡或铁马凳。

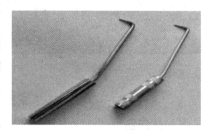

图4-41　钢筋钩

水泥砂浆垫块的厚度，应等于保护层厚度。当保护层厚度等于或小于20mm时，垫块的平面尺寸为30mm×30mm；大于20mm时，垫块的平面尺寸为50mm×50mm。垫块应布置成梅花形，其相互间距不大于1m。

塑料卡的形状有两种：塑料垫块和塑料环圈，如图4-42、图4-43所示。塑料垫块用于水平构件（如梁、板），在两个方向均有槽，以便适应两种保护层厚度。塑料环圈用于垂直构件（如柱、墙），使用时钢筋从卡嘴进入卡腔，由于塑料环圈有弹性，可使卡腔的大小能适应钢筋直径的变化。

(a) 塑料垫块

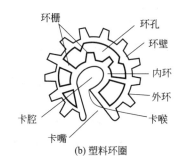

(b) 塑料环圈

(c) 实物图

图4-42　控制混凝土保护层用的塑料垫块、塑料环圈

在上层钢筋网（板上受力钢筋因为承受负弯矩也称为负筋）下面应设置钢筋撑脚，俗称铁马凳。铁马凳（图4-44）常用直径8～10mm的钢筋下脚料加工而成，主要是用来固定上层钢筋网，承受各种施工活动荷载。对于楼板一般每隔1m设置一个，离梁边越近密度应适当加大，以保证钢筋位置正确，混凝土浇筑时铁马凳就直接埋入混凝土中。

④ 划出钢筋位置线。平板或墙板的钢筋，在模板上划线；柱的箍筋，在两根对角线主筋上划点；梁的箍筋，则在架立筋上划点；基础的钢筋，在两方向各取一根钢筋划点或在垫层上划线。

钢筋接头的位置，应根据来料规格，按《混凝土结构工程施工质量验收规范》（GB 50204—2015）对有关接头位置、数量的规定，使其错开，在模

按图纸画
钢筋位置线

板上划线。

⑤ 绑扎形式复杂的结构部位钢筋时，应先研究逐根钢筋穿插就位的顺序。

图 4-43　塑料垫块使用现场图　　　　图 4-44　铁马凳使用现场图

（2）钢筋绑扎要点

1）柱钢筋绑扎

① 柱钢筋的绑扎应在柱模板安装前进行。

② 框架梁、牛腿及柱帽等钢筋，应放在柱子纵向钢筋内侧。

③ 柱中的竖向钢筋搭接时，角部钢筋的弯钩应与模板成 45°（多边形柱为模板内角的平分角，圆形柱应与模板切线垂直），中间钢筋的弯钩应与模板成 90°。

④ 箍筋的接头（弯钩叠合处）应交错布置在四角纵向钢筋上；箍筋转角与纵向钢筋交叉点均应扎牢（箍筋平直部分与纵向钢筋交叉点可间隔扎牢），绑扎箍筋时绑扣相互间应成"八"字形。

2）墙钢筋绑扎

① 墙钢筋的绑扎，也应在模板安装前进行。

② 墙（包括水塔壁、烟囱筒身、池壁等）的垂直钢筋每段长度不宜超过 4m（钢筋直径≤12mm）或 6m（直径＞12mm）或层高加搭接长度，水平钢筋每段长度不宜超过 8m，以利绑扎。钢筋的弯钩应朝向混凝土内。

③ 采用双层钢筋网时，在两层钢筋间应设置撑铁或绑扎架，以固定钢筋间距。

3）梁、板钢筋绑扎

① 当梁的高度较小时，梁的钢筋宜架空在梁模板顶上绑扎，然后再落位；当梁的高度较大（≥1.0m）时，梁的钢筋宜在梁底模上绑扎，其两侧模板或一侧模板后装。板的钢筋在模板安装后绑扎。

② 梁纵向受力钢筋采用双层排列时，两排钢筋之间应垫以直径不小于 25mm 的短钢筋，以保持其设计距离。箍筋的接头（弯钩叠合处）应交错布置在两根架立钢筋上，其余同柱。

③ 板的钢筋网绑扎，四周两行钢筋交叉点应每点扎牢，中间部分交叉点可相隔交错扎牢，但必须保证受力钢筋不移位。双向主筋的钢筋网，则必须将全部钢筋相交点扎牢。采用双层钢筋网时，在上层钢筋网下面应设置钢筋撑脚，以保证钢筋位置正确。绑扎时应注意相邻绑扎点的钢丝扣要成"八"字形，以免网片歪斜变形。

④ 应注意板上部的负筋，要防止被踩下；特别是雨篷、挑檐、阳台等悬臂板，要严格控制负筋位置，以免拆模后断裂。

⑤ 板、次梁与主梁交叉处，板的钢筋在上，次梁的钢筋居中，主梁的钢筋在下；当有

圈梁或垫梁时，主梁的钢筋在上。

⑥ 框架节点处钢筋穿插十分稠密时，应特别注意梁顶面主筋间的净距要有 30mm，以利浇筑混凝土。

⑦ 梁板钢筋绑扎时，应防止水电管线影响钢筋位置。

（3）绑扎接头的位置要求　绑扎连接目前仍为钢筋连接的主要方法之一，绑扎连接的绑扎位置和搭接长度按《混凝土结构设计规范》（2015 年版）（GB 50010—2010）的规定执行。

为确保结构的安全度，钢筋绑扎接头应符合如下规定。

① 轴心受拉及小偏心受拉杆件（如桁架和拱的拉杆）的纵向受力钢筋不得采用绑扎搭接接头；当受拉钢筋的直径大于 28mm 及受压钢筋的直径大于 32mm 时，不宜采用绑扎搭接接头。

② 绑扎接头中的钢筋的横向净距不应小于钢筋直径且不小于 25mm。

③ 受力钢筋的接头宜设置在受力较小处。在同一根钢筋上宜少设接头，不宜设置两个或两个以上接头。接头末端至钢筋弯起点的距离不应小于钢筋直径的 10 倍。

④ 同一构件中相邻纵向受力钢筋的绑扎搭接接头宜相互错开。钢筋绑扎搭接接头连接区段的长度为 1.3 倍搭接长度，凡搭接接头中点位于该连接区段长度内的搭接接头均属于同一连接区段，如图 4-45 所示。

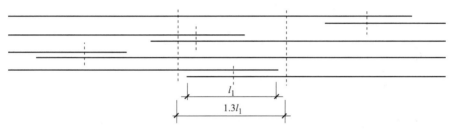

图 4-45　同一连接区段内的纵向受拉钢筋绑扎搭接接头

l_1—钢筋搭接长度

注：图中所示同一连接区段内的搭接接头钢筋为两根，当钢筋直径相同时，钢筋搭接接头面积百分率为 50%。

⑤ 同一连接区段内，纵向钢筋搭接接头面积百分率为该区段内有搭接接头的纵向受力钢筋截面面积与全部纵向受力钢筋截面面积的比值。位于同一连接区段内的受拉钢筋搭接接头面积百分率应符合设计要求，无设计要求时，应符合下列规定。

a. 对梁类、板类及墙类构件，不宜大于 25%。

b. 对柱类构件，不宜大于 50%。

c. 当工程中确有必要增大接头面积百分率时，对梁类构件，不应大于 50%；对其他构件，可根据实际情况放宽。

（4）绑扎接头的搭接长度　钢筋绑扎接头的搭接长度应按下列规定确定。

① 纵向受拉钢筋绑扎搭接接头面积百分率不大于 25% 时，其最小搭接长度应符合表 4-8 的规定。

表 4-8　纵向受拉钢筋的最小搭接长度

钢筋类型		混凝土强度等级			
		C15	C20～C25	C30～C35	≥C40
光圆钢筋	HPB300 级	45d	35d	30d	25d
带肋钢筋	HRB335 级	55d	45d	35d	30d
	HRB400 级、RRB400 级	—	55d	40d	35d

② 当纵向受拉钢筋搭接接头面积百分率大于 25％，但不大于 50％时，其最小搭接长度应按表 4-8 中的数值乘以系数 1.2 取用；当接头面积百分率大于 50％时，应按表 4-8 中的数值乘以系数 1.35 取用。

③ 纵向受拉钢筋的最小搭接长度根据前述①、②条确定后，在下列情况时还应进行修正：带肋钢筋的直径大于 25mm 时，其最小搭接长度应按相应数值乘以系数 1.1 取用；对环氧树脂涂层的带肋钢筋，其最小搭接长度应按相应数值乘以系数 1.25 取用；当在混凝土凝固过程中受力钢筋易受扰动时（如滑模施工），其最小搭接长度应按相应数值乘以系数 1.1 取用；对末端采用机械锚固措施的带肋钢筋，其最小搭接长度可按相应数值乘以系数 0.7 取用；当带肋钢筋的混凝土保护层厚度大于搭接钢筋直径的 3 倍且配有箍筋时，其最小搭接长度可按相应数值乘以系数 0.8 取用；对有抗震设防要求的结构构件，其受力钢筋的最小搭接长度对一、二级抗震等级应按相应数值乘以系数 1.15 采用；对三级抗震等级应按相应数值乘以系数 1.05 采用。

④ 纵向受压钢筋搭接时，其最小搭接长度应根据①～③条的规定确定相应数值后，乘以系数 0.7 取用。

⑤ 在任何情况下，受拉钢筋的搭接长度不应小于 300mm，受压钢筋的搭接长度不应小于 200mm。

4.2.6 钢筋检查验收

钢筋安装完成之后，在浇筑混凝土之前，应进行钢筋隐蔽工程验收，包括如下内容。

（1）主控项目

① 钢筋安装时，受力钢筋的品种、级别、规格和数量必须符合设计要求。

检查数量：全数检查。

检查方法：观察、钢尺检查。

② 纵向受力钢筋的连接方式应符合设计要求。

检查数量：全数检查。

检查方法：观察。

（2）一般项目

① 钢筋接头位置、接头面积百分率、绑扎搭接长度等应符合设计或构造要求。

② 箍筋、横向钢筋的品种、规格、数量、间距等应符合设计要求。

③ 钢筋安装位置的偏差，应符合表 4-9 的规定。

表 4-9 钢筋安装位置允许偏差和检验方法

项目		允许偏差/mm	检验方法
绑扎钢筋网	长、宽	±10	尺量
	网眼尺寸	±20	尺量连续三档,取最大偏差值
绑扎钢筋骨架	长	±10	尺量
	宽、高	±5	尺量
纵向受力钢筋	锚固长度	−20	尺量
	间距	±10	尺量两端、中间各一点,取最
	排距	±5	大偏差值
纵向受力钢筋、箍筋的混凝土保护层厚度	基础	±10	尺量
	柱、梁	±5	尺量
	板、墙、壳	±3	尺量
绑扎箍筋、横向钢筋间距		±20	尺量连续三档,取最大偏差值

续表

项目		允许偏差/mm	检验方法
钢筋弯起点位置		20	尺量,沿纵、横两个方向量测,并取其中偏差的较大值
预埋件	中心线位置	5	尺量
	水平高差	+3,0	塞尺量测

检查数量：在同一检验批内，对梁、柱和独立基础，应抽查构件数量的 10%，且不少于 3 件；对墙和板，应按有代表性的自然间抽查 10%，且不少于 3 间；对大空间结构，墙可按相邻轴数间高度 5m 左右划分检查面，板可按纵、横轴线划分检查面，抽查 10%，且均不少于 3 面。

检验方法：观察、钢尺检查。

任务 4.3　混凝土工程施工

混凝土是以胶凝材料、水、细骨料、粗骨料，需要时掺入外加剂和矿物掺合料，按适当比例配合，经过均匀拌制、密实成型及养护硬化而成的人工石材。

混凝土工程包括混凝土配料、搅拌、运输、浇筑、振捣和养护等施工过程，各个施工过程相互联系和影响，任一施工过程处理不当都会影响混凝土的最终质量。因此，在施工中必须注意各个环节并严格按照规范要求进行施工，以确保混凝土的工程质量。

4.3.1　混凝土的制备

混凝土的制备，应保证结构设计对混凝土强度等级的要求；还应保证施工时对混凝土和易性的要求，并应符合合理使用材料，节约水泥的原则；对有抗冻、抗渗等要求的混凝土，应符合有关的专门规定。

混凝土的制备

4.3.1.1　材料验收

① 水泥进场时应对品种、级别、包装或散装仓号、出厂日期等进行检查，并应对其强度、安定性及其他必要的性能指标进行复验，其质量必须符合现行国家标准《通用硅酸盐水泥》（GB 175—2007）等的规定。

② 当使用中对水泥质量有怀疑或水泥出厂超过 3 个月（快硬硅酸盐水泥超过 1 个月）时，应进行复验，并依据复验结果使用。钢筋混凝土结构严禁使用含氯化物的水泥。检查数量：按同一生产厂家、同一代号、同一强度等级、同一品种、同一批号且连续进场的水泥，袋装不超过 200t 为一批，散装不超过 500t 为一批，每批抽样不少于一次。检验方法：检查质量证明文件和抽样检验报告。

③ 混凝土中掺外加剂的质量应符合现行国家标准《混凝土外加剂》（GB 8076—2008）、《混凝土外加剂应用技术规范》（GB 50119—2013）等和有关环境保护的规定。

④ 混凝土中掺用矿物掺合料的质量应符合现行国家标准《用于水泥和混凝土中的粉煤灰》（GB 1596—2017）等的规定。

⑤ 普通混凝土所用的粗、细骨料的质量应符合《普通混凝土用砂、石质量及检验方法标准》（JGJ 52—2006）的规定。

⑥ 拌制混凝土宜采用饮用水；当采用其他水源时，水质应符合国家标准《混凝土用水标准》（JGJ 63—2006）的规定。

4.3.1.2 混凝土试配强度确定

普通混凝土配合比计算步骤如下。

① 计算出要求的试配强度 $f_{cu,0}$，并计算出所要求的水灰比值。

② 选取每立方米混凝土的用水量，并由此计算出每立方米混凝土的水泥用量。

③ 选取合理的砂率值，计算出粗、细骨料的用量，提出供试配用的计算配合比。

当设计强度等级低于 C60 时，应按下式确定混凝土的施工配制强度，以达到 95% 的保证率：

$$f_{cu,0} \geq f_{cu,k} + 1.645\sigma \tag{4-5}$$

式中　$f_{cu,0}$——混凝土的施工配制强度，MPa；

$f_{cu,k}$——设计的混凝土强度标准值，MPa；

σ——施工单位的混凝土强度标准差，MPa。

① 当施工单位具有近期的同一品种混凝土强度的统计资料时，σ 可按下式计算：

$$\sigma = \sqrt{\frac{\sum\limits_{i=1}^{N} f_{cu,i}^2 - N\mu_{f_{cu}}^2}{N-1}} \tag{4-6}$$

式中　$f_{cu,i}$——统计周期内同一品种混凝土第 i 组试件的强度值，MPa；

$\mu_{f_{cu}}$——统计周期内同一品种混凝土 N 组强度的平均值，MPa；

N——统计周期内同一品种混凝土试件的总组数，$N \geq 30$。

② 按式（4-6）计算混凝土强度标准差时：强度等级不高于 C30 的混凝土，计算得到的 $\sigma \geq 3.0$MPa 时，应按计算结果取值；计算得到的 $\sigma < 3.0$MPa 时，取 $\sigma = 3.0$MPa。强度等级高于 C30 且低于 C60 的混凝土，计算得到的 $\sigma \geq 4.0$MPa 时，按计算结果取值；计算得到的 $\sigma < 4.0$MPa 时，取 $\sigma = 4.0$MPa。

③ 当没有近期同品种混凝土强度资料时，混凝土强度标准差 σ 可按表 4-10 取值。

表 4-10　混凝土强度标准差 σ 的取值

混凝土强度等级	≤C20	C25~C45	C50~C55
σ/MPa	4.0	5.0	6.0

当设计强度等级不低于 C60 时，配制强度按下式计算：

$$f_{cu,0} \geq 1.15 f_{cu,k} \tag{4-7}$$

4.3.1.3 混凝土施工配合比及施工配料

混凝土的配合比是在实验室根据混凝土的施工配制强度经过试配和调整而确定的，称为实验室配合比。

施工配制必须加以严格控制。因为影响混凝土质量的因素主要有两方面：一是称量不准；二是未按砂、石骨料实际含水率的变化进行施工配合比的换算。实验室配合比所确定的各种材料的用量比例，是以砂、石等材料处于干燥状态下取得的。而在施工现场，砂、石材料露天存放，不可避免地含有一定的水，且其含水率随着场地条件和气候而变化，因此在实际配制混凝土时，就必须考虑砂、石的含水率对混凝土的影响，将实验室配合比换算成考虑了砂、石含水率的施工配合比，作为混凝土配料的依据。施工配合比可以经对实验室配合比进行如下调整得出。

设实验室配合比为水泥∶砂子∶石子＝1∶x∶y，水灰比为 W/C，并测得砂、石含水

率分别为 W_x、W_y，则施工配合比应为水泥：砂子：石子 $=1:x(1+W_x):y(1+W_y)$。

按实验室配合比 $1m^3$ 混凝土水泥用量为 $C(kg)$，计算时保持水灰比 W/C 不变，则混凝土的各材料的用量（kg）为水泥 C，砂 $Cx(1+W_x)$，石子 $Cy(1+W_y)$，水 $W-CxW_x-CyW_y$。

配制泵送混凝土时的骨料最大粒径与输送管内径之比，对碎石不宜大于 $1:3$，卵石不宜大于 $1:2.5$，通过 $0.315mm$ 筛孔的砂不应少于 15%；砂率宜控制在 $40\%\sim50\%$；最小水泥用量宜为 $300kg/m^3$；混凝土的坍落度宜为 $80\sim180mm$；混凝土内宜掺加适量的外加剂。泵送轻骨料混凝土的原材料选用及配合比，应由试验确定。

【**例 4-4**】　已知某工程 C20 混凝土的实验室配合比为 $1:2.55:5.12$，水灰比为 0.65，经测定砂的含水率为 3%，石子的含水率为 1%，每 $1m^3$ 混凝土的水泥用量 310kg，试计算每 $1m^3$ 混凝土的各种材料的施工用量。

解　设实验室的配合比为水泥：砂子：石子 $=1:x:y$，水灰比 $W/C=0.65$，砂子的含水率 $W_x=3\%$，石子的含水率 $W_y=1\%$，则施工配合比如下。

水泥：砂子：石子 $=1:x(1+W_x):y(1+W_y)=1:2.55\times(1+3\%):5.12\times(1+1\%)=1:2.63:5.17$

水泥用量：310kg。

砂子用量：$310\times2.63=815.3$（kg）。

石子用量：$310\times5.17=1602.7$（kg）。

水的用量：$310\times0.65-310\times2.55\times3\%-310\times5.12\times1\%=161.9$（kg）。

4.3.1.4　混凝土的搅拌

混凝土可采用机械搅拌和人工搅拌，搅拌机械分为自落式搅拌机（图 4-46）和强制式搅拌机（图 4-47）。为了获得均匀优质的混凝土拌合物，除合理选择搅拌机的型号外，还必须正确地确定搅拌制度。搅拌制度是指进料容量、投料顺序和搅拌时间，搅拌制度将直接影响到混凝土搅拌质量和搅拌机的效率。

图 4-46　自落式搅拌机

图 4-47　强制式搅拌机

混凝土的搅拌和运输

（1）进料容量　是将搅拌前各种材料的体积累计起来的容量，又称干料容量。进料容量与搅拌机搅拌筒的几何容量有一定比例关系。进料容量约为出料容量的 $1.4\sim1.8$ 倍（通常取 1.5 倍)，如任意超载（超载 10%），就会使材料在搅拌筒内无充分的空间进行拌和，影响混凝土的和易性。反之，装料过少，又不能充分发挥搅拌机的效能。

（2）投料顺序 是指向搅拌机内装入原材料的顺序。常用一次投料法和二次投料法等。一次投料法是将砂、石、水泥和水一起同时加入搅拌筒中进行搅拌。二次投料法是先向搅拌机内投入水、砂和水泥，待其搅拌约 1min 后再投入石子继续搅拌到规定时间。这种投料方法，能改善混凝土性能，提高混凝土的强度，在保证规定的混凝土强度的前提下节约水泥。目前常用的方法有两种：预拌水泥砂浆法和预拌水泥净浆法。预拌水泥砂浆法是指先将水泥、砂和水加入搅拌筒内进行充分搅拌，成为均匀的水泥砂浆后，再加入石子搅拌成均匀的混凝土。预拌水泥净浆法是先将水泥和水充分搅拌成均匀的水泥净浆后，再加入砂和石子搅拌成混凝土。试验表明，二次投料法搅拌的混凝土与一次投料法相比较，混凝土强度可提高约 15%，在强度等级相同的情况下可节约水泥 15%～20%。

另外，还有一种水泥裹砂石法混凝土搅拌工艺，用这种方法拌制的混凝土称为造壳混凝土（简称 SEC 混凝土）。它是分两次加水，两次搅拌。先将全部砂、石子和部分水倒入搅拌机拌和，使骨料湿润，称为造壳搅拌。搅拌时间以 45～75s 为宜，再倒入全部水泥搅拌 20s，加入拌和水和外加剂进行第二次搅拌，60s 左右完成，这种搅拌工艺称为水泥裹砂法。与一次投料法相比，混凝土强度可提高 20%～30%，节约水泥 5%～10%，混凝土不离析，泌水少，工作性能好。我国在此基础上又开发了裹石法、裹砂石法、净浆裹石法等，均达到了提高混凝土强度、节约水泥的目的。

（3）搅拌时间 从砂、石、水泥和水等全部材料投入搅拌筒起，到开始卸料为止所经历的时间称为混凝土的搅拌时间。搅拌时间与混凝土的搅拌质量密切相关，随搅拌机类型和混凝土的和易性不同而变化。在一定范围内，随搅拌时间的延长，强度有所提高，但过长时间的搅拌既不经济，而且混凝土的和易性又将降低，影响混凝土的质量。加气混凝土还会因搅拌时间过长而使含气量下降。

混凝土搅拌时间是影响混凝土的质量和搅拌机生产效率的一个主要因素，混凝土搅拌的最短时间与搅拌机的类型和容量、骨料的品种、对混凝土流动性的要求等因素有关。混凝土搅拌的最短时间可按表 4-11 选用。搅拌强度等级≥C60 混凝土时，搅拌时间应适当延长。

表 4-11　混凝土搅拌的最短时间　　　　　　　　　　　单位：s

混凝土坍落度/mm	搅拌机机型	搅拌机出料量/L		
		<250	250～500	>500
≤40	强制式	60	90	120
>40 且<100	强制式	60	60	90
≥100	强制式	60		

注：1. 混凝土搅拌时间指从全部材料装入搅拌筒中起，到开始卸料时止的时间段。
2. 当掺有外加剂与矿物掺合料时，搅拌时间应适当延长。
3. 采用自落式搅拌机时，搅拌时间宜延长 30s。
4. 当采用其他形式的搅拌设备时，搅拌的最短时间也可按设备说明书的规定或经试验确定。

（4）预拌混凝土 是指由水泥、骨料、水以及根据需要掺入的外加剂、矿物掺合料等组分按一定比例，在搅拌站经计量、拌制后出售的并采用运输车，在规定时间内运至使用地点的混凝土拌合物。

混凝土集中搅拌有利于采用先进的工艺技术，实行专业化生产管理。设备利用率高，计量准确，将配合好的干料投入混凝土搅拌机充分拌和后，装入混凝土搅拌输送车，因而产品质量好、材料消耗少、工效高、成本较低，又能改善劳动条件，减少环境污染。

4.3.2　混凝土运输

4.3.2.1　混凝土运输的基本要求

① 在混凝土运输过程中，应控制混凝土运至浇筑地点后，不离析、不分层，组成成分不发生变化，并能保证施工所必需的稠度。混凝土运送至浇筑地点，如混凝土拌合物出现离析或分层现象，应进行二次搅拌。

② 混凝土运至浇筑地点开始浇筑时，应满足设计配合比所规定的坍落度。

③ 混凝土应以最少的运转次数和最短的时间，从搅拌地点运至浇筑地点，并在初凝前浇筑完毕。

④ 运输工作应保证混凝土的浇筑工作连续进行。

4.3.2.2　混凝土运输工具

混凝土运输分为地面运输和垂直运输。地面运输工具有双轮手推车、机动翻斗车、混凝土搅拌运输车和自卸汽车。当混凝土需要量较大，运距较远或使用商品混凝土时，则多采用自卸汽车和混凝土搅拌运输车。混凝土垂直运输，多采用塔式起重机加料斗、井架或混凝土泵等。

混凝土运输设备的选择应根据建筑物的结构特点、运输的距离、运输量、地形及道路条件、现有设备情况等因素综合考虑确定。

（1）手推车　具有小巧、轻便等特点，不但适用于一般的地面水平运输，还能在脚手架、施工栈道上使用；也可与塔吊、井架等配合使用，解决垂直运输。

（2）机动翻斗车（图 4-48）　具有轻便灵活、结构简单、转弯半径小、速度快、能自动卸料、操作维护简便等特点。适用于短距离水平运输混凝土以及砂、石等散装材料。

（3）自卸汽车（图 4-49）　是以载重汽车作驱动力，在其底盘上装置一套液压举升机构，使车厢举升和降落，以自卸物料，适用于远距离和混凝土需用量大的水平运输。

图 4-48　机动翻斗车　　　　　　　　　　图 4-49　自卸汽车

（4）混凝土搅拌运输车（图 4-50）　是一种用于长距离输送混凝土的高效能机械，它是将运送混凝土的搅拌筒安装在汽车底盘上，而以混凝土搅拌站生产的混凝土拌合物灌装入搅拌筒内，直接运至施工现场，供浇筑作业需要。在运输途中，混凝土搅拌筒始终在不停地慢速转动，从而使筒内的混凝土拌合物可连续得到搅动，以保证混凝土通过长途运输后，仍不致产生离析现象。在运输距离很长时，也可将混凝土干料装入筒内，在运输途中加水搅拌，这样能减少由于长途运输而引起的混凝土坍落度损失。

（5）混凝土泵运输　是利用混凝土泵的压力将混凝土通过管道输送到浇筑地点，一次完成水平运输和垂直运输。混凝土泵运输具有输送能力大、效率高、连续作业和节省人力等优点，是施工现场运输混凝土的较先进的方法。

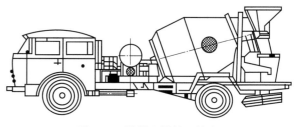

图 4-50　混凝土搅拌运输车

1）泵送混凝土设备　有混凝土泵、输送管和布料装置。

① 混凝土泵按作用原理分为液压活塞式、挤压式和气压式三种。

液压活塞式混凝土泵工作原理如图 4-51 所示。它是利用柱塞的往复运动将混凝土吸入和排出。泵工作时，搅拌好的混凝土装入受料斗 6，吸入端水平片阀 7 移开，排出端竖直片阀 8 关闭，液压活塞 4 在液压作用下带动混凝土活塞 2 左移，混凝土在自重及其真空吸力作用下，进入混凝土缸 1。然后，液压系统中压力油的进出方向相反，活塞右移，同时吸入端水平片阀关闭，压出端垂直片阀移开，混凝土被压入 Y 形输送管 9 中，输送到浇筑地点。混凝土泵的出料是脉动式的，有两个缸体交替出料，通过 Y 形输料管 9，送入同一输送管，因而能连续稳定地出料。

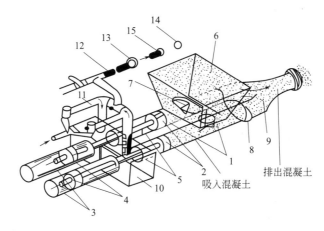

图 4-51　液压活塞式混凝土泵工作原理

1—混凝土缸；2—混凝土活塞；3—液压缸；4—液压活塞；5—活塞杆；6—受料斗；7—吸入端水平片阀；
8—排出端竖直片阀；9—Y 形输送管；10—水箱；11—水洗装置换向阀；
12—水洗用高压软管；13—水洗用法兰；14—海绵球；15—清洗活塞

② 混凝土输送管包括直管、弯管、锥形管、软管、管接头和截止阀。对输送管道的要求是阻力小、耐磨损、自重轻、易装拆。

③ 混凝土泵连续输送的混凝土量很大，为使输送的混凝土直接浇筑到模板内，应设置具有输送和布料两种功能的布料装置（称为布料杆）。

布料装置应根据工地的实际情况和条件来选择，图 4-52 所示的移动式布料装置，放在楼面上使用，其臂架可回转 360°，可将混凝土输送到其工作范围内的浇筑地点。此外，还可将布料杆装在塔式起重机上；也可将混凝土泵和布料杆装在汽车底盘上，组成混凝土汽车泵，如图 4-53 所示，用于基础工程或多

图 4-52　移动式布料装置

层建筑混凝土浇筑。

2）泵送混凝土的有关要求　混凝土在输送管内输送时应尽量减少与管壁间的摩擦阻力，使混凝土流通顺利，不产生离析现象。泵送混凝土的原料和配合比选择应满足泵送的要求。

① 粗骨料　碎石最大粒径与输送管道内径之比不宜大于1∶3；卵石不宜大于1∶2.5。

泵送混凝土

图 4-53　混凝土汽车泵

② 砂　以天然砂为宜，砂率宜控制在40%～50%，通过0.315mm筛孔的砂不少于15%。

③ 水泥　最少水泥用量为300kg/m³，坍落度宜为80～180mm，混凝土内宜适量掺入外加剂。泵送轻骨料混凝土的原材料选用及配合比，应通过试验确定。

3）混凝土泵的布置要求　在泵送混凝土的施工中，混凝土泵和泵车的停放布置是一个关键，这不仅影响输送管的配置，同时也影响到泵送混凝土的施工能否按质按量地完成，必须着重考虑。混凝土泵车的布置应考虑下列条件。

① 混凝土泵设置处，应场地平整、坚实，具有重车行走条件。

② 混凝土泵应尽可能靠近浇筑地点。在使用布料杆工作时，应使浇筑部位尽可能地在布料杆的工作范围内，尽量少移动泵车即能完成浇筑。

③ 多台混凝土泵或泵车同时浇筑时，选定的位置要使其各自的浇筑点最接近，最好能同时浇筑完毕，避免留置施工缝。

④ 混凝土泵或泵车布置停放的地点要有足够的场地，以保证混凝土搅拌运输车的供料、调车的方便。

⑤ 为便于混凝土泵或泵车以及搅拌输送车的清洗，其停放位置应接近排水设施并且供水、供电方便。

⑥ 在混凝土泵的作业范围内，不得有阻碍物、高压电线，同时要有防范高空坠物的措施。

⑦ 当在施工高层建筑或高耸构筑物采用接力泵泵送混凝土时，接力泵的设置位置应使上、下泵的输送能力匹配。设置接力泵的楼面或其他结构部位，应验算其结构所能承受的荷载，必要时应采取加固措施。

⑧ 混凝土泵转移运输时要注意安全要求，应符合产品说明及有关标准的规定。

4）泵送混凝土施工中应注意的问题

① 输送管的布置宜短直，尽量减少弯管数，转弯宜缓，管段接头要严密，少用锥形管。

② 混凝土的供料应保证混凝土泵能连续工作，不间断；正确选择骨料级配，严格控制配合比。

③ 泵送前，为减少泵送阻力，应先用适量与混凝土内成分相同的水泥浆或水泥砂浆润滑输送管内壁。

④ 泵送过程中，泵的受料斗内应充满混凝土，防止吸入空气形成阻塞。

⑤ 防止停歇时间过长，若停歇时间超过 45min，应立即用压力或其他方法冲洗管内残留的混凝土。

⑥ 泵送结束后，要及时清洗泵体和管道。

⑦ 用混凝土泵浇筑的建筑物，要加强养护，防止龟裂。

4.3.3　混凝土浇筑

混凝土浇筑必须保证成型的混凝土结构的密实性、整体性和匀质性，保证结构物尺寸准确和钢筋、预埋件的位置正确及拆模后混凝土表面平整光洁。

4.3.3.1　混凝土浇筑前的准备工作

模板和隐蔽工程项目应分别进行预检和隐蔽验收。符合要求时，方可进行浇筑。检查时应注意以下几点。

① 混凝土浇筑前应对模板和支撑进行检查，包括模板支搭的形状、尺寸和标高，支撑的稳定性，模板缝隙、孔洞封闭情况，预埋件的位置、数量和牢靠程度等。必须保证模板在混凝土浇筑过程中不产生位移或松动。

② 钢筋与预埋件的规格、数量、安装位置及构件节点连接焊缝，是否与设计符合，其偏差值应符合现行国家标准《混凝土结构工程施工质量验收规范》（GB 50204—2015）的规定。同时还需检查预埋管道和钢筋保护层厚度。检查结果应填入隐检记录。

③ 在浇筑混凝土前，模板内的垃圾、木片、刨花、锯屑、泥土和钢筋上的油污、铁皮等杂物，应清除干净。木模应浇水润湿以防过多吸收水泥浆，造成混凝土保护层的疏松，而且木模吸水后膨胀挤严拼缝，可避免漏浆。

④ 准备好浇筑混凝土时必需的道路、脚手架等。做好技术与安全交底工作。

⑤ 检查安全设施、人员配备是否妥当，能否满足浇筑速度的要求。

4.3.3.2　混凝土浇筑的一般要求

混凝土浇筑
的一般要求

（1）混凝土分层浇筑厚度　为了使混凝土能够振捣密实，浇筑时应分层浇灌、振捣，并在下层混凝土初凝之前，将上层混凝土浇灌并振捣完毕。如果在下层混凝土已经初凝以后，再浇筑上面一层混凝土，在振捣上层混凝土时，下层混凝土由于受振动，已凝结的混凝土结构就会遭到破坏。

混凝土分层浇筑时的最大厚度见表 4-12。

表 4-12　混凝土分层浇筑的最大厚度

振捣方法	混凝土分层浇筑的最大厚度
内部振动器	振动器作用部分长度的 1.25 倍
表面振动器	200mm
附着式振动器	根据设置方式，通过试验确定

（2）混凝土拌合料倾倒高度控制　混凝土在下料过程中，会碰撞模板中的钢筋、钢构件、预埋件等，特别是在竖向构件柱、墙模板内的混凝土浇筑更容易发生离析，为了保证混凝土浇筑过程中不产生分层离析现象，要采取措施减少混凝土下料过程中的冲击。混凝土由

料斗、漏斗内卸出进行浇筑时，其自由倾落高度应符合表 4-13 的规定，否则应采用串筒（图 4-54）、溜槽（图 4-55）等下料以防产生离析。

表 4-13　柱、墙模板内混凝土浇筑倾落高度限值

条件	浇筑倾落高度限值/m
粗骨料粒径＞25mm	≤3
粗骨料粒径≤25mm	≤6

注：当有可靠措施能保证混凝土不产生离析时，混凝土倾落高度可不受本表限制。

图 4-54　串筒

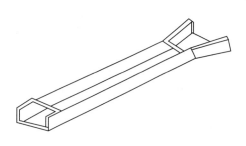

图 4-55　溜槽

（3）浇筑间歇时间　浇筑混凝土应连续进行。如必须间歇时，应控制间歇时间，并应在前层混凝土凝结之前，将次层混凝土浇筑完毕。

混凝土运输、输送入模及间歇的总时间不得超过表 4-14 的规定，超过规定时间必须设置施工缝。

表 4-14　混凝土运输、输送入模及间歇的总时间限值　　　　单位：min

条件	时间限值	
	≤25℃	＞25℃
不掺外加剂	180	150
掺外加剂	240	210

（4）坍落度要求　混凝土浇筑前不应发生离析或初凝现象，如已发生，必须重新搅拌。混凝土运至现场后，其坍落度应满足表 4-15 的要求，混凝土坍落度试验如图 4-56 所示。

表 4-15　混凝土浇筑时的坍落度

结构种类	坍落度/mm
基础或地面的垫层、无配筋的厚大结构（挡土墙、基础或厚大的块体等）或配筋稀疏的结构	10～30
板、梁和大型及中型截面的柱子等	30～50
配筋密列的结构（薄壁、斗仓、筒仓、细柱等）	50～70
配筋特密的结构	70～90

注：1. 本表是指采用机械振捣的混凝土坍落度，采用人工振捣时可适当增大混凝土坍落度。

2. 需要配置大坍落度混凝土时应掺入混凝土外加剂。

3. 曲面、斜面结构的混凝土，其坍落度应根据需要另行选用。

4. 轻骨料混凝土的坍落度，宜比表中数值减少 10～20mm。

5. 自密实混凝土的坍落度另行规定。

（5）浇筑质量要求

① 在浇筑工序中，应控制混凝土的均匀性和密实性。混凝土拌合物运至浇筑地点后，

应立即浇筑入模。在浇筑过程中，如发现混凝土拌合物的均匀性和稠度发生较大的变化，应及时处理。

② 浇筑竖向结构混凝土前，底部应先填以 50～100mm 厚与混凝土成分相同的水泥砂浆。

③ 浇筑混凝土时，应经常观察模板、支架、钢筋、预埋件和预留孔洞的情况，当发现有变形、移位时，应立即停止浇筑，并应在已浇筑的混凝土凝结前修整完好。

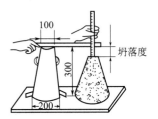

图 4-56　混凝土坍落度试验（单位：mm）

④ 混凝土在浇筑及静置过程中，应采取措施防止产生裂缝。混凝土因沉降及干缩产生的非结构性的表面裂缝，应在混凝土终凝前予以修整。在浇筑与柱和墙连成整体的梁和板时，应在柱和墙浇筑完毕后停歇 1～1.5h，使混凝土获得初步沉实后，再继续浇筑，以防止接缝处出现裂缝。

⑤ 较大尺寸的梁（梁的高度大于 1m）、拱和类似的结构，可单独浇筑。但施工缝的设置应符合有关规定。

4.3.3.3　施工缝的留设

如果因技术上的原因或设备、人力的限制，混凝土不能连续浇筑，中间的间歇时间超过混凝土初凝时间，则应留置施工缝。留置施工缝的位置应事先确定。由于该处新旧混凝土的结合力较差，是构件中薄弱环节，故施工缝宜留在结构受力（剪力）较小且便于施工的部位。柱应留水平缝，梁板应留垂直缝。

（1）施工缝留设的位置

① 施工缝应留置在基础的顶面、梁或吊车梁牛腿的下面、吊车梁的上面、无梁楼板柱帽的下面，如图 4-57 所示，框架结构中，如果梁的负筋向下弯入柱内，施工缝也可设置在这些钢筋的下端，以便于绑扎。

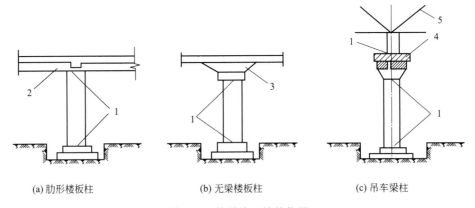

図 4-57　柱子施工缝的位置
1—施工缝；2—梁；3—柱帽；4—吊车梁；5—屋架

② 和楼板连成整体的大断面梁，施工缝应留置在板底面以下 20～30mm 处。当板下有梁托时，留置在梁托下部。

③ 对于单向板，施工缝应留置在平行于板的短边的任何位置。

④ 有主、次梁的楼板，宜顺着次梁方向浇筑，施工缝应留置在次梁跨度中间 1/3 的范围内，如图 4-58 所示。

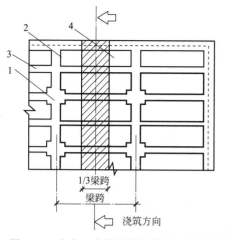

图 4-58　有主、次梁的楼板的施工缝留设位置
1—柱；2—主梁；3—次梁；4—板

⑤ 墙上的施工缝应留置在门洞口过梁跨中 1/3 范围内，也可留在纵、横墙的交接处。

⑥ 楼梯上的施工缝应留在踏步板的 1/3 处。

⑦ 水池池壁的施工缝宜留在高出底板表面 200～500mm 的竖壁上。

⑧ 双向受力楼板、大体积混凝土、拱、壳、仓、设备基础、多层钢架及其他复杂结构，施工缝位置应按设计要求留设。

（2）施工缝的处理

① 施工缝处继续浇筑混凝土时，应待混凝土的抗压强度不小于 1.2MPa 方可进行。

② 施工缝浇筑混凝土之前，应除去施工缝表面的水泥薄膜、松动石子和软弱的混凝土层，并加以充分湿润和冲洗干净，不得有积水。

③ 浇筑时，施工缝处宜先铺水泥浆（水泥：水＝1：0.4），或与混凝土成分相同的水泥砂浆一层，厚度为 30～50mm，以保证接缝的质量。

④ 浇筑过程中，施工缝应细致捣实，使其紧密结合。

4.3.3.4　后浇带的设置

后浇带是为在现浇钢筋混凝土结构施工过程中，克服由于温度、收缩而可能产生有害裂缝而设置的临时施工缝。该缝需根据设计要求保留一段时间后再浇筑。

后浇带的构造如图 4-59 所示。

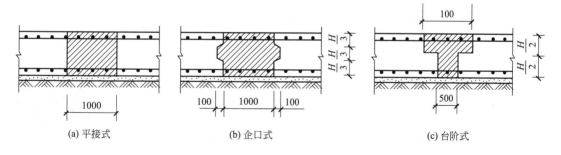

（a）平接式　　　　　（b）企口式　　　　　（c）台阶式

图 4-59　后浇带的构造（单位：mm）

（1）后浇带的分类

① 为解决高层建筑主楼与裙房的沉降差而设置的后浇施工带称为沉降后浇带。

② 为防止混凝土因温度变化拉裂而设置的后浇施工带称为温度后浇带。

③ 为防止因建筑面积过大，结构因温度变化，混凝土收缩开裂而设置的后浇施工带称为伸缩后浇带。

（2）后浇带的设置

① 后浇带的设置应遵循"抗放兼备，以放为主"的设计原则。因为普通混凝土存在开裂问题，设置后浇带的目的就是将大部分的约束应力释放，然后用膨胀混凝土填缝以抗衡残余应力。

② 结构设计中由于考虑沉降原因而设计的后浇带，在施工中应严格按设计图纸留设；由于施工原因而需要设置后浇带时，应视工程具体情况而定，留设的位置应经设计单位认可。

③ 后浇带的间距应合理，矩形构筑物后浇带间距一般可设为 30～40m，后浇带的宽度应考虑便于施工操作，并按结构构造要求而定，一般宽度以 700～1000mm 为宜。

④ 后浇带处的梁板受力钢筋不许断开、必须贯通。如果梁、板跨度不大，可一次配足钢筋；如果跨度较大，可按规定断开，在补浇混凝土前焊接好。

⑤ 后浇带在未浇注混凝土前不能将部分模板、支柱拆除，否则会导致梁板形成悬臂，造成变形；施工后浇带的位置宜选在结构受力较小的部位，一般在梁、板的反弯点附近，此位置弯矩不大，剪力也不大；也可选在梁、板的中部，该位置虽弯矩大，但剪力很小。

⑥ 混凝土浇筑和振捣过程中，应特别注意分层浇筑厚度和振捣器距钢丝网模板的距离。为防止混凝土振捣中水泥浆流失严重，应限制振捣器与模板的距离，为保证混凝土密实，垂直施工缝处应采用钢钎捣实。

⑦ 浇筑结构混凝土后垂直施工缝的处理：对采用钢丝网模板的垂直施工缝，当混凝土达到初凝时，用压力水冲洗，清除浮浆、碎片并使冲洗部位露出骨料，同时将钢丝网片冲洗干净。混凝土终凝后将钢丝网拆除，立即用高压水再次冲洗施工缝表面；在后浇带混凝土浇筑前应清理表面。

⑧ 不同类型后浇带混凝土的浇筑时间不同：伸缩后浇带视先浇部分混凝土的收缩完成情况而定，沉降后浇带宜在建筑物基本完成沉降后进行。在一些工程中，设计单位对后浇带的保留时间有特殊要求，应按设计要求进行后浇带混凝土的浇筑。

⑨ 填充后浇带混凝土可采用微膨胀或无收缩水泥，也可采用普通水泥加入相应的外加剂拌制，但必须要求填筑混凝土的强度等级比原结构强度提高一级，并保持至少 15d 的湿润养护。

⑩ 模板支撑对地下室较厚底板、大梁等属大体积混凝土的后浇带，两侧必须设置专用模板和支撑以防止混凝土漏浆而使后浇带断不开，对地下室有防水抗渗要求的还应留设止水带或做企口模板，以防后浇带处渗水。后浇带保留的支撑，应保留至后浇带混凝土浇筑且强度达到设计要求后，方可逐层拆除。

4.3.3.5　混凝土浇筑

为保证结构的整体性和混凝土浇筑的连续性，应在下一层混凝土初凝之前，将上层混凝土浇筑完毕。因此，在编制混凝土浇筑施工方案时，首先应计算每小时混凝土的浇筑量 Q。

混凝土的浇筑

$$Q = \frac{V}{t_1 - t_2} \tag{4-8}$$

式中　V——每个浇筑层中混凝土的体积，m^3；

　　　t_1——混凝土的初凝时间，h；

　　　t_2——混凝土的运输时间，h。

根据式(4-8)即可计算所需的搅拌机、运输机具和振捣机械的数量，并以此拟定浇筑方案和组织施工。

浇筑混凝土前，对地基应事先按设计标高和轴线进行校正，并应清除淤泥和杂物；同时，注意基坑降排水，以防冲刷新浇筑的混凝土。

（1）基础浇筑

1）单独基础浇筑

① 台阶式基础施工，可按台阶分层一次浇筑完毕（预制柱的高杯口基础的高台部分应另行分层），不允许留设施工缝。每层混凝土要一次浇筑，顺序是先边角后中间，务必使砂浆充满模板。

② 为保证杯形基础杯口底标高的正确性，宜先将杯口底混凝土振实并稍停片刻，再浇筑振捣杯口模四周的混凝土，振动时间尽可能缩短；同时，还应特别注意杯口模板的位置，应在两侧对称浇筑，以免杯口模挤向上一侧或由于混凝土泛起而使芯模上升。

③ 高杯口基础，由于这一级台阶较高且配置钢筋较多，可采用后安装杯口模的方法，即当混凝土浇捣到接近杯口底时，再安装杯口模板后继续浇捣。

④ 锥式基础，应注意斜坡部位混凝土的捣固质量，在振捣器振捣完毕后，用人工将斜坡表面拍平，使其符合设计要求。

⑤ 为提高杯口芯模周转利用率，可在混凝土初凝后终凝前将芯模拔出，并将杯壁划毛。

⑥ 现浇柱下基础时，要特别注意连接钢筋的位置，防止移位和倾斜，发生偏差时及时纠正。

2）条形基础浇筑

① 浇筑前，应根据混凝土基础顶面的标高在两侧木模上弹出标高线；如采用原槽土模时，应在基槽两侧的土壁上交错打入长 100mm 左右的标杆，并露出 20～30mm，标杆面与基础顶面标高平，标杆之间的距离约 3m。

② 根据基础深度宜分段分层连续浇筑混凝土，一般不留施工缝。各段层间应相互衔接，每段间浇筑长度控制在 2～3m 距离，做到逐段逐层呈阶梯形向前推进。

3）设备基础浇筑

① 一般应分层浇筑，并保证上下层之间不留施工缝，每层混凝土的厚度为 200～300mm。每层浇筑顺序应从低处开始，沿长边方向自一端向另一端浇筑，也可采取中间向两端或两端向中间浇筑的顺序。

② 对特殊部位，如地脚螺栓、预留螺栓孔、预埋管等，浇筑混凝土时要控制好混凝土上升速度，使其均匀上升；同时，防止碰撞，以免移位或倾斜。对于大直径地脚螺栓，在混凝土浇筑过程中，应用经纬仪随时观测，发现偏差及时纠正。

（2）梁、板、柱的整体浇筑　梁、板、柱等构件是沿垂直方向重复出现的。因此，一般按结构层分层施工。如果平面面积较大，还应分段进行，以便各工序组织流水作业。在框架结构整体浇筑中，应注意如下事项。

① 在每层每段的施工中，其浇筑顺序应为先浇柱，后浇梁、板。

② 柱子宜在梁、板模板安装后钢筋未绑扎前浇筑，以便利用梁、板模板作为横向支撑和柱浇筑操作平台。一排柱子的浇筑顺序，应从两端同时向中间推进，以防柱模板在横向推力作用下向一方倾斜。柱子与柱基础的接触面，用与混凝土相同成分的水泥砂浆铺底（50～100mm 厚），以免底部产生蜂窝现象。

③ 在浇筑与柱墙连成整体的梁和板时，应在柱或墙浇筑完毕后 1～1.5h，再继续浇筑，使柱混凝土充分沉实。肋型楼板的梁板应同时浇筑，其顺序是先根据梁高分层浇筑成阶梯形，当达到板底位置时再与板的混凝土一起浇筑。当梁高大于 1m 时，可单独先浇筑梁的混凝土，施工缝可留在板底以下 20～30mm 处。无梁楼板中，板和柱帽应同时浇筑混凝土。

④ 当浇筑柱、梁及主、次梁交叉处的混凝土时，一般钢筋较密集，特别是上部负钢筋又粗又多，因此，这一部分可改用细石混凝土浇筑，同时，振捣棒头可改用片式并辅以人工捣固配合。

（3）剪力墙浇筑　应采取长条流水作业，分段浇筑，均匀上升。墙体浇筑混凝土前或新浇混凝土与下层混凝土结合处，应在底面上均匀浇筑 50mm 厚与墙体混凝土成分相同的水泥砂浆或细石混凝土。砂浆或混凝土应用铁锹入模，不应用料斗直接灌入模内，混凝土应分层浇筑振捣，每层浇筑厚度控制在 600mm 左右，浇筑墙体混凝土应连续进行。墙体混凝土的施工缝一般宜设在门窗洞口上，接槎处混凝土应加强振捣，保证接槎严密。

洞口浇筑混凝土时，应使洞口两侧混凝土高度大体一致。振捣时，振捣棒应距洞边 300mm 以上，从两侧同时振捣，以防止洞口变形，大洞口下部模板应开口并补充振捣。构造柱混凝土应分层浇筑，内外墙交接处的构造柱和墙同时浇筑，振捣要密实。

混凝土浇捣过程中，不可随意挪动钢筋，要经常加强检查钢筋保护层厚度及所有预埋件的牢固程度和位置的准确性。

（4）大体积混凝土的浇筑　大体积混凝土是指厚度大于或等于 1.5m，长、宽较大，施工时水化热引起混凝土内的最高温度与外界温度之差不低于 25℃ 的混凝土结构。大体积混凝土结构在工业建筑中多为大型设备基础和高层建筑中的厚大桩基承台或厚大基础底板等，由于承受的荷载大、整体性要求高，一般要求连续浇筑，不留施工缝。

另外，大体积混凝土结构在浇筑后，水泥的水化热量大，水化热聚积在内部不易散发，浇筑初期混凝土内部温度显著升高，而表面散热较快。这样就形成较大的内外温差，混凝土内部产生压应力，表面产生拉应力，如温差过大就会在混凝土表面产生裂纹。在浇筑后期，当混凝土内部逐渐散热冷却产生收缩时，由于受到基底或已浇筑的混凝土的约束，接触处将产生很大的剪应力，在混凝土正截面形成拉应力。当拉应力超过混凝土当时龄期的极限抗拉强度时，便会产生裂缝，甚至会贯穿整个混凝土构件，由此会造成严重的危害。在大体积混凝土结构的浇筑中，上述两种裂缝（尤其是后一种裂缝）应设法防止产生。

要防止大体积混凝土结构浇筑后产生裂缝，就要减少浇筑后混凝土的内外温差，降低混凝土的温度应力。大体积混凝土工程施工前，宜对施工阶段大体积混凝土浇筑体的温度、温度应力及收缩应力进行计算，并确定施工阶段大体积混凝土浇筑体的升温峰值，里表温差及降温速率的控制指标，制定相应的温控技术措施。温控指标应符合下列规定。

① 混凝土浇筑体在入模温度基础上的温升值不宜大于 50℃。

② 混凝土浇筑体的里表温差（不含混凝土收缩的当量温度）不宜大于 25℃。

③ 混凝土浇筑体的降温速率不宜大于 2.0℃/d。

④ 混凝土浇筑体表面与大气温差不宜大于 20℃。

为此，可采取以下技术措施。

① 优先选用低水化热的矿渣水泥拌制混凝土，并适当使用缓凝减水剂。

② 在保证混凝土设计强度等级前提下，掺加粉煤灰，适当降低水灰比，减少水泥用量。

③ 降低混凝土的入模温度，如降低拌和水温度（拌和水中加冰屑或用地下水）、骨料用水冲洗降温、避免暴晒。

④ 及时对混凝土覆盖保温、保湿材料。

⑤ 预埋冷却水管，通入循环水将混凝土内部热量带出，进行人工导热。

大体积混凝土结构整体性要求较高，一般不允许留设施工缝。因此，必须保证混凝土搅拌、运输、浇筑、振捣各工序的协调配合，并根据结构特点、工程量、钢筋疏密等具体情况，分别选用如下浇筑方案（图 4-60）。

① 全面分层。在整个结构内全面分层浇筑混凝土，待第一层全部浇筑完毕，在初凝前再浇筑第二层，如此逐层进行，直至浇筑完成。此浇筑方案适宜于结构平面尺寸不大的情况。浇筑时一般从短边开始，沿长边进行，也可以从中间向两端或由两端向中间同时进行。

② 分段分层。当结构面层较大时，全面分层已不再适用，这时可采用分段分层浇筑方

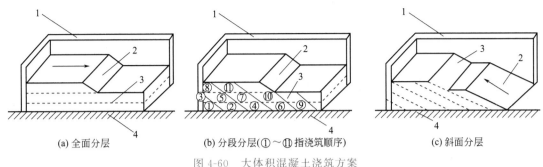

图 4-60　大体积混凝土浇筑方案

(a) 全面分层　(b) 分段分层(①～⑪指浇筑顺序)　(c) 斜面分层

1—模板；2—新浇筑的混凝土；3—已浇筑的混凝土；4—地基

案。混凝土从底层开始浇筑，进行一定距离后再浇筑第二层，如此依次向前浇筑以上各层。此浇筑方案适用于厚度不太大，而面积或长度较大的结构。

③ 斜面分层。混凝土从结构一端满足其高度浇筑一定长度，并留设坡度为 1∶3 的浇筑斜面，从斜面下端向上浇筑，逐层进行。此浇筑方案适用于结构的长度超过其厚度 3 倍的情况。

（5）水下混凝土的浇筑　深基础、沉井、沉箱和钻孔灌注桩的封底、泥浆护壁灌注桩的混凝土浇筑以及地下连续墙施工等，常需要进行水下浇筑混凝土，目前水下浇筑混凝土多用导管法，如图 4-61 所示。导管直径为 250～300mm（不小于最大骨料粒径的 8 倍），每节长 3m，用快速接头连接，顶部装有漏斗。导管用起重设备升降，浇筑前，导管下口先用隔水塞（混凝土、木等制成）堵塞，隔水塞用铁丝吊住。然后在导管内浇筑一定量的混凝土，保证开管前漏斗及管内的混凝土量能使混凝土冲出后足以封住并高出管口。将导管插入水下，在其下口距底面的距离约为 300mm 时浇筑。距离太小易堵管，太大则要求漏斗及管内混凝土量较多。当导管内混凝土的体积及高度满足上述要求后，剪断吊住隔水塞的铁丝开管，使混凝土在自重作用下迅速推出隔水塞进入水中。以后一

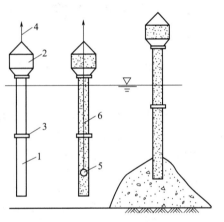

图 4-61　导管法水下浇筑混凝土

1—钢导管；2—漏斗；3—接头；
4—吊索；5—隔水塞；6—铁丝

边均衡地浇混凝土，一边慢慢提起导管，导管下口必须始终保持在混凝土表面之下 1～1.5m 以上。下口埋得越深，混凝土顶面越平，质量越好，但浇筑也越困难。

在整个浇筑过程中，一般应避免在水平方向移动导管，直到混凝土顶面接近设计标高时，才可将导管提起，换插到另一浇筑点。一旦堵管，如半小时内不能排除，应立即换插备用导管。待混凝土浇筑完毕，应清除顶面与水接触的厚约 200mm 的松软部分。如水下结构物面积大，可用几根导管同时浇筑。

4.3.4　混凝土振捣

混凝土拌合物浇筑后，需经密实成型才能赋予混凝土制品或结构一定的外形和内部结构。强度、抗冻性、抗渗性、耐久性等均与混凝土密实成型的好坏有关。

混凝土入模时呈疏松状，里面含有大量的空洞与气泡，必须采用适当的方法在其初凝前

混凝土的
振捣与养护

振捣密实，以满足混凝土的设计要求。混凝土浇筑后振捣是用混凝土振动器的振动力，把混凝土内部的空气排出，使砂子充满石子间的空隙，水泥浆充满砂子间的空隙，以达到混凝土的密实。混凝土密实成型分为机械振捣密实成型、离心法成型和自流浇筑成型等。

（1）机械振捣密实成型

1）振捣原理　机械振捣密实的原理，是依据产生振动的机械将一定的频率、振幅和激振力的振动能量以某种方式传递给混凝土拌合物时，受振混凝土的所有颗粒都做强迫振动而破坏混凝土拌合物的凝聚结构，使水泥浆的黏结力和骨料间的摩擦力显著减小，增加混凝土的流动性，水泥浆均匀地分布填充骨料的空隙，气泡逸出，孔隙减少，游离水分挤压上升，使混凝土充满模板，密实成型。振动停止后，混凝土又重新恢复其凝聚结构而逐渐凝结硬化。

2）混凝土振捣机械　按其传递振动的方式分为内部振动器、表面振动器、附着式振动器和振动台，如图 4-62 所示。在施工工地主要使用内部振动器和表面振动器。

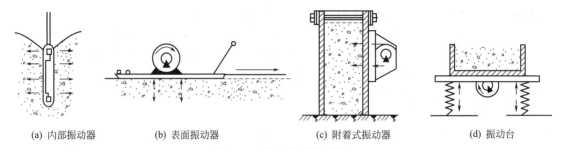

| (a) 内部振动器 | (b) 表面振动器 | (c) 附着式振动器 | (d) 振动台 |

图 4-62　振动机械示意图

① 内部振动器　也称插入式振动器，由电动机、传动装置和振动棒三部分组成，工作时依靠振动棒插入混凝土产生振动力而捣实混凝土。内部振动器是建筑工程中应用最广泛的一种振动器，常用以振实梁、柱、墙等平面尺寸较小而深度较大的构件和体积较大的混凝土，如图 4-63 所示。

图 4-63　内部振动器

② 表面振动器　又称为平板振动器，是将一个带偏心块的电动振动器安装在钢板或木板上，振动力通过平板传给混凝土，表面振动器的振动作用深度小，适用于振捣表面积大而厚度小的结构，如现浇楼板、地坪或预制板。平板振动器底板大小的确定，应以使振动器能浮在混凝土表面上为准。

③ 附着式振动器　又称外部振动器，它是直接安装在模板外侧的横档或竖档上，不与混凝土接触，利用偏心块旋转时所产生的振动力，通过模板传递给混凝土，使之振动密实。附着式振动器的振动作用深度小，适用于振捣钢筋密、厚度小及不宜使用内部振动器的构件，如墙体、薄腹梁等。

④ 振动台　又称台式振动器，是一个支撑在弹性支座上的工作平台，是混凝土预制厂

的主要成型设备，一般由电动机、齿轮同步器、工作台面、振动子、支撑弹簧等部分组成。台面上安装成型的钢模板，模板内装满混凝土，当振动机构运转时，在振动子的作用下，带动工作台面强迫振动，使混凝土振实成型。

3）振动器的使用

① 内部振动器的使用　振动器操作时，应使振捣棒自然沉入混凝土内，切忌用力硬插或斜推。内部振动器的振捣方法有两种：一是垂直振捣，即振动棒与混凝土表面垂直；二是斜向振捣，即振动棒与混凝土表面成 $40°\sim45°$。振动器要插入尚未初凝混凝土中 $50\sim100mm$，使上下层混凝土结合成一整体。

振动器插点分布要均匀，普通混凝土的插点间距不宜大于振捣器作用半径的 1.5 倍，振捣器距离模板不应大于作用半径的 1/2，并应避免碰撞钢筋、模板、芯管、预埋件等。

每一插点的振捣延续时间，一般以混凝土表面呈水平，混凝土拌合物不显著下沉，表面泛浆和不出现气泡为准。

使用内部振动器时，不允许将其支撑在结构钢筋上，不宜紧靠模板振捣。

② 平板振动器的使用　平板振动器因设计时不考虑轴承承受轴向力，故在使用时，电动机轴承应呈水平状。

平板振动器在每一位置上连续振动的时间，正常情况下为 $25\sim40s$，以混凝土表面均匀出现泛浆为准。移动时应成排依次振捣前进，前后位置和排与排之间，应保证振动器的平板覆盖已振实部分的边缘，一般重叠 $3\sim5cm$ 为宜，以防漏振。移动方向应与电动机转动方向一致。

平板振动器的有效作用深度，在无筋和单筋平板中为 20cm，在双筋平板中约为 12cm。因此，混凝土厚度一般不超过振动器的有效作用深度。

大面积的混凝土楼地面，可采用两台振动器以同一方向安装在两条木杠上，通过木杠的振动，使混凝土密实，但两台振动器的频率应保持一致。

振捣带斜面的混凝土时，振动器应由低处逐渐向高处移动，以保证混凝土密实。

③ 附着式振动器的使用　附着式振动器的有效作用深度约为 25cm，如构件较厚时，可在构件对应两侧安装振动器，同时进行振捣。

在同一模板上同时使用多台附着式振动器时，各振动器的频率必须保持一致，两面的振动器应错开位置排列。其位置和间距视结构形状、模板坚固程度、混凝土坍落度及振动器功率大小，经试验确定，一般每隔 $1\sim1.5m$ 设置一台振动器。

（2）离心法成型　离心法是将装有混凝土的模板放在离心机上，使模板以一定速度绕自身的纵轴线旋转，模板内的混凝土由于离心作用而远离纵轴，均匀分布于模板内壁，并将混凝土中的部分水分挤出，使混凝土密实。此法一般用于管道、电杆、桩等具有圆形腔室构件的制作。

（3）自流浇筑成型　在混凝土拌合物中掺入高效减水剂，使其坍落度大大增加，以自流浇筑成型。为了避免浇筑完成的混凝土裸露表面在凝固过程中产生塑性收缩裂缝，需要在混凝土初凝前和终凝前，分别对混凝土裸露表面进行抹面处理，抹面可采用"铁板压光磨平两遍"或"用木抹子抹平搓毛两遍"的工艺方法。对于梁板结构以及易产生裂缝的结构部位应适当增加抹面次数。

4.3.5　混凝土养护

混凝土浇筑后，如气候炎热、空气干燥，不及时进行养护，混凝土中水分会蒸发过快，形成脱水现象，并使已形成凝胶体的水泥颗粒不能充分水化，不能转化为稳定的结晶，缺乏足够的黏结力，从而会在混凝土表面出现片状或粉状脱落。此外，在混凝土尚未具备足够的强度时，水分过早地蒸发还会产生较大的收缩变形，出现干缩裂纹，影响混凝土的耐久性和整体性。所以混凝土浇筑后初期阶段的养护非常重要，混凝土终凝后应立即进行养护，干硬性混凝土应于浇筑完毕后立即进行养护。

混凝土养护的方法很多，通常按其养护工艺分为自然养护和蒸汽养护两大类。现浇混凝土在正常条件下通常采用自然养护。

对混凝土进行自然养护，是指在自然气温条件下（大于5℃），对混凝土采取覆盖、浇水润湿、挡风、保温等养护措施。自然养护又可分为覆盖浇水养护、薄膜布养护和薄膜养生液养护等。

（1）覆盖浇水养护 是用吸水保温能力较强的材料（如草帘、芦席、麻袋、锯末等）将混凝土覆盖，经常洒水使其保持湿润。覆盖浇水养护应符合下列规定。

① 覆盖浇水养护应在混凝土浇筑完毕后的12h内进行。

② 养护时间长短取决于水泥品种，普通硅酸盐水泥和矿渣硅酸盐水泥拌制的混凝土，不少于7d；火山灰质硅酸盐水泥和粉煤灰硅酸盐水泥拌制的混凝土或有抗渗要求的混凝土不少于14d。当采用其他品种水泥时，混凝土的养护应根据所采用水泥的技术性能确定。

③ 浇水次数应根据能保持混凝土处于湿润的状态来决定。

④ 混凝土的养护用水宜与拌制水相同。

⑤ 当日平均气温低于5℃时，不得浇水。

大面积结构如地坪、楼板、屋面等可采用蓄水养护，贮水池一类工程可于拆除内模混凝土达到一定强度后注水养护。

（2）薄膜布养护 在有条件的情况下，可采用不透水、气的薄膜布（如塑料薄膜布，图4-64）养护。用薄膜布把混凝土表面敞露的部分全部严密地覆盖起来，保证混凝土在不失水的情况下得到充足的养护。这种养护方法的优点是不必浇水，操作方便，能重复使用，能提高混凝土的早期强度，加速模具的周转，但应该保持薄膜布内有凝结水。

（3）薄膜养生液养护 混凝土的表面不便浇水或使用塑料薄膜布养护时，可采用涂刷薄膜养生液，防止混凝土内部水分蒸发的方法进行养护。

图4-64 塑料薄膜布养护

薄膜养生液养护是将可成膜的溶液喷洒在混凝土表面上，溶液挥发后在混凝土表面凝结成一层薄膜，使混凝土表面与空气隔绝，封闭混凝土中的水分不再被蒸发，而完成水化作用。

薄膜养生液的喷洒时间，一般待混凝土收水后，混凝土表面以手指轻按无指印时即可进行，施工温度应在10℃以上。

薄膜养生液养护适用于不易浇水养护的高耸构筑物和大面积混凝土的养护，也可用于表面积大的混凝土施工和缺水地区，但应注意薄膜的保护。

4.3.6 混凝土冬期施工

冬期施工期限的划分原则是：根据当地多年气象资料统计，当室外日平均气温连续5d稳定低于5℃即进入冬期施工，当室外日平均气温连续5d高于5℃即解除冬期施工。

混凝土冬期施工应按照《建筑工程冬期施工规程》（JGJ/T 104—2011）执行，并编制冬期施工方案，采取冬期施工技术措施，主要包括原材料与配比，外加剂选用，原材料保温与加热，混凝土的搅拌、运输、浇注、振捣、拆模施工及冬期施工养护。

4.3.6.1　混凝土冬期施工的原理

冬期施工时，气温低，水泥水化作用减弱，新浇混凝土强度增长明显地延缓，当气温降至 0℃ 以下时，水泥水化作用基本停止，混凝土强度已停止增长。新浇混凝土中的水可分两部分：一是吸附在组成材料颗粒表面和毛细管中的水，这部分水能使水泥颗粒起水化作用，称为"水化水"；二是存在于组成材料颗粒空隙之间的水，称为"游离水"，它只对混凝土浇筑时的和易性起作用。在某种意义上说，混凝土强度的增长取决于在一定温度条件下水化水与水泥的水化作用及游离水的蒸发。因此，混凝土强度增长速度在湿度一定时就取决于温度的变化。特别是气温降至混凝土冰点温度（新浇混凝土冰点温度为 $-0.3 \sim -1.5$℃）以下时，混凝土中游离水开始冻结，气温降至 -4℃ 时，水化水开始冻结，水化作用停止，冻结后的水体积膨胀约为 $8\% \sim 9\%$，在混凝土内部形成强大的冰胀应力，将使强度尚低的混凝土内部产生微裂缝，同时降低了水泥与砂石和钢筋间的黏结力，导致结构强度和耐久性降低。新浇混凝土在养护初期遭受冻结，当气温恢复到正温后，即使正温养护到一定的龄期，也不能达到其设计强度，这就是混凝土的早期冻害。

研究表明，塑性混凝土终凝前（浇后 $3 \sim 6$h）遭受冻结，开冻后后期强度要损失 50% 以上，凝结后 $2 \sim 3$ 天遭冻，强度损失 $15\% \sim 20\%$。试验证明，混凝土遭受冻结的危害程度还与冻结前混凝土的强度、水灰比、水泥标号、养护温度等有关。如果混凝土受冻前已经具备抵抗冻胀应力的强度，则混凝土内部结构就不致受冻结的损害。

防止混凝土早期冻害的措施有两类：一是早期增强，主要是提高混凝土的早期强度，使之尽早达到混凝土受冻临界强度，具体措施有使用早强水泥或超早强水泥，掺早强剂或超早强剂，早期保温蓄热，早期短时加热等；二是改善混凝土的内部结构，具体做法是增加混凝土的密实度，排除多余的游离水，或掺入减水型引气剂，提高混凝土的抗冻能力，还可掺防冻剂，降低混凝土的冰点温度。

4.3.6.2　冬期施工的工艺要求

（1）混凝土材料选择及要求　冬期施工中配制混凝土用的水泥，应优先选用活性高、水化热大的硅酸盐水泥和普通硅酸盐水泥。水泥的标号不应低于 425 号，最少水泥用量不应少于 280kg/m³，水灰比不应大于 0.55。使用矿渣硅酸盐水泥，宜采用蒸汽养护；使用其他品种水泥，应注意其中掺和材料对混凝土抗冻、抗渗等性能的影响。冬期浇筑的混凝土，宜使用无氯盐类防冻剂。对抗冻性要求高的混凝土，宜使用包括引气减水剂或引气剂在内的外加剂，但掺用防冻剂、引气减水剂或引气剂的混凝土施工，应符合现行国家标准《混凝土外加剂应用技术规范》（GB 50119—2013）的规定。如在钢筋混凝土中掺用氯盐类防冻剂时，应严格控制氯盐掺量，且一般不宜采用蒸汽养护。

混凝土所用骨料必须清洁，不得含有冰、雪等冻结物及易冻裂的矿物质，在掺用含有钾、钠离子防冻剂的混凝土中，不得混有活性骨料。

（2）混凝土材料的加热　冬期拌制混凝土时应优先采用加热水的方法，当加热水仍不能满足要求时，再对骨料进行加热，水及骨料的加热温度应根据热工计算确定，但不得超过表 4-16 的规定。

表 4-16　拌合水及骨料加热最高温度

水泥强度等级	拌合水温度/℃	骨料温度/℃
小于 42.5	80	60
42.5、42.5R 以上	60	40

（3）混凝土的搅拌　搅拌前应用热水或蒸汽冲洗搅拌机，搅拌时间应较常温延长50%。投料顺序为先投入骨料和已加热的水，然后再投入水泥，且水泥不应与80℃以上的水直接接触，避免水泥假凝。混凝土拌合物的出机温度不宜低于10℃，入模温度不得低于5℃。对搅拌好的混凝土应常检查其温度及和易性，若有较大差异，应检查材料加热温度和骨料含水率是否有误，并及时加以调整，在运输过程中要有保温措施以防止混凝土热量散失和被冻结。

（4）混凝土的浇筑　混凝土在浇筑前，应清除模板和钢筋上的冰雪和污垢，且不得在强冻胀性地基上浇筑混凝土，当在弱冻胀性地基上浇筑混凝土时，基土不得遭冻；当在非冻胀性地基上浇筑混凝土时，混凝土在受冻前，其抗压强度不得低于临界强度。

当分层浇筑大体积结构时，已浇筑层的混凝土在被上一层混凝土覆盖前，其温度不得低于按热工计算的温度，且不得低于2℃。

对加热养护的现浇混凝土结构，混凝土的浇筑程序和施工缝的位置，应能防止在加热养护时产生较大的温度应力；当加热温度在40℃以上时，应征得设计同意。

对于装配式结构，浇筑承受内力接头的混凝土或砂浆，宜先将结合处的表面加热到正温；浇筑后的接头混凝土或砂浆在温度不超过40℃的条件下，应养护至设计要求强度；当设计无专门要求时，其强度不得低于设计的混凝土强度标准值的75%；浇筑接头的混凝土或砂浆，可掺用不致引起钢筋锈蚀的外加剂。

4.3.6.3　混凝土冬期施工方法的选择

冬期浇筑的混凝土在受冻以前必须达到的最低强度称为混凝土受冻临界强度。一般情况下，混凝土冬期施工要求在正温下浇筑，正温下养护，使混凝土强度在冰冻前达到受冻临界强度。在冬期施工时对原材料和施工过程均要求有必要的措施，来保证混凝土的施工质量。

混凝土冬期施工的方法很多，常用的施工方法有蓄热法、综合蓄热法、掺外加剂法、人工加热养护法等。在选择施工方法时，要根据工程特点，首先保证混凝土尽快达到临界强度，避免遭受冻害；其次，承重结构的混凝土应尽快达到拆模强度，加快模板周转。一般情况下，应优先考虑蓄热法，也可以在混凝土中掺外加剂，或采用高强度水泥、早强水泥，使混凝土提前或者在负温下达到设计强度，当上述方法都不能满足要求时，可以采用外部加热方法和改善保温措施，以提高混凝土冻结前的强度。

（1）蓄热法　混凝土浇筑后，利用原材料加热以及水泥水化放热，并采取适当保温措施延缓混凝土冷却，使混凝土温度降到0℃以前达到受冻临界强度。适用于室外最低温度不低于-15℃的地面以下工程或表面系数（指结构冷却的表面积与其全部体积的比值）不大于15的结构。蓄热法养护具有施工简单、不需外加热源、节能、冬期施工费用低等特点。因此，在混凝土冬期施工时应优先考虑采用。只有当确定蓄热法不能满足要求时，才考虑选择其他方法。蓄热法养护的三个基本要素是混凝土的入模温度、围护层的总传热系数和水泥水化热值。应通过热工计算调整以上三个要素，使混凝土冷却到0℃时，强度能达到受冻临界强度的要求。

采用蓄热法时，宜采用标号高、水化热大的硅酸盐水泥或普通硅酸盐水泥，掺用早强型外加剂，适当提高入模温度，外部早期短时加热等，同时应选用传热系数较小、价廉耐用的保温材料，如用草帘和塑料膜覆盖利用保温材料本身发热保温，充分利用太阳的热能，白天有日照时，打开保温材料，夜间再覆盖等。

（2）综合蓄热法　掺早强剂或早强型复合外加剂的混凝土浇筑后，利用原材料加热以及水泥水化放热，并采取适当保温措施延缓混凝土冷却，使混凝土温度降到 0℃ 以前达到受冻临界强度。

综合蓄热法可分为低蓄热养护和高蓄热养护两种方式。

① 低蓄热养护　主要以使用早强水泥或掺低温早强剂、防冻剂为主，使混凝土缓慢冷却至冰点前达到受冻临界强度。

② 高蓄热养护　除掺用外加剂外，还宜采用短时加热为主，使混凝土在养护期内达到要求的受荷强度。

（3）掺外加剂法　实质是在搅拌混凝土时加入单一或复合型外加剂，使混凝土中的水在负温下保持液相状态，使水泥的水化作用能正常进行，混凝土在负温下其强度能持续地增长。只要严格按照《混凝土外加剂应用技术规范》（GB 50119—2013）规定进行施工，完全可以保证冬期施工混凝土工程质量。掺外加剂法操作简单，耗费少，是常用的混凝土冬期施工方法。

1）混凝土冬期施工中常用外加剂的种类

① 早强剂　能加速水泥硬化速度，提高早期强度，且对后期强度无显著影响。

② 防冻剂　在一定负温条件下，能显著降低混凝土中液相的冰点，使其游离态的水不冻结，保证混凝土不遭受冻害。

③ 减水剂　在不影响混凝土和易性条件下，具有减水增强特性的外加剂，可以降低用水量，减小水灰比。

④ 引气剂　经搅拌能引入大量分布均匀的微小气泡，改善混凝土的和易性，在混凝土硬化后，仍能保持微小气泡，改善混凝土的和易性、抗冻性和耐久性。

⑤ 阻锈剂　可以减缓或阻止混凝土中钢筋及金属预埋件锈蚀作用的外加剂。

2）防冻复合外加剂　一般由防冻剂、早强剂、减水剂、引气剂和阻锈剂等复合而成，其成分组合有以下三种情况。

① 防冻组分＋早强组分＋减水组分。

② 防冻组分＋早强组分＋引气组分＋减水组分。

③ 防冻组分＋早强组分＋减水组分＋引气组分＋阻锈组分。

3）选择防冻复合外加剂的具体要求

① 对钢筋无锈蚀作用。

② 对混凝土锈蚀无影响。

③ 混凝土早期强度高，后期强度无损失。

4）掺氯盐混凝土　用氯盐（氯化钠、氯化钾）溶液配制的混凝土，具有加速混凝土凝结硬化，提高早期强度，增加混凝土抗冻能力的性能，有利于在负温下硬化，但氯盐对钢筋有锈蚀作用。施工及验收规范规定，在下列钢筋混凝土结构中不得掺氯盐。

① 在高湿度空气环境中使用的结构，如排出大量蒸汽的车间、浴室、游泳馆、洗衣房和经常处于空气相对湿度大于 80% 的房间以及有顶盖的钢筋混凝土蓄水池。

② 处于水位升降部位的结构。

③ 露天结构或经常受水淋的结构。

④ 有镀锌钢材或铝铁相接触部位的结构，以及有外露钢筋、预埋件但无防护措施的结构。

⑤ 与含有酸、碱和硫酸盐等侵蚀性介质相接触的结构。

⑥ 使用过程中经常处于环境温度为 60℃ 以上的结构。

⑦ 使用冷拉钢筋或冷拔低碳钢丝的结构。

⑧ 薄壁结构，中级或重级工作制吊车梁、屋架、落锤及锻锤基础等结构。

⑨ 电解车间和直接靠近直流电源的结构。

⑩ 直接靠近高压（发电站、变电所）的结构及预应力混凝土结构。

掺氯盐混凝土施工的注意事项如下。

① 由于氯盐对钢筋有锈蚀作用，应用时加入水泥质量 2% 的亚硝酸钠阻锈剂，钢筋保护层不小于 30mm。

② 氯盐应配制成一定浓度的水溶液，严格计量加入，搅拌要均匀，搅拌时间应比普通混凝土搅拌时间增加 50%。

③ 混凝土浇筑必须在搅拌出机后 40min 浇筑完毕，以防凝结，混凝土振捣要密实。

④ 掺氯盐混凝土不宜采用蒸汽养护。

（4）人工加热养护法　若在一定龄期内采用蓄热法达不到要求时，可采用蒸汽、暖棚、电热等人工加热养护，为混凝土硬化创造条件。人工加热需要设备且费用也较高，采用人工加热与保温蓄热或掺外加剂结合，常能获得较好效果。

4.3.6.4　混凝土冬期施工的温度测定

混凝土冬期施工，应按日测定气温、原材料加热温度、混凝土温度以及各测温点的温度，并按规定表格做好测温记录。

混凝土养护期间，室外气温及周围环境温度每昼夜至少定时定点测量四次。当采用蓄热法养护时，在养护期间混凝土的温度每昼夜检测四次。如采用蒸汽或电热加热法养护时，在升温和降温期间每小时测温一次，在恒温养护期间每两小时测温一次，以便于随时掌握混凝土养护期内的硬化温度变化，及时采取保障措施。

混凝土养护测温方法，应按冬期施工技术措施规定进行。在浇筑混凝土的结构构件上，按规定设置测温孔，全部测温孔均应编号，并绘制测温孔布置图，与测温记录相对应。测温时应使测温表与外界气温隔绝，真实反映混凝土内部实际温度。测温表在每个测温孔内停留不少于 3min，使测得数值与混凝土温度一致。考虑测温孔时应使其位置具有一定的代表性。

4.3.6.5　混凝土质量检查

冬期混凝土工程施工除按《混凝土结构工程施工质量验收规范》（GB 50204—2015）的规定进行质量检查外，还应符合冬期施工规定。

① 外加剂应经检查试验合格后选用，应有产品合格证或试验报告单。

② 外加剂应溶解成一定浓度的水溶液，按要求准确计量加入。

③ 检查水、砂骨料及混凝土出机的温度和搅拌时间。

混凝土施工质量验收与评定

④ 混凝土浇筑时，应留置两组以上与结构同条件养护的试块，一组用于检验混凝土受冻前的强度，另一组用于检验转入常温养护 28d 的强度。

4.3.7　混凝土质量检验

为了保证混凝土的质量，必须对混凝土生产的各个环节进行检验，消除质量隐患、保证安全。混凝土质量检验包括对原材料、施工过程及养护后的质量检验。

4.3.7.1　原材料及施工过程的质量检验

检验内容包括水泥品种及强度等级、砂石的质量及含泥量、混凝土配合比、搅拌时间和坍落度等环节。相关规范标准对上述各环节的检验方法都作了规定，一般要求在每一工作班至少两次，如混凝土配合比有变化时，还应随时检验。

采用商品混凝土时，应检查混凝土厂家提供的下列技术资料。

① 水泥品种、标号及每立方米混凝土中的水泥用量。

② 骨料的种类和最大粒径。

③ 外加剂、掺合料的品种及掺量。

④ 混凝土强度等级和坍落度。

⑤ 混凝土配合比和标准试件强度。

⑥ 对轻骨料混凝土还应提供其密度等级。

并应在确定的交货地点进行坍落度的检验，混凝土的坍落度与指定坍落度之间的允许偏差见表 4-17。

表 4-17　混凝土的坍落度与指定坍落度之间的允许偏差　　　　　单位：mm

要求坍落度	允许偏差	要求坍落度	允许偏差
≤40	±10	≥100	±20
50～90	±15		

4.3.7.2 混凝土养护后的质量检验

（1）检验内容　包括混凝土的强度、外观质量和结构构件的轴线、标高、截面尺寸和垂直度的偏差。现浇混凝土结构的尺寸允许偏差应符合表 4-18 的规定，当有专门规定时，还需符合相应规定的要求。如设计上有特殊的要求时，还需对抗冻性、抗渗性等进行检验。

表 4-18　现浇混凝土结构的位置、尺寸允许偏差和检验方法

项目			允许偏差	检验方法
轴线位置	整体基础/mm		15	经纬仪及尺量
	独立基础/mm		10	
	墙、柱、梁/mm		8	尺量
垂直度	柱、墙层高/mm	≤6m	10	经纬仪或吊线、尺量
		>6m	12	
	全高(H)≤300m		H/30000+20	经纬仪、尺量
	全高(H)>300m		H/10000 且≤80	
标高	层高/mm		±10	水准仪或拉线、尺量
	全高/mm		±30	
截面尺寸	基础/mm		+15，−10	尺量
	柱、梁、板、墙/mm		+10，−5	
	楼梯相邻踏步高差/mm		±6	
电梯井洞	中心位置/mm		10	
	长、宽尺寸/mm		+25，0	
表面平整度/mm			8	2m 靠尺和塞尺量测
预埋件中心位置	预埋板/mm		10	尺量
	预埋螺栓/mm		5	
	预埋管/mm		5	
	其他/mm		10	
预留洞、孔中心线位置/mm			15	

注：1. 检查轴线、中心线位置时，沿纵、横两个方向测量，并取其中偏差的较大值。

2. H 为全高，单位为 mm。

（2）试件留置　结构混凝土的强度等级必须符合设计要求，用于检查结构构件混凝土强

度的试件，应在混凝土的浇筑地点随机抽取。取样与试件留置应符合下列规定。

① 每拌制 100 盘且不超过 100m³ 的同配合比的混凝土，取样不得少于 1 次。

② 每工作班拌制的同一配合比的混凝土不足 100 盘时，取样不得少于 1 次。

③ 当一次连续浇筑超过 1000m³ 时，同一配合比的混凝土每 200m³ 取样不得少于 1 次。

④ 每一楼层、同一配合比的混凝土，取样不得少于 1 次。

⑤ 每次取样应至少留置一组标准养护试件，同条件养护试件（图 4-65）的留置组数应根据实际需要确定。

图 4-65　现场同条件养护试件

混凝土取样时，均应制成标准试件（即边长为 150mm 标准尺寸的立方体试件），每组三个试件应在同盘混凝土中取样制作，并在标准条件下［温度（20±3）℃，相对湿度为 90％以上］，养护至 28d 龄期按标准试验方法，测得混凝土立方体抗压强度。

当采用非标准尺寸试件时，应将其抗压强度乘以尺寸换算系数，换算成边长为 150mm 的标准尺寸试件抗压强度。检验评定混凝土强度用的混凝土试件的尺寸及强度的尺寸换算系数应按表 4-19 取用。

表 4-19　混凝土试件的尺寸及强度的尺寸换算系数

骨料最大粒径/mm	试件尺寸/mm	强度的尺寸换算系数
≤31.5	100×100×100	0.95
≤40	150×150×150	1.00
≤63	200×200×200	1.05

注：对强度等级为 C60 及以上的混凝土试件，其强度换算系数可通过试验确定。

（3）强度检验　混凝土强度应分批进行验收。同一验收批的混凝土应由强度等级相同、龄期相同以及生产工艺和配合比基本相同且不超过三个月的混凝土组成，并按单位工程的验收项目划分验收批。同一验收批的混凝土强度，应以同批内全部标准试件的强度代表值来评定。

每组三个试件应在同盘混凝土中取样制作，并按下列规定确定该组试件的混凝土强度的代表值。

① 取三个试件强度的算术平均值。

② 当三个试件强度中的最大值或最小值与中间值之差超过中间值的 15％时，取中间值。

③ 当三个试件强度中的最大值和最小值与中间值之差均超过 15％时，该组试件不应作为强度评定的依据。

要认真做好工地试件的管理工作，从试模选择、试件取样、成型、编号以至养护等，要指定专人负责，以提高试件的代表性，正确地反映混凝土结构和构件的强度。

4.3.8　混凝土浇筑施工的安全技术措施

① 混凝土浇筑作业人员的作业区域内，应按高处作业的有关规定，设置临边、洞口安全防护设施。

② 混凝土浇筑所使用机械设备的接零（接地）保护、漏电保护装置应齐全有效，作业人员应正确使用安全防护用具。

③ 交叉作业应避免在同一垂直作业面上进行，否则应按规定设置隔离防护设施。

④ 垂直运输设备的使用要求：应有安全可靠的保护装置；在安装完毕后，应进行相关试验，经有关部门检验合格后方可使用；应进行定期检修和保养；操作垂直运输设备的司机应经过专业培训。

⑤ 用料斗进行混凝土吊运时，料斗的斗门在装料吊运前一定要关好卡牢，以防止吊运过程被挤开抛卸。

⑥ 用溜槽及串筒下料时，溜槽和串筒应固定牢固，人员不得直接站到溜槽帮上操作。

⑦ 用混凝土输送泵泵送混凝土时，混凝土输送泵的管道应连接和支撑牢固，试送合格后才能正式输送，检修时必须卸压。

⑧ 有倾倒、掉落危险的浇筑作业应采取相应的安全防护措施。

4.3.9　混凝土常见质量通病及防治

（1）钢筋错位

1）现象　柱、梁、板、墙主筋位置或保护层偏差过大。

2）原因　钢筋未按照设计或翻样尺寸进行加工和安装；钢筋现场翻样时，未合理考虑主筋的相互位置及避让关系；混凝土浇筑过程中，钢筋被碰撞移位后，在混凝土初凝前，没能及时被校正；保护层垫块尺寸或安装位置不准确。

3）防治措施　钢筋现场翻样时，应根据结构特点合理考虑钢筋之间的避让关系，现场钢筋加工应严格按照设计和翻样的尺寸进行加工和安装；钢筋绑扎或焊接必须牢固，固定钢筋措施可靠有效；为使保护层厚度准确，垫块要沿主筋方向摆放，位置、数量准确；混凝土浇筑过程中应采取措施，尽量不碰撞钢筋，严禁砸、压、踩踏和直接顶撬钢筋，同时浇筑过程中要有专人随时检查钢筋位置，并及时校正。

（2）混凝土强度等级偏低，不符合设计要求

1）现象　混凝土标准养护试块或现场检测强度，按相关规范标准评定达不到设计要求的强度等级。

2）原因

① 配置混凝土所用原材料的材质不符合相关国家标准的规定。

② 拌制混凝土时没有法定检测单位提供的混凝土配合比试验报告，或操作中未能严格按混凝土配合比进行规范操作。

③ 拌制混凝土时投料计量有误。

④ 混凝土搅拌、运输、浇筑、养护不符合相关规范要求。

3）防治措施

① 拌制混凝土所用水泥、粗（细）骨料和外加剂等均必须符合有关标准规定。

② 必须按法定检测单位发出的混凝土配合比试验报告进行配制。

③ 配制混凝土必须按质量比计量投料，且计量要准确。

④ 混凝土拌和必须采用机械搅拌，加料顺序为"粗骨料→水泥→细骨料→水"，并严格控制搅拌时间。

⑤ 混凝土的运输和浇捣必须在混凝土初凝前进行。

⑥ 控制好混凝土的浇筑和振捣质量。

⑦ 控制好混凝土的养护。

（3）混凝土表面缺陷

1）现象　拆模后混凝土表面出现麻面、露筋、蜂窝、孔洞等。

2）原因

① 模板表面不光滑、安装质量差，接缝不严、漏浆，模板表面污染未清除。

② 木模板在混凝土入模之前没有充分润湿，钢模板脱模剂涂刷不均匀。

③ 钢筋保护层垫块厚度或放置间距、位置等不当。

④ 局部配筋、铁件过密，阻碍混凝土下料或无法正常振捣。

⑤ 混凝土坍落度、和易性不好。

⑥ 混凝土浇筑方法不当、不分层或分层过厚，布料顺序不合理等。

⑦ 混凝土浇筑高度超过规定要求，且未采取措施，导致混凝土离析。

⑧ 漏振或振捣不实。

⑨ 混凝土拆模过早。

3）防治措施

① 模板使用前应进行表面清理，保持表面清洁光滑，钢模应保证边框平直，组合后应使接缝严密，必要时可用胶带加强，浇混凝土前应充分润湿或均匀涂刷脱模剂。

② 按规定或方案要求合理布料，分层振捣，防止漏振。

③ 对局部配筋或铁件过密处，应事先制定处理措施，保证混凝土能够顺利通过，浇注密实。

（4）混凝土柱、墙、梁等构件外形尺寸、轴线位置偏差大

1）现象　混凝土柱、墙、梁等外形尺寸、表面平整度、轴线位置等超过规范允许偏差值。

2）原因

① 没有按施工图进行施工放线或误差过大。

② 模板的强度和刚度不足。

③ 模板支撑基座不实，受力变形大。

3）防治措施

① 施工前必须按施工图放线，并确保构件断面几何尺寸和轴线定位线准确无误。

② 模板及其支撑（架）必须具有足够的承载力、刚度和稳定性，确保模具在浇筑混凝土及养护过程中，不变形、不失稳、不跑模。

③ 要确保模板支撑基座坚实。

④ 在浇筑混凝土前后及过程中，要认真检查，及时发现问题，及时纠正。

（5）混凝土收缩裂缝

1）现象　裂缝多出现在新浇筑并暴露于空气中的结构构件表面，有塑态收缩、沉陷收缩、干燥收缩、碳化收缩、凝结收缩等收缩裂缝。

2）原因

① 混凝土原材料质量不合格，如骨料含泥量大等。

② 水泥或掺合料用量超出相关规范规定。

③ 混凝土水灰比、坍落度偏大，和易性差。

④ 混凝土浇筑振捣差，养护不及时或养护差。

3）防治措施

① 选用合格的原材料。

② 根据现场情况、图纸设计和规范要求，由有资质的实验室配制合适的混凝土配合比，并确保搅拌质量。

③ 确保混凝土浇筑振捣密实，并在初凝前进行二次抹压。

④ 确保混凝土及时养护，并保证养护质量满足要求。

 思考与拓展题

1. 基础、柱、梁、楼板结构的模板构造及安装要求有哪些？

2. 为保证浇筑混凝土不离析，柱支模时，沿高度方向每隔约多少米开有浇筑口？

3. 跨度在4m及4m以上的梁模板为什么需要起拱？如何起拱？

4. 对于拆模顺序有何要求？

5. 钢筋闪光对焊工艺有几种？如何选用？

6. 钢筋电弧焊接头有哪几种？如何选用？质量检查内容有哪些？

7. 钢筋工程检查验收包括哪几方面？应注意哪些问题？

8. 钢筋进场一般检验的项目和抽样是如何规定的？

9. 钢筋代换有几种基本方法？代换时应注意什么问题？

10. 钢筋连接的方法有哪些？各有什么特点？

11. 为什么要进行施工配合比的换算？如何换算？

12. 在柱的混凝土浇筑前对柱底部要如何处理？为什么？

13. 混凝土浇筑前要做好哪些准备工作？

14. 试述混凝土结构施工缝的留设原则、留设位置及处理方法。

15. 大体积混凝土的浇筑方案有哪些？

16. 混凝土振动器有哪几种？各自的适用范围是什么？

17. 为什么混凝土浇筑后要进行养护？常用的养护方法有哪些？

18. 什么是混凝土的自然养护？自然养护有哪些方法？如何控制混凝土拆模强度？

19. 使用商品混凝土时，应审查预拌混凝土厂家提供的哪些资料？

20. 混凝土的取样和试件留置有哪些要求？

 能力训练题

1. 选择题

（1）混凝土在运输过程中不应产生分层、离析现象，如有离析，必须在浇筑前（   ）。

    A. 加水   B. 振捣   C. 二次搅拌   D. 加水泥

（2）在施工缝处继续浇筑混凝土应待已浇混凝土强度达到（   ）。

    A. 1.2MPa   B. 2.5MPa   C. 1.0MPa   D. 5MPa

（3）评定混凝土强度试件的规格是（   ）。

    A. 70.7mm×70.7mm×70.7mm   B. 100mm×100mm×100mm

    C. 150mm×150mm×150mm   D. 200mm×200mm×200mm

（4）混凝土冬期施工，所用水泥应优先选用（   ）。

    A. 高铝水泥   B. 普通硅酸盐水泥   C. 矿渣水泥   D. 粉煤灰水泥

(5) 钢筋的闪光对焊，对于端面不平整的大直径钢筋连接，宜选用（　　）。

    A. 连续闪光焊　　　　　　　　B. 预热闪光焊

    C. 闪光-预热-闪光焊　　　　　D. 焊后热处理

(6) 同一组试块的强度值选用：当三个试块过大或过小的强度值与中间值相比超过（　　）时，以中间值代表该组试块的强度。

    A. 20%　　　　　B. 15%　　　　　　C. 30%　　　　　D. 25%

(7) 施工缝一般留在构件（　　）部位。

    A. 受压最小　　B. 受剪最小　　　　C. 受弯最小　　　D. 受扭最小

(8) 在模板安装完成后，才能进行钢筋安装或绑扎的构件是（　　）。

    A. 墙　　　　　B. 柱　　　　　　　C. 梁　　　　　　D. 板

(9) 柱模上若开设混凝土浇筑口时，其间距应为（　　）左右。

    A. 1m　　　　　B. 2m　　　　　　　C. 3m　　　　　　D. 4m

(10) 柱施工缝留置位置不当的是（　　）。

    A. 基础顶面　　B. 与吊车梁平齐处　　C. 吊车梁上面　　D. 梁的下面

(11) 量度差值是指（　　）。

    A. 外包尺寸与内包尺寸间差值　　B. 计量单位不同所致

    C. 轴线与内包尺寸间差值　　　　D. 外包尺寸与中心线长度间差值

(12) 现有一根梁需要 6 根直径 16mm 的钢筋，而工地上只有直径 18mm 的和直径 14mm 的钢筋，那么应该（　　）。

    A. 用 6 根直径 18mm 的直接代替

    B. 用 8 根直径 14mm 的直接代替

    C. 用 6 根直径 14mm 的代替，并办理设计变更文件

    D. 用 8 根直径 14mm 的代替，并办理设计变更文件

(13) 柱混凝土灌注前，柱基表面应先填以（　　）厚与混凝土内砂浆成分相同的水泥砂浆，然后再灌注混凝土。

    A. 5～10cm　　B. 10～15cm　　　　C. 10～20cm　　　D. 15～20cm

(14) 悬挑长度为 2m，混凝土强度等级为 C40 的现浇阳台板，当混凝土强度至少应达到（　　）时方可拆除底模板。

    A. 70%　　　　　B. 100%　　　　　C. 75%　　　　　D. 50%

(15) 大体积混凝土浇筑施工，当结构长度较大时，宜采用（　　）的浇筑方案。

    A. 全面分层　　B. 斜面分层　　　　C. 分段分层　　　D. 均可

(16) 超过（　　）个月的水泥，即为过期水泥，使用时必须重新确定其标号。

    A. 1　　　　　　B. 2　　　　　　　C. 3　　　　　　　D. 6

(17) 钢筋加工弯曲 180°，其每个弯钩的增长值为（　　）倍的钢筋直径。

    A. 2.5　　　　　B. 3.5　　　　　　C. 4.9　　　　　　D. 6.25

(18) 某梁的跨度为 6m，支模时其跨中起拱高度可为（　　）。

    A. 9mm　　　　B. 2mm　　　　　　C. 4mm　　　　　D. 1mm

2. 计算题

设混凝土实验室配合比为 1：2.56：5.5，水灰比为 0.6，1m³ 混凝土的水泥用量为 300kg，测得砂子含水率为 4%，石子含水率为 2%，求：

(1) 混凝土施工配合比。

(2) 每立方米混凝土中各种材料的用量。

项目5 预应力混凝土工程施工

任务 5.1 预应力筋简介

预应力筋的检验

混凝土的抗拉强度很低，约为抗压强度的 1/10，所以在一般受弯构件中，为了避免承受荷载后的受拉区混凝土过早出现裂缝，设计时不得不限制其中钢筋的相应变形率，这样做不利于钢筋充分发挥作用。普通钢筋混凝土构件中，如果保证混凝土不开裂，混凝土拉应变值为 0.0001～0.00015，对应的钢筋应力为 20～30MPa，这个数值远低于钢筋的屈服强度。因此，钢筋混凝土构件一般都是带裂缝工作。裂缝出现后和裂缝继续开展将使构件的使用性能下降（钢筋锈蚀和变形增大）。对于允许出现裂缝的构件，由于裂缝宽度的限制，当裂缝最大允许宽度为 0.2～0.3mm 时，钢筋应力也只能达到 150～200MPa。因此，虽然高强钢材不断发展，但在普通钢筋混凝土构件中却不能充分发挥其作用。

5.1.1 预应力混凝土的基本原理

普通钢筋混凝土结构抗拉强度低的缺点使混凝土过早开裂，限制了自身的发展，那么能否利用混凝土抗压强度高的特点来帮助抗拉呢？

要克服上述钢筋混凝土结构的缺点，简单有效的方法是对受拉区混凝土施加（压）应力。例如，一个盛水用的木桶（图 5-1），是由一块块木片用铁箍箍成的，盛水后木桶之所以不漏水，是因为用力把它箍紧时，木片与木片之间产生了预（压）应力。待木桶盛水后，水压对木桶所产生的环向拉力，抵消了木片之间的一部分预压应力，使木片与木片之间能始终保持受压的状态，这就是预应力的原理。

预应力技术国外最早在 1896 年由奥地利的孟特尔提出，而先将预应力混凝土技术用于实用阶段的是法国工程师弗雷西奈，他在对混凝土和钢材受力性能进行了大量研究和总结前人经验的基础上，考虑到混凝土收缩和徐变产生的损失，于 1928 年指出了预应力混凝土必须采用高强钢材和高强混凝土，从而使预应力混凝土在理论上有了关键性突破，其后这些技术在全世界范围内得到了广泛推广。我国从 1956 年推广应用预应力混凝土，现在无论在数量以及结构类型方面均得到迅速发展。

在制作钢筋混凝土梁时，采用某种方法使配置在梁下部的钢筋预先受拉，并使钢筋的这个预拉力又同时反作用在混凝土截面上，则梁下部混凝土便产生了预压应力。混凝土结构在预压应力作用下充分发挥钢筋抗拉强度高和混凝土抗压能力强的特点，可以提高构件的承载能力。当构件在荷载作用下产生拉应力时，首先抵消预应力，然后随着荷载不断增加，受拉区混凝土才受拉开裂，从而延迟了构件裂缝的出现和限制了裂缝的扩展，提高了构件的抗裂性和刚度。这种利用钢筋对受拉区混凝土施加预压应力的钢筋混凝土，称为预应力混凝土。

如图 5-2 所示，一简支梁在承受外荷载之前，预先在梁的受拉区施加一对大小相等，方向相反的集中力，则构件各截面的应力分布如图 5-2(a) 所示，仅在使用荷载作用下，梁跨中截面应力分布如图 5-2(b) 所示，当两种应力状态相互叠加时［图 5-2(c)］，梁跨中下边缘的应力可能是数值很小的拉应力，也可能是压应力，甚至应力为零（视施加压力和荷载的相对大小而定），这就是预应力混凝土的基本原理。

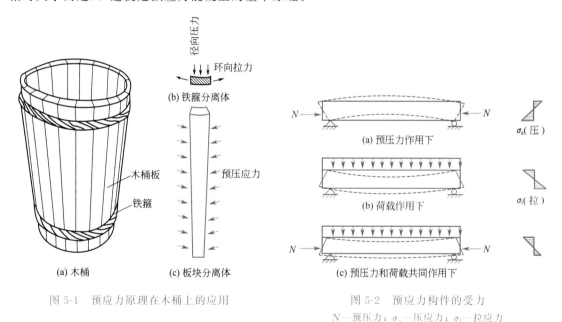

图 5-1　预应力原理在木桶上的应用

图 5-2　预应力构件的受力

N—预压力；σ_a—压应力；σ_l—拉应力

5.1.2　预应力混凝土结构的特点及适用性

预应力混凝土结构的主要优点归纳起来有以下几个方面。

① 能够充分利用高强度钢筋、高强度混凝土，减少了钢筋用量；构件截面小，减轻了结构自重，工程造价也相应地降低。

② 预应力能使构件受拉区推迟或避免开裂，提高了构件的抗裂性能。由于抗裂度的提高，在正常使用条件下，预应力混凝土一般不产生裂缝或裂缝极小，从而使构件的抗侵蚀能力和耐久性也大大提高，对于某些抗裂性要求较高的结构和构件，如钢筋混凝土屋架下弦、水池、油罐、压力容器等，施加预应力尤为重要。

③ 由于预应力混凝土构件在使用阶段不带裂缝工作或裂缝很小，所以构件的截面刚度较大；同时，预应力使构件产生反拱，从而减小了荷载作用下构件的挠度，所以，在使用荷载作用下，预应力混凝土梁、板构件的挠度，往往只有相同情况下钢筋混凝土梁、板构件的几分之一。

④ 由于预应力提高了构件的抗裂性能和刚度，减小了构件的截面尺寸和自重，从而扩大了钢筋混凝土结构的应用范围，使之适用于较大荷载和较大跨度。

⑤ 预应力技术的采用，对装配式钢筋混凝土结构的发展起到了重要的作用，通过施加预应力，可提高装配式结构的整体性，某些大型构件可以分段分块制造，然后用预应力的方法加以拼装，使施工制造及运输安装工作更加方便。

因为预应力混凝土的上述优点，使预应力技术在我国的建筑结构中得到广泛的应用，并取得了较好的经济效果。现在预应力混凝土结构已普遍应用于桥梁、建筑、轨枕、电杆、桩、压力管道、贮罐、水塔等，而且也扩大应用到高层、高耸、大跨、重载与抗震结构、能源工程、海洋工程、海洋运输等许多新的领域。

预应力混凝土结构虽具有一系列优点，但并非所有结构都需采用预应力混凝土结构，因为预应力混凝土结构的构造、施工、设计计算均比普通钢筋混凝土结构复杂，同时在制作预应力混凝土构件时需要有必要的机具设备和具有一定精度的特制锚具，因此应从实际出发，合理地选择和推广预应力混凝土结构。

按照张拉钢筋与浇筑混凝土的先后次序，建立预应力的方法有先张法和后张法。

5.1.3　预应力筋的种类

预应力混凝土结构有非预应力钢筋和预应力钢筋两种。预应力钢筋应采用高强度、有一定塑性及较好的黏结性能的钢筋，目前较常见的有以下几种。

（1）钢绞线　一般是由几根碳素钢丝在绞丝机上围绕一根中心钢丝顺一个方向进行螺旋状绞合，再经低温回火处理而成。钢绞线的直径比较大、柔软、施工定位方便，适用于先张法和后张法预应力结构与构件，将钢绞线外层涂防腐油脂并用塑料薄膜进行包裹，可用作无黏结预应力筋。钢绞线是目前国内应用最广泛的一种预应力筋。

图 5-3 所示为预应力钢绞线表面及截面形状，中心钢丝直径较外围钢丝直径大 5%～7%，捻距一般为 (12～16)d（d 为钢绞线直径）。

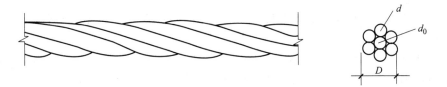

图 5-3　预应力钢绞线表面及截面形状

D—钢绞线直径；d_0—中心钢丝直径；d—外层钢丝直径

（2）高强钢丝　高强钢丝是用优质碳素钢热轧盘条经冷拔制成，再用机械方式对钢丝进行压痕处理形成刻痕钢丝，对钢丝进行低温（一般低于 500℃）矫直回火处理后即成为矫直回火钢丝。

预应力钢丝矫直回火后，可消除钢丝冷拔过程中产生的残余应力，其比例极限、屈服强度和弹性模量也相应提高，塑性也有所改善，同时也解决了钢丝的矫直问题，这种钢丝常被称为"消除应力钢丝"。消除应力钢丝的松弛损失虽比消除应力前稍低些，但仍然较高，常需经"稳定化"特殊处理，即在一定的温度和拉应力下进行应力消除回火处理，然后冷却至常温。经"稳定化"处理后，钢丝的松弛值仅为普通钢丝的 $0.25 \sim 0.33$，这种钢丝被称为"低松弛钢丝"。

（3）热处理钢筋　是由普通热轧中碳低合金钢经淬火和回火的调质热处理或轧后冷却方法制成。这种钢筋具有强度高、松弛值低、韧性较好、黏结力强等优点。按其螺纹外形可分为带纵肋和无纵肋两种，如图 5-4 所示。由于这种钢筋为大盘卷货，所以在施工中不需焊接。

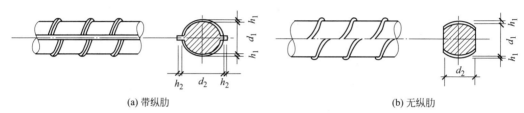

(a) 带纵肋　　　　　　　　　　　　　　　(b) 无纵肋

图 5-4　热处理钢筋外形

d—垂直内径；d_2—水平内径；h_1—横肋高；h_2—纵肋高

（4）精轧螺纹钢筋　是用热轧方法在整个钢筋表面上轧出不带纵肋的螺纹外形，如图 5-5 所示。钢筋的接长用连接螺纹套筒，端头锚固直接用螺母。它具有锚固简单、施工方便和无需焊接等优点。

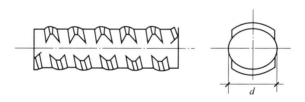

图 5-5　精轧螺纹钢筋外形

5.1.4　预应力筋的检验

搞好预应力筋的检验是确保预应力混凝土构件质量的关键。因此，在预应力筋进场时，应按现行国家标准《预应力混凝土用钢绞线》（GB/T 5224—2014）规定抽取试件做力学性能检验，其质量必须符合有关标准的规定。

（1）钢丝的检验　钢丝应成批验收，每批应由同一牌号、同一规格、同一生产工艺制成的钢丝组成，每批重量不大于 60t。

① 外观检查　对钢丝应进行逐盘检查。钢丝表面不得有裂纹、小刺、机械损伤、氧化铁皮和油污。钢丝的直径检查，按总盘数的 10% 选取，但不得少于 6 盘。

② 力学性能试验　钢丝的外观检查合格后，从每批中任意选取 10%（不少于 6 盘）的钢丝，在每盘钢丝的两端各截取一个试样，一个做拉伸试验（伸长率与抗拉强度），一个做弯曲试验。如有某一项试验结果不符合要求，则该盘钢丝为不合格品；再从同一批未经试验的钢丝中截取双倍数量的试样进行复验，如仍有某一项试验结果不合格，则该批钢丝为不合格品。

（2）钢绞线的检验

① 钢绞线应成批验收，每批应由同一牌号、同一规格、同一生产工艺制成的钢绞线组成，每批重量不大于 60t。

② 钢绞线的屈服强度和松弛试验，每季度由生产厂家抽验一次，每次至少一根。

③ 从每批钢绞线中任取 3 盘，进行表面质量、直径偏差、捻距和力学性能试验，其试验结果均应符合预应力混凝土用钢绞线的规定。如有一项指标不合格时，则该盘为不合格品；再从未试验的钢绞线中取双倍数量的试样，进行不合格项目的复验，如仍有一项不合格，则该批判为不合格品。

（3）热处理钢筋的检验　热处理钢筋也应成批验收，每批由同一外形截面尺寸、同一热处理制度和同一炉号的钢筋组成，每批重量不大于 60t。当重量不大于 30t 时，允许不多于 10 个炉号的钢筋组成混合批，但钢的含碳量差别不得大于 0.02％、含锰量差不得大于 0.15％、含硅量差不得大于 0.30％。

① 外观检查　从每批钢筋中选取 10％的盘数（不少于 25 盘）进行表面质量与尺寸偏差检查，钢筋表面不得有裂纹、结疤和折叠，允许有局部凸块，但不得超过螺纹筋的高度。钢筋的各项尺寸要用卡尺测量，如检查有不合格品，则应将该批逐盘检查。

② 拉伸试验　从每批钢筋中选取 10％的盘数（不少于 25 盘）进行拉伸试验。如有一项指标不合格，则该盘钢筋为不合格品；再从未试验过的钢筋中截取双倍数量的试样进行复验，如仍有一项指标不合格，则该批判为不合格品。

（4）精轧螺纹钢筋检验

① 外观检查　精轧螺纹钢筋的外观质量，应逐根检查。钢筋表面不得有锈蚀、油污、横向裂纹、结疤。允许有不影响钢筋力学性能、工艺性能以及连接的其他缺陷。

② 力学性能试验　精轧螺纹钢筋的力学性能，应抽样试验。每验收批重量不大于 60t。从中任取两根，每根取两个试件分别进行拉伸和冷弯试验。当有一项试验结果不符合标准规定时，应取双倍数量试件重做试验。复验结果仍有一项不合格时，该批精轧螺纹钢筋判为不合格品。

任务 5.2　先张法施工

先张法施工

先张法是在浇筑混凝土构件之前将预应力筋张拉到设计控制应力，用夹具将其临时固定在台座或钢模上，进行绑扎钢筋，支设模板，然后浇筑混凝土。当混凝土达到规定的强度（一般不低于设计强度标准值的 75％），能够保证预应力筋与混凝土有足够的黏结力时，放松预应力筋，借助于它们之间的黏结力，在预应力筋弹性回缩时，使混凝土构件受拉区的混凝土获得预压应力。

5.2.1　先张法的主要工序

先张法构件的预应力是靠预应力钢筋与混凝土之间的黏结力来传递的，先张法的主要工序（图 5-6）如下。

① 在台座或钢模上张拉钢筋，并将钢筋临时锚固在台座上。

② 支模，浇注混凝土。

③ 待混凝土达到一定强度时，截断或放松预应力钢筋。

先张法生产时，可采用台座法和机组流水法。

采用台座法时，预应力筋的张拉、锚固、混凝土的浇筑、养护及预应力筋放松等均在台座上进行，预应力筋放松前，其拉力由台座承受。由于先张法需要临时用台座锚固钢筋，台座所受拉力极大，要求其必须具有足够的强度、刚度和稳定性，故台座应作为先张法生产的永久性设备而适合在预制构件厂建造，用于批量生产中小预应力混凝土构件，如楼板、屋面板、檩条及吊车梁等。

采用机组流水法时，构件连同钢模通过固定的机组，按流水方式完成（张拉、锚固、混凝土浇筑和养护）每一生产过程，预应力筋放松前，其拉力由钢模承受。构件厂采用机械化流水线生产中小型预应力构件，是利用钢模板作支撑架直接锚固预应力筋，浇筑的构件连同模板在固定生产机组上，按流水生产方式完成各生产过程。

台座法为长线生产，最长有用到一百多米的，因此有时也称作长线法，即一次张拉预应力筋可在其上浇筑多个构件，台座法生产的构件一般靠自然养护，生产速度慢，要提高产量则需大量占用场地。机组流水法则为短线生产，一次张拉预应力筋仅在其上浇筑一个构件。

机组流水法多用蒸汽养护构件，故生产速度快。

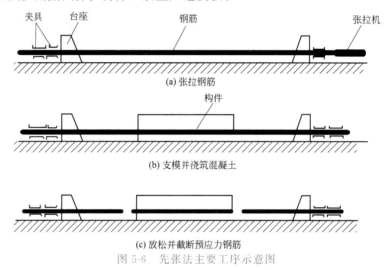

(a) 张拉钢筋

(b) 支模并浇筑混凝土

(c) 放松并截断预应力钢筋

图 5-6 先张法主要工序示意图

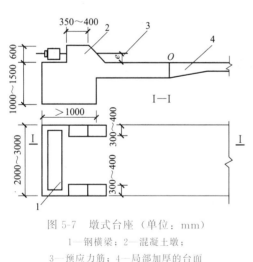

图 5-7 墩式台座（单位：mm）

1—钢横梁；2—混凝土墩；
3—预应力筋；4—局部加厚的台面

5.2.2 台座

台座按构造形式分为墩式台座和槽式台座，选用时应根据生产构件的类型、形式、张拉力的大小和施工条件而决定。

（1）墩式台座 由台墩、台面与横梁等组成（图 5-7）。台墩和台面共同承受拉力。台座尺寸由场地大小、构件类型和产量等因素确定，一般台座长度在 50～150m 之间，宽 2m。在台座的两端应留出张拉、锚固预应力筋的操作场地和通道，两侧要有构件运输和堆放的场地。墩式台座用以生产各种形式的中小型构件如屋架、空心板、平板等。张拉一次预应力筋，可生产多根构件，从而减小了张拉的临时锚固次数及因钢筋滑移引起的预应力损失。

① 台墩 一般由现浇钢筋混凝土做成。台墩应有合适的外伸部分，以增大力臂而减少台墩自重；台墩依靠自重和土压力平衡张拉力产生的倾覆力矩，依靠土的反力和摩擦阻力平

衡张拉力产生的滑移；采用台墩与台面共同工作的做法，可以减小台墩的自重和埋深，减少投资，缩短台墩建造工期。台墩稳定性验算一般包括抗倾覆验算与抗滑移验算。

②台面　是预应力构件成型的胎模，台面要求坚硬、平整、光滑，沿其纵向有 3‰的排水坡度。为避免混凝土因温度变化引起的台面开裂，可采用 40～50mm 厚细砂层作隔离层，使台面在温度变化时能自由变形，以减少温度应力；或台面每隔 10～20m 设置宽 30～50mm 的伸缩缝。

③横梁　以墩座牛腿为支撑点安装其上，是锚固夹具临时固定预应力筋的支撑点，也是张拉机械张拉预应力筋的支座。横梁常采用型钢或钢筋混凝土制作。

（2）槽式台座　由端柱、传力柱、横梁和台面组成，既可承受拉力，又可作蒸汽养护槽，适用于张拉吨位较高的大型构件，如屋架、吊车梁等。

槽式台座构造如图 5-8 所示。为便于运送和浇筑混凝土及蒸汽养护，槽式台座一般低于地面，但要考虑地下水位和排水问题。端柱、传力柱的端面必须平整，对接接头必须紧密，柱与柱之间连接必须牢靠。

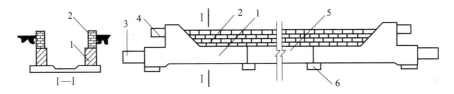

图 5-8　槽式台座构造

1—钢筋混凝土端柱；2—砖墙；3—下横梁；4—上横梁；5—传力柱；6—柱垫

槽式台座需进行强度和稳定性计算。端柱和传力柱的强度按钢筋混凝土结构偏心受压构件计算。槽式台座端柱抗倾覆力矩由端柱、横梁自重力矩及部分张拉力矩组成。

5.2.3　夹具

夹具是先张法构件施工时保持预应力筋拉力，并将其固定在张拉台座（或设备）上的临时性锚固装置。按其工作用途不同分为锚固夹具和张拉夹具。对夹具的要求是具有可靠的锚固能力，要求不低于预应力筋抗拉强度的 90%；使用中不发生变形或滑移，且预应力损失较小。夹具还应具有耐久、锚固与拆卸方便、能重复使用、适应性好、构造简单、加工方便、成本低的特点。

（1）钢丝锚固夹具

①钢质锥形夹具　可分为圆锥齿板式夹具和圆锥槽式夹具，由钢质圆柱形套筒和带有细齿（或凹槽）的锥塞组成（图 5-9）。锥形夹具既可用于固定端，也可用于张拉端，具有自锁和自锚能力。自锁即锥塞或齿板打入套筒后不致弹回脱出；自锚即能可靠地锚固预应力钢丝，锚固时，将锥塞打入套筒，借助锚阻力将钢丝锚固。适用于夹持单根直径 3～5mm的冷拔低碳钢丝和碳素钢丝。

②镦头夹具　采用镦头夹具（图 5-10）时，将预应力筋端部热镦或冷镦，通过承力板锚固。它用于预应力钢丝固定端的锚固。

（2）钢筋锚固夹具　常用圆套筒三片式夹具，由套筒和夹片组成（图 5-11）。套筒的内孔成圆锥形，三个夹片互成 120°，钢筋夹持在三个夹片中心，夹片内槽有齿痕，以保证钢筋的锚固。

（3）张拉夹具　是夹持住预应力筋后，与张拉机械连接起来进行预应力筋张拉的机具。

常用的张拉夹具有月牙形夹具、偏心式夹具、楔形夹具等，如图 5-12 所示。

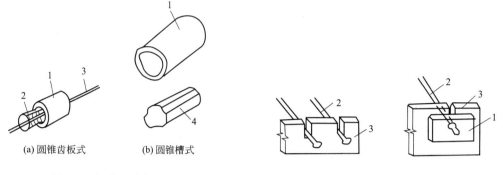

(a) 圆锥齿板式　　　　(b) 圆锥槽式

图 5-9　钢质锥形夹具

1—套筒；2—齿板；3—钢丝；4—锥塞

图 5-10　镦头夹具

1—垫片；2—镦头钢丝；3—承力板

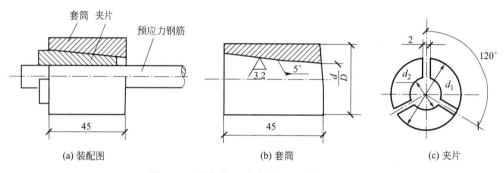

(a) 装配图　　　　(b) 套筒　　　　(c) 夹片

图 5-11　圆套筒三片式夹具（单位：mm）

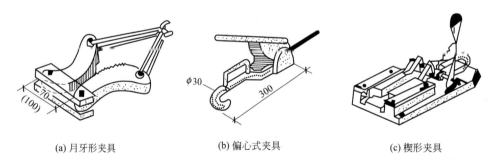

(a) 月牙形夹具　　　　(b) 偏心式夹具　　　　(c) 楔形夹具

图 5-12　张拉夹具（单位：mm）

单根钢筋之间的连接或粗钢筋与螺杆的连接，可采用钢筋连接器，图 5-13 所示为套筒双拼式连接器。

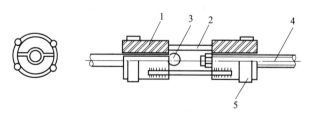

图 5-13　套筒双拼式连接器

1—半圆套筒；2—连接筋；3—钢筋镦头；4—工具式螺杆；5—钢圈

5.2.4 张拉设备

张拉设备要求简易可靠，控制应力准确，能以稳定的速率增大拉力。选择张拉机具时，为了保证设备、人身安全和张拉力准确，张拉机具的张拉力应不小于预应力筋张拉力的 1.5 倍；张拉机具的张拉行程不小于预应力筋伸长值的 1.1～1.3 倍；此外，还应考虑张拉机具与锚固夹具配套使用。

张拉设备分为电动张拉和液压张拉两类，电动张拉多用于先张法，液压张拉可用于先张法，也可用于后张法。

（1）电动张拉 在先张法台座上生产构件进行单根钢筋张拉，一般采用电动螺杆张拉机或电动卷扬机等。

电动螺杆张拉机（图 5-14）由螺杆、电动机、变速箱、测力计及顶杆等组成。主要适用于预制厂，在长线台座上张拉冷拔低碳钢丝。其工作原理：电动机正向旋转时，通过减速器带动螺母旋转，螺母即推动螺杆沿轴向向后运动，张拉钢筋。弹簧测力计上装有计量标尺和微动开关，当张拉力达到要求数值时，电动机能够自动停止转动。锚固好钢丝后，使电动机反向旋转，螺杆即向前运动，放松钢丝，完成张拉操作。

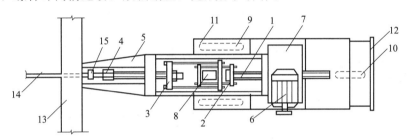

图 5-14 电动螺杆张拉机构造

1—螺杆；2,3—拉力架；4—张拉夹具；5—顶杆；6—电动机；7—减速器；8—测力计；
9,10—胶轮；11—底盘；12—手柄；13—横梁；14—钢丝；15—锚固夹具

电动卷扬机主要用在长线台座上张拉冷拔低碳钢丝（图 5-15）。

（2）液压张拉

① 普通液压千斤顶 先张法施工中，常常会进行多根钢筋的同步张拉，当用钢台模以机组流水法或传送带法生产构件进行多根张拉时，可用普通液压千斤顶进行张拉。张拉时要求钢丝的长度基本相等，以保证张拉后各钢筋的预应力相同，因此，事先应调整钢筋的初始应力。

② 拉杆式千斤顶 是利用单活塞张拉预应力筋的单作用千斤顶，主要适用于螺纹端杆锚具或夹具及镦头锚具或夹具。

③ 穿心式千斤顶 具有一个穿心孔，是利

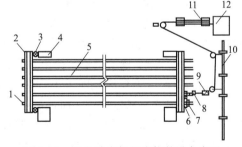

图 5-15 用电动卷扬机张拉的设备布置

1—镦头；2—横梁；3—放松装置；4—台座；
5—钢筋；6—垫块；7—穿心式夹具；
8—张拉夹具；9—弹簧测力计；10—固定梁；
11—滑轮组；12—电动卷扬机

用双液压缸张拉预应力筋和顶压锚具的双重作用千斤顶。穿心式千斤顶是一种适应性较强的千斤顶，它既适用于 JM12 型、XM 型和 KT-Z 型锚具，配上撑脚、拉杆等附件后，也可作为拉杆千斤顶使用，根据使用功能不同可分为 YC 型、YCD 型与 YCQ 型系列产品。

④ 锥锚式千斤顶 具有张拉、顶锚和退楔功能的千斤顶,主要适用于钢质锥形锚具。

⑤ 高压油泵 主要为各种液压千斤顶供油,有手动和电动两类。目前常用的是电动高压油泵,它由油箱、供油系统的各种阀和油管、油压表及动力传动系统等组成。

采用千斤顶张拉预应力筋时,张拉力的大小主要由油泵上的油压表反映。油压表的读数表示千斤顶内活塞上单位面积的油压力。在理论上,油压表读数乘以活塞面积,即可求出张拉时的张拉力。但是由于活塞与油缸之间存在摩擦阻力,故实际张拉力往往比理论计算值要小。为保证预应力筋张拉力的准确性,应定期校验千斤顶,确定张拉力与油表读数的关系曲线,以供施工时使用。在校验时,千斤顶与油压表必须配套校验,校验期限不宜超过半年。

5.2.5 先张法施工

(1) 预应力筋的铺设 长线台座面(或胎模)在铺放钢丝前,应清扫并涂刷隔离剂。一般涂刷皂角水溶性隔离剂,易干燥。隔离剂不应沾污钢丝,以免影响钢丝与混凝土的黏结。如果预应力筋遭受污染,应使用适当的溶剂清洗干净。涂刷应均匀,不得漏涂,待其干燥后,铺设预应力筋,一端用夹具锚固在台座横梁的定位承力板上,另一端卡在台座张拉端的承力板上待张拉。在生产过程中,应防止雨水或养护水冲刷掉台面隔离剂。预应力钢丝宜用牵引车铺设,如果钢丝需要接长,可借助于钢丝拼接器用 20～22 号铁丝密排绑扎(图5-16)。绑扎长度:对冷拔低碳钢丝不得小于 $40d$;对冷拔低合金钢丝不得小于 $50d$;对刻痕钢丝不得小于 $80d$。钢丝搭接长度应比绑扎长度大 $10d$(d 为钢丝直径)。

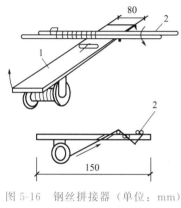

图 5-16 钢丝拼接器(单位:mm)
1—拼接器;2—钢丝

(2) 预应力筋的张拉

① 张拉控制应力 是指在张拉预应力筋时所达到的规定应力,应按设计规定采用。控制应力的数值直接影响预应力的效果,控制应力稍高,预应力效果会更好些,不仅可以提高构件的抗裂性能和减少挠度,还可以节约钢材。所以,把张拉应力适当规定得高一些是有利的,但控制应力过高,构件在使用过程中预应力筋处于高应力状态,使构件出现裂缝的荷载与破坏荷载接近,构件延性差,破坏时,挠度小而脆断,没有明显预兆,这是不允许的。

同时,为了减少钢筋松弛、测力误差、温度影响、锚具变形、混凝土硬化时收缩徐变和钢筋滑移引起的预应力损失,施工中常采用超张拉工艺,使超张拉应力比控制应力提高 3%～5%,这时若预应力被超张拉,而控制应力又过高,就可能使钢筋超过流限,产生塑性变形,从而影响预应力值的准确性和张拉工艺的安全性。此外,当控制应力或超张拉应力过大,而预应力筋又配置得较多时,则构件混凝土将受到很大的预压应力而产生非线性徐变,这样也引起过大的应力损失。所以,预应力钢筋的控制应力和超张拉的最大应力不得超过表 5-1 的规定。

表 5-1 最大张拉控制应力允许值

钢 种	张 拉 方 法	
	先张法	后张法
碳素钢丝、刻痕钢丝、钢绞线	$0.80f_{ptk}$	$0.75f_{ptk}$
热处理钢筋、冷拔低碳钢丝	$0.75f_{ptk}$	$0.70f_{ptk}$
冷拉钢筋	$0.95f_{pyk}$	$0.90f_{pyk}$

注:f_{ptk} 为预应力筋极限抗拉强度标准值;f_{pyk} 为预应力筋屈服强度标准值。

② 张拉程序　可按下列之一进行：$0 \rightarrow 1.05\sigma_{con}$（持荷 2min）$\rightarrow \sigma_{con}$ 或 $0 \rightarrow 1.03\sigma_{con}$。

第一种张拉程序中，钢筋超张拉 5% 并持荷 2min 的目的，主要是为了加速钢筋松弛，以减少钢筋松弛、锚具变形和孔道摩擦所引起的应力损失，试验表明，钢筋的应力松弛损失，在高应力状态下的最初几分钟内可完成损失总值的 40%～50%，因此超张拉并持荷 2min，再回到 σ_{con} 进行预应力筋锚固，可使近一半的应力松弛损失在锚固之前已损失掉，故可大大减少实际应力损失。

第二种张拉程序中，超张拉 3%，并直接锚固，其目的是为了补偿预应力筋的松弛损失。经分析认为：采用第一种张拉程序比采用一次张拉 $0 \rightarrow \sigma_{con}$ 应力松弛损失可减少 （2%～3%）σ_{con}。将一次张拉时的张拉应力提高 $3\%\sigma_{con}$，即采用第二种张拉程序，同样可以达到减少应力松弛损失的效果。故上述两种张拉程序是等效的。

在先张法中，施加预应力宜采用一端张拉工艺，张拉控制应力和程序按图纸设计要求进行。当设计无具体要求时，一般采用 $0 \rightarrow 1.03\sigma_{con}$。张拉时，根据构件情况可采用单根、多根或整体一次进行张拉。当采用单根张拉时，其张拉顺序宜由下向上，由中到边（对称）进行。全部张拉工作完毕，应立即浇筑混凝土。超过 24h 尚未浇筑混凝土时，必须对预应力筋进行再次检查；如检查的应力值与允许值差超过误差范围时，必须重新张拉。

③ 预应力值的校核　预应力钢筋的张拉力，一般用伸长值校核。张拉预应力筋的理论伸长值与实际伸长值的误差在 +10%～-5% 的范围内是允许的。预应力筋理论伸长值 ΔL 按下式计算：

$$\Delta L = \frac{F_P L}{A_P E_S} \tag{5-1}$$

式中　F_P——预应力筋平均张拉力，N；

　　　L——预应力筋的长度，mm；

　　　A_P——预应力筋的截面面积，mm^2；

　　　E_S——预应力筋的弹性模量，MPa。

预应力筋的实际伸长值，宜在初应力约为 10% 时测量，并加初应力以内的推算伸长值。

预应力钢丝张拉时，伸长值不进行校核。钢丝张拉锚固后，应采用钢丝内力测定仪检查钢丝的预应力值。其偏差按一个构件全部钢丝的预应力平均值计算，不得大于或小于设计规定预应力值的 5%。

④ 张拉注意事项

a. 为避免台座承受过大的偏心力，应先张拉靠近台座截面重心处的预应力筋。张拉时，应以稳定的速度逐渐加大拉力，张拉力应控制准确。

b. 钢质锥形夹具锚固时，敲击锥塞或楔块应先轻后重，同时倒开张拉设备并放松预应力筋，两者应密切配合，既要减少钢丝滑移，又要防止锤击力过大导致钢丝在锚固夹具处断裂。

c. 对重要结构构件（如吊车梁、屋架等）的预应力筋，用应力控制方法张拉时，应校核预应力筋的伸长值。

d. 同时张拉多根预应力钢丝时，应预先调整初应力，使其相互之间的应力一致。

e. 预应力筋张拉后，对设计位置的偏差不得大于 5mm，也不得大于构件截面最短边长的 4%。

f. 多根钢丝同时张拉时，断丝和滑脱钢丝的数量不得大于钢丝总数的 3%，一束钢丝中只允许断丝一根。

g. 张拉、锚固预应力筋应专人操作，实行岗位责任制，并做好预应力筋张拉记录。

h. 在已张拉钢筋（丝）上进行绑扎钢筋、安装预埋铁件、支撑安装模板等操作时，要防止踩踏、敲击或碰撞钢筋（丝）。

5.2.6 混凝土的浇筑与养护

混凝土的收缩是水泥浆在硬化过程中脱水密结和形成的毛细孔压缩的结果。混凝土的徐变是荷载长期作用下混凝土的塑性变形，因水泥石内凝胶体的存在而产生。为了减少混凝土的收缩和徐变引起的预应力损失，在确定混凝土配合比时，应优先选用干缩性小的水泥，采用低水灰比，控制水泥用量，对骨料采取良好的级配等。

预应力钢丝张拉、绑扎钢筋、预埋铁件安装及立模工作完成后，应立即浇筑混凝土，每条生产线应一次连续浇筑完成。采用机械振捣密实时，要避免碰撞钢筋（丝）。混凝土未达到一定强度前，不允许碰撞或踩踏钢筋（丝）。

预应力混凝土构件制作时，必须振捣密实，特别是构件的端部，以保证混凝土的强度和黏结力。

混凝土的浇筑必须一次完成，不允许留设施工缝。混凝土的强度等级不得小于C30。预应力混凝土构件叠层生产时，应待下层构件的混凝土强度达到 8～10MPa 后，再进行上层混凝土构件的浇筑。

预应力混凝土可采用自然养护或湿热养护，自然养护不得少于 14d。干硬性混凝土浇筑完毕后，应立即覆盖进行养护。当采用湿热养护时应采取正确的养护制度，以减少由于温度升高而引起的预应力损失。预应力筋张拉后锚固在台座两端，随着养护温度升高，预应力筋纵向伸长，而台座的温度和长度变化不大，因而会造成预应力筋的应力降低。

为了减少温差造成的应力损失，采用湿热养护时，在混凝土未达到一定强度前，温差不要太大，一般不超过 20℃。待混凝土与预应力筋的黏结力足以抵抗温差变形后，再将温度升到养护温度进行养护。采用机组流水法或传送带法用钢模制作预应力构件及湿热养护混凝土时，钢模与预应力筋同样升温和伸缩，不会引起预应力损失。

5.2.7 预应力筋的放张

预应力筋放张就是将预应力筋从夹具中松脱开，将张拉力通过预应力筋传递给混凝土，从而获得预压应力。

放张预应力筋前，必须拆除模板，进行混凝土试块试压，混凝土强度必须符合设计要求。如设计无要求时，不得低于设计混凝土强度标准值的 75%。放张时如果混凝土强度过低，一方面可使混凝土出现开裂，构件损坏；另一方面，即使构件未损坏，过早放张也会因混凝土早期收缩和徐变较大而增大预应力损失。

(1) 放张顺序 是指预应力混凝土构件中，多根预应力筋依次放张的先后顺序（包括逐根放张和同时放张）。预应力筋在构件截面中的设计位置不同，放张时对构件的作用也不同，有时会产生较大的偏心受压。因此，放张顺序应符合设计要求，以避免放张时损坏构件。对承受轴心预压力的构件（如压杆、桩等），所有的预应力筋应同时放张；对承受偏心预压力的构件，应先同时放张预压力较小区域的预应力筋，再同时放张预压力较大区域的预应力筋；如不能按上述要求同时放张时，也应分阶段、对称、相互交错地进行放张，以防止放张过程中构件产生弯曲和预应力筋断裂。

长线台座生产的钢弦构件，剪断钢丝宜从台座中部开始；叠层生产的预应力构件，宜按自上而下的顺序进行放张；板类构件放张时，从两边逐渐向中心进行。

（2）放张方法　构件预应力筋数量少，逐根放张时，预应力钢丝可用剪切、锯割等方法放张，预应力钢筋可用加热熔断方法放张。构件预应力筋数量多时，应多根同时放张，其放张方法有千斤顶放张、砂箱放张、楔块放张。

① 千斤顶放张　放张单根预应力筋，一般采用千斤顶放张，如图 5-17 所示，即用千斤顶拉动单根钢筋的端部，松开螺母；若多根预应力筋构件采用千斤顶放张时，应按对称、相互交错放张的原则，拟定合理放张顺序，控制每一次循环放张的吨位，缓慢逐根多次循环放松。

② 砂箱放张　构件预应力筋较多时，整批同时放张可采用砂箱、楔块等放张装置。砂箱放张装置如图 5-18 所示，由钢板制作的缸套和活塞组成，内装石英砂或铁砂。预应力筋张拉时，砂箱中的砂被压实，承受横梁的反力；预应力筋放张时，将出砂口打开，砂缓慢地流出，活塞徐徐回退，钢筋则逐渐放松。砂箱中的砂应选用级配适宜的干燥砂。安装时，用大于张拉力的压力压紧砂箱，以减小砂的空隙引起的预应力损失。采用两台砂箱时，要控制放张速度一致，以免构件扭曲损伤。砂箱放张构造简单，能控制放张速度，工作可靠，常用于张拉力大于 1000kN 的预应力筋的放张。

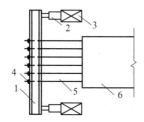

图 5-17　千斤顶放张装置

1—横梁；2—千斤顶；3—承力架；
4—夹具；5—钢丝；6—构件

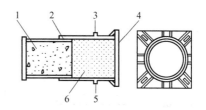

图 5-18　砂箱放张装置

1—活塞；2—钢套箱；3—进砂口；
4—钢套箱底板；5—出砂口；6—砂子

③ 楔块放张　如图 5-19 所示，楔块放张装置由固定楔块、活动楔块和螺杆组成，楔块放置在台座与横梁之间。预应力筋放张时，旋转螺母使螺杆向上运动，带动楔块向上移动，钢块间距变小，横梁向台座方向移动，从而同时放张预应力筋。楔块放张装置一般由施工单位自行设计，适用于 300kN 以下张拉力放松。

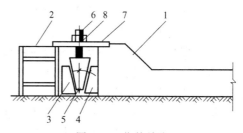

图 5-19　楔块放张

1—台座；2—横梁；3,4—钢块；5—钢楔块；
6—螺杆；7—承力板；8—螺母

④ 预热熔割　采用氧炔焰预热粗钢筋放张时，应在烘烤区轮换加热每根钢筋，使其同步升温，此时钢筋内力徐徐下降，外形慢慢伸长，待钢筋出现缩颈，即可切断。此法应注意防止烧伤构件。

⑤ 钢丝钳或氧炔焰切割　对先张法板类构件的钢丝或细钢筋，放张时可直接用钢丝钳或氧炔焰切割。放张工作宜从生产线中间处开始，以减少回弹量且有利于脱模；对每一块板，应从外向内对称放张，以免构件扭转而端部开裂。

（3）放张注意事项

① 预应力混凝土构件的预应力筋为钢丝时，放张前，应根据预应力钢丝的应力传递长度，计算出预应力钢丝在混凝土内的回缩值，以检查预应力钢丝与混凝土黏结效果。若实测的回缩值小于计算的回缩值，则预应力钢丝与混凝土的黏结效果满足要求，可进行预应力钢丝的放张。

② 放张前，应拆除侧模，使放张时构件能自由压缩，否则将损坏模板或使构件开裂。对有横肋的构件（如大型屋面板），其端横肋内侧面与板面交接处做出一定的坡度或做成大圆弧，以便钢筋放张时端横肋能沿着坡面滑动。必要时在胎模与台面之间设置滚动支座，这样，在预应力筋放张时，构件和胎模可随着钢筋的回缩一起移动。

③ 用氧炔焰切割时，应采取隔热措施，防止烧伤构件端部混凝土。

任务 5.3 后张法施工

后张法主要用于现场预应力施工，它是在制作构件时预留孔道，待混凝土达到一定的强度后在孔道内穿入钢筋，并按照设计要求张拉钢筋，然后用

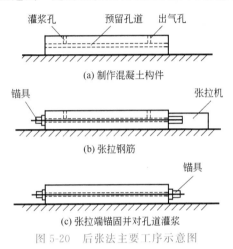

图 5-20 后张法主要工序示意图

锚具在构件端部将钢筋锚固，阻止钢筋回缩，从而对构件施加预应力。钢筋锚固完毕后，为了使预应力钢筋与混凝土牢固结合并共同工作，防止预应力钢筋锈蚀，应对孔道进行压力灌浆。为了保证灌浆密实，在远离灌浆孔的适当部位应预留出气孔。后张法的主要工序如图 5-20 所示。

将先张法和后张法对比可以看出，先张法的生产工序少，工艺简单，质量容易保证。同时，先张法不用工作锚具，生产成本较低，台座越长，一条长线上生产的构件数量越多，所以适合于工厂内成批生产中小型预应力构件。但是，先张法生产所用的台座及张拉设备一次性投资费用较大，而且台座一般只能固定在一处，不够灵活。后张法直接在混凝土构件或结构上进行预应力筋的张拉和锚固，故不需要固定的台座设备，现场生产时可避免构件的长途搬运，所以适宜于在现场生产的大型构件，特别是大跨度的构件，如薄腹梁、吊车梁和屋架等。后张法又作为一种预制构件的拼装手段，可先在预制厂制作小型块体，运到现场后，穿入钢筋，通过施加预应力拼装成整体。但后张法需要在钢筋两端设置专门的锚具，这些锚具永远留在构件上，不能重复使用，耗用钢材较多，且要求加工精密，费用较高；同时，由于留孔、穿筋、灌浆及锚具部分预压应力局部集中处需加强配筋等原因，使构件端部构造和施工操作都比先张法复杂，所以造价一般比先张法高。

5.3.1 后张法的主要工序

① 浇筑混凝土结构或构件（留孔），养护拆模。
② 混凝土达 75%强度后穿筋张拉。
③ 进行张拉端锚固并对孔道灌浆。

5.3.2 锚具

锚具是使后张法的结构或构件中保持预应力筋拉力并将其传递到混凝土上用的永久性锚固装置。在后张法中，锚具是建立预应力值和保证结构安全的关键，是预应力构件的一个组成部分。锚具的尺寸形状要准确，有足够的强度和刚度，受力后变形小，锚固可靠，不会产生预应力筋的滑移和断裂现象，并且应构造简单、加工方便、体形小、成本低、全部零件互

换性好、使用方便。锚具的类型很多，各有一定的适用范围。

（1）单根钢筋锚具 单根粗钢筋的预应力筋，如果采用一端张拉，则在张拉端用螺纹端杆锚具，固定端用帮条锚具或镦头锚具；如果采用两端张拉，则两端均用螺纹端杆锚具。

① 螺纹端杆锚具 由螺纹端杆、螺母及垫板组成（图 5-21、图 5-22），是单根预应力粗钢筋张拉端常用的锚具。此锚具也可作先张法夹具使用，电热张拉时也可采用。

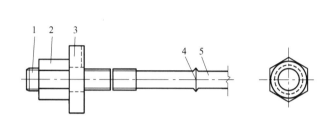

图 5-21 螺纹端杆锚具
1—螺纹端杆；2—螺母；3—垫板；4—焊接接头；5—钢筋

图 5-22 螺纹端杆锚具实物图

螺纹端杆锚具的特点是将螺纹端杆与预应力筋对焊成一个整体，用张拉设备张拉螺纹端杆，用螺母锚固预应力钢筋。螺纹端杆锚具的强度不得低于预应力钢筋的抗拉强度实测值。

② 帮条锚具 由衬板和三根帮条焊接而成（图 5-23），是单根预应力粗钢筋非张拉端用锚具。帮条采用与预应力钢筋同级别的钢筋，衬板采用普通低碳钢的钢板。帮条安装时，三根帮条应互成 120°，其与衬板相接触的截面应在一个垂直平面内，以免受力时产生扭曲。帮条的焊接可在预应力钢筋冷拉前或冷拉后进行，施焊方向应由里向外，引弧及熄弧均应在帮条上，严禁在预应力钢筋上引弧，并严禁将地线搭在预应力钢筋上。

③ 精轧螺纹钢筋锚具 由螺母和垫板组成，适用于锚固直径 25～32mm 的表面热轧成不带纵肋的螺旋外形的高强精轧螺纹钢筋。

（2）预应力钢筋束锚具

① KT-Z 型锚具 又称可锻铸铁锥形锚具，由锚环与锚塞组成，如图 5-24 所示，适用于锚固 3～6 根直径 12mm 的冷拉螺纹钢筋和钢绞线束。该锚具为半埋式，使用时先将锚环小头嵌入承压钢板中，并用断续焊缝焊牢，然后共同预埋在构件端部。使用 KT-Z 型锚具时，由于锚环有锥度，预应力筋在通过锚环张拉时形成弯折，因而产生摩擦阻力导致预应力损失，损失值对于钢筋束约为控制应力的 4%，对于钢绞线约为控制应力的 2%。

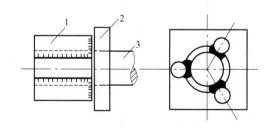

图 5-23 帮条锚具
1—帮条；2—衬板；3—预应力钢筋

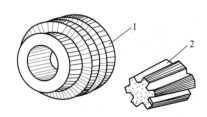

图 5-24 KT-Z 型锚具
1—锚环；2—锚塞

② JM 型锚具 由锚环与六片夹片组成（图 5-25），锚环分甲型和乙型两种。甲型锚环是

具有锥形内孔的圆锥体，外形比较简单，使用时直接放置在构件端部的垫板上即可。乙型锚环在圆柱体外部增加正方形肋板，使用时锚环直接预埋在构件的端部，不另设置垫板。夹片呈扇形，用两侧的半圆槽锚固预应力筋，半圆槽内刻有梯形齿痕，夹片背面的锥度与锚环一致，夹片的数量由锚固的钢筋（钢绞线）根数决定。JM 型锚具可用于锚固 3～6 根直径为 12mm 的光圆或变形的钢筋束，也可用于锚固 5～6 根直径为 12mm 或 15mm 的钢绞线束。JM 型锚具也可作工具锚重复使用，但如发现夹筋孔的齿纹有轻度损伤时，即应改为工作锚使用。

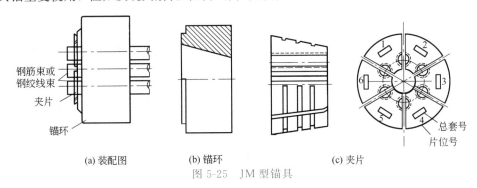

（a）装配图　　　　　（b）锚环　　　　　（c）夹片

图 5-25　JM 型锚具

常用的 JM12 型锚具中 JM 指这种锚具为夹片锚具，12 指锚固的每根钢筋直径均为 12mm。夹片的数量与所锚固的钢筋根数一致，每根钢筋均夹在相邻的两块扇形夹片之间，夹片外侧的锥度与锚环的内孔锥度一致。这种锚具通过穿心式千斤顶张拉，并由其将全部夹片同步顶入锚环锥孔，达到锚固状态。JM 型锚具是一种楔紧式锚具，由于预应力筋张拉时不改变其方向，故孔道摩擦小，这是夹片锚具的最大优点。JM12 型锚具性能好，锚固时钢筋或钢绞线束被单根夹紧，不受直径误差的影响，且预应力筋是在呈直线状态下被张拉和锚固，受力性能好。

③ XM 型锚具　由锚环和三块夹片组成，如图 5-26 所示。利用楔形夹片，将每根钢绞线独立地锚固在带有锥形的锚环上，形成一个独立的锚固单元。其特点是每根钢绞线都是分开锚固的，任何一根钢绞线的锚固失效（如钢绞线拉断、夹片碎裂）都不会引起整束钢绞线锚固失效。XM 型锚具既可用于锚固钢绞线束，又可用于锚固钢丝束；既可锚固单根预应力筋，又可锚固多根预应力筋；当用于锚固多根预应力筋时，既可单根张拉，逐根锚固，又可成组张拉，成组锚固；它既可用作工作锚，又可用作工具锚。当用于工具锚时，可在夹片和锚板之间涂抹一层固体润滑剂（如石墨、石蜡等），以利于夹片松脱。用于工作锚时，具有连续反复张拉的功能，可用行程不大的千斤顶张拉任意长度的钢绞线。

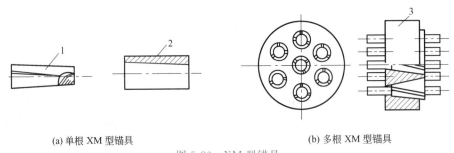

（a）单根 XM 型锚具　　　　　　　（b）多根 XM 型锚具

图 5-26　XM 型锚具

1—夹片；2—锚环；3—锚板

XM 型锚具通用性好，锚固性能可靠，施工方便，且便于高空作业。

④ QM 型锚具　由锚板与夹片组成。与 XM 型锚具不同之处，其锚孔是直的，锚板顶

面是平的，夹片垂直开缝。此外，备有配套喇叭形铸铁垫板与弹簧圈等，由于灌浆孔设在垫板上，锚板尺寸可稍小。QM 型锚具及配件如图 5-27 所示。这种锚具适用于锚固 4～31 根直径 12mm 或 3～19 根直径 15mm 的钢绞线。

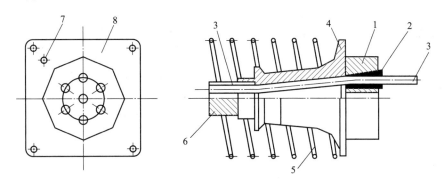

图 5-27　QM 型锚具及配件

1—锚板；2—夹片；3—钢绞线；4—喇叭形铸铁垫板；5—螺旋筋；
6—预留孔道用的螺旋管；7—灌浆孔；8—锚垫板

QM 型锚具备配套自动工具锚，张拉和退出十分方便，并可减少安装工具锚所花费的时间。张拉时要使用 QM 型锚具的配套限位器。

⑤ 镦头锚具　由锚固板和带镦头的预应力筋组成（图 5-28）。当预应力钢筋束一端张拉时，在固定端可用这种锚具代替 JM 型锚具，以降低成本。

预应力筋直径在 22mm 以内时，端部镦头可用对焊机热镦，将钢筋及铜棒夹入对焊机的两电极中，使钢筋端面与紫铜棒接触，进行脉冲式通电加热，当钢筋加热至红色呈可塑状态时，即逐渐加热加压，直至形成镦头为止。当钢筋直径较大时可采用加热锻打成型。

（3）预应力钢丝束锚具　钢丝束用作预应力筋时，由几根到几十根直径 3～5mm 的平行碳素钢丝组成。其固定端采用钢丝束镦头锚具，张拉端锚具可采用钢丝束镦头锚具、锥形螺杆锚具、钢质锥形锚具。

① 钢丝束镦头锚具　是利用钢丝两端的镦头进行锚固，适用于锚固 12～54 根直径 5mm 的碳素钢丝。镦头锚具的型式与规格，可根据需要自行设计。常用的镦头锚具为 A 型和 B 型（图 5-29）。A 型由锚环与螺母组成，用于张拉端；B 型为锚板，用于固定端。

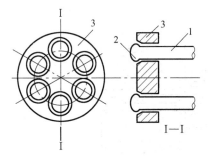

图 5-28　镦头锚具

1—预应力筋；2—镦粗头；3—锚固板

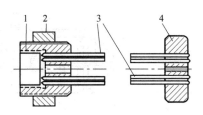

图 5-29　钢丝束镦头锚具

1—A 型锚环；2—螺母；3—钢丝束；4—B 型锚板

预应力钢丝束张拉时，在锚环内口拧上工具式拉杆，通过拉杆式千斤顶进行张拉，然后拧紧螺母将锚环锚固。钢丝束镦头锚具构造简单、加工容易、锚夹可靠、施工方便，但对下料长度要求较严，尤其当锚固的钢丝较多时，长度的准确性和一致性更需重视，这将直接影响预应力筋的受力状况。

② 锥形螺杆锚具 由锥形螺杆、套筒、螺母、垫板组成（图 5-30）。它适用于锚固 14～28 根直径 5mm 的钢丝束，使用时先将钢丝束均匀整齐地紧贴在螺杆锥体部分，然后套上套筒，用拉杆式千斤顶使端杆锥体通过钢丝挤压套筒，从而锚紧钢丝。由于锥形螺杆锚具不能自锚，必须事先加力顶压套筒才能锚固钢丝。锚具的预紧力取张拉力的 120%～130%。因为锥形螺杆锚具外形较大，为了缩小构件孔道直径，所以一般仅需在构件两端将孔道扩大，因此，钢丝束锚具一端可事先安装，另一端则要将钢丝束穿入孔道后才能进行安装。

③ 钢质锥形锚具 又称弗氏锚具，由锚环和锚塞组成（图 5-31）。适用于锚固 6 根、12 根、18 根与 24 根直径 5mm 的钢丝束。钢丝分布在锚环锥孔内侧，由锚塞塞紧锚固。锚环内孔的锥度应与锚塞的锥度一致，锚塞上刻有细齿槽，以夹紧钢丝防止滑动。锚环与锚塞配套时，锚环锥孔与锚塞的大小头只允许同时出现正偏差或负偏差。

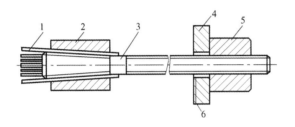

图 5-30 锥形螺杆锚具

1—钢丝；2—套筒；3—锥形螺杆；4—垫板；5—螺母；6—排气槽

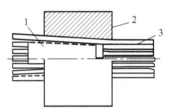

图 5-31 钢质锥形锚具

1—锚塞；2—锚环；3—钢丝束

锥形锚具工作时，若钢丝直径误差较大，易产生单根钢丝滑丝现象，且滑丝后很难弥补预应力损失。如用较大顶锚力的办法防止滑丝，过大的顶锚力易使钢丝咬伤。此外，钢丝锚固时呈辐射状态，弯折处受力较大，受力性能不好。

5.3.3 张拉机械

钢丝束镦头锚具、锥形螺杆锚具宜采用拉杆式千斤顶或穿心式千斤顶（YC60 型）张拉锚固。钢质锥形锚具应用锥锚式双作用千斤顶（常用 YZ60 型）张拉锚固。

（1）拉杆式千斤顶 如图 5-32 所示，适用于张拉以螺纹端杆锚具为张拉锚具的粗钢筋、镦头锚具钢丝束及锥形螺杆锚具钢丝束。

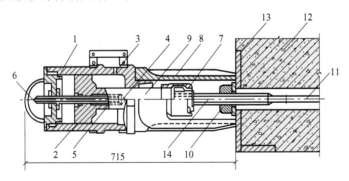

图 5-32 拉杆式千斤顶

1—主缸；2—主缸活塞；3—主缸油嘴；4—副缸；5—副缸活塞；6—副缸油嘴；7—连接器；
8—顶杆；9—拉杆；10—螺母；11—预应力筋；12—混凝土构件；13—预埋钢板；14—螺纹端杆

拉杆式千斤顶张拉预应力筋时，首先使连接器与预应力筋的螺纹端杆相连接，顶杆支撑在构件端部的预埋钢板上。高压油进入主缸时，则推动主缸活塞向左移动，并带动拉杆和连接器以及螺纹端杆同时向左移动，对预应力筋进行张拉。达到张拉力时，拧紧预应力筋的螺母，将预应力筋锚固在构件的端部。高压油再进入副缸，推动副缸使主缸活塞和拉杆向右移动，使其恢复初始位置。此时主缸的高压油流回高压泵中去，完成一次张拉过程。

（2）穿心式千斤顶　是利用双液压缸张拉预应力筋和顶压锚具的双作用千斤顶，它适用于张拉采用 JM12 型、QM 型、XM 型锚具的预应力钢丝束、钢筋束和钢绞线束。图 5-33 所示为 YC60 型穿心式千斤顶，沿千斤顶纵轴线有一穿心通道，供穿过预应力筋用。沿千斤顶的径向分内外两层油缸，外层油缸为张拉油缸，工作时张拉预应力筋；内层为顶压油缸，工作时进行锚具的顶压锚固。

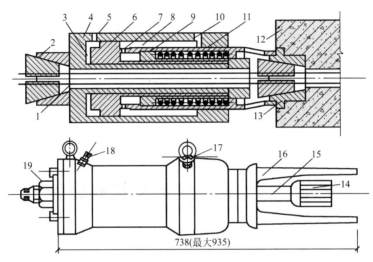

图 5-33　YC60 型穿心式千斤顶（单位：mm）

1—预应力筋；2—工具锚；3—张拉工作油室；4—张拉液压缸；5,18—张拉缸油嘴；6—顶压液压缸
（即张拉活塞）；7—油孔；8—张拉回程油室；9—顶压活塞；10,17—顶压缸油嘴；11—弹簧；
12—构件；13—锚环；14—连接器；15—张拉杆；16—撑杆；19—螺母

YC60 型穿心式千斤顶加装撑脚、张拉杆和连接器后，就可以张拉以螺纹端杆锚具为张拉锚具的单根粗钢筋和以锥形螺杆锚具为张拉锚具的钢丝束。增设顶压分束器，就可以张拉以 KT-Z 型锚具为张拉锚具的钢筋束和钢绞线束。

（3）锥锚式双作用千斤顶　如图 5-34 所示，其主缸和主缸活塞用于张拉预应力筋。主缸前端缸体上有卡环和销片，用以锚固预应力筋。主缸活塞为一中空活塞，中空部分设有拉力弹簧。副缸及活塞用于预压锚塞，将预应力筋锚固在构件端部。

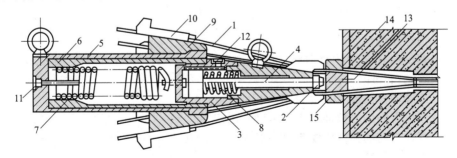

图 5-34　锥锚式双作用千斤顶

1—预应力筋；2—顶压头；3—副缸；4—副缸活塞；5—主缸；6—主缸活塞；7—主缸拉力弹簧；
8—副缸压力弹簧；9—锥形卡环；10—楔块；11—主缸油嘴；12—副缸油嘴；
13—锚塞；14—构件；15—锚环

锥锚式双作用千斤顶主要用于张拉 KT-Z 型锚具锚固的钢筋束或钢绞线束和使用锥形锚具的预应力钢丝束。

5.3.4　预应力筋的制作

预应力筋的制作，主要根据所用的预应力钢材品种、锚（夹）具形式及生产工艺等确定。预应力筋的下料长度应由计算确定。计算时应考虑结构的孔道长度、锚夹具厚度、千斤顶长度、焊接接头或镦头的预留量、冷拉伸长率、弹性回缩率、张拉伸长值等。

单根预应力粗钢筋的制作例题

（1）单根预应力粗钢筋的制作　一般包括下料、对焊、冷拉等工序。热处理钢筋及冷拉Ⅳ级钢筋宜采用切割机切断，不得采用电弧切割。预应力筋的下料长度应由计算确定，计算时应考虑锚夹具的厚度、对焊接头的压缩量、钢筋的冷拉伸长率、弹性回缩率、张拉伸长值和构件长度等的影响。

预应力钢筋下料长度的计算分以下两种情况。

① 当预应力筋两端采用螺纹端杆锚具［图 5-35(a)］时，其成品全长（包括螺纹端杆在内冷拉后的全长）为

$$L_1 = l + 2l_2 \tag{5-2}$$

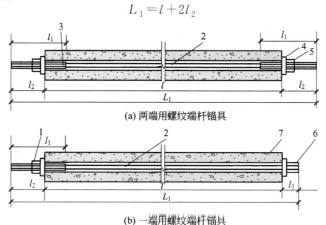

(a) 两端用螺纹端杆锚具

(b) 一端用螺纹端杆锚具

图 5-35　粗钢筋下料长度计算示意图

1—螺纹端杆；2—预应力钢筋；3—对焊接头；4—垫板；5—螺母；6—帮条锚具；7—混凝土构件

预应力筋（不包括螺纹端杆）冷拉后需达到的长度为

$$L_0 = L_1 - 2l_1 \tag{5-3}$$

预应力筋（不包括螺纹端杆）冷拉前的下料长度为

$$L = \frac{L_0}{1 + r - \delta} + n\Delta \tag{5-4}$$

式中　l——构件孔道长度；

l_2——螺纹端杆伸出构件外的长度，张拉端 $l_2 = 2H + h + 5\text{mm}$，锚固端 $l_2 = H + h + 10\text{mm}$；

l_1——螺纹端杆长度（一般为 320mm）；

r——预应力筋的冷拉伸长率（由试验确定）；

δ——预应力筋的弹性回缩率（一般为 0.4%～0.6%）；

n——对焊接头数量；

Δ——每个对焊接头的压缩量（一般为 20～30mm）；

H——螺母高度；

h——垫板厚度。

② 当预应力筋一端用螺纹端杆，另一端用帮条（或镦头）锚具［图 5-35(b)］时：

$$L_1 = l + l_2 + l_3 \tag{5-5}$$

$$L_0 = L_1 - l_1 \tag{5-6}$$

$$L = \frac{L_0}{1+r-\delta} + n\Delta \tag{5-7}$$

式中 l_3——镦头或帮条锚具长度（包括垫板厚度 h）。

为保证质量，冷拉宜采用控制应力的方法。若在一批钢筋中冷拉伸长率分散性较大时，应尽可能把冷拉伸长率相近的钢筋对焊在一起，以保证钢筋冷拉应力的均匀性。

【例 5-1】 21m 预应力屋架的孔道长为 20.80m，预应力筋为冷拉Ⅲ级钢筋，直径为 22mm，每根长度为 8m，实测冷拉伸长率 $r=4\%$，弹性回缩率 $\delta=0.4\%$，张拉应力为 $0.85f_{\text{pyk}}$。螺纹端杆长为 320mm，帮条长为 50mm，垫板厚为 15mm。计算：

① 两端用螺纹端杆锚具锚固时预应力筋的下料长度。

② 一端用螺纹端杆，另一端为帮条锚具时预应力筋的下料长度。

③ 预应力筋的张拉力为多少？

解

① 螺纹端杆锚具，两端同时张拉，螺母厚度取 36mm，垫板厚度取 16mm，则螺纹端杆伸出构件外的长度 $l_2 = 2 \times 36 + 16 + 5 = 93$（mm）；对焊接头个数 $n = 2 + 2 = 4$；每个对焊接头的压缩量 $\Delta = 22$mm，则预应力筋下料长度为

$$L = \frac{L_0}{1+r-\delta} + n\Delta = \frac{20800 - 2 \times 320 + 2 \times 93}{1+0.04-0.004} + 4 \times 22 = 19727 \text{（mm）}$$

② 帮条长为 50mm，垫板厚为 15mm，则预应力筋的成品长度为

$$L_1 = l + l_2 + l_3 = 20800 + 93 + (50+15) = 20958 \text{（mm）}$$

预应力筋（不含螺纹端杆锚具）冷拉后长度为

$$L_0 = L_1 - l_1 = 20958 - 320 = 20638 \text{（mm）}$$

$$L = \frac{L_0}{1+r-\delta} + n\Delta = \frac{20638}{1+0.04-0.004} + 3 \times 22 = 19987 \text{（mm）}$$

③ 预应力筋的张拉力

$$F_P = \sigma_{\text{con}} A_P = 0.85 \times 500 \times \frac{3.14}{4} \times 22^2$$

$$= 161475 \text{（N）} = 161.475 \text{（kN）}$$

（2）预应力钢丝束的制作 钢丝束制作随锚具的不同而异，一般需经调直、下料、编束和安装锚具等工序。用钢丝束镦头锚具锚固钢丝束时，其下料长度应力求精确。为了保证张拉时钢丝束中每根钢丝应力值的一致，对直的或一般曲率的钢丝束，在同束钢丝中下料长度的相对差值应控制在 $L/5000$ 以内，且不大 5mm（L 为钢丝下料长度）。因此，钢丝束、钢丝通常采用应力状态下料，即把钢丝拉至 300MPa 应力状态下划定长度，放松后剪切下料。用锥形螺杆锚具锚固的钢丝束，经过调直的钢丝可以采用非应力状态下料。

① 采用钢质锥形锚具 以锥锚式千斤顶张拉（图 5-36）时，钢丝的下料长度 L 为

两端张拉 $\qquad\qquad L = l + 2(l_4 + l_5 + 80) \tag{5-8}$

一端张拉 $\qquad\qquad L = l + 2(l_4 + 80) + l_5 \tag{5-9}$

式中 l_4——锚环厚度；

l_5——千斤顶分丝头至卡盘外端距离。

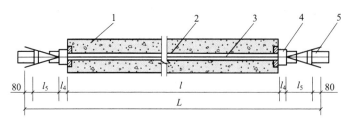

图 5-36 采用钢质锥形锚具时钢丝下料长度计算简图（单位：mm）

1—混凝土构件；2—孔道；3—钢丝束；4—钢质锥形锚具；5—锥锚式千斤顶

② 采用镦头锚具 以拉杆式或穿心式千斤（图 5-37）时，钢丝的下料长度 L 为

$$L=l+2a+2b-K(H_1-H)-\Delta L-c \tag{5-10}$$

式中 a —— 锚环底部厚度或锚板厚度；

b —— 钢丝镦头留量，对直径 5mm 钢丝取 10mm；

H —— 锚环高度；

H_1 —— 螺母高度；

ΔL —— 钢丝束张拉伸长值；

c —— 张拉时构件混凝土的弹性压缩值；

K —— 系数，一端张拉时取 0.5，两端张拉时取 1.0。

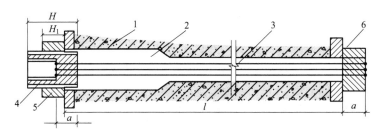

图 5-37 采用镦头锚具时钢丝下料长度计算简图

1—混凝土构件；2—孔道；3—钢丝束；4—拉环；5—螺母；6—锚板

③ 采用锥形螺杆锚具 以拉杆式千斤顶在构件上张拉（图 5-38）时，钢丝的下料长度 L 为

$$L=l+2l_2-2l_1+2(l_6+a) \tag{5-11}$$

式中 l_6 —— 锥形螺杆锚具的套筒长度；

a —— 钢丝伸出套筒的长度，取 $a=20$mm。

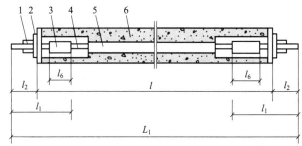

图 5-38 采用锥形螺杆锚具时钢丝下料长度计算简图

1—螺母；2—垫板；3—锥形螺杆锚具；4—钢丝束；5—孔道；6—混凝土构件

（3）钢筋束或钢绞线束的制作 预应力筋制作过程包括开盘冷拉、下料和编束等工序，下料在钢筋冷拉后进行。钢筋束所用的钢筋一般成盘状供应，长度较长，无需对焊接长。

钢筋束或钢绞线束预应力筋的编束，主要是为了保证穿入构件孔道中的预应力筋束不发生扭结。编束工作是将钢筋或钢绞线理顺以后，用铅丝每隔 1m 左右绑扎成束，在穿筋时尽可能注意防止扭结。钢绞线的下料宜用砂轮切割机切割，不得采用电弧切割。下料前应在切割口两侧各 50mm 处用铁丝绑扎，切割后对切割口应立即焊牢，以免松散。钢绞线下料时，应制作一个简易的铁笼，将钢绞线盘装在铁笼内，从盘卷中央逐步抽出，以防止在下料过程中钢绞线紊乱，并弹出伤人。

当采用夹片式锚具，以穿心式千斤顶在构件上张拉时（图 5-39），钢筋束、钢绞线束的下料长度 L 为

两端张拉 $$L = l + 2(l_7 + l_8 + l_9 + 100) \tag{5-12}$$

一端张拉 $$L = l + 2(l_7 + 100) + l_8 + l_9 \tag{5-13}$$

式中　l_7——夹片式工作锚厚度；

l_8——穿心式千斤顶长度；

l_9——夹片式工具锚厚度。

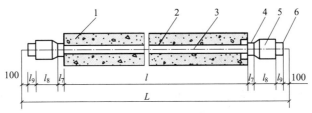

图 5-39　钢筋束下料长度计算简图（单位：mm）

1—混凝土构件；2—孔道；3—钢筋束；4—夹片式工作锚；

5—穿心式千斤顶；6—夹片式工具锚

5.3.5　后张法施工

下面主要介绍孔道的留设、预应力筋的张拉和孔道灌浆等内容。

5.3.5.1　孔道的留设

构件中孔道留设主要为穿预应力筋（束）及张拉锚固后灌浆用。孔道成型的质量是后张法构件制造的关键之一。孔道留设的基本要求如下。

① 孔道直径应保证预应力筋（束）能顺利穿过。对采用螺纹端杆锚具的粗钢筋孔道的直径，应比钢筋对焊处外径大 10～15mm；对钢丝束、钢绞线孔道直径应比预应力筋（束）或锚具外径大 5～10mm。

② 孔道应按设计要求的位置、尺寸埋设准确。孔道应平顺光滑，端部预埋件垫板应垂直孔道中心线。

③ 在设计规定位置上留设灌浆孔。构件两端每间隔 12m 留设一个直径为 20mm 的灌浆孔，并在构件两端各设一个排气孔。一般在预埋件垫板内侧面刻有凹槽作排气孔用。

孔道留设方法有钢管抽芯法、胶管抽芯法、预埋管法。预应力筋的孔道形状有直线、曲线和折线三种。钢管抽芯法只用于直线孔道，胶管抽芯法和预埋管法则适用于直线、曲线和折线孔道。

（1）钢管抽芯法　预先将平直、表面圆滑的钢管埋设在模板内预应力筋孔道位置上，采用钢筋井字架（图 5-40）将其固定在钢筋骨架上，灌筑混凝土时应避免振动器直接接触钢

管而使其产生位移。在开始浇筑至浇筑后拔管前，间隔一定时间要缓慢匀速地转动钢管，使混凝土与钢管壁不发生黏结，待混凝土初凝后至终凝之前，用卷扬机匀速拔出钢管，即在构件中形成孔道。

钢管长度不宜超过 15m，钢管两端各伸出构件 500mm 左右，以便转动和抽管。构件较长时，可采用两根钢管，中间用套管连接（图 5-41）。

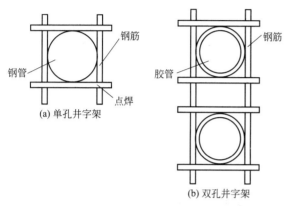

图 5-40　固定钢管或胶管位置的钢筋井字架

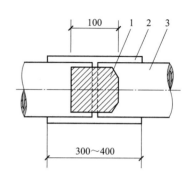

图 5-41　薄钢板套管（单位：mm）
1—硬木塞；2—镀锌薄钢板套管；3—钢管

抽管时间与水泥品种、浇筑气温和养护条件有关。常温下，一般在浇筑混凝土后 3～5h 抽出。抽管应按先上后下顺序进行，抽管用力必须平稳，速度均匀，边转动钢管边抽出，并与孔道保持在同一直线上，防止构件表面发生裂缝。抽管后，立即进行检查、清理孔道工作，避免日后穿筋困难。

采用钢筋束镦头锚具和锥形螺杆锚具留设孔道时，张拉端的扩大孔也可用钢管成型，留孔时应注意端部扩孔应与中间孔道同心。抽管时先抽中间钢管，后抽扩孔钢管，以免碰坏扩孔部分，并保持孔道平滑和尺寸准确。

（2）胶管抽芯法　胶管采用 5～7 层帆布夹层、壁厚 6～7mm 的普通橡胶管，用于直线、曲线或折线孔道成型。胶管一端密封（图 5-42），另一端接上阀门（图 5-43），安放在孔道设计位置上，并用钢筋井字架（间距 500mm）绑扎固定在钢筋骨架上，浇筑混凝土前，胶管内充入压力为 0.6～0.8MPa 的压缩空气或压力水，胶管鼓胀，直径可增大 3mm 左右。混凝土浇筑成型时，振动机械不要直接碰撞胶管，并经常注意压力表的压力是否正常，如有变化，必要时可以补压。待混凝土初凝后、终凝前，将胶管阀门打开放气（或放水）降压，胶管回缩与混凝土自行脱落。胶管抽管时间比抽钢管时间略迟。一般按先上后下、先曲后直的顺序将胶管抽出。抽管后，应及时清理孔道内的堵塞物。

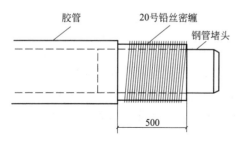

图 5-42　胶管的封端处理（单位：mm）

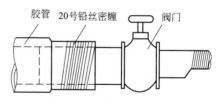

图 5-43　胶管与阀门连接

（3）预埋管法　是用钢筋井字架将黑铁皮管、薄钢管或镀锌双波纹金属软管固定在设计位置上，在混凝土构件中埋管成型的一种施工方法。预埋管具有重量轻、刚度好、弯折方便、连接简单等特点，可做成各种形状的孔道，并省去了抽管工序。适用于预应力筋密集或曲线预应力筋的孔道埋设，但电热后张法施工中，不得采用波纹管或其他金属管埋设的管道。

波纹管（图 5-44）安装时，宜先在构件底模、侧模上弹安装线，并检查波纹管有无渗漏现象，避免漏浆堵塞管道。同时，尽量避免波纹管多次反复弯曲，并防止电火花烧伤管壁。

波纹管的固定，采用钢筋井字架，间距不宜大于 0.8m，曲线孔道时应加密，并用铁丝绑扎牢。波纹管的连接（图 5-45），可采用大一号同型波纹管，接头管长度应大于 200mm，用密封胶带或塑料热塑管封口。

图 5-44　波纹管

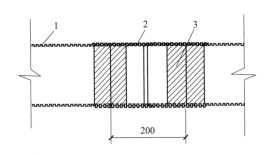

图 5-45　波纹管的连接（单位：mm）
1—波纹管；2—接头管；3—密封胶带

5.3.5.2　预应力筋的张拉

用后张法张拉预应力筋时，结构的混凝土强度应符合设计要求；当设计无要求时，其强度不应低于设计强度标准值的 75%，以确保在张拉过程中，混凝土不至于受压而破坏。

（1）穿筋　螺纹端杆锚具预应力筋穿孔时，用塑料套或布片将螺纹端头包扎保护好，避免螺纹与混凝土孔道摩擦损坏。成束的预应力筋将一头对齐，按顺序编号套在穿束器上（图 5-46），一端用绳索牵引穿束器，钢丝束保持水平在另一端送入孔道，并注意防止钢丝束扭结和错向。

（2）预应力筋的张拉顺序　预应力筋张拉顺序应按设计规定进行；如设计无规定时，应采取分批分阶段对称地进行，以免构件受过大的偏心压力而发生扭转和侧弯。

图 5-47 所示是预应力混凝土屋架下弦杆预应力筋张拉顺序。图 5-47（a）所示的预应力筋为两束，能同时张拉，宜采用两台千斤顶分别设置在构件两端对称张拉。图 5-47（b）所示的预应力筋是对称的四束，不能同时张拉，应采取分批对称张拉，用两台千斤顶分别在两端张拉对角线上两束，然后张拉另两束。

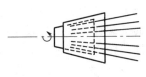

图 5-46　穿束器

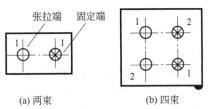

（a）两束　　　　　（b）四束

图 5-47　屋架下弦杆预应力筋张拉顺序
1,2—预应力筋分批张拉顺序

图 5-48 所示是预应力混凝土吊车梁预应力筋采用两台千斤顶的张拉顺序，对配有多根不对称预应力筋的构件，应采用分批分阶段对称张拉。采用两台千斤顶先张拉上部两束预应力筋，下部四束曲线预应力筋采用两端张拉方法分批进行。为使构件对称受力，每批两束先按一端张拉方法进行张拉，待两批四束均进行一端张拉后，再分批在另一端补张拉。

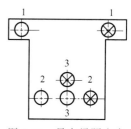

图 5-48 吊车梁预应力
筋的张拉顺序
1～3—预应力筋的
分批张拉顺序

平卧重叠浇筑的预应力混凝土构件，张拉预应力筋的顺序是先上后下，逐层进行。为了减少上下层之间因摩擦阻力引起的预应力损失，可逐层加大张拉力，且要注意加大张拉控制应力后不要超过最大张拉力的规定。为了减少叠层浇筑构件摩擦阻力的应力损失，应进一步改善隔离层的性能，限制重叠浇筑层数（一般不得超过四层）。如果隔离层效果较好，也可采用同一张拉值张拉。

（3）预应力筋张拉程序　普通松弛预应力筋采用 $0 \rightarrow \sigma_{con}$ 或 $0 \rightarrow 1.05\sigma_{con}$ （持荷 2min）$\rightarrow \sigma_{con}$；低松弛预应力筋采用 $0 \rightarrow \sigma_{con}$ 或 $0 \rightarrow 1.01\sigma_{con}$。

（4）张拉注意事项

① 张拉时应认真做到孔道、锚环与千斤顶三对中，以便张拉工作顺利进行，并不致增加孔道摩擦损失。

② 采用锥锚式千斤顶张拉钢丝束时，先使千斤顶张拉缸进油，至压力计略动时暂停，检查每根钢丝的松紧并进行调整，然后再打紧楔块。

③ 工具锚的夹片，应注意保持清洁和良好的润滑状态。新的工具锚夹片第一次使用前，应在夹片背面涂上润滑剂，以后每使用 5～10 次，应将工具锚上的挡板连同夹片一同卸下，向锚板的锥形孔中重新涂上一层润滑剂，以防夹片在退楔时卡住。润滑剂可采用石墨、二硫化钼、石蜡或专用退锚灵等。

④ 多根钢绞线束夹片锚固体系如遇到个别钢绞线滑移，可更换夹片，用小型千斤顶单根张拉。

⑤ 构件张拉完毕后，应检查端部和其他部位是否有裂缝，并填写张拉记录表。

⑥ 预应力筋锚固后的外露长度，不宜小于 30mm。长期外露的锚具，可涂装，或用混凝土封裹，以防腐蚀。

⑦ 预应力筋的张拉以控制张拉力值（预先换算成油压表读数）为主，以预应力筋张拉伸长值进行校核。对后张法预应力结构构件，断裂或滑脱的预应力筋数量严禁超过同一截面预应力筋总数的 3%，且每束钢丝不得超过一根。

⑧ 预应力筋张拉过程中应特别注意安全。在张拉构件的两端应设置保护装置，如用麻袋、草包装土筑成土墙，以防止螺母滑脱、钢筋断裂飞出伤人；在张拉操作中，预应力筋的两端严禁站人，操作人员应在侧面工作。

5.3.5.3　孔道灌浆

预应力筋张拉后，应尽快用灰浆泵将水泥浆压灌到预应力孔道中去，目的是防止预应力筋锈蚀，同时可使预应力筋与混凝土有效黏结，提高结构的抗裂性、耐久性及承载能力。

灌浆用水泥浆应有足够的黏结力，且应有较大的流动性，较小的干缩性和泌水性。宜用 52.5 级硅酸盐水泥或普通硅酸盐水泥调制的水泥浆，水灰比不应大于 0.45，强度不应小于 30MPa。为了增加孔道灌浆的密实性，水泥浆中可掺入对预应力筋无腐蚀作用的外加剂，如可掺入占水泥用量 0.25% 的木质素磺酸钙，或占水泥用量 0.05% 的铝粉。

灌浆前孔道应用压力水冲洗，以清洗和润湿孔道。但冲洗后，应采取有效措施排除孔道中的积水。灌浆顺序应先下后上，以免上层孔道漏浆把下层孔道堵塞。直线孔道灌浆时，应从构件一端灌到另一端；曲线孔道灌浆时，应从孔道最低处向两端进行。灌浆工作应缓慢均匀连续进行，不得中断，并防止空气压入孔道而影响灌浆质量。排气通畅，直至气孔排出空气→水→稀浆→浓浆时为止。在孔道两端冒出浓浆并封闭排气孔后，继续加压灌浆，稍后再封闭灌浆孔。对较大的孔道或预埋管孔道，二次灌浆有利于增强孔道的充实率，但第二次灌浆时间要掌握恰当，一般在水泥浆泌水基本完成，初凝尚未开始时进行（夏季约 30～45min，冬季约 1～2h）。

水泥浆强度达到 15MPa 时方可移动构件，水泥浆强度达到 100％设计强度时，才允许吊装或运输。

任务 5.4　无黏结预应力混凝土施工

无粘结预应力
混凝土施工

在后张法预应力混凝土中，预应力可分为有黏结和无黏结两种。预应力筋张拉后浇筑混凝土与预应力筋黏结，称为黏结预应力筋。预应力筋张拉后允许预应力筋与其周围的混凝土产生相对滑动的预应力筋，称为无黏结预应力筋。

无黏结预应力混凝土的施工方法是在预应力筋的表面刷防腐润滑脂并包塑料管后，铺设在模板内的预应力筋设计位置处，然后浇筑混凝土，待混凝土达到要求的强度后，进行预应力筋的张拉和锚固。无黏结预应力构件中的预应力筋与混凝土没有黏结力，预应力筋张拉力完全靠构件两端的锚具传递给构件。

5.4.1　无黏结预应力的特点

① 构造简单、自重轻。不需要预留预应力筋孔道，适合构造复杂、曲线布筋的构件，构件尺寸减小、自重减轻。

② 施工简便、设备要求低。无需预留管道、穿筋、灌浆等复杂工序，在中小跨度桥梁制造中代替先张法可省去张拉支架，简化了施工工艺，加快了施工进度。

③ 预应力损失小、可补拉。预应力筋与外护套间设防腐油脂层，张拉摩擦损失小，使用期预应力筋可补拉。

④ 耐腐蚀能力强。涂有防腐油脂、外包 PE 护套的无黏结预应力筋，具有双重防腐能力。可以避免因压浆不密实而可能发生预应力筋锈蚀等危险。

⑤ 使用性能良好。采用无黏结预应力筋和普通钢筋混合配筋，可以在满足极限承载能力的同时避免出现集中裂缝，使之具有与有黏结预应力混凝土相似的力学性能。

⑥ 抗疲劳性能好。无黏结预应力筋与混凝土纵向可相对滑移，使用阶段应力幅度小，无疲劳问题。

⑦ 抗震性能好。当地震荷载引起大幅度位移时，可滑移的无黏结预应力筋一般始终处于受拉状态，应力变化幅度较小并保持在弹性工作阶段，而普通钢筋则使结构能量消散得到保证。

无黏结预应力筋对锚具安全可靠性、耐久性的要求较高；由于无黏结预应力筋与混凝土纵向可相对滑移，预应力筋的抗拉能力不能充分发挥，需配置一定的有黏结预应力筋以限制混凝土的裂缝。

根据其特点，无黏结预应力筋在双向连续平板和密肋板中比较经济，适用于曲线配筋结构，在多跨连续梁中也有较大发展。由于无黏结预应力混凝土技术综合了先张法和后张法施工工艺的优点，因而具有广阔的发展前景。

5.4.2 无黏结预应力混凝土施工

无黏结预应力混凝土施工工艺主要分为以下五个阶段：无黏结预应力筋的制作→预应力筋的铺设→混凝土构件制作→预应力筋的张拉→锚头端部处理。

（1）无黏结预应力筋的制作 无黏结预应力筋一般由钢绞线或 7 根直径 5mm 的高强钢丝组成的钢丝束，通过专用设备涂包防腐油脂和塑料套管而成，它由预应力钢材、涂料层和外包层组成（图 5-49、图 5-50）。涂料层一般采用防腐沥青，其作用是使预应力筋与混凝土隔离，减少摩擦力，并能防腐，故要求它具有良好的化学稳定性，温度高时不流淌，温度低时不硬脆，对周围材料无腐蚀，不透水，不吸潮。外包层要求温度适应性范围大，化学稳定性好，具有足够的韧性和抗破损性，能保证无黏结预应力筋在运输、存放、铺设和浇筑混凝土过程中不损坏。

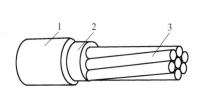

图 5-49 无黏结预应力筋
1—塑料护套；2—油脂；3—钢绞线或钢丝

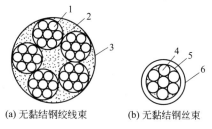

(a) 无黏结钢绞线束　(b) 无黏结钢丝束

图 5-50 无黏结预应力筋横截面
1—钢绞线；2—沥青涂料；3—塑料布外包层；
4—钢丝；5—油脂涂料；6—塑料管、外包层

在无黏结预应力构件中，锚具是将预应力筋的张拉力传递给混凝土的工具，外载引起的预应力筋内力全部由锚具承担。因此，无黏结预应力筋的锚具不仅受力比有黏结预应力筋的锚具大，而且承受的是重复荷载，故对无黏结预应力筋的锚具应有更高的要求。一般要求无黏结预应力筋的锚具至少应能承受预应力筋最小规定极限强度的 95%，而且不超过预期的滑动值。

无黏结预应力筋一般有挤压涂层工艺和涂包成型工艺两种制作方法。

① 挤压涂层工艺 主要是钢丝通过涂油装置涂油，涂油钢丝束通过塑料挤压机涂刷聚乙烯或聚丙烯塑料薄膜，再经冷却筒模成型塑料套管。挤压涂层工艺流水线如图 5-51 所示。

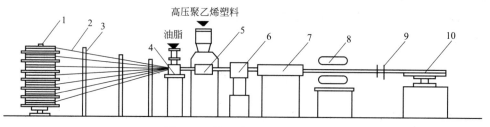

图 5-51 挤压涂层工艺流水线
1—放线盘；2—钢丝；3—梳子板；4—给油装置；5—塑料挤压机机头；
6—风冷装置；7—水冷装置；8—牵引机；9—定位支架；10—收线盘

② 涂包成型工艺　是钢丝经过涂料槽涂刷涂料后，再通过归束滚轮归成束并进行补充涂刷，涂料厚度一般为 2mm。涂好涂料的钢丝通过绕布转筒自动地交叉缠绕两层塑料布。当达到需要的长度后再进行切割，成为一根完整的无黏结预应力筋。涂包成型工艺具有质量好、适应性较强的特点。

（2）预应力筋的铺设

① 预应力筋的检查　无黏结预应力筋铺设前应检查外包层完好程度，对有轻微破损者，用塑料带补好，对破损严重者应予以报废。

② 铺设顺序　无黏结预应力筋的铺设工序通常在绑扎完底筋后进行。无黏结预应力筋铺放的曲率，可用垫铁马凳或其他构造措施控制。其放置间距不宜大于 2m，用铁丝与非预应力筋扎紧。

在无黏结预应力梁板结构中，无黏结预应力筋按曲线配置，其形状与外载弯矩图相适应。因此，铺设双向配筋的无黏结预应力筋时，应先铺设标高低的钢丝束，再铺设标高较高的钢丝束，以避免两个方向钢丝束相互穿插。无黏结预应力筋应铺放在电线管下面，避免无黏结筋张拉时产生向下分力，导致电线管弯曲及其下面混凝土破碎。钢丝束就位后，按设计要求调整标高及水平位置，用 20～22 号铁丝与非预应力筋绑扎固定，以免浇筑混凝土过程中发生位移。

无黏结预应力筋铺放、安装完毕后，应进行隐蔽工程验收，如各控制点的矢高，塑料保护套有无脱落和歪斜，固定端镦头与锚板是否贴紧，无黏结预应力筋涂层有无破损等，合格后方可浇筑混凝土。

（3）混凝土构件制作　混凝土浇筑时，严禁踏压撞碰无黏结预应力筋、支撑架以及端部预埋部件；张拉端、固定端混凝土必须振捣密实，以确保张拉操作的顺利进行。

（4）预应力筋的张拉

① 强度要求　预应力筋张拉时，混凝土强度应符合设计要求，当设计无要求时，混凝土的强度应达到设计强度的 75% 方可开始张拉。

② 张拉程序　从零应力开始张拉到 $1.05\sigma_{con}$，持荷 2min 后，卸荷至 σ_{con}；或从应力为零开始张拉至 $1.03\sigma_{con}$。无黏结预应力筋张拉过程中，当有个别钢丝发生滑脱或断裂时，可相应降低张拉力。但滑脱或断裂的数量，不应超过结构同一截面无黏结预应力筋总量的 2%，且 1 束钢丝只允许有 1 根。对于多跨双向连续板，其同一截面应按每跨计算。

③ 张拉顺序　应根据预应力筋的铺设顺序进行，先铺设的先张拉，后铺设的后张拉。楼盖结构宜先张拉楼板，后张拉楼面梁，板中的无黏结筋可依次张拉，梁中的无黏结筋宜对称张拉。

④ 张拉端的设置　当预应力筋的长度小于 25m 时，宜采用一端张拉；若长度大于 25m 时，宜采用两端张拉；长度超过 50m 时，宜采取分段张拉。

⑤ 减少摩阻损失值的措施　降低摩阻损失值，宜采用多次重复张拉工艺。张拉过程中，严防钢丝被拉断，要控制同一截面的断裂根数不得大于 2%。

预应力筋的张拉伸长值应按设计要求进行控制。

（5）锚头端部处理　无黏结预应力筋张拉完毕后，应及时对锚固区进行保护。对镦头锚具，应先用油枪通过锚环注油孔向连接套管内注入足量防腐油脂（以油脂从另一注油孔溢出为准），然后用防腐油脂将锚环内充填密实，并用塑料或金属帽盖严 [图 5-52(a)]，再在锚具及承压板表面涂以防水涂料；对夹片锚具，可先切除外露无黏结预应力筋多余的长度，然后在锚具及承压板表面涂以防水涂料 [图 5-52(b)]。

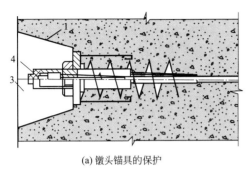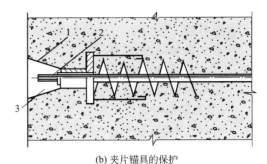

(a) 镦头锚具的保护　　　　　　　　　　　　　(b) 夹片锚具的保护

图 5-52　锚固区保护措施

1—涂黏结剂；2—涂防水涂料；3—后浇混凝土；4—塑料或金属帽

按以上规定进行处理后的无黏结预应力筋锚固区，应用后浇膨胀混凝土或低收缩防水砂浆或环氧砂浆密封。在浇筑砂浆前，宜在槽口内壁涂以环氧树脂类黏结剂。锚固区也可用后浇的外包钢筋混凝土圈梁进行封闭。外包圈梁不宜突出在外墙面以外。对不能使用混凝土或砂浆包裹层的部位，应对无黏结预应力筋的锚具全涂以与无黏结预应力筋涂料层相同的防腐油脂，并用具有可靠防腐和防火性能的保护套将锚具全部密闭。

 思考与拓展题

1. 什么是预应力混凝土？它与钢筋混凝土比较具有哪些优点？

2. 目前预应力混凝土工程中常采用的预应力筋的主要品种有哪些？如何做好其质量检验？

3. 先张法主要有哪些工序？

4. 先张法的张拉设备的种类有哪些？

5. 试述先张法的张拉程序及超张拉的作用和要求。持荷 2min 的作用是什么？

6. 为什么在施工中应严格控制预应力值的大小？

7. 先张法预应力筋的放张方法有哪些？

8. 后张法孔道留设有几种方法？各适用什么情况？

9. 试述后张法的施工工艺及其优缺点。

10. 如何计算预应力筋下料长度？计算时应考虑哪些因素？

11. 预应力筋若需进行冷拉和对焊接长时，是先冷拉还是先对焊？为什么？

12. 有黏结预应力与无黏结预应力施工工艺有何区别？

13. 试述无黏结预应力施工工艺过程。

 能力训练题

1. 选择题

(1) 在预应力筋张拉时，构件混凝土强度不应低于设计强度标准值的（　　）。

　　A. 50%　　　　　B. 75%　　　　　C. 30%　　　　　D. 100%

(2) 预应力混凝土是在结构或构件的（　　）预先施加压应力而成。

　　A. 受压区　　　B. 受拉区　　　C. 中心线处　　　D. 中性轴处

(3) 预应力先张法施工适用于（　　）。

  A. 现场大跨度结构施工   B. 构件厂生产大跨度构件

  C. 构件厂生产中小型构件   D. 现场构件的组拼

（4）后张法施工较先张法的优点是（   ）。

  A. 不需要台座、不受地点限制   B. 工序少

  C. 工艺简单   D. 锚具可重复利用

（5）无黏结预应力筋应（   ）铺设。

  A. 在非预应力筋安装前   B. 与非预应力筋安装同时

  C. 在非预应力筋安装完成后   D. 按照标高位置从上向下

（6）曲线铺设的预应力筋应（   ）。

  A. 一端张拉   B. 两端分别张拉

  C. 一端张拉后另一端补强   D. 两端同时张拉

（7）无需留孔和灌浆，适用于曲线配筋的预应力施工方法属于（   ）。

  A. 先张法   B. 后张法   C. 电热法   D. 无黏结预应力法

（8）预应力后张法施工适用于（   ）。

  A. 现场制作大跨度预应力构件   B. 构件厂生产大跨度预应力构件

  C. 构件厂生产中小型预应力构件   D. 用台座制作预应力构件

（9）预应力筋为钢筋束时，张拉端应选用（   ）锚具。

  A. 螺纹端杆   B. JM-12 型   C. 帮条   D. 镦头

（10）对孔道较长的构件进行后张法施工，一般在两端张拉，其目的是（   ）。

  A. 防止构件开裂   B. 提高控制精度

  C. 减少孔道摩擦损失   D. 减小伸长值检测误差

（11）预应力筋的张拉控制应力应（   ）。

  A. 大于抗拉强度   B. 大于屈服点强度

  C. 小于抗拉强度   D. 小于屈服点强度

（12）单根粗钢筋预应力的制作工艺是（   ）。

  A. 下料→冷拉→对焊   B. 冷拉→下料→对焊

  C. 下料→对焊→冷拉   D. 对焊→冷拉→下料

2. 计算题

  某预应力混凝土屋架，采用拉杆式千斤顶张拉后张法施工，两端为螺纹端杆锚具，孔道长度为 23.80m，预应力筋为冷拉Ⅳ级钢筋，直径为 20mm，钢筋长度为 9m，实测钢筋冷拉率为 4%，弹性回缩率为 0.3%，试计算钢筋的下料长度。

项目 6　装配式混凝土结构施工

按照《装配式混凝土建筑技术标准》（GB/T 51231—2016）的定义，装配式建筑是指结构系统、外围护系统、设备与管线系统、内装系统的主要部分采用预制部品、部件集成的建筑。装配式建筑是建筑工业化最重要的生产方式之一，它具有提高建筑质量、缩短施工工期、节约能源、减少消耗、清洁生产等诸多优点。装配式混凝土建筑一般分为装配整体式混凝土结构和全装配式混凝土结构。

（1）装配整体式混凝土结构　按照行业标准《装配式混凝土结构技术规程》（JGJ 1—2014）和国家标准《装配式混凝土建筑技术标准》（GB/T 51231—2016）的定义，装配整体式混凝土结构是指由预制混凝土构件通过可靠的方式进行连接并与现场后浇混凝土、水泥基灌浆料形成整体的装配式混凝土结构。简言之，装配整体式混凝土结构的连接以"湿连接"为主要方式。

装配整体式混凝土结构具有较好的整体性和抗震性。目前，大多数多层和全部高层装配式混凝土建筑都是装配整体式混凝土结构。

（2）全装配式混凝土结构　全装配式混凝土结构是指预制构件靠干法连接（如螺栓连接、焊接等）形成整体的装配式结构。

预制钢筋混凝土柱单层厂房就属于全装配式混凝土结构。国外一些低层建筑或非抗震地区的多层建筑常常采用全装配式混凝土结构。

任务 6.1　装配整体式混凝土结构施工

目前，国内常用的装配整体式混凝土结构有以下几种。

（1）装配整体式剪力墙结构　是指全部或部分剪力墙采用预制墙板构建成的装配整体式

混凝土结构。

（2）装配整体式框架结构　是指全部或部分框架梁、柱采用预制构件构建成的装配整体式混凝土结构。

（3）装配式整体式框架-剪力墙结构　是指全部或部分框架梁、柱采用预制构件和现浇混凝土剪力墙构建成的装配整体式混凝土结构。

装配式建筑常用的预制构件

6.1.1　装配式建筑常见的预制构件

（1）预制柱　预制柱（图 6-1）是建筑物的主要竖向结构受力构件，包括全预制柱和叠合柱两种形式。预制柱可采用平模或立模制作，柱内钢筋采用螺纹钢筋，柱顶钢筋外露，柱底设置套筒，通过套筒连接实现柱的对接。

图 6-1　预制柱

图 6-2　预制剪力墙

（2）预制剪力墙　预制剪力墙（图 6-2）侧面在施工现场通过预留钢筋与现浇剪力墙边缘构件连接，底部通过钢筋灌浆套筒与下层预制剪力墙预留钢筋连接。预制剪力墙从受力性能角度，分为预制实心剪力墙和预制叠合剪力墙。预制实心剪力墙是指将混凝土剪力墙在工厂预制成实心构件，并在现场通过预留钢筋与主体结构相连接。预制叠合剪力墙是指一侧或两侧均为预制混凝土墙板，在另一侧或中间部位现浇混凝土从而形成共同受力的剪力墙结构。

（3）预制夹心保温外墙　预制夹心保温外墙（图 6-3）由外叶墙板、保温板、内叶墙板组成，内叶墙板为预制混凝土剪力墙，外叶墙板为钢筋混凝土保护层。现场安装时，内叶墙

图 6-3　预制夹心保温外墙

图 6-4　预制叠合梁

板侧面通过预留钢筋与现浇剪力墙边缘构件连接，底部通过钢筋灌浆套筒与下层预制剪力墙预留钢筋连接。

（4）预制混凝土梁　预制混凝土梁根据制作工艺不同可分为预制实心梁、预制叠合梁和预制梁壳 3 类。预制实心梁制作简单，构件自重较大，多用于厂房和多层建筑中。预制叠合梁（图 6-4）便于预制柱和叠合楼板连接，整体性较强，运用十分广泛。预制梁壳通常用于梁截面较大或起吊重量受到限制的情况，优点是便于现场钢筋的绑扎，缺点是预制工艺较复杂。

桁架钢筋
混凝土叠合板
的制作

（5）预制混凝土楼面板　预制混凝土楼面板按照生产工艺的不同，可分为预制混凝土叠合板（图 6-5）、预制混凝土实心板、预制混凝土空心板、预制混凝土双 T 板等。下面重点介绍预制混凝土叠合板。

预制混凝土叠合板为半预制混凝土楼板构件，一半在工厂预制，另一半在施工现场现浇。预制混凝土叠合板最常见的主要有两种，一种是桁架钢筋混凝土叠合板，另一种是预制带肋底板混凝土叠合板。预制混凝土叠合板的预制部分最小厚度为 60mm，叠合楼板在工地安装到位后要进行二次浇筑，从而成为整体实心楼板。桁架钢筋的主要作用是将后浇筑的混凝土层与预制底板形成整体，并在制作和安装过程中提供刚度。伸出预制混凝土层的桁架钢筋和粗糙的混凝土表面，保证了叠合楼板预制部分与现浇部分能有效结合成整体。

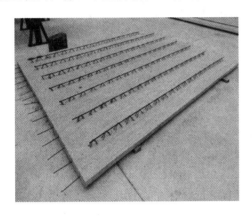

图 6-5　预制混凝土叠合板

图 6-6　预制楼梯

流水线生
产桁架钢筋

（6）预制楼梯　预制楼梯（图 6-6）构件制作简单，施工方便，节省工期，减少了现场的工作量，安装后马上就可以使用，可做施工通道，能够给工地带来很大的便利；预制楼梯面一次成型，无需抹灰。

（7）预制阳台　预制阳台分为叠合阳台（半预制，图 6-7）和全预制阳台（图 6-8）。全预制阳台的表面的平整度可以和模具的表面一样平整或者做成凹陷的效果，地面坡度和排水口也应在工厂预制完成。

6.1.2　预制构件的制作

6.1.2.1　预制构件生产方法

预制构件的生产可根据场地的不同、构件尺寸的不同以及实际需要等情况，分别采取流水生产线法和台座法预制生产。

预制构件的制作、运输和堆放

（1）流水生产线法　流水生产线法（图 6-9）是指在工厂内通过滚轴传送机或者传送装置将托盘模具内的构件从一个操作台转移到另一个操作台上，而机器和工人位置固定的生产方法。该法适用于生产预应力构件、空心构件、复合材料构件和带饰面构件，常用于生产外墙板和大楼板。

图 6-7　叠合阳台

图 6-8　全预制阳台

图 6-9　流水生产线法

图 6-10　台座法

（2）台座法　台座法（图 6-10）是指构件的布筋、成型、养护、脱模等生产过程都在表面光滑平整的混凝土地坪、胎模、混凝土槽或钢模的台座上进行，构件在整个生产过程中固定在一个地方，而操作工人和生产机具则顺序地从一个构件移至另一个构件，来完成各项生产过程的方法。该法具有产品适用范围广，加工工艺灵活但效率较低等特点，可制作各种标准化构件、非标准化构件和异形构件。台座法可分为短线台座法和长线台座法。一般变化较多的构件，如带门窗的墙板适用短线台座法，而楼板制作特别适合采用长线台座法生产。

6.1.2.2　生产模具的制作和组装

首先要依照模具生产零件图开料，将零件所需的各部分材料按照图纸尺寸进行裁制。然后裁制好材料后依照零件图进行折弯、焊接、打磨等制成零件，最后是进行零件的组装。组装时要注意。

① 模具组装应按照组装顺序进行，必要时可按顺序进行统一编号，对于特殊构件，要求钢筋先入模后再组装。

② 模具拼装时，模板接触面平整度、板面弯曲、拼装缝隙、几何尺寸等应满足相关设计要求。

③ 模具拼装应连接牢固、缝隙严密，拼装时应进行表面清洗或涂刷脱模剂，脱模剂的涂刷要均匀，不得漏刷或积存，接触面不应有划痕、锈渍和氧化层脱落等现象。脱模剂的涂刷有自动涂刷和人工涂刷两种方法。自动涂刷是指在流水生产线上配有自动喷涂脱模剂设备，模台运转到该工位后，设备开始启动喷涂，设备上有多个喷嘴能保证模台上每个地方都能均匀地喷到，模台离开设备工作面后，设备自动关闭。人工涂刷脱模剂要使用干净的抹布或海绵，涂抹均匀后模具表面不允许有明显的痕迹、堆积、漏涂等现象。

④ 模具组装完成后尺寸允许偏差应符合要求。

6.1.2.3 钢筋和预埋件入模

钢筋骨架、钢筋网片和预埋件必须严格按照构件加工图及下料单要求制作。首件钢筋制作，必须通知技术、质检及相关部门检查验收，制作过程中应当定期、定量检查，对于不符合设计要求及超过允许偏差的一律不得使用，按废料处理。纵向钢筋（带灌浆套筒）及需要套丝的钢筋，不得使用切断机下料，必须保证钢筋两端平整，套丝长度、丝距及角度必须严格按照设计图纸要求。纵向钢筋（采用半灌浆套筒）按产品要求套丝，梁底部纵筋（直螺纹套筒连接）按照《钢筋机械连接技术规程》（JGJ 107—2016）要求套丝，质检人员须按相关规定进行抽检。钢筋连接套管、预埋螺栓孔应采取封堵措施，防止混凝土浇捣时将其堵塞。钢筋和预埋件入模实例图见图 6-11。

图 6-11　钢筋和预埋件入模

6.1.2.4 混凝土的浇筑

按照生产计划混凝土用量搅拌混凝土，混凝土浇筑过程中应注意对钢筋网片及预埋件的保护，浇筑厚度使用专门的工具测量，严格控制，振捣后应当至少进行一次抹压。构件浇筑完成后进行一次收光，收光过程中应当检查外露的钢筋及预埋件，并按照要求调整。浇筑时，洒落的混凝土应当及时清理。浇筑过程中，应充分有效振捣，避免出现漏振造成的蜂窝麻面现象，浇筑时按照实验室要求预留试块。

6.1.2.5 混凝土的养护

振动台
振捣成型

混凝土养护可采用覆盖浇水和塑料薄膜覆盖的自然养护、化学保护膜养护和蒸汽养护方法。梁、柱等体积较大的预制混凝土构件宜采用自然养护方式；楼板、墙板等较薄的预制混凝土构件或冬期生产的预制混凝土构件，宜采用蒸汽（或加温）养护，蒸汽（或加温）养护可以缩短养护时间，快速脱模，提高效率和减少模具等生产要素的投入，预制构件采用加热养护时，应制定相应的养护制度。

6.1.2.6 脱模与表面修补

（1）脱模作业要求

① 构件脱模应严格按照顺序拆模，严禁使用振动、敲打等方式拆模；构件脱模时应仔细检查确认构件与模具之间的连接部分完全拆除后方可起吊；起吊时，预制构件的混凝土立

方体抗压强度应满足设计要求，且不应小于 15MPa。

② 构件起吊应平稳，楼板宜采用专用多点吊架进行起吊，墙板宜先采用模台翻转方式起吊，模台翻转角度不应小于 75°，然后采用多点起吊方式脱模。复杂构件应采用专门的吊架进行起吊。

（2）表面修补 构件脱模后，对于不影响结构性能的局部破损和构件表面的非受力裂缝，可用修补浆料进行表面和裂缝修补，修补前要先用锤子或凿子凿去松动部分，并冲洗使基层清洁。

6.1.3 预制构件的运输和堆放

（1）构件运输 构件运输时应制定预制构件的运输计划与方案，其内容应包括运输时间、次序、堆放场地、运输线路、固定要求、堆放支垫及成品保护措施等。

预制构件的运输线路应根据道路、桥梁的荷重限值及限高、限宽、转弯半径等条件确定，场内运输宜设置循环线路，有条件的施工现场可分设进、出两个门，以充分发挥道路运输能力，压缩运输时间；运输车辆应满足构件尺寸和载重要求。装卸构件过程中，应采取保证车体平衡、防止车体倾覆的措施；运输过程中，应采取防止构件移动、倾倒、变形等的固定措施；运输细长构件时应根据需要设置水平支架；构件边角部或运输捆绑链索接触处的混凝土，宜采用垫衬加以保护，防止构件损坏。

（2）构件堆放 预制构件的堆放场地应平整、坚实，并应采取良好的排水措施。重叠堆放时应保证最下层构件垫实，预埋吊件宜向上，标识宜朝向堆垛间的通道；垫木或垫块在构件下的位置宜与脱模、吊装时的起吊位置一致，每层构件间的垫木或垫块应在同一垂直线上（图 6-12）。堆垛层数应根据构件与垫木或垫块的承载力及堆垛的稳定性确定，必要时应设置防止构件倾覆的支架；施工现场堆放的构件，宜按安装顺序分类堆放，堆垛宜布置在吊车工作范围内，避免场内二次搬运且不受其他工序施工作业影响的区域。

图 6-12 预制构件堆放中的垫木

预制构件的堆放方法有立放法（图 6-13）、靠放法（图 6-14）和平放法。墙板类构件应根

图 6-13 立放法

图 6-14 靠放法

据施工要求选择堆放方法，对外形复杂墙板宜采用插放架或靠放架直立堆放；插放架、靠放架应安全可靠，满足强度、刚度及稳定性的要求。当采用靠放架堆放构件时，采用靠放架直立堆放的墙板宜对称靠放、饰面朝外，靠放架与地面倾斜角度宜大于 80°。

6.1.4　预制构件的安装

预制构件的安装顺序、构件安装后的校准定位及临时固定是装配式结构施工的关键，装配式结构施工应严格按照批准的施工组织设计和专项施工方案进行吊装。

6.1.4.1　构件的绑扎和吊升

吊装时绑扎方法及吊升方法应严格按照批准的专项施工方案进行。吊索与构件水平夹角不宜大于 60°，且不应小于 45°；吊升时应采取保证起重设备的主钩位置、吊具及构件重心在竖直方向上重合的措施；吊运平卧制作的侧向刚度较小的混凝土构件时，宜平稳一次就位，并应根据构件跨度、刚度确定吊索绑扎形式及加固措施；吊运过程应平稳，不应有大幅度摆动，且不应长时间悬停；吊装过程中，应设专人指挥，操作人员应位于安全位置。

6.1.4.2　预制构件的安装

装配式结构安装时，应按设计文件、专项施工方案要求的顺序进行，应尽可能地组织立体交叉、均衡有效的施工流水作业。

预制柱、梁、剪力墙的安装

（1）预制柱的吊装

1）吊装流程　构件进场、验收→测量放线→安装吊具→预制柱扶直→预制柱吊装→预留钢筋就位→水平调整、竖向校正→斜支撑固定→摘钩。

2）技术要点

① 根据预制柱平面各轴的控制线和柱框线校核预埋套管位置的偏移情况，并做好记录。若预制柱有小距离的偏移，需借助协助就位设备进行调整。

② 检查预制柱进场的尺寸、规格，混凝土的强度是否符合设计和规范要求，检查柱上预留套管及预留钢筋是否满足图纸要求，套管内是否有杂物。同时，做好记录并与现场预留套管的检查记录进行核对，无问题方可进行吊装。

③ 吊装前在柱四角放置金属垫块，以利于预制柱的垂直度校正，按照设计标高，结合柱的长度对偏差进行确认。用经纬仪或激光铅锤仪控制垂直度，若有偏差可用斜撑等进行调整。

④ 柱初步就位时应将预制柱下部钢筋套筒与下层预制柱的预留钢筋初步试对，无问题后准备进行固定。

（2）预制梁的吊装

1）吊装流程　构件进场、验收→按图放线（梁搁柱头边线）→设置梁底支撑→拉设安全绳→预制梁起吊→预制梁就位安放→微调定位→摘钩。

2）技术要点

① 测量出柱顶与梁底标高误差，柱上弹出梁边控制线。

② 在构件上标明每个构件所属的吊装顺序和编号，便于吊装工人辨认。

③ 梁底支撑采用"立杆支撑＋可调顶托＋100mm×100mm 木方"，预制梁的标高通过

支撑体系的顶丝来调节。

④ 梁起吊时，用吊索钩住扁担梁的吊环，吊索应有足够的长度，以保证吊索和扁担梁之间的角度不小于 60°。

⑤ 当梁初步就位后，两侧借助柱头上的梁定位线将梁精确校正，在调平同时将下部可调支撑上紧，这时方可松去吊钩。

⑥ 主梁吊装结束后，根据柱上已放出的梁边和梁端控制线，检查主梁上的次梁缺口位置是否正确；如不正确，需作相应处理后方可吊装次梁，梁在吊装过程中要按柱对称吊装。

（3）预制剪力墙的吊装

1）吊装流程　构件进场、验收→测量放线→安装吊具→预制剪力墙扶直→预制剪力墙吊装→预留钢筋插入就位→水平调整、竖向校正→斜支撑固定→摘钩

2）技术要点

① 吊装前准备。在吊装就位之前，将预制剪力墙的位置在地面弹好墨线，根据后置埋件布置图，采用后钻孔法安装预制构件定位卡具，并进行复核检查；检查预制构件预留灌浆套筒是否有缺陷、杂物和油污，保证灌浆套筒完好。

② 起吊预制墙板。吊装时采用带倒链的扁担式吊装设备，加设缆风绳。

③ 顺着吊装前所弹墨线缓缓下放墙板，吊装经过的区域下方设置警戒区，以保证操作人员的安全。墙板下放好垫块，以保证墙板底标高的正确（也可提前在预制墙板上安装定位角码，顺着定位角码的位置安放墙板）。

预制剪力墙吊装对位

④ 底部没有灌浆套筒的外填充墙板直接顺着角码缓缓放下墙板。垫板造成的空隙可用坐浆方式填补。

⑤ 垂直坐落在准确的位置后，使用激光水准仪复核水平是否偏差，满足要求后，利用预制墙板上的预埋螺栓和地面后置膨胀螺栓（将膨胀螺栓在环氧树脂内蘸下，立即打入地面）安装斜支撑杆，用检测尺检测预制墙体垂直度及复测墙顶标高后，利用斜撑杆调节好墙体的垂直度，方可松开吊钩（在调节斜撑杆时必须两名工人同时间、同方向进行操作）。

⑥ 调节斜撑杆完毕后，再次校核墙体的水平位置和标高、垂直度，相邻墙体的平整度。

预制楼板、楼梯板、阳台的安装

（4）预制楼板的吊装

1）吊装流程　预制板进场、验收→放线（板搁梁边线）→搭设板底支撑→预制板吊装→预制板就位→预制板微调定位→摘钩。

2）技术要点

① 预制板进入工地现场，堆放场地应夯实平整，并应防止地面不均匀下沉。预制带肋底板应按照不同型号、规格分类堆放，并且板应采用板肋朝上叠放的堆放方式，严禁倒置，各层预制带肋底板下部应设置垫木，垫木应上、下对齐，不得脱空。

② 安装前先弹好楼板水平及标高控制线，注意核对水暖、消防预留洞的位置，沿着管、洞中心做十字交叉线，在预制板的边缘和安装墙梁的上端都做好标识，作为预制板安装的水平方向的定位点。要在构件上标明每个构件所属的吊装顺序和编号，便于吊装工辨认，减少误吊概率。

③ 在楼板两端部位设置临时可调节支撑杆（图 6-15），上下层支撑应在同一直线上，当支撑间距大于 3.3m 且板面施工荷载较大时，需在预制板跨中加设支撑。

④ 在可调节顶撑上架设木方，木方放置方向应同叠合楼板桁架筋垂直排布，调节木方顶面至板底设计标高后可开始吊装预制楼板。预制带肋底板的吊点位置应合理设置，起吊就位应垂直平稳，两点起吊或多点起吊时吊索与板水平面所成夹角不宜小于 60°，不应小于 45°。

⑤ 吊装应顺序连续进行，板吊至柱上方 3～6cm 后，要调整好板的位置使锚固筋与梁箍筋错开，以便于就位，板边线要基本与控制线吻合。将预制楼板坐落在木方顶面，及时检查板底与预制叠合梁的接缝是否到位，预制楼板钢筋入墙长度是否符合要求，直至吊装完成。

⑥ 当一跨板吊装结束后，要根据板四周边线及板柱上弹出的标高控制线对板标高及位置进行精确调整，误差控制在 2mm。

（5）预制楼梯的吊装（图 6-16）

图 6-15　叠合板下方支撑　　　　　　　　图 6-16　预制楼梯的吊装

1）吊装流程　预制楼梯进场、验收→放线→预制楼梯吊装→预制楼梯就位→预制楼梯微调定位→吊具拆除。

2）技术要点

① 根据已放出的楼梯控制线，用就位协助设备等将构件根据控制线精确就位，先保证楼梯两侧准确就位，再使用水平尺和倒链调节楼梯水平。

② 调节支撑板就位后调节支撑立杆，确保所有立杆全部受力。

（6）预制混凝土外墙板的吊装

1）吊装流程　预制墙板进场、验收→放线→安装固定件→安装预制挂板→缝隙处理→安装完毕。

2）技术要点

① 预制构件应按照施工方案吊装顺序预先编号，严格按照编号顺序起吊；预制构件应采取慢起、快升、缓放的操作方式，构件吊装过程中，构件应设置缆风绳控制构件转动以保证构件就位平整。

② 预制外墙板的校核与偏差调整应按以下要求进行：预制外墙挂板侧面中线及板面垂直度的校核，应以中线为主调整；预制外墙板上下校正时，应以竖缝为主调整；墙板接缝应以满足外墙面平整为主，内墙面不平或翘曲时，可在内装饰或内保温层内调整；预制外墙板山墙阳角与相邻板的校正，以阳角为基准调整；预制外墙板拼缝平整的校核，应以楼地面水平线为准调整。

（7）预制内隔墙的吊装

1）吊装流程　预制内隔墙板进场、验收→放线→安装固定件→安装预制内隔墙板→灌浆→安装完毕。

2）技术要点

　　① 吊装前在楼板上进行测量、放线（也可提前在墙板上安装定位角码）。将安装位洒水阴湿，楼板面上、墙板下放好垫块，垫块应保证墙板底标高的正确，垫板造成的空隙可用坐浆方式填补。

　　② 预制构件吊装到位后，应立即进行墙体的临时支撑，安装好斜支撑后，通过微调临时斜支撑，使预制构件的位置和垂直度满足相关规范要求后即可拆除吊钩并进行下一块墙板的吊装工作。

6.1.4.3　构件安装的校准定位

　　安放预制构件时，其搁置长度应满足设计要求；构件下部应铺设厚度不大于 20mm 的水泥砂浆进行坐浆，以保证接触平整，受力均匀；坐浆材料的强度等级不应小于被连接构件的强度，底部坐浆强度检验应以每层为一检验批，每工作班组应制作一组且每层不应少于 3 组，边长为 70.7mm 的立方体试件，标准养护 28d 后进行抗压强度试验。预制构件安装过程中应根据水准点和轴线校正其高程和平面位置；构件安装应水平，其水平度可在预制构件与其支承构件间设置垫片（铁片）进行调整；构件竖向位置和垂直度可通过临时支撑加以调整。

6.1.4.4　构件定位后的临时固定

　　安装就位后应及时采取临时固定措施。装配式结构工程施工过程中，当预制构件或整个结构自身不能承受施工荷载时，需要通过设置临时支撑来保证施工定位、施工安全及工程质量。临时支撑包括水平构件下方的临时竖向支撑，在水平构件两端支承构件上设置的临时牛腿，竖向构件的临时斜撑（如可调式钢管支撑或型钢支撑）等。

　　对于预制墙板，临时斜撑一般安放在其背面，且一般不少于 2 道；对于宽度比较小的墙板也可仅设置 1 道斜撑。当墙板底没有水平约束时，墙板的每道临时支撑包括上部斜撑和下部支撑，下部支撑可做成水平支撑或斜向支撑。对于预制柱，由于其底部纵向钢筋可以起到水平约束的作用，故一般仅设置上部斜撑。柱子的斜撑也最少要设置 2 道，且要设置在两个相邻的侧面上，水平投影要相互垂直（图 6-17）。

　　临时斜撑与预制构件一般做成铰接，并通过预埋件进行连接。考虑到临时斜撑主要承受的是水平荷载，为充分发挥其作用，上部斜撑的支撑点距离板底的距离不宜大于板高的 2/3，且不应小于板高的 1/2。

图 6-17　临时斜撑

　　预制构件与吊具的分离应在校准定位及临时固定措施安装完成后进行。临时固定措施可以在不影响结构承载力、刚度及稳定性前提下分阶段拆除，对拆除方法、时间及顺序，可事先通过验算制定方案。

6.1.5　结构连接

　　预制构件与现浇混凝土的连接、预制构件之间的连接是装配式混凝土结

结构连接

构最关键的技术环节，是设计的重点。装配式混凝土结构连接方式有后浇混凝土连接、套筒灌浆连接、浆锚搭接、叠合连接等。

后浇混凝土连接是指在预制混凝土构件结合处预留出后浇区（图 6-18），构件吊装安放完毕后，现场浇筑混凝土进行连接。

套筒灌浆连接是指在金属套筒（图 6-19、图 6-20）中插入单根带肋钢筋，并注入灌浆料拌合物，通过拌合物硬化形成整体并实现传力的钢筋对接方式。

浆锚搭接是指在预制混凝土构件中预留孔道，在孔道中插入需要搭接的钢筋，并灌注水泥基灌浆料而实现的钢筋搭接连接方式。

叠合连接是预制板（梁）与现浇混凝土叠合的连接方式，包括楼板、梁和悬挑板等，叠合构

图 6-18　预留后浇区

件的下层为预制混凝土，上层为现浇层。下面重点介绍套筒灌浆连接施工。

图 6-19　金属套筒　　　　　　　　　　　　图 6-20　套筒连接

套筒灌浆连接的原理是透过铸造的中空型套筒，将钢筋从两端开口穿入套筒内部，不需要搭接或熔接，钢筋与套筒间填充高强度微膨胀结构性砂浆，借助套筒对砂浆的围束作用，加上本身具有的微膨胀特性，增大砂浆与钢筋套筒的正应力，由该正向力与粗糙表面产生摩擦力来传递钢筋应力，如图 6-21 所示。其特点是连接可靠、施工方便，但造价较高。该法的施工流程如下：清理接触面→吊装构件并固定→塞缝→封堵下排灌浆孔→拌制灌浆料→浆料检测→注浆→封堵上排出浆孔→试块留置。

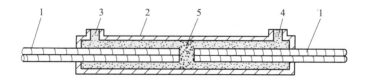

图 6-21　套筒灌浆连接构造示意
1—连接钢筋；2—套筒；3—灌浆孔；4—出浆孔；5—灌浆料

具体操作过程如下。

① 清理墙体接触面：预制墙板、柱下落前，应保持构件与混凝土接触面无灰渣、油污和杂物。

② 吊装构件并固定：构件吊装安放到位后采用专用支撑杆件进行调节，保证墙板、柱体垂直度、平整度在允许误差范围内。

③ 塞缝：预制墙板、柱校正完成后，对墙板、柱四周采用坐浆材料进行封边，以形成密闭灌浆腔。

④ 封堵下排灌浆孔：除插灌浆嘴的灌浆孔外，其他灌浆孔使用胶塞封堵密实。

⑤ 拌制灌浆料：按照水灰比要求，加入适量的灌浆料、水，使用搅拌器搅拌均匀。搅拌完成后应静置 3～5min，待气泡排除后方可进行施工。

⑥ 浆料检测：检查拌和后的浆液流动度，左手按住流动度测量模，将灌浆料倒入截锥圆模内，直至浆体与截锥圆模上口平齐，徐徐提起截锥圆模，让浆体在无扰动条件下自由流动直至停止。测量浆体最大扩散直径及与其垂直方向的直径，计算平均值，精确到 1mm 作为流动度初始值，每个工作班组要进行一次测试。

注浆料流
动度检测

⑦ 注浆：注浆前应用水将注浆孔进行润湿，减少因混凝土吸水导致注浆强度达不到要求，且与灌浆孔连接不牢靠。将拌和好后的浆液倒入注浆泵，启动灌浆泵，待灌浆泵嘴流出浆液成线状时，将灌浆嘴插入套筒下部注浆孔内，开始注浆。

⑧ 封堵上排出浆孔：间隔一段时间后，注浆料由上部排气孔溢出，视为该孔注浆完成，并用泡沫塞子进行封堵。封堵要求与原墙面平整，并及时清理墙面上、地面上的余浆。

注浆

⑨ 试块留置：每个施工段留置一组灌浆料试块（将调配好的灌浆料倒入三联试模中，用作试块，与灌浆相同条件养护）。

6.1.6　后浇混凝土的施工

后浇混凝土是指预制构件安装后在预制构件连接区或叠合层现场浇筑的混凝土。后浇混凝土部位在浇筑前应进行隐蔽工程验收，连接钢筋应埋设准确，连接与锚固方式应符合设计和现行有关技术标准的规定。节点处模板应在混凝土浇筑时不产生明显变形漏浆，并要采取可靠措施防止胀模。为防止漏浆污染预制墙板，模板接缝处需粘贴海绵条。

装配整体式混凝土结构中预制构件的连接处混凝土强度等级，不应低于所连接的各预制构件混凝土设计强度中的较大值。用于预制构件连接处的混凝土或砂浆，宜采用无收缩混凝土或砂浆，并宜采取提高混凝土或砂浆早期强度的措施；在浇筑过程中应振捣密实并应符合有关标准和施工作业要求。

当后浇叠合楼板混凝土强度符合现行国家及地方规范要求时，方可拆除叠合板下的临时支撑，以防止叠合梁发生侧倾或混凝土过早承受拉应力，使现浇节点出现裂缝。

6.1.7　质量验收

（1）预制构件的生产全过程应有健全的质量管理体系及相应的试验检测手段。

（2）预制构件的各种原材料在使用前应进行试验检测，其质量标准应符合现行国家标准的有关规定。

（3）预制构件的各种预埋件、连接件等在使用前应进行试验检测，其质量标准应符合现行国家标准的有关规定。

（4）预制构件的各项性能指标应符合设计要求，并应建立构件标识系统，还应有出厂质量检验合格报告、进场验收记录。

（5）装配式混凝土结构施工应具有健全的质量管理体系及相应的施工质量控制制度。

（6）装配式混凝土结构施工测量，除应符合现行国家标准《混凝土结构工程施工质量验收规范》（GB 50204—2015）、《混凝土结构工程施工规范》（GB 50666—2011）和现行行业标准《装配式混凝土结构技术规程》（JGJ 1—2014）的规定外，还应符合下列规定。

① 熟悉施工图纸，明确设计对各分项工程精度和质量控制的要求。

② 现浇结构尺寸的允许偏差控制值应能满足预制构件安装的要求，并应采取与之配合的测量设备和控制方法。

③ 钢筋加工和安装位置的允许偏差应能满足预制构件安装和连接的要求，并应采用与之相匹配的钢筋设备、定位工具和控制方法。

④ 现浇结构模板安装的允许偏差值和表面控制标准应与预制构件协调一致，并应采用与之相匹配的模板类型和控制措施。

（7）预制构件安装前，预制构件、材料、预埋件、临时支撑等应按现行国家有关标准及设计要求验收合格。

任务 6.2 单层工业厂房结构安装

单层工业厂房大多采用装配式钢筋混凝土结构，一般由大型预制钢筋混凝土柱（或大型钢组合柱）、预制吊车梁和连系梁，预制屋面梁（或屋架）、预制天窗架和屋面板组成。根据构件尺寸和重量及运输构件的能力，预制构件中较大型的一般在施工现场就地制作，中小型的多集中在工厂制作，然后运送到现场安装。

6.2.1 吊装前的准备

单层工业厂房
结构的吊装准备

（1）**场地清理与铺设道路** 起重机进场之前，按照现场平面布置图，标出起重机的开行路线，清理道路上的杂物，进行平整压实。回填土或松软地基上，要用枕木或厚钢板铺垫。雨季施工，要做好排水工作，准备一定数量的抽水机械，以便及时排水。

（2）**构件的运输和堆放** 一些重量不大而数量较多的定型构件，如屋面板、连系梁、轻型吊车梁等，宜在预制厂预制。从预制厂将构件运到施工现场，一般多采用汽车或平板拖车运输，同时要根据构件的大小、重量、数量及运距来选择运输方案。

起吊运输时，必须保证构件的强度符合要求，吊点位置符合设计规定；构件支垫的位置要正确，数量要适当，每一构件的支垫数量一般不超过两个支撑处，且上下层支垫应在同一垂线上。运输过程中，要确保构件不倾倒、不损坏、不变形。

预制构件的堆放应考虑便于吊升及吊升后的就位：特别是大型构件，如房屋建筑中的柱、屋架及桥梁工程中的箱梁、桥面板等，应做好构件堆放的布置图，以便一次吊升就位，减少起重设备负荷开行。对于小型构件，则可考虑布置在大型构件之间，也应以便于吊装、减少二次搬运为原则。小型构件也常采用随吊随运的方法，以便减少对施工场地的占用。

（3）**构件的检查与清理** 为保证工程质量，对所有构件要进行全面检查。检查的内容如下。

① 检查构件的型号与数量。

② 检查构件的外形尺寸、钢筋的搭接及预埋件的位置与大小。

③ 检查构件的表面有无损伤、缺陷、变形、裂缝等。

④ 检查构件的混凝土强度。

⑤ 检查预埋件、预留孔的位置及质量等，并进行相应清理工作。

（4）构件弹线　构件经检查质量合格后，即可在构件上弹出安装的定位墨线和校正用墨线（图 6-22），作为构件安装、对位、校正时的依据。

① 柱子　柱应在柱身的三个面弹出安装中心线、基础顶面线、地坪标高线。矩形截面柱安装中心线按几何中心线；工字形截面柱除在矩形部分弹出中心线外，为便于观测和避免视差，还应在翼缘部位弹一条与中心线平行的线。此外，在柱顶和牛腿顶面还要弹出屋架及吊车梁的安装中心线。

② 屋架　在屋架上弦弹出几何中心线，并从跨中向两端弹出天窗架、屋面板的吊装准线，在屋架的两端弹出安装准线。

③ 梁　在梁的两端及顶面弹出安装中心线。要按图纸对构件编号，编号写在构件的明显部位。外形不易辨别上下左右的构件，应在构件上用记号标明，以免安装时出现差错。

（5）基础准备　钢筋混凝土柱一般为杯形基础，钢柱基础一般为平面，并在基础内预埋锚栓，通过锚栓将钢柱与基础连成整体。

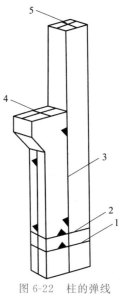

图 6-22　柱的弹线

1—基础顶面线；

2—地坪标高线；

3—柱子中心线；4—吊车梁

对位线；5—柱顶中心线

① 钢筋混凝土柱基　杯形基础在浇筑时，即应保证定位轴线、杯口尺寸和杯底标高的正确。柱子安装前应在杯口顶面弹出轴线和辅助线（图 6-23），与柱子所弹墨线相对应，作为对位和校正依据。同时抄平杯底并弹出标高准线，作为调整杯底标高的依据。

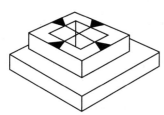

图 6-23　基础弹线

杯底抄平，即对所有杯形基础底面标高进行测量，确定杯底找平的标高和尺寸，以保证柱牛腿顶面标高的准确和一致。杯底抄平与调整的方法：首先测量杯底实际标高尺寸 h_1（柱子不大时，只在杯底中间测一点，若柱子比较大时，则要测杯底四个角点），牛腿顶面设计标高 h_2 与杯底实际标高 h_1 的差，即是柱根底面至牛腿顶面的应有长度 L_1，再与柱实际制作长度 L_2 相比，得出制作与设计标高的误差值，即杯底标高调整值 Δh。例如，柱牛腿顶面设计标高＋7.80m，杯底设计标高－1.20m，柱基施工时，杯底标高控制值取－1.25m，施工后，实测杯底标高为－1.23m，量得柱底至牛腿面的实际长度为 9.01m，则杯底标高调整值为 $\Delta h = 7.80 + 1.23 - 9.01 = +0.02$（m）。

若杯底偏高则要凿去，若杯底的标高不够，则用水泥砂浆或细石混凝土将杯底填平至设计标高，可允许误差为±5mm。在实际施工中为避免杯底超高，往往在浇筑混凝土时留 40～50mm 不浇，待杯底抄平调整时一次补至调整标高数值。杯底标高调整后要加以保护。

② 钢柱基础　施工时应保证基础顶面与锚栓位置准确，其误差在±2mm 以内，基础顶面要垂直，倾斜度小于 1/1000，锚栓在支座范围内的误差为±5mm。施工时锚栓应设在固定支架上，以保证其位置准确。

6.2.2 构件的吊装

构件的吊装

单层工业厂房预制构件的吊装工艺过程包括绑扎、吊升、对位、临时固定、校正、最后固定等。上部构件吊装需要搭设脚手架，以供安装操作人员使用。

6.2.2.1 柱子的吊装

单层工业厂房的预制钢筋混凝土柱，一般截面尺寸和重量都很大，应特别注意起吊与安装的安全。

（1）绑扎 柱一般均在现场就地预制，在制作底模和浇筑混凝土之前，就要根据柱的形状、断面、长度、配筋以及起重机的起重性能确定绑扎方法、绑扎点数目和位置，并在绑扎点预埋吊环或预留孔洞，以便在绑扎时穿钢丝绳。

柱的绑扎点数目与位置应按起吊时由自重产生的正负弯矩绝对值基本相等且不超过柱允许值的原则确定，以保证柱在吊装过程中不折断、不产生过大的变形。中小型柱大多可绑扎一点，对于有牛腿的柱，吊点一般在牛腿下 200mm 处。重型柱或配筋少而细长的柱（如抗风柱），为防止起吊过程中柱身断裂，需绑扎两点，且吊索的合力点应偏向柱重心上部。必要时，需验算吊装应力和裂缝宽度后确定绑扎点数目与位置。工字形截面柱和双肢柱的绑扎点应选在实心处，否则应在绑扎位置用方木垫平。

柱的绑扎应力求简单、可靠和便于安装、就位工作。吊点多选择在牛腿以下部位，既高于构件重心又便于绑扎。绑扎工具有吊索、卡环和横吊梁等。

根据柱起吊后柱身是否垂直，柱的吊装方法分为斜吊法和直吊法，相应的绑扎方法有斜吊绑扎和直吊绑扎两种。

① 斜吊绑扎 当柱平卧起吊的抗弯强度满足要求时，可采用斜吊绑扎（图 6-24）。此法的特点是柱子在平卧状态下绑扎，不需翻身直接从底模上起吊；起吊后，柱呈倾斜状态，吊索在柱子宽面一侧，起重钩可低于柱顶，起重高度可较小；但对位不方便，宽面要有足够的抗弯能力。

② 直吊绑扎 当柱平卧起吊的抗弯强度不足时，就要采取直吊绑扎（图 6-25）。吊装前需先将柱子翻身再绑扎起吊，起吊后，柱呈直立状态，起重机吊钩要超过柱顶，吊索分别在柱两侧，故需要铁扁担，需要的起重高度比斜吊法大，柱翻身后刚度较大，抗弯能力增强，吊装时柱与杯口垂直，对位容易。

直吊绑扎与斜吊绑扎相比缺点是需将柱子翻身；起重吊钩一般需超过柱顶，因而需较长的起重杆。优点是柱翻身后刚度大，抗弯能力强，不易产生裂纹；起吊后柱身与杯底垂直，容易对线就位。

此外，当柱较重较长、需采用两点起吊时，也可采用两点斜吊绑扎法和直吊绑扎法。两点斜吊绑扎法适用于两点平放起吊，柱的抗弯强度满足要求时采用，如图 6-26(a) 所示。两点直吊绑扎法适用于柱的抗弯强度不足时，需将柱翻身，然后起吊，如图 6-26(b) 所示。

（2）吊升 柱子的吊装方法，根据柱子重量、长度、起重机性能和现场施工条件而定。根据柱在吊升过程中运动的特点，吊升方法可分为旋转法和滑行法两种。重型柱子有时还可用两台起重机抬吊。

① 旋转法 如图 6-27 所示，柱吊升时，起重机边升钩边回转，使柱身绕柱脚（柱脚不动）旋转到竖直，起重机将柱子吊离地面后稍微旋转起重臂使柱子处于基础正上方，然后将其插入基础杯口。

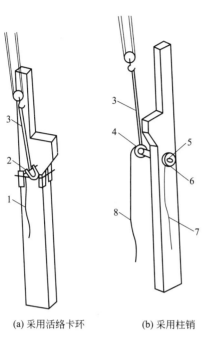

(a) 采用活络卡环　　　(b) 采用柱销

图 6-24　柱的斜吊绑扎

1—活络卡环插销拉绳；2—活络卡环；
3—吊索；4—柱销；5—垫圈；6—插销；
7—插销拉绳；8—柱销拉绳

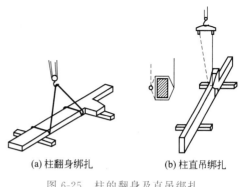

(a) 柱翻身绑扎　　　　(b) 柱直吊绑扎

图 6-25　柱的翻身及直吊绑扎

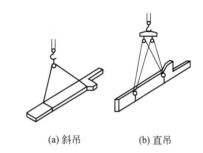

(a) 斜吊　　　　(b) 直吊

图 6-26　柱的两点绑扎法

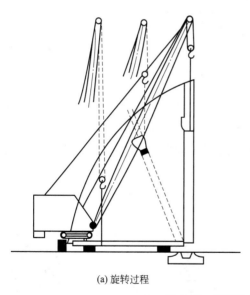

(a) 旋转过程

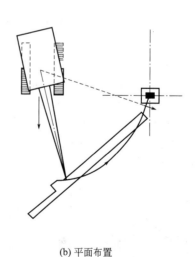

(b) 平面布置

图 6-27　旋转法吊装过程

　　为了操作方便和起重臂不变幅，柱在预制或排放时，应使柱基中心、柱脚中心和柱绑扎点均位于起重机的同一起重半径的圆弧上，该圆弧的圆心为起重机的回转中心，半径为圆心到绑扎点的距离，并应使柱脚尽量靠近基础。这种布置方法称为"三点共弧"。

　　若施工现场条件限制，不可能将柱的绑扎点、柱脚和柱基三者同时布置在起重机的同一起重半径的圆弧上时，可采用柱脚与柱基中心两点共弧布置，但这种布置时，柱在吊升过程中起重机要变幅,影响工效。

旋转法吊升柱受震动小,生产效率较高,但对平面布置和起重机的机动性要求高。

② 滑行法 如图 6-28 所示,柱吊升时,起重机只升钩不转臂,使柱脚沿地面滑行,柱子逐渐直立,起重机将柱子吊离地面后稍微旋转起重臂使柱子处于基础正上方,然后将其插入基础杯口。这种方法因柱下端与地面滑动摩擦力大而受震动,并且在滑起的瞬间产生冲击,应注意吊升安全。

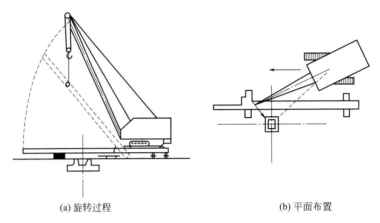

(a) 旋转过程　　　　　　　　　　　　　(b) 平面布置

图 6-28　滑行法吊装过程

滑行法中柱的布置特点:柱的吊点(牛腿下部)靠在杯口近旁,要求吊点和杯口中心共弧(两点共弧),以便使柱吊离地面后稍作旋转即可落入杯口内。

滑行法吊升柱对平面布置和起重机的机动性要求低,一般用于柱较重、较长而起重机在安全荷载下回转半径不够时,或现场狭窄无法按旋转法排放布置时;以及采用桅杆式起重机吊装柱时等情况。为了减小柱脚与地面的摩擦阻力,宜在柱脚处设置托木、滚筒等。

③ 双机抬吊 当柱的重量较大,使用一台起重机无法吊装时,可以采用双机抬吊。双机抬吊仍可采用旋转法(两点抬吊)和滑行法(一点抬吊)。

双机抬吊旋转法(图 6-29),是用一台起重机抬柱的上吊点,另一台抬柱的下吊点,柱的布置应使两个吊点与基础中心分别处于起重半径的圆弧上,两台起重机并列于柱的一侧。起吊时,两机同时同速升钩,柱吊离地面一定高度,一般为近柱底端的绑扎点至柱底间的距离再加 300mm。然后两台起重机起重臂同时向杯口旋转,此时,从动起重机 A 只旋转不提升,主动起重机 B 则边旋转边升钩直至柱直立,双机以等速缓慢落钩,将柱插入杯口中。

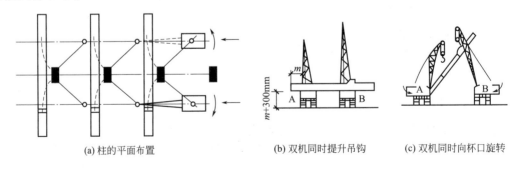

(a) 柱的平面布置　　　　(b) 双机同时提升吊钩　　　　(c) 双机同时向杯口旋转

图 6-29　双机抬吊旋转法

双机抬吊滑行法(图 6-30)柱的平面布置与单机起吊滑行法基本相同。两台起重机停放位置相对，吊钩均位于基础上方。起吊时，两台起重机以相同的升钩、降钩、旋转速度工作，故宜选择型号相同的起重机。

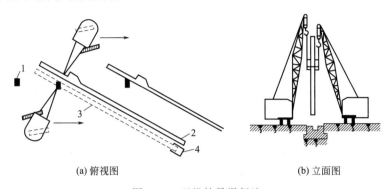

图 6-30　双机抬吊滑行法
1—基础；2—柱预制位置；3—柱翻身后位置；4—滚动支座

（3）柱的对位与临时固定　　如柱采用直吊法时，柱脚插入杯口后应悬离杯底适当距离进行对位（图 6-31）。如用斜吊法，可在柱脚接近杯底时，于吊索一侧的杯口中插入两个楔子，再通过起重机回转进行对位。对位时应从柱四周向杯口放入 8 个楔块，并用撬棍拨动柱脚，使柱的吊装中心线对准杯口上的吊装准线，并使柱基本保持垂直。

柱对位后，应先把楔块略为打紧，再放松吊钩，检查柱沉至杯底后的对中情况，若符合要求，即可将楔块打紧作柱的临时固定，然后起重钩便可脱钩。脱钩时应注意起重机因突然卸载可能发生的摆动现象。当柱子比较高大时，除在杯口加楔块固定外，还需增设缆风绳或支撑，以保证柱的稳定性。打紧楔块时，应两人同时在柱子的两侧对打，以防柱脚移动。

（4）校正　　柱子安装位置的准确性和垂直度，影响着吊车梁和屋架等构件的安装质量，必须进行严格的校正并使其误差限制在规范允许的范围内。

柱的校正包括平面位置、标高和垂直度的校正（图 6-32）。柱的标高校正在基础杯底抄平时已进行，柱的平面位置和垂直度的校正是互相影响的两个过程，应互相呼应同时进行。平面位置的校正是以基础顶面所弹的轴线、中心线或辅助线为校核依据。柱身垂直度校正是以柱身弹出的中心线（或辅助线）为校核的基准线，通常利用两台经纬仪观测柱的相邻两面

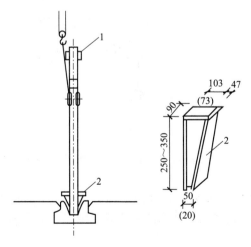

图 6-31　柱的对位与临时固定（单位：mm）
1—安装缆风绳或挂操作台的夹箍；2—钢楔

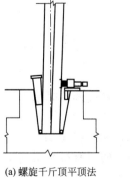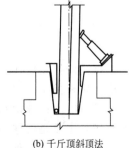

(a) 螺旋千斤顶平顶法　　　　(b) 千斤顶斜顶法

图 6-32　柱子垂直度校正

的中心线是否垂直。垂直度偏差的允许值：柱高 $H \leqslant 5m$ 时为 5mm；柱高 $H > 5m$ 时为 10mm；当柱高 $H \geqslant 10m$ 时为 1/1000 柱高，且不大于 20mm。柱的校正方法：当垂直度偏差值较小时，可用敲打楔块的方法或用钢钎来纠正；当垂直度偏差值较大时，可用千斤顶校正法、钢管撑杆斜顶法及缆风绳校正法等。但应注意校正垂直度偏差时要同时松开或打紧楔块，防止硬拉或硬推引起柱身弯曲或裂缝。

（5）柱子的最后固定　柱校正后应立即进行固定（图 6-33），其方法是将柱子与杯口的空隙用细石混凝土灌密实。灌筑前，将杯口清扫干净，并用水润湿柱脚和杯壁，再分两次浇灌比原强度高一个等级的细石混凝土。混凝土第一次浇至楔块底面，待混凝土强度达 25% 时拔去楔块，再将混凝土浇满杯口。第一次灌筑后，柱可能会出现新的偏差，其原因可能是振捣混凝土时碰动了楔块，或因两面相对的木楔因受潮程度不同，膨胀变形不一产生的，故在第二次灌筑前，必须对柱的垂直度进行复查，如超过允许偏差，应予调整。接头混凝土应密实并注意养护，待第二次浇筑的混凝土强度达 70% 后，方能吊装上部构件。

6.2.2.2　吊车梁的吊装

吊车梁的吊装内容包括绑扎、起吊、就位、校正和最后固定。

（1）绑扎、起吊和就位　吊车梁吊装时（图 6-34）应两点对称绑扎，吊钩垂线对准梁的重心，起吊后吊车梁保持水平状态。在梁的两端设溜绳控制，以防碰撞柱子。对位时应缓慢降钩，将梁端吊装准线与牛腿顶面吊装准线对准，要避免在对位过程中用撬杠顺纵轴线方向撬动吊车梁，因为柱子顺纵轴线方向的刚度较差，撬动后会使柱子产生偏移。

吊车梁断面的高宽比小于 4 时，稳定性好，就位后，只要用垫铁垫平即可。当高宽比大于 4 时，稳定性就差些，就位后，除用垫铁垫平外，还要将吊车梁临时固定在柱子上。

（2）校正和最后固定　吊车梁的校正工作包括标高、垂直度和平面位置的校正，一般应在厂房结构校正和固定后进行，以免屋架安装时，引起柱子变位，而使吊车梁产生新的误差。

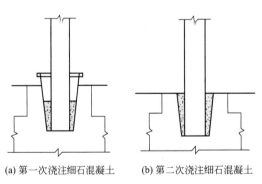

(a) 第一次浇注细石混凝土　(b) 第二次浇注细石混凝土

图 6-33　柱子的最后固定

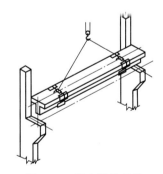

图 6-34　吊车梁的吊装

标高的校正已在基础杯底调整时基本完成，如仍有误差，可在铺轨时，在吊车梁顶面抹一层砂浆来找平。

垂直度用锤球检查，偏差应在 5mm 以内，可在支座处加铁片垫平。吊车梁的平面位置的校正，主要是使柱列上的所有吊车梁的轴线在一直线上。常用的方法有通线法、平移轴线法和边吊边校法三种。

① 通线法　俗称拉钢丝法，如图 6-35 所示，是根据柱的定位轴线，在厂房跨端地面定出吊车梁的安装轴线位置并打入木桩。用钢尺检查两列吊车梁的轨距是否符合要求，然后用

经纬仪将厂房两端的四根吊车梁位置校正正确。在校正后的柱列两端吊车梁上设支架（高约200mm），拉钢丝通线并悬挂悬物拉紧，检查并拨正各吊车梁的中心线。

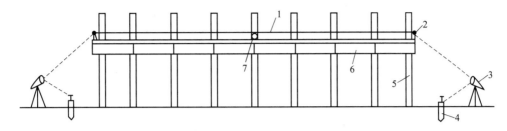

图 6-35　通线法校正吊车梁

1—通线；2—支架；3—经纬仪；4—木桩；5—柱；6—吊车梁；7—圆钢

② 平移轴线法　如图 6-36 所示，适用于当同一轴线上的吊车梁数量较多时，如仍采用通线法，使钢丝过长，不宜拉紧而产生较大偏差。此法是在柱列外设置经纬仪，并将各柱杯口处的吊装准线投射到吊车梁顶面处的柱身上（或在各柱上放一条与吊车梁轴线等距离的校正基准线），并做出标志。若标志线至柱定位轴线的距离为 a，则标志到吊车梁安装轴线的距离应为 $\lambda-a$（λ 为柱定位轴线到吊车梁定位轴线之间的距离），依此逐根拨正吊车梁的中心线并检查两列吊车梁间的轨距是否符合要求。

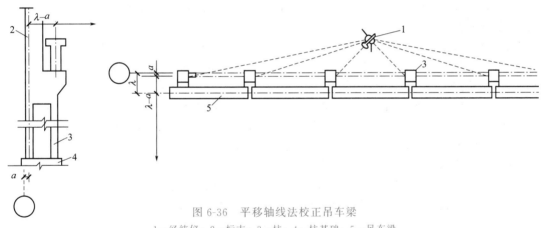

图 6-36　平移轴线法校正吊车梁

1—经纬仪；2—标志；3—柱；4—柱基础；5—吊车梁

③ 边吊边校法　重型吊车梁校正时撬动困难，可在吊装吊车梁时借助于起重机，采用边吊装边校正的方法。

吊车梁校正后，立即用电焊进行最后固定，并在吊车梁与柱的空隙处灌筑细石混凝土。

6.2.2.3　屋架的吊装

屋架吊装的施工顺序是绑扎、扶直就位、吊升、对位、临时固定、校正和最后固定。

（1）屋架绑扎　如图 6-37 所示，屋架起吊的吊索绑扎点，应选择在屋架上弦节点处且左右对称，绑扎中心（即各支吊索的合力作用点）必须高于屋架重心，使屋架起吊后基本保持水平，不晃动、不倾翻，吊索与水平线的夹角不宜小于45°。屋架吊点的数目和位置与屋架的型式及跨度有关，一般当跨度小于 18m 时，为两点绑扎；当跨度大于 18m 而小于 30m 时，为四点绑扎；当跨度大于或等于 30m 时，为四点绑扎并加横吊梁（也称铁扁担）。对三角形组合屋架等刚性较差的屋架，下弦不能承受压力，故绑扎时也应采用横吊梁。

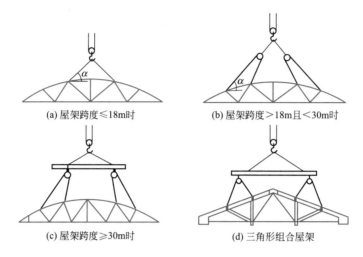

(a) 屋架跨度≤18m时   (b) 屋架跨度>18m且<30m时

(c) 屋架跨度≥30m时   (d) 三角形组合屋架

图 6-37 屋架的绑扎

大跨度的屋架在吊装时为防止被损坏，要在屋架上绑杉木杆。跨度在 18m 以内的，只在屋架的一侧绑杉木杆；跨度大于 18m 的，在屋架两侧各绑两道杉木杆。

（2）屋架的扶直就位 钢筋混凝土屋架或预应力混凝土屋架一般均在施工现场平卧叠浇。因此，屋架在吊装前要扶直就位，即将平卧制作的屋架扶成竖立状态，然后吊放在预先设计好的地面位置上，准备起吊。

扶直时先将吊钩对准屋架平面中心，收紧吊钩后，起重臂稍抬起使屋架脱模。若叠浇的屋架间有严重黏结时，因为屋架的侧向刚度很差，应先用撬杠撬或钢钎凿等方法，使其上下分开，不能硬拉，以免造成屋架破损。

按照起重机与屋架预制时相对位置的不同，屋架扶直分正向扶直和反向扶直两种方式。

① 正向扶直 起重机位于屋架下弦一侧，先将吊钩对准屋架平面中心，收紧吊钩，然后稍微起臂使屋架脱模，接着起重机升钩、起臂，让屋架以下弦为轴线慢慢转成直立状态，如图 6-38（a）所示。

② 反向扶直 起重机位于屋架上弦一侧，先将吊钩对准屋架平面中心，随着升钩、降臂，让屋架以下弦为轴线慢慢转成直立状态，如图 6-38（b）所示。

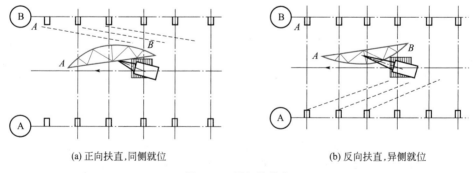

(a) 正向扶直,同侧就位   (b) 反向扶直,异侧就位

图 6-38 屋架的扶直

正向扶直与反向扶直的最大区别在于起重机位于屋架的方位不同，正向扶直，起重机位于下弦一边，反向扶直则位于上弦一边；扶直过程中，正向扶直，升钩时升臂，反向扶直，升钩时降臂。升臂比降臂易于操作且较安全，故一般应采用正向扶直。

屋架扶直之后，立即排放就位，一般靠柱边斜向排放，或以 3～5 榀为一组平行于柱边纵向排放。屋架排放后，应用 8 号铁丝、支撑等与柱或与已就位的屋架相互拉牢，以保持稳定。

屋架就位分为同侧就位和异侧就位。当屋架的预制位置与就位位置在起重机开行路线的同一侧时，称为同侧就位；当屋架的预制位置与就位位置在起重机开行路线的两侧时，称为异侧就位。

（3）屋架的吊升、对位与临时固定　屋架吊升时离开地面约 500mm 后，应停车检查吊索是否稳妥，然后将屋架吊至吊装位置的下方，升钩将屋架吊至超过柱顶 300mm，再垂直方向吊升至柱顶就位，对准柱顶的轴线，同时检查和调整屋架的间距和垂直度，随后做好临时固定，稳妥后起重机才能脱钩。

第一榀屋架的临时固定必须可靠。一方面一榀屋架形成不稳定结构，侧向稳定性很差；另一方面第二榀屋架要以它为依托进行固定，所以第一榀的固定很关键，且难度较大。常见的临时固定方法有两种：一种是利用四根缆风绳从两侧将屋架拉牢；另一种是与抗风柱连接固定。第二榀及以后各榀屋架的固定，常采用工具式卡具与第一榀卡牢。工具式卡具还可用于校正屋架间距，工具式卡具的构造如图 6-39 所示。

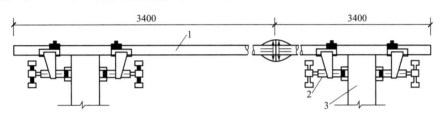

图 6-39　工具式卡具的构造（单位：mm）
1—钢管；2—撑脚；3—屋架上弦

屋架的吊升方法有单机吊装和双机抬吊，双机抬吊仅在屋架重量较大，一台起重机的吊装能力不能满足吊装要求的情况下采用。

（4）屋架的校正及最后固定　屋架主要校正垂直度，可用经纬仪或线锤进行检测，用屋架校正器或缆风绳校正。用经纬仪检查屋架垂直度时，预先在屋架上弦两端和中央固定三根方木，并在方木上做出距上弦中心线定长（设为 a）的标志。在地面上作一条平行于横向轴线间距为 a 的辅助线，利用辅助线支经纬仪测定三根方木上的标志是否在同一垂直面上。

用线锤检查屋架垂直度时，卡尺标志的设置与经纬仪检查方法相同，标志距屋架几何中心线的距离可取 300mm。在两端卡尺标志之间连一通线，从中央卡尺的标志处向下挂线锤，检查三个卡尺的标志是否在同一垂直面上。

如偏差值超出规定，应进行调正并将屋架支座用铁片垫实，然后进行焊接固定。屋架的临时固定与校正如图 6-40 所示。

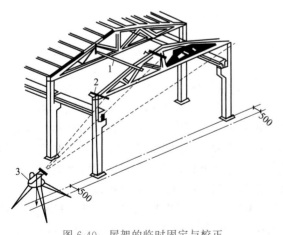

图 6-40　屋架的临时固定与校正
1—工具式支撑；2—卡尺；3—经纬仪

6.2.2.4　屋面板和天窗架的吊装

屋面板一般配有预埋吊环，用吊钩的吊索钩住吊环即可完成其吊装。屋面板较轻，一般多采用一钩多块叠吊或平吊法（图 6-41），以充分发挥起重机的效率。屋面板吊装的顺序，应从屋架两端开始对称地向屋脊方向安装，避免屋架承受半边荷载。屋面板就位后，应立即电焊固定。每块屋面板至少有三点与屋架或天窗架焊牢，必须保证焊缝尺寸质量。

天窗架常采用单独吊装，也可与屋架拼装成整体同时吊装，以减少高空作业，但对起重机的起重量和起重高度要求较高。天窗架单独吊装时，需待两侧屋面板安装后进行，并应用工具式夹具或绑扎圆木进行临时加固（图 6-42）。

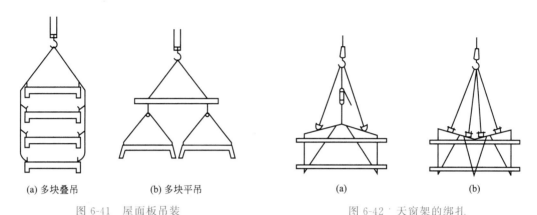

(a) 多块叠吊   (b) 多块平吊   (a)   (b)

图 6-41　屋面板吊装   图 6-42　天窗架的绑扎

6.2.3　结构安装

单层工业厂房结构特点是平面尺寸大、承重结构的跨度与柱距大、构件类型少、重量大，内有各种设备基础等。因此，确定施工方案时应根据厂房的结构形式、跨度、构件的重量及安装高度、吊装工程量及工期要求，并考虑现有起重设备条件等因素，经综合分析研究以便决定技术经济合理的施工方案。

单层厂房结构安装工程施工方案内容包括起重机的选择、起重机的开行路线、构件的平面布置及结构安装方法等。

6.2.3.1　起重机的选择

起重机的选择包括选择起重机的类型、型号等。起重机的选择要根据施工现场的条件及现有起重设备条件，以及结构吊装方法确定。

（1）起重机类型的选择　起重机的类型主要是根据厂房的结构特点、跨度、构件重量、吊装高度、吊装方法及现有起重设备条件等来确定。要综合考虑其合理性、可行性和经济性。一般中小型厂房跨度不大，构件的重量及安装高度也不大，厂房内的设备多在厂房结构安装完毕后进行安装，所以多采用履带式起重机、轮胎式起重机或汽车式起重机。重型厂房跨度大，构件重，安装高度大，厂房内的设备往往要同结构吊装穿插进行，所以一般采用大型履带式起重机、轮胎式起重机、重型汽车式起重机，以及重型塔式起重机与其他起重机械配合使用。

（2）起重机型号的选择　在确定了起重机类型后，即可根据建筑结构构件的尺寸、重量和最大的安装高度来选择机械的型号。在具体选用起重机型号时，应使所选起重机的三个工作参数——起重量、起重高度、起重半径均应满足结构吊装的要求。

1）起重量　选择的起重机的起重量，必须大于所安装构件的重量与索具重量之和，即：

$$Q \geqslant Q_1 + Q_2 \tag{6-1}$$

式中　Q——起重机的起重量，kN；

　　Q_1——构件的重量，kN；

　　Q_2——索具的重量，kN。

　　2）起重高度　选择的起重机的起重高度，必须满足所吊装的构件的安装高度要求（图6-43），即：

$$H \geqslant h_1 + h_2 + h_3 + h_4 \qquad (6-2)$$

式中　H——起重机的起重高度（从停机面算起至吊钩中心），m；

　　　　h_1——安装支座表面高度（从停机面算起），m；

　　　　h_2——安装间隙（视具体情况而定，但不小于 0.2m），m；

　　　　h_3——绑扎点至起吊后构件底面的距离，m；

　　　　h_4——索具高度（自绑扎点至吊钩中心的距离，视具体情况而定），m。

　　3）起重半径　起重半径的确定一般有两种情况。

　　当起重机能靠近吊装的构件安装位置，中间无障碍物限制起重臂杆的活动空间时（如厂房柱、吊车梁的吊装），对起重半径没有特殊限制，则应尽可能使用起重臂杆的较大仰角即较小的起重半径，以获得较大的起重量，但应以构件不碰撞臂杆为限。

　　根据上述原则，按照所需要的起重半径、起重高度和起重量的相关关系，选择相应的起重臂杆长度，然后根据三参数间的相互关系，选择能满足起重量和起重高度条件下的起重半径即可。

　　当起重机无法最大限度地靠近构件安装位置进行吊装时，则应验算在所需要的起重半径值时的起重量与起重高度，能否满足构件安装的要求。

　　当起重机的起重臂杆需要跨越已安装好的构件上空去安装构件时，如跨过已安装的屋架去安装屋面板，则要考虑起重臂杆不得与屋架相碰，一般需留出 1m 左右的安全距离。以此计算所需臂杆的最小长度、起重杆与水平线夹角（即臂杆的仰角），求出起重半径和停机位置等。

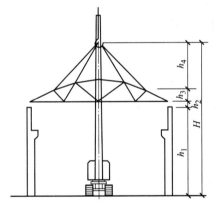

图 6-43　起重高度的计算

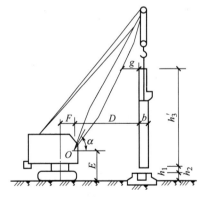

图 6-44　起重机起重半径 R 的计算

　　吊装柱时起重机的起重半径 R 计算方法（图6-44）：

$$R_{\min} = F + D + 0.5b \qquad (6-3)$$

式中　F——吊杆枢轴中心距回转中心的距离，m；

　　　　D——吊杆枢轴中心距所吊构件边缘的距离，m；

　　　　b——构件的宽度，m。

$$D = g + (h_1 + h_2 + h_3' - E)\cot\alpha \qquad (6-4)$$

式中　g——构件上口边缘与起重杆之间的水平空隙（不小于 0.5～1.0m），m；

　　　　E——吊杆枢轴中心距地面的高度，m；

α——起重杆的倾角;

h_1——安装支座表面高度(从停机面算起),m;

h_2——安装间隙(视具体情况而定,但不小于 0.2m),m;

h_3'——所吊构件的高度,m。

吊装屋架时起重机的最小臂长可用数解法,也可用图解法求出。

① 数解法　图 6-45(a) 所示为数解法求起重机最小臂长计算简图。最小臂长 L_{min} 可按下式计算:

$$L_{min} \geqslant l_1 + l_2 = \frac{h}{\sin\alpha} + \frac{f+g}{\cos\alpha} \tag{6-5}$$

式中　h——起重臂下铰至吊装构件支座顶面的高度,m,$h = h_1 - E$;

h_1——支座高度(从停机面算起),m;

f——起重钩需跨过已安装好构件的水平距离,m;

g——起重臂轴线与已安装好构件间的水平距离(至少取 1m),m;

α——起重臂的仰角。

从式(6-5) 可知,为使 L 为最小,需对公式进行一次微分,并令 $\mathrm{d}L/\mathrm{d}\alpha = 0$,即:

$$\frac{\mathrm{d}L}{\mathrm{d}\alpha} = \frac{-h\cos\alpha}{\sin^2\alpha} + \frac{(f+g)\sin\alpha}{\cos^2\alpha} = 0$$

解上式得

$$\alpha = \arctan\sqrt[3]{\frac{h}{f+g}} \tag{6-6}$$

将求得的 α 值代入式(6-5) 即可求得起重臂最小长度 L,据此,可选择适当长度的起重臂,然后根据实际采用的起重臂及仰角 α 计算起重半径 R:

$$R = F + L\cos\alpha \tag{6-7}$$

根据计算出的起重半径 R 及已选定的起重臂长度 L,查起重机的性能表或性能曲线,复核起重量 Q 及起重高度 H,如能满足吊装要求,即可根据 R 值确定起重机吊装屋面板时的停机位置。

② 图解法〔图 6-45(b)〕

a. 选定合适的比例,绘制厂房一个节间的纵剖面图;绘制起重机吊装屋面板时吊钩位置处的垂线 y-y;根据初步选定的起重机的 E 值绘出水平线 H-H;E 值一般可根据柱子吊装所选用的起重机型号取值。

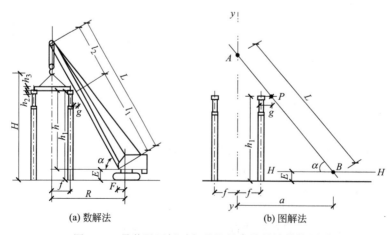

图 6-45　吊装屋面板时起重机最小臂长计算简图

b. 在所绘的纵剖面图上，自屋架顶面中心向起重机方向水平量出一距离 g，g 至少取 1m，定出点 P。

c. 根据式 $\alpha = \arctan \sqrt[3]{\dfrac{h}{f+g}}$ 求出起重臂的仰角 α，过 P 点作一直线，使该直线与 $H\text{-}H$ 的夹角等于 α，交 $y\text{-}y$、$H\text{-}H$ 于 A、B 两点。

d. AB 的实际长度即为所需起重臂的最小长度，AB 与 $H\text{-}H$ 的夹角即为起重臂的仰角。量出起重杆水平投影长度 a，再加上起重杆下铰点至起重机回转中心的距离 F，即得到起重机的起重半径。

根据图解法求出臂长、起重半径，最后对照机械性能表选定起重机吊装屋面板时的臂杆实际长度，并校核起重半径和起重量。

一般来说，选择一台起重机来安装柱子、屋架、屋面板等全部构件往往是不经济的。因此，可以选择不同的起重机或选用同一台起重机而用不同的臂杆长去安装不同的构件。例如柱子重但安装高度不大，可以用较短的起重杆；屋架和屋面板的重量较轻而安装高度大，则可采用较长臂杆。柱子吊装完毕后即进行臂杆接长，然后吊装屋架和屋面板。

6.2.3.2 起重机的开行路线

起重机的开行路线主要根据起重机的起重半径和起重量，结合厂房跨度和构件重量综合考虑。构件吊装前的就位排放，应满足吊装方法的要求，同时结合现场条件综合考虑决定。

吊装屋架、屋面板等屋面构件时，起重机宜跨中开行；吊装柱子时，则视跨度大小、构件尺寸、重量及起重机性能，可沿跨中开行或跨边开行，如图 6-46 所示。

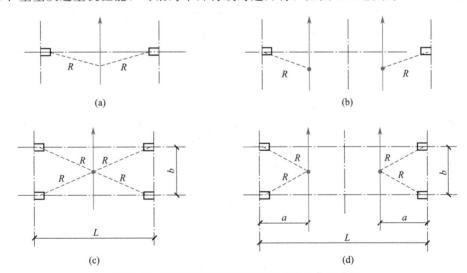

图 6-46 起重机吊装柱时的开行路线及停机位置

当 $R \geqslant L/2$ 时，起重机可沿跨中开行，每个停机位置可吊装 2 根柱，如图 6-46(a) 所示。

当 $R \geqslant \sqrt{\left(\dfrac{L}{2}\right)^2 + \left(\dfrac{b}{2}\right)^2}$，则可吊装 4 根柱，如图 6-46(c) 所示。

当 $R < L/2$ 时，起重机需沿跨边开行，每个停机位置吊装 $1 \sim 2$ 根柱，如图 6-46(b) 所示。

当 $R \geqslant \sqrt{a^2 + \left(\dfrac{b}{2}\right)^2}$，则可吊装 2 根柱子，如图 6-46(d) 所示。

式中　R——起重机的起重半径，m；

　　　L——厂房跨度，m；

　　　b——柱的间距，m；

　　　a——起重机开行路线到跨边轴线的距离，m。

当单层工业厂房面积大，或具有多跨结构时，为加速工程进度，可将建筑物划分为若干段，选用多台起重机同时进行施工。每台起重机可以独立作业，负责完成一个区段的全部吊装工作，也可选用不同性能的起重机协同作业，有的专门吊装柱子，有的专门吊装屋盖结构，组织大流水施工。当厂房具有多跨并列和纵横跨时，可先吊装各纵向跨，以保证吊装各纵向跨时，起重机械、运输车辆畅通。如各纵向跨有高低跨，则应先吊高跨，然后逐步向两侧吊装。

6.2.3.3　构件的平面布置

（1）构件的平面布置原则　现场预制构件不仅需要考虑吊装阶段的平面位置，还要考虑预制阶段的平面位置。因此，对现场构件的平面布置有如下几点要求。

① 要满足安装工艺的要求。

② 对由预制厂运来的构件，为避免二次搬运，宜按节间要求将构件分别布置在节间内。

③ 构件之间布置的间距不少于1m，以免相互影响。特别是对后张法施工，屋架布置应使抽芯管和穿钢筋方便。

④ 要使起重机开行路线畅通。

（2）预制阶段构件的平面布置

1）柱子的布置　柱子和屋架一般在施工现场预制，吊车梁有时也在现场预制，其他构件一般在构件厂或场外制作后运至施工现场。柱的预制布置有斜向布置和纵向布置。

① 柱子斜向布置　柱子采用旋转法起吊，可按三点共弧斜向布置，如图6-47所示。

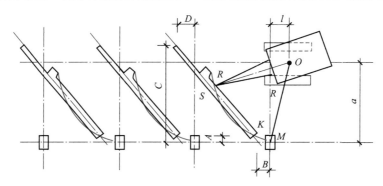

图6-47　柱子斜向布置方法（一）

a. 确定起重机开行路线到柱基中线的距离 a。a 的最大值不超过起重机吊装该柱时的最大起重半径。a 值也不能过小，以免起重机太靠近基坑而引起失稳。此外，还应注意起重机回转时，其尾部不得与周围构件或建筑物相碰。综合考虑以上条件确定 a 值后，即可确定起重机的开行路线。

b. 确定起重机停机位置。以柱基中心 M 为圆心，吊装该柱的起重半径 R 为半径作弧与开行路线交于 O 点，O 点即为吊装该柱的停机点。

c. 确定柱子的预制位置。以 O 点为圆心，R 为半径作弧，然后在靠近柱基的弧上选一

点 K 为柱脚中心位置，又以 K 为圆心，以柱脚到吊点距离为半径作弧，两弧相交于 S，以 KS 为中心作出柱的模板图，即为柱的预制位置图。标出柱顶、柱脚与柱到纵、横轴线的距离（A、B、C、D），作为预制时支模依据。

布置柱时，要注意牛腿的朝向，避免吊装时在空中调头。当柱子布置在跨内时，牛腿应面向起重机；当柱子布置在跨外时，牛腿应背向起重机。

有时由于受场地或柱长的限制，柱的布置很难做到三点共弧，则可按两点共弧布置。

两点共弧的方法有两种：一种是杯口中心与柱脚中心两点共弧，吊点放在起重半径 R 之外，如图 6-48 所示，吊装时，先用较大的起重半径 R' 吊起柱子，并升起重臂，当起重半径变成 R 后，停止升臂，随之用旋转法安装柱子；另一种方法是吊点与杯口中心两点共弧，柱脚放在起重半径 R 之外，安装时可采用滑行法，如图 6-49 所示。

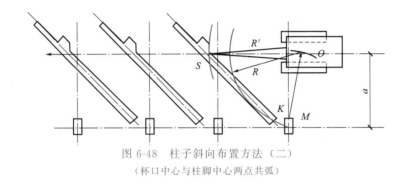

图 6-48　柱子斜向布置方法（二）

（杯口中心与柱脚中心两点共弧）

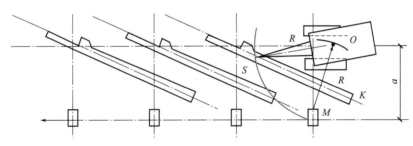

图 6-49　柱子斜向布置方法（三）

（吊点与杯口中心两点共弧）

② 柱子纵向布置　对于一些较轻的柱子，起重机能力有富余，考虑到节约场地，方便构件制作，可顺柱列纵向布置，如图 6-50 所示。柱子纵向布置，绑扎点与杯口中心两点共弧。若柱子长度大于 12m，柱子纵向布置宜排成两行，如图 6-50(a) 所示；若柱子长度小于 12m，则可叠浇排成一行，如图 6-50(b) 所示。

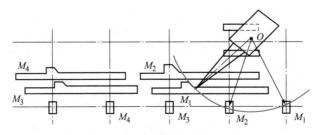

(a) 柱子长度>12m

图 6-50

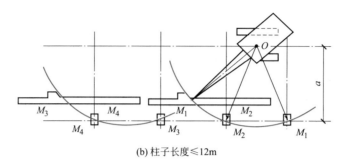

(b) 柱子长度≤12m

图 6-50　柱子纵向布置

2) 屋架的布置　在预制阶段，屋架一般在跨内平卧叠浇预制，每叠 3～4 榀，布置方式有斜向布置、正反斜向布置和正反纵向布置三种，如图 6-51 所示。在上述三种布置形式中，应优先考虑斜向布置，因此种布置方式便于屋架的扶直就位。只有当场地受限制时，才采用其他两种形式。在屋架预制布置时，还应考虑屋架扶直就位要求及扶直的先后顺序，应将先扶直后吊装的放在上层。由于屋架在吊升中转向不易，故应特别注意屋架的朝向、预埋铁的位置等。

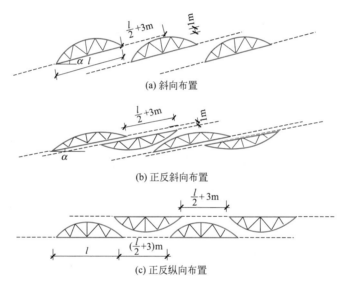

(a) 斜向布置

(b) 正反斜向布置

(c) 正反纵向布置

图 6-51　屋架预制布置

3) 吊车梁的布置　当吊车梁安排在现场预制时，可靠近柱基顺纵轴线或略作倾斜布置，也可插在柱子的空当中预制，或在场外集中预制等。

(3) 吊装阶段构件的排放布置　吊装阶段的排放布置一般是指柱已吊装完毕，其他构件如屋架的扶直排放、吊车梁和屋面板的运输、堆放与排放等。

1) 屋架的扶直排放　屋架扶直后应立即吊放到预先设计好的地面位置上，准备起吊。按排放的位置不同，可分为同侧排放和异侧排放。屋架的排放方式有两种：一种是靠柱边斜向排放；另一种是靠柱边成组纵向排放。

① 屋架的斜向排放　斜向排放用于跨度及重量较大的屋架，采用定点吊装。可用作图方法确定其排放位置。图 6-52 所示为屋架同侧斜向排放。可按下述步骤确定其排放位置。

a. 确定起重机吊屋架时开行路线及停机位置。起重机吊屋架时沿跨中开行，在图上作出开行路线。然后以欲吊装的某轴线（如②轴线）的屋架中点 M_2 为圆心，以所选择吊装屋架的起重半径 R 为半径作弧交开行路线于 Q_2，Q_2 即为吊②轴线屋架的停机位置。

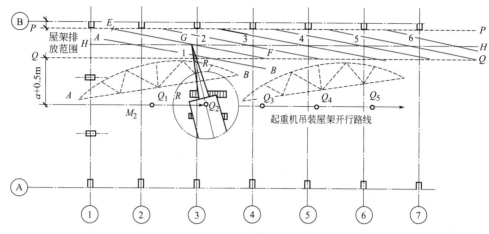

图 6-52　屋架同侧斜向排放

注：虚线表示屋架预制时的位置。

b. 确定屋架排放的范围。屋架一般靠柱边排放，但屋架离开柱边的净距不小于 200mm，并可利用柱作为屋架的临时支撑。这样，可定出屋架排放的外边线 $P\text{-}P$。另外，当起重机尾部至回转中心距离为 a，则在开行路线 $a+0.5\text{m}$ 范围内均不宜布置屋架或其他构件，据此作出虚线 $Q\text{-}Q$。在 $P\text{-}P$、$Q\text{-}Q$ 两虚线间即为屋架的排放范围。但屋架排放宽度不一定需要这样大，应根据实际需要定 $Q\text{-}Q$。

c. 确定屋架排放位置。当确定屋架实际排放范围后，便可作出中心线 $H\text{-}H$，屋架排放后的中点均在此线上。一般从第二榀开始，以停机点 Q_2 为圆心，以 R 为半径作弧交 $H\text{-}H$ 于 G，G 即为屋架就位中心点。再以 G 为圆心，以 $1/2$ 屋架跨度为半径作弧交 $P\text{-}P$、$Q\text{-}Q$ 于 E、F，连接 E、F 即为屋架排放位置，依此类推。第一榀因有抗风柱，可灵活布置。

② 屋架的成组纵向排放　屋架的纵向排放方式用于重量较轻的屋架，允许起重机吊装时负荷行驶。纵向排放一般以 4 榀为一组，靠柱边顺轴线排放，屋架之间的净距不大于 200mm，相互之间用铁丝及支撑拉紧撑牢。每组屋架之间预留约 3m 间距作为横向通道。为防止在吊装过程中与已安装屋架相碰，每组屋架的跨中要安排在该组屋架倒数第二榀安装轴线之后约 2m 处（图 6-53）。

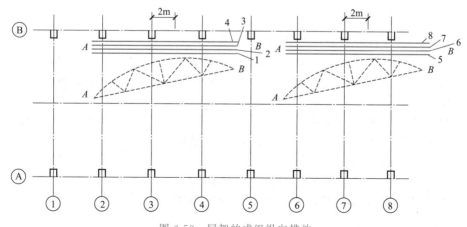

图 6-53　屋架的成组纵向排放

注：虚线表示屋架预制时的位置。

2) 吊车梁、连系梁及屋面板的运输、堆放与排放　单层工业厂房除了柱和屋架一般在施工现场制作外,其他构件(如吊车梁、连系梁、屋面板等)均可在预制厂或附近的露天预制场制作,然后运至施工现场进行安装。吊车梁、连系梁的排放位置,一般在其吊装位置的柱列附近,跨内跨外均可。屋面板的就位位置,跨内跨外均可,根据起重机吊装屋面板时的起重半径确定。一般情况下,当布置在跨内时,大约后退3~4个节间;当布置在跨外时,应后退1~2个节间开始堆放。

6.2.3.4 结构安装

单层工业厂房结构安装流水方法,是指整个厂房结构全部预制构件的总体安装顺序。安装流水方法应在结构安装方案中确定,以指导厂房结构构件的制作、排放和安装。厂房结构安装流水方法通常分为分件安装法和综合安装法。

(1)分件安装法(也称大流水法) 分件安装法(图6-54)是指起重机每开行一次,仅吊装一种或几种构件。一般厂房分三次开行吊装完全部构件:第一次开行吊装柱,应逐一进行校正及最后固定;第二次开行吊装吊车梁、连系梁及柱间支撑等;第三次开行以节间为单位吊装屋架、天窗架和屋面板等构件。

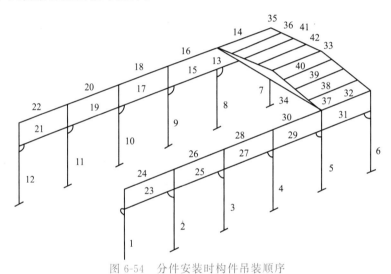

图6-54 分件安装时构件吊装顺序

1~12—柱;13~32—单数是吊车梁,双数是连系梁;33,34—屋架;35~42—屋面板

分件安装法起重机每开行一次基本上吊装一种或一类构件,起重机可根据构件的重量及安装高度来选择,不同构件选用不同型号起重机,能够充分发挥起重机的工作性能。在吊装过程中,吊具不需要经常更换,工人操作熟练可加快吊装速度。采用这种安装方法,还能给构件临时固定、校正及最后固定等工序提供充裕的时间。构件的供应及平面布置比较简单。目前,一般单层厂房结构吊装多采用此法。但分件安装法由于起重机开行路线长,不能为后续工作及早提供工作面。

(2)综合安装法(也称节间法) 综合安装法(图6-55)是指起重机在跨内开行一次,即安装完厂房结构

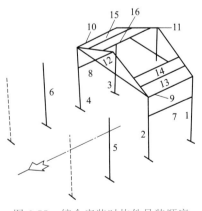

图6-55 综合安装时构件吊装顺序

1~16—吊装顺序

全部预制构件。一般起重机以节间为单位（四根柱和屋盖全部构件为一节间），在一个停车点上安完一个节间的全部构件。具体做法是：先吊装4～6根柱，随即进行校正和最后固定。然后吊装该节间的吊车梁、连系梁、屋架、天窗架、屋面板等构件。综合安装法具有起重机开行路线短、停机次数少的优点，但是因一次停机要吊装几种构件，索具更换频繁，影响吊装效率，轻、重构件同时吊装，起重机性能不能充分发挥，构件的校正要相互穿插进行，时间紧迫校正困难，构件类型多，布置困难较大，安装技术比较复杂，所以在吊装轻型厂房结构、钢结构或采用桅杆起重机时才可能采用，一般中型以上的厂房用得较少。

思考与拓展题

1. 国内目前常用的装配整体式混凝土结构有哪些？
2. 装配式混凝土结构连接方式有哪些？
3. 何为灌浆套筒连接？何为叠合连接？
4. 浆料的流动度是如何进行检测的？
5. 按照生产工艺的不同，预制楼面板有哪些类别？
6. 流水生产线法生产构件有何特点？
7. 单层工业厂房结构安装中如何对构件进行弹线？
8. 旋转法吊装柱中的三点共弧是指哪三点？
9. 直吊法与斜吊法相比有哪些优缺点？
10. 如何对柱子进行对位和临时固定？
11. 如何对柱子进行校正和最后固定？
12. 何谓屋架的"正向扶直"和"反向扶直"？
13. 预制钢筋混凝土屋架校正方法及临时固定方法有哪些？
14. 试说明旋转法和滑行法吊装的特点及适用范围。
15. 试分析结构安装分件安装法和综合安装法的优劣。
16. 如何用通线法和平移轴线法校正吊车梁？

能力训练题

1. 选择题

（1）以下预制构件需要采取靠放的堆放方式的是（　　　）。

　　A. 叠合板　　　B. 楼梯　　　　　C. 外墙板　　　　　D. 阳台板

（2）以下吊具可以使构件保持垂直，便于安装，又可以降低起吊高度，减少吊索的水平分力对构件的压力的是（　　　）。

　　A. 卡环　　　　B. 吊索　　　　　C. 横吊梁　　　　　D. 吊环

（3）与现浇混凝土结构相比，装配式混凝土结构施工现场布置需考虑的重点是（　　　）。

　　A. 材料仓库　　　　　　　　　　B. 模板堆场

　　C. 预制构件的运输与存放　　　　D. 办公、生活区的设置

（4）（　　　）不是在布置预制构件堆放区时需要考虑的因素。

　　A. 吊装机械的位置　　　　　　　B. 吊装工艺

C. 运输车辆行驶路线   D. 临时用电线路

(5)（   ）是指在预制混凝土构件内预埋的金属套筒中插入钢筋并灌注水泥基灌浆料而实现的钢筋连接方式。

    A. 浆锚连接   B. 套筒挤压连接   C. 套筒灌浆连接   D. 套筒螺纹连接

(6) 预制墙板临时支撑安放在背后，通过预留孔（预埋件）与墙板连接，不宜少于（   ）道。

    A. 1   B. 2   C. 3   D. 4

(7) 装配式混凝土建筑施工的重点和难点在于（   ）。

    A. 预制构件的生产   B. 预制构件的吊装
    C. 预制构件的连接   D. 装修一体化施工

(8) 单层工业厂房吊装施工，场地狭窄，用履带式起重机吊装长而重的牛腿柱时，宜用的吊升方法是（   ）。

    A. 旋转法   B. 滑行法   C. A 和 B 均可   D. 改用其他起重机械

(9) 吊装中小型柱子，宜用的吊升方法是（   ）。

    A. 滑行法   B. 旋转法   C. 双机抬吊   D. 两点抬吊

(10) 反向扶直屋架时，起重机位于屋架的上弦还是下弦，升钩升臂还是降臂（   ）。

    A. 上弦；降臂   B. 上弦；升臂
    C. 下弦；降臂   D. 下弦；升臂

(11) 柱斜向布置中三点共弧是指（   ）三者共弧。

    A. 停机点、杯形基础中心点、柱脚中心
    B. 柱绑扎点、停机点、杯形基础中心点
    C. 柱绑扎点、柱脚中心、停机点
    D. 柱绑扎点、杯形基础中心点、柱脚中心

(12) 当起重机臂长一定时，随着仰角的增大（   ）。

    A. 起重量和回转半径增大   B. 起重高度和回转半径增大
    C. 起重量和起重高度增大   D. 起重量和回转半径减小

(13) 单层厂房结构安装施工方案中，吊具不需经常更换、吊装操作程序基本相同、起重机开行路线长的是（   ）。

    A. 分件安装法   B. 综合安装法
    C. 旋转安装法   D. 滑行安装法

(14) 屋架一般靠柱边就位，但应离开柱边不小于（   ），并可利用柱子作为屋架的临时支撑。

    A. 150mm   B. 200mm   C. 250mm   D. 300mm

(15) 屋架跨度小于或等于 18m 时绑扎（   ）点。

    A. 一点   B. 两点   C. 三点   D. 四点

2. 计算题

    某屋架跨度为 18m，重 5.2t，吊索重 0.5t，吊点对称距两端 5m，用履带式起重机将其安放在标高为 +12.4m 的柱顶，停机面为 −1.0m，试确定起重机的起重量及起重高度。

项目 7　防水工程施工

　　建筑工程防水质量的好坏与设计、材料、施工有着密切关系。从工程造价及所需的劳动量来分析，建筑工程防水在整个建筑物施工中所占的比重不大，但其质量好坏，对建筑物有直接影响，若质量不好，不仅浸蚀建筑结构，降低建筑物的寿命，而且影响人们正常使用，使内部设备及器材受潮湿锈蚀，霉烂变质，甚至报废。

　　建筑防水按其采取的措施和手段不同，分为材料防水和构造防水两大类。

　　（1）材料防水　材料防水是依靠防水材料，经过施工形成整体封闭的防水层阻断水的通路，以达到防水的目的或增强抗渗漏水的能力。材料防水按采用防水材料的不同，分为柔性防水和刚性防水两大类。柔性防水又分卷材防水和涂料防水，所采用的防水材料，主要包括各种防水卷材和防水涂料，施工时将其铺贴或涂布在防水工程的迎水面，达到防水目的。

建筑防水分类

　　1）柔性防水材料

　　① 防水卷材　将沥青类或高分子类防水材料浸渍在胎体上，制作成的防水材料产品，以卷材形式提供，称为防水卷材。根据主要组成材料不同，分为沥青防水卷材、高聚物改性沥青防水卷材和合成高分子防水卷材。防水卷材在我国建筑防水材料的应用中处于主导地位，广泛用于屋面、地下和特殊构筑物的防水，是一种面广量大的防水材料。

　　沥青防水卷材是传统的防水材料，成本较低，但拉伸强度和延伸率低，温度稳定性较差，高温易流淌，低温易脆裂，耐老化性较差，使用年限较短，属于低档防水卷材，已逐渐被淘汰。高聚物改性沥青防水卷材是以玻璃纤维毡、聚酯毡、黄麻布、聚乙烯膜、聚酯无纺布、金属箔或者两种复合材料为胎基，以掺量不少于 10％的合成高分子聚合物改性沥青、氧化沥青为浸涂材料，以粉状、片状、粒状矿质材料，合成高分子薄膜，金属膜为覆面材料制成的可卷曲的片状类防水材料。合成高分子防水卷材是以合成橡胶、合成树脂或二者的共混体为基料，加入适量的化学助剂和填充剂等，采用密炼、挤出或压延等橡胶或塑料的加工工艺所制成的可卷曲片状防水材料。高聚物改性沥青防水卷材和高分子防水卷材的各项性能较沥青防水卷材优异，工程应用非常广泛。

② 防水涂料　防水涂料是一种流态或半流态的高分子物质，可用刷、喷等工艺涂布在基层表面，形成具有一定弹性和一定厚度的连续薄膜。常用的防水涂料有高聚物改性沥青防水涂料和合成高分子防水涂料。高聚物改性沥青防水涂料是指以沥青为基料，由合成高分子聚合物进行改性配置而成的防水涂料。合成高分子防水涂料是指以合成橡胶或合成树脂为主要成膜物质配置成的防水涂料。根据形成方式的不同，防水涂料可分为溶剂型、乳液型和反应型三种。

防水涂料特别适合于各种复杂、不规则部位的防水，能形成无接缝的完整防水膜。涂布的防水涂料既是防水层的主体，又是胶黏剂，因而施工质量容易保证，维修也较简单。防水涂料广泛应用于屋面防水、墙身防水、楼地面防水、地下室和设备管道的防水，也用于旧房屋的维修和补漏等。

2）刚性防水材料　刚性防水材料是指以水泥、砂石为原材料，掺入少量外加剂、高分子聚合物等，配制成具有一定抗渗透能力的水泥砂浆或混凝土类防水材料，它是相对防水卷材、防水涂料等柔性防水材料而言的。

（2）构造防水　构造防水是采取正确与合适的构造形式阻断水的通路和防止水侵入室内的统称。如对各类接缝，各种部位、构件之间设置的温度缝、变形缝，以及节点细部构造的防水处理均属构造防水。

本单元主要介绍建筑地下防水、屋面防水和厨卫间地面防水施工。

任务 7.1　地下防水工程施工

地下防水工程适用于工业与民用建筑的地下室、大型设备基础、沉箱等防水结构，以及人防、地下商场、仓库等。地下水的渗漏会严重地影响结构的使用功能，甚至会影响建筑物的使用年限。地下工程防水等级标准及适用范围见表 7-1。

表 7-1　地下工程防水等级标准及适用范围

防水等级	防水标准	适用范围
1级	不允许渗水，结构表面无湿渍	人员长期停留的场所；因有少量湿渍使物品变质失效的储物场所及严重影响设备正常运转和危及工程安全运营的部位；极重要的战备工程
2级	不允许漏水，结构表面可有少量湿渍； 工业与民用建筑：总湿渍面积不大于总防水面积（包括顶板、墙面、地面）的 0.1％；任意 100m² 防水面积上的湿渍不超过 2 处，单个湿渍的最大面积不大于 0.1m²； 其他地下工程：湿渍总面积不应大于总防水面积的 0.2％；任意 100m² 防水面积上的湿渍不超过 3 处，单个湿渍的最大面积不大于 0.2m²。其中，隧道工程平均渗水量不大于 0.05L/(m²·d)，任意 100m² 防水面积上的渗水量不大于 0.15L/(m²·d)	人员经常活动的场所；在有少量湿渍的情况下不会使物品变质，失效的储物场所及基本不影响设备正常运转和工程安全运营的部位；重要的战备工程
3级	有少量漏水点，不得有线流和漏泥砂； 任意 100m² 防水面积上的漏水或湿渍点数不超过 7 处，单个漏水点的最大漏水量不大于 2.5L/d，单个湿渍的最大面积不大于 0.3m²	人员临时活动的场所；一般战备工程

防水等级	防水标准	适用范围
4级	有漏水点,不得有线流和漏泥砂; 整个工程平均漏水量不大于 $2L/(m^2 \cdot d)$,任意 $100m^2$ 防水面积上的平均漏水量不大于 $4L/(m^2 \cdot d)$	对渗漏水无严格要求的工程

地下防水工程根据不同的防水等级要求设防,因此地下防水工程施工前,施工单位应进行图纸会审,掌握工程主体及细部构造的防水技术要求,并编制防水工程的施工方案。地下防水工程防水层,严禁在雨天、雪天和五级风及以上时施工。其施工的环境气温条件要求应与所使用的防水层材料及施工方法相适应。

地下防水工程按防水材料有防水混凝土防水、卷材防水、涂料防水、水泥砂浆防水、塑料防水板防水和金属板防水等。

7.1.1　防水混凝土施工

防水混凝土是在普通混凝土的基础上,通过调整配合比、掺外加剂和掺混合料等方法配制而成,具有一定防水能力的整体式混凝土或钢筋混凝土结构。它兼有承重、围护和抗渗的功能,还可满足一定的耐冻融及耐侵蚀要求。常用的防水混凝土主要有普通防水混凝土、外加剂或掺合料防水混凝土和膨胀水泥防水混凝土。防水混凝土结构具有防水和承载等多种功能,且防水年限与结构寿命相同、材料来源广泛、工艺操作简便、改善劳动条件、缩短施工工期、节约工程造价等优点。

地下防水
工程施工(一)

防水混凝土对抗渗性能有严格要求,其抗渗性能用抗渗等级(P)来表示,并按埋置深度确定(表 7-2),但最低不得小于 $P6$(抗渗压力 $0.6N/mm^2$)。

表 7-2　防水混凝土的设计抗渗等级

工程埋置深度 H/m	$H<10$	$10 \leqslant H<20$	$20 \leqslant H<30$	$H \geqslant 30$
设计抗渗等级	$P6$	$P8$	$P10$	$P12$

但需要注意的是,不是所有的混凝土结构均可以采用自防水的,以下是不适用于混凝土结构自防水的情况。

① 裂缝开展宽度大于《混凝土结构设计规范》(2015 年版)(GB 50010—2010)规定的结构。

② 遭受剧烈振动或冲击的结构。

③ 防水混凝土不能单独用于耐蚀系数小于 0.8 的受侵蚀防水工程;当在耐蚀系数小于 0.8 和地下混有酸、碱等腐蚀性的条件下应用时,应采取可靠的防腐蚀措施。

④ 用于受热部位时,其表面温度不应大于 80℃,否则应采取相应的隔热防烤措施。

7.1.1.1　防水混凝土施工

混凝土结构自防水施工流程:绑扎钢筋→支设模板→混凝土配置→浇筑混凝土→混凝土养护。

(1)绑扎钢筋　防水混凝土的钢筋绑扎除了满足普通钢筋绑扎的基本要求外,防水混凝土迎水面钢筋保护层的厚度不应小于 50mm;绑扎钢筋的铅丝应向里弯曲,不得外露。

(2)支设模板　防水混凝土结构内部设置的各种钢筋或绑扎铁丝,不得接触模板。固定模板用的穿墙螺栓必须穿越防水混凝土时,可以采用工具式螺栓或螺栓加堵头,螺栓应加焊方形止水环,如图 7-1 和图 7-2 所示。

(3)混凝土配置　配料时必须按实验室制定的配料单严格控制各种材料的用量,不得随意增加,对各种外加剂应稀释成较小浓度的溶液后,再加入搅拌机内,严禁将外加剂干粉或者高浓度溶液直接加到搅拌机内，但膨胀剂应以干粉加入。

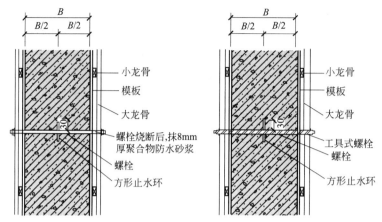

图 7-1　模板穿墙螺栓的防水做法
B—墙厚

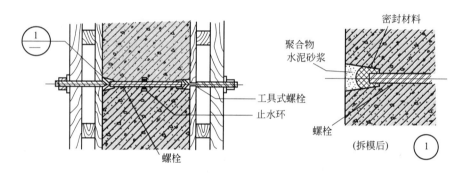

图 7-2　工具式穿墙螺栓的防水做法

（4）浇筑混凝土　防水混凝土必须采用高频机械振动使其密实，振捣时间宜为 10～30s。以混凝土泛浆后不冒泡为准，应避免漏振、欠振和超振。

（5）混凝土养护　防水混凝土终凝后应立即进行养护，养护时间不得少于 14d。

7.1.1.2　细部构造

地下室工程常因细部构造防水处理不当出现渗漏，地下室工程的细部构造主要有施工缝、变形缝、后浇带、穿墙管（盒）、埋设件、预留孔洞、孔口等。为保证防水质量，对这些部位的设计与施工应遵守《地下工程防水技术规范》（GB 50108—2008）的规定，采取加强措施。

（1）施工缝

1）施工缝留设　防水混凝土应连续浇筑，宜少留施工缝。当留施工缝时，应遵守下列规定。

① 墙体水平施工缝不应留在剪力与弯矩最大处或底板与侧墙的交接处，应留在高出底板表面不小于 300mm 的墙体上；拱（板）墙结合的水平施工缝，宜留在拱（板）墙接缝线以下 150～300mm 处；墙体设有孔洞时，施工缝距孔洞边缘不宜小于 300mm。

② 垂直施工缝应避开地下水和裂缝较多的地段，并宜与变形缝相结合。

施工缝防水构造形式如图 7-3～图 7-5 所示。

外贴止水带时，如防水材料为钢板止水带或橡胶止水带，要求 L≥150mm，如为外涂防水涂料或外抹防水砂浆，要求 L＝200mm。中埋止水带时，如防水材料为钢板止水带，要求 L≥

100mm，如采用橡胶止水带，要求 $L \geqslant 125mm$，如为钢边橡胶止水带，要求 $L \geqslant 120mm$。

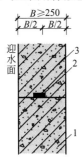

图 7-3　埋膨胀止
水条（单位：mm）
1—先浇混凝土；2—遇水膨胀止水条；
3—后浇混凝土；
B—墙厚

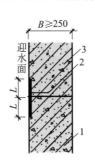

图 7-4　外贴止水带
（$L \geqslant 150$）（单位：mm）
1—先浇混凝土；2—外贴防水层；
3—后浇混凝土；
L—止水带长度；B—墙厚

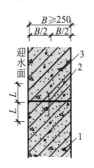

图 7-5　中埋止水带（单位：mm）
1—先浇混凝土；2—中埋止水带；
3—后浇混凝土；
L—止水带长度；B—墙厚

2）施工缝处理　应遵守下列规定。

① 水平施工缝浇筑混凝土前，应将其表面浮浆和杂物清除，先铺净浆，再铺 30～50mm 厚的 1∶1 水泥砂浆或涂刷混凝土界面处理剂，并及时浇筑混凝土。

② 垂直施工缝浇筑混凝土前，应将其表面清理干净，并涂刷水泥净浆或混凝土界面处理剂，并及时浇筑混凝土。

③ 选用的遇水膨胀止水条应具有缓胀性能，其 7d 的膨胀率不应大于最终膨胀率的 60%，遇水膨胀止水条应牢固地安装在缝表面或预留槽内。

④ 采用中埋式止水带时，应确保位置准确、固定牢固。

（2）变形缝　应满足密封防水、适应变形、施工方便、检查容易等要求。用于伸缩的变形缝宜不设或少设，可根据不同的工程结构类别及工程地质情况采用诱导缝、加强带、后浇带等替代措施。用于沉降的变形缝其最大允许沉降差值不应大于 30mm，当计算沉降差值大于 30mm 时，应在设计时采取措施。用于沉降的变形缝的宽度宜为 20～30mm，用于伸缩的变形缝的宽度宜小于此值。变形缝的构造形式和材料，应根据工程特点、工程开挖方法、地基或结构变形情况，以及水压、水质和防水等级确定。

需要增强变形缝的防水能力时，可采用两道埋入式止水带，或采取嵌缝式、粘贴式、附贴式、埋入式等方法复合使用。其中埋入式止水带的接缝位置不得设在结构转角处，应设在边墙较高位置上，接头宜采用热压焊。

对水压小于 0.03MPa、变形量小于 10mm 的变形缝可用弹性密封材料嵌填密实或粘贴橡胶片，如图 7-6 和图 7-7 所示。

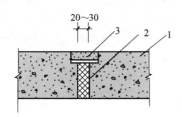

图 7-6　嵌缝式变形缝（单位：mm）
1—围护结构；2—填缝材料；3—嵌缝材料

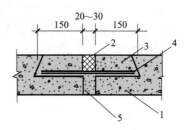

图 7-7　粘贴式变形缝（单位：mm）
1—围护结构；2—填缝材料；3—细石混凝土；
4—橡胶片；5—嵌缝材料

对水压小于 0.03MPa、变形量为 20～30mm 的变形缝，宜用附贴式止水带，如图 7-8 和图 7-9 所示。

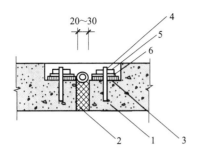

图 7-8　附贴式止水带变形缝（一）（单位：mm）

1—围护结构；2—填缝材料；3—止水带；

4—螺栓；5—螺母；6—压铁

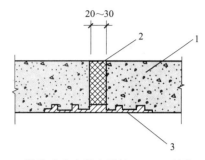

图 7-9　附贴式止水带变形缝（二）（单位：mm）

1—围护结构；2—填缝材料；3—止水带

对水压大于 0.03MPa、变形量为 20～30mm 的变形缝，应采用埋入式橡胶或塑料止水带，如图 7-10 所示。

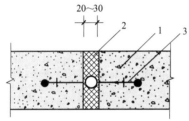

图 7-10　埋入式橡胶（塑料）止水带变形缝（单位：mm）

1—围护结构；2—填缝材料；3—止水带

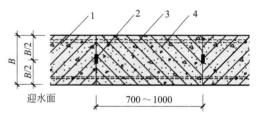

图 7-11　后浇带防水构造（一）（单位：mm）

1—先浇混凝土；2—遇水膨胀止水条；

3—结构主筋；4—后浇补偿收缩混凝土

（3）后浇带　应设在受力和变形较小的部位，间距宜为 30～60m，宽度宜为 700～1000mm。后浇带可做成平直缝，结构主筋不宜在缝中断开，如必须断开，则主筋搭接长度应大于 45 倍主筋直径，并应按设计要求加设附加钢筋。后浇带应在其两侧混凝土龄期达到 42d（高层建筑应在结构顶板浇筑混凝土 14d）后，采用补偿收缩混凝土浇筑，强度应不低于两侧混凝土。后浇带混凝土养护时间不得少于 28d，并在后浇缝结构断面中部附近安设遇水膨胀橡胶止水条。后浇带的防水构造如图 7-11～图 7-13 所示。

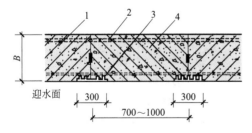

图 7-12　后浇带防水构造（二）（单位：mm）

1—先浇混凝土；2—结构主筋；

3—外贴式止水带；4—后浇补偿收缩混凝土

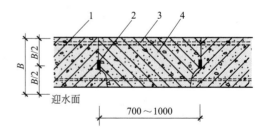

图 7-13　后浇带防水构造（三）（单位：mm）

1—先浇混凝土；2—遇水膨胀止水条；

3—结构主筋；4—后浇补偿收缩混凝土

（4）穿墙管

1）穿墙管留设　应符合下列规定。

① 穿墙管（盒）应在浇筑混凝土前预埋。

② 穿墙管与墙角、凹凸部位的距离应大于 250mm。

③ 结构变形或管道伸缩量较小时，穿墙管可采用主管直接埋入混凝土的固定式防水法，并应预留凹槽，槽内用嵌缝材料嵌填密实。其防水构造如图 7-14 和图 7-15 所示。

④ 结构变形或管道伸缩量较大或有更换要求时，应采用套管式防水法，套管应加焊止水环，其防水构造如图 7-16 所示。

2）穿墙管施工　穿墙管防水施工应符合下列规定。

① 金属止水环应与主管满焊密实。采用套管式穿墙管防水构造时，翼环与套管应满焊密实，并在施工前将套管内表面清理干净。

② 管与管的间距应大于 300mm。

③ 采用遇水膨胀止水圈的穿墙管，管径宜小于 50mm，止水圈应用胶黏剂满粘固定于管上，并应涂缓胀剂。

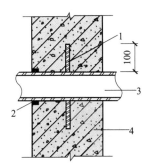

图 7-14　固定式穿墙管防水构造（一）（单位：mm）

1—止水环；2—嵌缝材料；
3—主管；4—混凝土结构

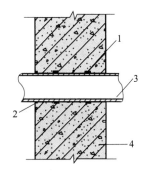

图 7-15　固定式穿墙管防水构造（二）

1—遇水膨胀橡胶圈；2—嵌缝材料；
3—主管；4—混凝土结构

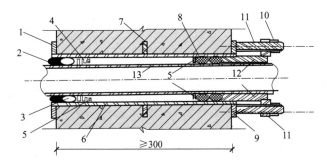

图 7-16　套管式穿墙管防水构造（单位：mm）

1—翼环；2—嵌缝材料；3—背衬材料；4—填缝材料；5—挡圈；6—套管；7—止水环；
8—橡胶圈；9—翼盘；10—螺母；11—双头螺栓；12—短管；13—主管

④ 穿墙管线较多时，宜相对集中，采用穿墙盒方法。穿墙盒的封口钢板应与墙上的预埋角钢焊严，并从钢板上的预留浇筑孔注入改性沥青柔性密封材料或细石混凝土处理，如图7-17 所示。

（5）埋设件、预留孔　结构上的埋设件宜预埋，埋设件端部或预留孔（槽）底部的混凝土厚度不得小于 250mm，当厚度小于 250mm 时，应采用局部加厚或其他防水措施，如图 7-18

所示，预留孔（槽）内的防水层，宜与孔（槽）外的结构防水层保持连接。地下室通向地面的各种孔洞、孔口应采取防止地面水倒灌的措施，出入口应高出地面不小于 500mm。

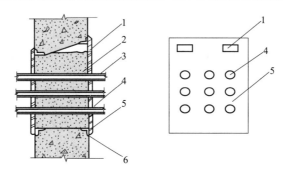

图 7-17　穿墙盒做法

1—浇筑孔；2—柔性材料；3—穿墙管；4—预留孔；5—封口钢板；6—固定角钢

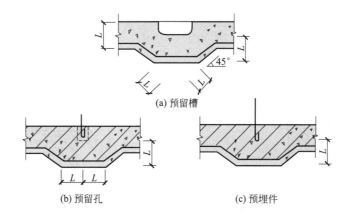

图 7-18　预埋件或预留孔（槽）的处理（$L \geqslant 250$mm）

7.1.1.3　施工质量验收

地下防水混凝土分项工程检验批的抽样检验数量，应按混凝土外露面积每 $100 \mathrm{m}^2$ 抽查 1 处，每处 $10 \mathrm{m}^2$，且不得少于 3 处。施工质量验收见表 7-3。

表 7-3　地下防水混凝土施工质量验收

项目	检验项目	检验方法
主控项目	防水混凝土的原材料、配合比及坍落度必须符合设计要求	检查产品合格证、产品性能检测报告、计量措施和材料进场检验报告
	防水混凝土的抗压强度和抗渗性能必须符合设计要求	检查混凝土抗压强度、抗渗性能检验报告
	防水混凝土结构的变形缝、施工缝、后浇带、穿墙管、埋设件等设置和构造必须符合设计要求	观察检查和检查隐蔽工程验收记录
一般项目	防水混凝土结构表面应坚实、平整，不得有露筋、蜂窝等缺陷；埋设件位置应准确	观察检查
	防水混凝土结构表面的裂缝宽度不应大于 0.2mm，且不得贯通	用刻度放大镜检查
	防水混凝土结构厚度不应小于 250mm，其允许偏差应为 +8mm、−5mm；主体结构迎水面钢筋保护层厚度不应小于 50mm，其允许偏差为 ±5mm	尺量检查和检查隐蔽工程验收记录

7.1.2 卷材防水施工

7.1.2.1 施工准备

地下防水
工程施工（二）

在地下防水工程施工前及施工期间，应根据地下水位高低和土质情况采取地面排水、基坑排水及井点降水的方法，确保基坑内不积水，保证防水工程的安全施工。采取降水措施使坑内地下水降低到垫层以下不小于300mm处，如果基层有渗水现象，应进行堵漏。如果基层有少量渗水，可采用防水胶粉，用水调成糊状在基层涂刮均匀，待干燥后进行防水卷材施工。

卷材防水层施工前，基层表面应坚实、平整。用2m长的直尺检查，直尺与基层表面间的空隙不应超过5mm。平面与立面的转角处，阴阳角应做成圆弧或钝角。如果基层不做找平层，可直接铺贴在混凝土表面，必须检查混凝土表面是否有蜂窝、麻面、孔洞等，如有应用掺有108胶的水泥砂浆或胶乳水泥砂浆修复。

7.1.2.2 卷材铺贴方法

（1）冷粘法 采用与卷材配套的专用冷胶黏剂将卷材与基层、卷材与卷材相互粘接的方法。

（2）热熔法 采用加热工具将热熔型防水卷材底面的热熔胶加热熔化而使卷材与基层、卷材与卷材之间相互黏结的方法。加热卷材时应控制好温度，避免加热不足或熔透卷材。厚度小于3mm的高聚物改性沥青防水卷材严禁采用热熔法铺贴。

（3）自粘法 是指采用带有自粘胶的防水卷材，不用热施工，也不需涂胶结材料，而进行黏结的方法。铺贴时将卷材底面的隔离层揭掉即可铺贴（图7-19），搭接部位必须采用热风焊枪加热后粘贴牢固，溢出的自粘胶应刮平封口。接缝口用不小于10mm宽的密封材料封严。

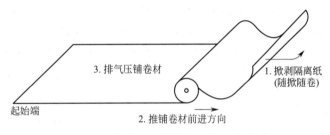

图7-19 自粘型卷材滚铺法施工示意图

（4）热风焊接法 是指采用热空气焊枪加热卷材搭接缝进行黏结的方法。

7.1.2.3 卷材防水施工

地下室防水，以外防为主，内防为辅，可采用防水卷材和防水涂料进行防水施工。地下室卷材防水层的防水做法根据水的侵入方向有两种：外防水法和内防水法。把卷材防水层设在建筑结构的外侧，称为外防水；把卷材防水层设在建筑结构的内侧，称为内防水。外防水与内防水比较有以下优点：外防水的防水层在迎水面，受压力水的作用紧压在结构上，防水效果好。内防水的卷材防水层在结构背面，受压力水的作用容易脱开，对防水不利。因此，一般多采用外防水。

外防水有两种施工方法，即"外防外贴法"和"外防内贴法"。两种施工方法的优、缺点比较见表7-4。

表 7-4　外防外贴法和外防内贴法比较

名称	优　　点	缺　　点
外防外贴法	由于绝大部分卷材防水层直接贴在结构外表面,所以防水层较少受结构沉降变形影响; 由于是后贴立面防水层,所以浇捣结构混凝土时不会损坏防水层,只需注意保护底板与留槎部位的防水层即可; 便于检查混凝土结构及卷材防水层的质量,且容易修补	工序多、工期长,需要一定工作面; 土方量大,模板需用量大; 卷材接头不易保护好,施工烦琐,影响防水层质量
外防内贴法	工序简便,工期短; 节省施工占地,土方量较小; 节约外墙外侧模板; 卷材防水层无需临时固定留槎,可连续铺贴,质量容易保证	受结构沉降变形影响,容易断裂、产生漏水; 卷材防水层及混凝土结构的抗渗质量不易检验,如产生渗漏,修补卷材防水层困难

(1) 外防外贴法施工　外防外贴法(图 7-20)是将立面卷材防水层直接铺设在需防水结构的外墙外表面,其施工顺序如下。先浇筑防水结构的底面混凝土垫层,在垫层上砌筑永久性保护墙,墙下干铺一层防水卷材。墙的高度(从底板以上)不小于 500mm。在永久性保护墙上用石灰砂浆接砌临时保护墙,在垫层和永久性保护墙上抹 1∶3 水泥砂浆找平层,转角处抹成圆弧形。在临时保护墙上用石灰砂浆抹找平层,待找平层基本干燥后,在其上满涂冷底子油。在永久保护墙和垫层上应将卷材防水层粘接牢固,在临时保护墙上应将卷材防水层临时贴附,并分层临时固定在保护墙最上端。施工防水结构底板和墙体时,保护墙可作为混凝土墙体一侧的模板,在结构外墙外表面抹 1∶3 水泥砂浆找平层。在铺贴卷材防水层时,先拆除临时保护墙,清除石灰砂浆,将油毡逐层揭开,清除卷材表面浮灰及杂物,再将该区段需防水结构外墙外表面上补抹水泥砂浆找平层;在找平层上满涂冷底子油后,将卷材分层错槎搭接向上铺贴。卷材防水层施工完毕,经验收合格后,及时做好防水层的保护结构。保护结构有砌筑保护墙和抹水泥砂浆两种做法。

(2) 外防内贴法施工　外防内贴法(图 7-21)是浇筑混凝土垫层后,在垫层上将永久保护墙全部砌好,将卷材防水层铺贴在永久保护墙和垫层上。施工顺序如下。

在已施工完毕的混凝土垫层上砌筑永久保护墙上,用 1∶3 水泥砂浆做好垫层及永久保护墙上的找平层。保护墙上干铺油毡一层,找平层干燥后即涂冷底子油,然后铺贴卷材防水层。卷材防水层铺完即应做好保护层,立面抹水泥砂浆,平面抹水泥砂浆或浇一层细石混凝土。然后施工防水结构,使其压紧防水层。

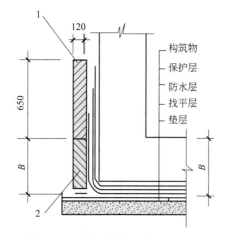

图 7-20　外防外贴法(单位:mm)
1—临时保护墙;2—永久保护墙

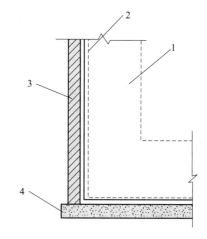

图 7-21　外防内贴法
1—待施工的构筑物;2—防水层;
3—保护层;4—垫层

（3）卷材的铺贴

① 铺贴高聚物改性沥青卷材应采用热熔法施工，铺贴合成高分子卷材采用冷粘法施工。

② 采用外防外贴法铺贴卷材防水层时，应先铺平面，后铺立面，交接处应交叉搭接。

当施工条件受到限制时，可采用外防内贴法铺贴卷材防水层。卷材宜先铺立面，后铺平面。铺贴立面时，应先铺转角，后铺大面。保护层根据卷材特性选用。

③ 底板垫层混凝土平面部位的卷材宜采用空铺法或点粘法，其他与混凝土结构相接触的部位应采用满粘法；热熔法铺贴卷材时，火焰加热器加热卷材应均匀，不得过分加热或烧穿卷材；厚度小于 3mm 的高聚物改性沥青防水卷材，严禁采用热熔法施工；冷粘法施工合成高分子卷材时，必须采用与卷材材料性质相容的胶黏剂，并应涂刷均匀；铺贴时应展平压实，卷材与基面和各层卷材间必须粘接紧密；卷材接缝必须粘贴封严，两幅卷材短边和长边的搭接宽度均不应小于 100mm；采用多层卷材时，上下两层和相邻两幅卷材的接缝应错开 1/3～1/2 幅宽，且两层卷材不得相互垂直铺贴；在立面与平面的转角处，卷材的接缝应留在平面上，距立面不应小于 600mm；阴阳角处找平层应制成圆弧或 45°（135°）角，并应增加一层相同的卷材，宽度不宜小于 500mm。

7.1.2.4　保护层施工

卷材防水层完工并经验收合格后应及时做保护层。保护层应符合下列规定。

① 顶板的细石混凝土保护层与防水层之间宜设置隔离层。细石混凝土保护层厚度：机械回填时不宜小于 70mm，人工回填时不宜小于 50mm。

② 底板的细石混凝土保护层厚度不应小于 50mm。

③ 侧墙宜采用软质保护材料或铺抹 20mm 厚 1∶2.5 水泥砂浆。

7.1.2.5　卷材防水施工质量验收

卷材防水层的施工质量验收数量，应按铺贴面积每 100m² 抽查 1 处，每处 10m²，且不得少于 3 处。卷材防水层施工质量验收见表 7-5。

表 7-5　卷材防水层施工质量验收

项目	检验项目	检验方法
主控项目	卷材防水层所用卷材及其配套材料必须符合设计要求	检查产品合格证、产品性能检测报告和材料进场检验报告
	卷材防水层在转角处、变形缝、施工缝、穿墙管等部位做法必须符合设计要求	观察检查和检查隐蔽工程验收记录
一般项目	卷材防水层的搭接缝应粘接或焊接牢固，密封严密，不得有扭曲、皱褶、翘边和起泡等缺陷	观察检查
	采用外防外贴法铺贴卷材防水层时，立面卷材接槎的搭接宽度，高聚物改性沥青类卷材应为 150mm，合成高分子类卷材应为 100mm，且上层卷材应盖过下层卷材	观察和尺量检查
	侧墙卷材防水层的保护层与防水层应结合紧密、保护层厚度应符合设计要求	观察和尺量检查
	卷材搭接宽度的允许偏差应为 −10mm	观察和尺量检查

7.1.3　涂料防水施工

涂料防水就是在需防水结构的混凝土或砂浆基层上涂以一定厚度的合成树脂、合成橡胶，或高聚物改性沥青乳液，经过常温交联固化，或溶剂挥发形成弹性的连续封闭且具有防水作用的结膜。涂料防水层适用于受侵蚀性介质作用或受振动作用的地下工程，包括无机防水涂料和有机防水涂料。有机防水涂料宜用于主体结构的迎水面，无机防水涂料宜用于主体结构的迎水面或背水面。

涂料防水层在地下工程中应根据工程特点及功能要求等各方面因素恰当设置，通常将其作为复合防水的一道防水层，以其独具的优点弥补其他防水层的不足，从而获得理想的防水效果。涂料防水层施工具有较大的随意性，无论是形状复杂的基面，还是面积窄小的节点，凡能涂刷到的部位，均可作涂料防水层，这是因为用作防水层的涂料在固化成膜前呈流态，具有塑性的缘故。

7.1.3.1 基层处理

有机防水涂料基面应干燥。当基面较潮湿时，应涂刷湿固化型胶结剂或潮湿界面隔离剂；无机防水涂料施工前，基面应充分润湿，但不得有明水。

7.1.3.2 涂料防水施工

涂料防水层的施工应做到：

① 多组分涂料应按配合比准确计量，搅拌均匀，并应根据有效时间确定每次配制的用量。

② 涂料应分层涂刷或喷涂，涂层应均匀，涂刷应待前遍涂层干燥成膜后进行；每遍涂刷时应交替改变涂层的涂刷方向，同层涂膜的先后搭压宽度宜为 30～50mm。

③ 涂料防水层的甩槎处接缝宽度不应小于 100mm，接涂前应将其甩槎表面处理干净。

④ 采用有机防水涂料时，基层阴阳角处应做成圆弧；在转角处、变形缝、施工缝、穿墙管等部位应增加胎体增强材料和增涂防水涂料，宽度不应小于 50mm。

⑤ 胎体增强材料的搭接宽度不应小于 100mm，上下两层和相邻两幅胎体的接缝应错开1/3 幅宽，且上下两层胎体不得相互垂直铺贴。

7.1.3.3 保护层施工

涂料防水层完工并经验收合格后应及时做保护层，保护层的施工要求同卷材防水保护层施工。

7.1.3.4 施工质量验收

涂料防水层分项工程检验批的抽检数量，应按铺贴面积每100m^{2}抽查 1 处，每处 10m^2，且不得少于 3 处。涂料防水施工质量验收见表 7-6。

表 7-6　涂料防水施工质量验收

项目	检验项目	检验方法
主控项目	涂料防水层所用的材料及配合比必须符合设计要求	检查产品合格证、产品性能检测报告、计量措施和材料进场检验报告
	涂料防水层的平均厚度应符合设计要求，最小厚度不得低于设计厚度的 90%	用针测法检查
	涂料防水层在转角处、变形缝、施工缝、穿墙管等部位做法必须符合设计要求	观察检查和检查隐蔽工程验收记录

项目	检验项目	检验方法
一般项目	涂料防水层应与基层粘接牢固、涂刷均匀,不得流淌、鼓泡、露槎	观察检查
	涂层间夹铺胎体增强材料时,应使防水涂料浸透胎体覆盖完全,不得有胎体外露现象	观察检查
	侧墙涂料防水层的保护层与防水层应结合紧密,保护层厚度应符合设计要求	观察检查

7.1.4　水泥砂浆防水层施工

水泥砂浆防水层是用素灰、水泥浆和水泥砂浆等抹压均匀、密实,并交替施工构成坚硬封闭整体的防水层,具有较高的抗渗能力,以达到阻止压力水的渗透作用。适用于承受一定静水压力的地下和地上钢筋混凝土、混凝土和砖石砌体等防水工程。

7.1.4.1　基层处理

水泥砂浆防水层和基层的牢固连接,是保证防水层不空鼓、密实不透水的关键。基层处理包括清理、浇水、刷洗、补平等工序。应使基层表面保持清洁、平整、坚实、粗糙并充分润湿,无积水;水泥砂浆铺抹前,基层的混凝土和砌筑砂浆强度应不低于设计值的80%;基层表面的孔洞、缝隙应用与防水层相同的砂浆填塞抹平。

(1) 混凝土基层　模板拆除后,应立即用钢丝刷将混凝土表面刷毛,旧混凝土则应凿毛。基层抹防水层前,应用水冲洗干净,清除松散不牢的石子,表面凹凸不平、蜂窝孔洞等应根据不同情况分别进行处理。

(2) 砌体基层　新砌体表面残留的砂浆污物应清除干净,并用水冲洗。旧砌体表面的疏松表皮及砂浆要清理干净,露出坚硬的面层,用水冲洗干净。在进行防水层施工时,必须浇水润湿基层,保证基层和防水层结合牢固,不空鼓,浇水达到基层不吸收抹灰砂浆中的水分为合格。

7.1.4.2　材料要求

胶凝材料可以使用普通硅酸盐水泥、矿渣硅酸盐水泥、火山灰质硅酸盐水泥;水泥强度等级不应低于32.5级,严禁使用过期或受潮结块的水泥;骨料选用颗粒坚硬、粗糙洁净的粗砂,平均粒径不小于0.5mm,最大粒径不大于3mm,砂宜采用中砂,含泥量不大于1%,硫化物和硫酸盐含量不大于1%。水泥砂浆防水层宜掺入外加剂、掺合料、聚合物等进行改性。

7.1.4.3　防水层施工

水泥砂浆防水层,在迎水面基层的防水层一般采用五层抹面做法,背水面基层的防水层一般采用四层抹面做法。防水层的设置高度应高出室外地坪150mm以上。地下工程防水层的设置,一般情况下以一道防线为主。各层作用及施工要求如下。

第一层——水泥浆层,厚2mm,起紧密黏结基层和防水层的作用。此层分两次抹成,首先抹一道1mm厚水泥浆,用铁抹子往返用力刮抹数遍,使水泥浆填实基层表面的孔隙。随即再抹1mm水泥浆找平,厚度要均匀,抹完后,用湿毛刷在其表面上按顺序轻轻涂刷一遍，以堵填毛细孔道，形成坚实不透水层。

第二层——水泥砂浆层，厚 4～5mm，起保护加固水泥浆层的作用。在水泥浆层初凝时抹第二层水泥砂浆层，抹压要轻，使水泥砂浆层压入水泥浆层的 1/4 左右，抹完后，在水泥砂浆初凝时用扫帚按顺序向同一方向扫出横向条纹。

第三层——水泥浆层，厚 2mm，起防水作用。在第二层凝固并具有一定强度后，适当浇水润湿，可进行第三层施工，操作方法同第一层。

第四层——水泥砂浆层，厚 4～5mm，起防水保护作用。操作方法同第二层。抹后在水泥砂浆凝固前分次用铁抹子压实，最后再压光。

第五层——水泥浆层。在第四层水泥砂浆抹压两遍后，用毛刷均匀地将水泥浆刷在第四层表面，随第四层压实抹光。

7.1.4.4 防水层养护

水泥砂浆防水层施工完毕后应立即进行养护，养护温度不宜低于 5℃并保持湿润，养护时间不得少于 14d。对于地上防水部分应浇水养护，地下潮湿部位不必浇水养护。防水层施工后，防止踩踏，其他工序应在防水层养护完毕后进行。

7.1.4.5 施工质量验收

水泥砂浆防水层的施工质量验收数量，应按施工面积每 $100m^2$ 抽查 1 处，每处 $10m^2$，且不得少于 3 处。水泥砂浆防水层施工质量验收见表 7-7。

表 7-7　水泥砂浆防水层施工质量验收

项目	检验项目	检验方法
主控项目	防水砂浆的原材料及配合比必须符合设计规定	检查产品合格证、产品性能检测报告、计量措施和材料进场检验报告
	防水砂浆的黏结强度和抗渗性能必须符合设计规定	检查砂浆黏结强度、抗渗性能检测报告
	水泥砂浆防水层与基层之间应结合牢固，无空鼓现象	观察和用小锤轻击检查
一般项目	水泥砂浆防水层表面应密实、平整，不得有裂纹、起砂、麻面等缺陷	观察检查
	水泥砂浆防水层施工缝留槎位置应正确，接槎应按层次顺序操作，层层搭接紧密	观察检查和检查隐蔽工程验收记录
	水泥砂浆防水层的平均厚度应符合设计要求，最小厚度不得小于设计值的 85%	用针测法检查
	水泥砂浆防水层表面平整度的允许偏差应为 5mm	用 2m 靠尺和楔形塞尺检查

7.1.5　地下防水工程施工质量问题处理

7.1.5.1　防水混凝土施工缝渗漏水

（1）现象　施工缝处混凝土松散，骨料集中，接槎明显，沿缝隙处渗漏水。

（2）原因分析

① 施工缝留设位置不当。

② 在支模和绑钢筋的过程中，掉入缝内的杂物没有及时清除。浇筑上层混凝土后，在新旧混凝土之间形成夹层。

③ 在浇筑上层混凝土时，未按规定处理施工缝，上、下层混凝土不能牢固黏结。

④ 钢筋过密，内、外模板距离狭窄，混凝土浇捣困难，施工质量不易保证。

⑤ 下料方法不当，骨料集中于施工缝处。

⑥ 浇筑地面混凝土时，因工序衔接等原因造成新旧接槎部位产生收缩裂缝。

（3）治理

① 根据渗漏、水压大小情况，采用促凝胶浆或氰凝灌浆堵漏。

② 不渗漏的施工缝，可沿缝剔成"八"字形凹槽，将松散石子剔除，刷洗干净，用水泥素浆打底，抹 1:2.5 水泥砂浆找平压实。

7.1.5.2　防水混凝土裂缝渗漏水

（1）现象　混凝土表面有不规则的收缩裂缝，且贯通于混凝土结构，有渗漏水现象。

（2）原因分析

① 混凝土搅拌不均匀，或水泥品种混用，收缩不一产生裂缝。

② 设计中，对土的侧压力及水压作用考虑不周，结构缺乏足够的刚度。

③ 由于设计或施工等原因产生局部断裂或环形裂缝。

（3）治理

① 采用促凝胶浆或氰凝灌浆堵漏。

② 对不渗漏的裂缝，可用灰浆或用水泥压浆法处理。

③ 对于结构所出现的环形裂缝，可采用埋入式橡胶止水带、后埋式止水带、粘贴式氯丁胶片以及涂刷式氯丁胶片等方法处理。

7.1.5.3　管道穿墙（地）部位渗漏水

（1）现象　常温管道、热力管道以及电缆等穿墙（地）时与混凝土脱离，产生裂缝漏水。

（2）原因分析

① 穿墙（地）管道周围混凝土浇筑困难，振捣不密实。

② 没有认真清除穿墙（地）管道表面锈蚀层，致使穿墙（地）管道不能与混凝土黏结严密。

③ 穿墙（地）管道接头不严或用有缝管，水渗入管内后，又从管内流出。

④ 在施工或使用中穿墙（地）管道受振松动，与混凝土间产生缝隙。

⑤ 热力管道穿墙部位构造处理不当，致使管道在温差作用下，因往返伸缩变形而与结构脱离，产生裂缝。

（3）治理

① 对于水压较小的常温管道穿墙（地）渗漏水采用直接堵漏法处理：沿裂缝剔成"八"字形边坡沟槽，采用水泥胶浆将沟槽挤压密实，达到强度后，表面做防水层。

② 对于水压较大的常温管道穿墙（地）渗漏水采用下线堵漏法处理：沿裂缝剔成"八"字形边坡沟槽，挤压水泥胶浆同时留设线孔或钉孔，使漏水顺孔眼流出。经检查无渗漏后，沿沟槽抹素浆、砂浆各一道。待其有强度后再按①堵塞漏水孔眼，最后再把整条裂缝做好防水层。

③ 热力管道穿内墙部位出现渗漏水时，可将穿管孔眼剔大，采用埋设预制半圆混凝土套管进行处理。

④ 热力管道穿外墙部位出现渗漏水，修复时需将地下水位降至管道标高以下，用设置橡胶止水套的方法处理。

任务 7.2 屋面防水工程施工

屋面防水工程应根据建筑物的类别、重要程度、使用功能要求确定防水等级，并应按相应等级进行防水设防，防水等级和设防要求应符合表 7-8 的规定。

表 7-8 屋面防水等级和设防要求

防水等级	建筑类别	设防要求
I	重要建筑和高层建筑	两道防水设防
II	一般建筑	一道防水设防

屋面防水工程一般包括屋面卷材防水、屋面涂膜防水、屋面刚性防水、瓦屋面防水、屋面接缝密封防水。屋面防水层严禁在雨天、雪天和五级及以上大风时施工。其施工的环境、气温条件要求应与所使用的防水层材料及施工方法相适应。

7.2.1 卷材防水屋面施工

卷材防水屋面是指采用黏结胶粘贴卷材或采用带底面黏结胶的卷材进行热熔或冷粘贴于屋面基层进行防水的屋面，其典型构造如图 7-22 所示，施工时以设计为施工依据。

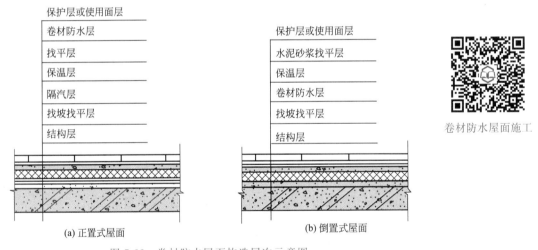

卷材防水屋面施工

图 7-22 卷材防水屋面构造层次示意图

7.2.1.1 基层（找平层）处理

防水层的基层是防水层卷材直接依附的一个层次，一般是指结构层上或保温层上的找平层。为了保证防水层受基层变形影响小，基层应有足够的刚度和强度。目前，作为防水层基层的找平层可采用水泥砂浆、细石混凝土。

找平层的排水坡度应符合设计要求。平屋面采用结构找坡不应小于 3%，采用材料找坡宜为 2%；天沟、檐沟纵向找坡不应小于 1%，沟底水落差不得超过 200mm。

基层与突出屋面结构（女儿墙、山墙、天窗壁、变形缝、烟囱等）的交接处和基层的转角处，找平层均应做成圆弧形，圆弧半径：高聚物改性沥青卷材为 50mm；合成高分子卷材为

20mm。为了避免或减少找平层开裂，找平层宜设分格缝，缝宽 5～20mm，并嵌填密封材料。分格缝应留设在板端缝处，其纵、横缝的最大间距为 6m。找平层表面要二次压光，充分养护，使表面平整、坚固、不起砂、不起皮、不疏松、不开裂，并做到表面干净、干燥。

基层处理剂是为了增强防水材料与基层之间的黏结力，在防水层施工之前，预先涂刷在基层上的涂料。基层处理剂的选用要与卷材的材料性能相容，基层处理剂可以采用喷涂、刷涂施工。喷涂、刷涂应均匀，待第一遍干燥后再进行第二遍喷涂与刷涂，等最后一遍基层处理剂干燥后，才能铺贴卷材。

7.2.1.2 隔汽层施工

隔汽层设置在结构层和保温层之间，应选用气密性、水密性好的材料；在屋面与墙的连接处，隔汽层应沿墙面向上连续铺设，高出保温层上表面不得小于 150mm。隔汽层采用卷材时宜空铺，卷材搭接缝应满粘，其搭接宽度不应小于 80mm；隔汽层采用涂料时，应涂刷均匀。

7.2.1.3 保温层施工

根据所使用的材料，保温层可分为松散保温层、板状保温层和整体保温层。

（1）松散保温层施工　施工前，应对松散保温材料的粒径、堆积密度、含水率等抽样复查，当其符合设计要求时方可使用。施工时，松散保温材料应分层铺设，每层虚铺厚度应不大于 150mm，且边铺边压实，压实后不得直接在保温层上行车或堆放重物。保温层施工完成后应及时铺抹找平层。铺抹找平层时，可在松散保温层上铺一层塑料薄膜等隔水物，以阻止找平层砂浆中的水分被保温材料吸收。

（2）板状保温层施工　板状保温层采用干铺法施工时，保温材料应紧靠在基层表面铺平、垫稳，分层铺设的板块上下层接缝应相互错开，板间缝隙应采用同类材料的碎屑嵌填密实。采用粘贴法施工时，胶黏剂应与保温材料的材性相容，并应贴严、粘牢；板状材料保温层的平面接缝应挤紧拼严，不得在板块侧面涂抹胶黏剂，超过 2mm 的缝隙应采用相同材料板条或片填塞严实。采用机械固定法施工时，应选择专用螺钉和垫片；固定件与结构层之间应连接牢固。

（3）整体保温层施工　整体保温层施工常用的材料有膨胀珍珠岩、膨胀蛭石及硬泡聚氨酯等。水泥膨胀珍珠岩、水泥膨胀蛭石宜人工搅拌，随拌随铺，铺后拍实抹平至设计厚度，压实抹平后应立即抹找平层。沥青膨胀珍珠岩、沥青膨胀蛭石宜机械搅拌，拌至色泽一致、无沥青团，沥青的加热温度不高于 240℃，使用温度不低于 190℃，膨胀珍珠岩、膨胀蛭石的预热温度为 100～120℃。硬泡聚氨酯现浇喷涂施工时，气温应在 15～35℃，风速不要超过 5m/s，相对湿度应小于 85％，否则会影响硬泡聚氨酯质量。

7.2.1.4 卷材铺贴

（1）卷材的铺贴方向　卷材铺贴的方向应根据屋面坡度或屋面是否受震动来确定。当屋面坡度小于 3％时，卷材宜平行于屋脊铺贴；屋面坡度在 3％～15％之间时，卷材可平行或垂直于屋脊铺贴；屋面坡度大于 15％或屋面受震动时，沥青防水卷材应垂直于屋脊铺贴，高聚物改性沥青防水卷材和合成高分子防水卷材可平行或垂直于屋脊铺贴。在叠层铺贴油毡时，上下层油毡不得互相垂直铺贴。

（2）卷材的铺贴方法　卷材防水层上有重物覆盖或基层变形较大时，应优先采用空铺法、点粘法、条粘法或机械固定法，但距屋面周边 800mm 内以及叠层铺贴的各层卷材之间应满粘；防水层采取满粘法施工时，找平层的分格缝处宜空铺，空铺的宽度宜为 100mm；在坡度大于 25% 的屋面上采用卷材作防水层时，应采取防止卷材下滑的固定措施。

空铺法：铺贴卷材防水层时，卷材与基层仅在四周一定宽度内粘接，其余部分采取不粘接的施工方法。条粘法：铺贴卷材时，卷材与基层粘接面不少于两条，每条宽度不小于150mm。点粘法：铺贴卷材时，卷材或打孔卷材与基层采用点状粘接的施工方法，每平方米粘接不少于 5 点，每点面积为 100mm×100mm。

（3）卷材的铺贴顺序　防水施工时，应先做好节点、附加层和屋面排水比较集中部位（如屋面与水落口连接处、檐口、天沟、檐沟、屋面转角处、板端缝等）的处理，然后由屋面最低标高处向上施工。铺贴天沟、檐沟卷材时，宜顺天沟、檐口方向，减少搭接。铺贴多跨和有高低跨的屋面时，应按先高后低、先远后近的顺序进行。等高的大面积屋面，先铺贴离上料地点较远的部位，后铺贴较近的部位。划分施工段施工时，其界限宜设在屋脊、天沟、变形缝等处。

（4）卷材搭接　铺贴卷材应采用搭接法，平行于屋脊的搭接缝应顺水流方向搭接，垂直于屋脊的搭接缝应顺年最大频率风向（主导风向）搭接。

叠层铺贴的各层卷材，在天沟与屋面的交接处，应采用叉接法搭接；搭接缝宜留在屋面或天沟侧面，不宜留在沟底。上下层及相邻两幅卷材的搭接缝应错开，各种卷材的搭接宽度应符合表 7-9 的要求。

表 7-9　卷材搭接宽度

卷材类别		搭接宽度/mm
合成高分子防水卷材	胶黏剂	80
	胶黏带	50
	单缝焊	60，有效焊接宽度不小于 25
	双缝焊	80，有效焊接宽度（10×2＋空腔宽）
高聚物改性沥青防水卷材	胶黏剂	100
	自粘	80

（5）卷材收头　天沟、檐沟、檐口、泛水和立面卷材收头的端部应裁齐，塞入预留凹槽内，用金属压条钉压固定（图 7-23），最大钉距不应大于 900mm，并用密封材料嵌填封严。

7.2.1.5　蓄水试验

蓄水的高度根据工程而定，在屋面重量不超过荷载的情况下，应尽可能使水没过屋面、蓄水 24h 以上，屋面无渗漏为合格。对有坡度的屋面应做淋水试验，时间不少于 2h，屋面无渗漏为合格。屋面卷材防水层施工完毕，经蓄水试验（图 7-24）合格后应立即进行保护层施工。

7.2.1.6　保护层施工

防水层上的保护层施工，应待卷材铺贴完成或涂料固化成膜，并经检验合格后进行。常用的保护层做法有以下几种。

（1）块体材料保护层　用块体材料做保护层时，宜设置分格缝，分格缝纵横间距不应大于 10m，分格缝宽度宜为 20mm。

块体材料保护层的结合层可采用砂或水泥砂浆。在砂结合层上铺设块体时，砂层应洒水压实、刮平，块体间应预留 10mm 的缝隙，缝内应填砂，并应用 1∶2 水泥砂浆勾缝，为防止砂子流失，在保护层四周 500mm 范围内，应改用低强度等级水泥砂浆做结合层。在水泥砂浆结合层上铺设块体时，应先在防水层上做隔离层，块体间应预留 10mm 的缝隙，缝内应用 1∶2 水泥砂浆勾缝。上人屋面的预制块体保护层，块体材料应按照楼地面工程质量要求选用，结合层应选用 1∶2 水泥砂浆。

图 7-23　金属压条钉压固定（圈中为金属条钉）

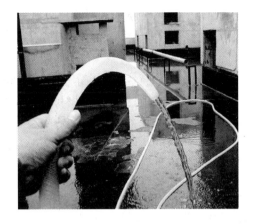
图 7-24　屋面蓄水试验

（2）水泥砂浆及细石混凝土保护层　水泥砂浆及细石混凝土保护层铺设前，应在防水层上做隔离层，并按设计要求支设好分格缝模板，也可以全部浇筑硬化后用锯切割出混凝土缝。水泥砂浆及细石混凝土表面应抹平压光，不得有裂纹、脱皮、麻面、起砂等缺陷。

用水泥砂浆做保护层时，表面应抹平压光，并设表面分格缝，分格面积宜为 1m²。用细石混凝土做保护层时，混凝土应振捣密实，表面应抹平压光，分格缝纵横间距不应大于 6m，分格缝的宽度宜为 10～20mm。一个分格内的混凝土应连续浇筑，不留施工缝，当施工间隙超过时间规定时，应对接槎进行处理。振捣宜采用铁辊滚压或人工拍实，以防破坏防水层。拍实后随即用刮尺按排水坡度刮平，初凝前用木抹子提浆抹平，初凝后及时取出分格缝模板，终凝前用铁抹子压光。细石混凝土保护层浇筑后应及时进行养护，养护时间不应少于 7d。养护期满即将分格缝清理干净，待干燥后嵌填密封材料。

7.2.1.7　质量验收

卷材防水施工质量验收要求见表 7-10。

表 7-10　卷材防水施工质量验收要求

项目	检验项目	检验方法
主控项目	防水卷材及其配套材料的质量，应符合设计要求	检查出厂合格证、质量检验报告和进场检验报告
	卷材防水层不得有渗漏和积水现象	雨后观察或淋水、蓄水试验
	卷材防水层在檐沟、檐口、天沟、水落口、泛水、变形缝和伸出屋面管道的防水构造，应符合设计要求	观察检查
一般项目	卷材的搭接缝应黏结或焊接牢固，密封应严密，不得扭曲、皱褶和翘边	观察检查
	卷材防水层的收头应与基层黏结，钉压应牢固，密封应严密	观察检查
	卷材防水层的铺贴方向应正确，卷材搭接宽度的允许偏差为 −10mm	观察和尺量检查
	屋面排气构造的排气道应纵横贯通，不得堵塞；排气管应安装牢固，位置应正确，封闭应严密	观察检查

7.2.2　涂膜防水施工

涂膜防水屋面施工

涂膜防水屋面是在屋面基层上涂刷防水涂料，经固化后形成一层有一定厚度和弹性的整体涂膜，从而达到防水目的的一种防水屋面形式。

7.2.2.1　基层处理

涂膜防水施工的基层处理主要是指涂膜防水找平层的处理。涂膜防水层的找平层宜设宽20mm 的分格缝，并嵌填密封材料。分隔缝应留设在板端缝处，其纵、横缝的最大间距为：水泥砂浆或细石混凝土找平层，不宜大于 6m；沥青砂浆找平层，不宜大于 4m。基层转角处应抹成圆弧形，其半径不小于 50mm。要严格要求平整度，以保证涂膜防水层的厚度，保证和提高涂膜防水层的防水可靠性和耐久性。涂膜防水层是满粘于找平层的，所以找平层开裂（强度不足）易引起防水层的开裂，因此涂膜防水层的找平层应有足够的强度，尽可能避免裂缝的产生，出现裂缝应进行修补。涂膜防水层的找平层宜采用掺膨胀剂的细石混凝土，强度等级不低于 C20，厚度不小于 30mm，一般为 40mm。

屋面基层的干燥程度，应视所选用的涂料特性而定。当采用溶剂型、热熔型改性沥青防水涂料时，屋面基层应干燥、干净，无空隙、起砂和裂缝。

7.2.2.2　涂布防水涂料及铺贴胎体增强材料

防水涂膜应分遍涂布，不得一次涂成，应待先涂布的涂料干燥成膜后，方可涂布后一遍涂料，且前后两遍涂料的涂布方向应相互垂直，总厚度应达到设计要求，涂层的厚度应均匀平整。涂膜施工应先做好节点处理，然后再大面积涂布。涂层间可夹铺胎体材料；铺设胎体增强材料时，当屋面坡度小于 15%，可平行屋脊铺设；当屋面坡度大于 15%，应垂直于屋脊铺设，并由屋面最低处向上进行。胎体增强材料长边搭接宽度不得小于 50mm，短边搭接宽度不得小于 70mm。采用两层胎体增强材料时，由于胎体增强材料的纵向和横向延伸率不同，因此上下层胎体应同方向铺设，使两层胎体材料有一致的延伸性。上下层的搭接缝还应错开，其间距不得小于 1/3 幅宽，以避免产生重缝。

胎体材料应铺平并排除气泡，且与涂料黏结牢固，涂料应浸透胎体，最上面的涂层厚度不应小于 1.0mm。涂膜防水层的收头，应用防水涂料多遍涂刷或用密封材料封严。施工完毕后，应做屋面保护层。

7.2.2.3　保护层施工

涂膜防水屋面应设置保护层。保护层材料可采用细砂、云母、蛭石、浅色涂料、水泥砂浆、块体材料或细石混凝土等。采用水泥砂浆、块体材料或细石混凝土时，应在涂膜与保护层之间设置隔离层。采用混凝土保护层，应在 3d 后浇捣强度等级不小于 C20 的细石混凝土。以水泥砂浆作保护层，应在做最后一道防水层后，即撒上洁净的干燥中粗砂粒，3d 后再抹 1∶2.5（重量比）的水泥砂浆，水泥砂浆保护层厚度不宜小于 20mm。当用细砂、云母、蛭石时，应在最后一遍涂刷后随即撒上，并用扫帚清扫均匀，轻拍粘牢。当用浅色涂料作保护层时，应在涂膜固化后进行。

7.2.2.4　施工质量验收

涂膜防水施工质量验收要求见表 7-11。

表 7-11　涂膜防水施工质量验收

项目	检验项目	检验方法
主控项目	防水涂料和胎体增强材料的质量,应符合设计要求	检查出厂合格证、质量检验报告和进场检验报告
	涂膜防水层不得有渗漏或积水现象	雨后观察或淋水、蓄水检验
	涂膜防水层在檐沟、檐口、天沟、水落口、泛水、变形缝和伸出屋面管道的防水构造,应符合设计要求	观察检查
	涂膜防水层的平均厚度应符合设计要求,且最小厚度不得小于设计厚度的 80%	针测法或取样量测
一般项目	涂膜防水层与基层应黏结牢固,表面应平整,涂刷应均匀,不得有流淌、皱褶、起泡和露胎体等缺陷	观察检查
	涂膜防水层的收头应用防水涂料多遍涂刷	观察检查
	铺贴胎体增强材料应平整顺直,搭接尺寸应准确,应排除气泡,并应与涂料黏结牢固;胎体增强材料搭接宽度的允许偏差为 −10mm	观察和尺量检查

7.2.3　屋面细部防水构造要求

屋面细部防
水构造要求

7.2.3.1　天沟、檐沟

① 沟内附加层在天沟、檐沟与屋面交接处宜空铺,空铺的宽度不应小于 200mm。

② 卷材防水层应由沟底翻上至沟外檐顶部,卷材收头应用水泥钉固定,并用密封材料封严。

③ 涂膜收头应用防水涂料多遍涂刷或用密封材料封严。

④ 在天沟、檐沟与细石混凝土防水层的交接处,应留凹槽并用密封材料嵌填严密。

7.2.3.2　檐口

① 铺贴檐口 800mm 范围内的卷材应采取满粘法。

② 卷材收头应压入凹槽,采用金属压条钉压,并用密封材料封口。

③ 涂膜收头应用防水涂料多遍涂刷或用密封材料封严。

④ 檐口下端应抹出鹰嘴和滴水槽。

7.2.3.3　女儿墙泛水

① 铺贴泛水处的卷材应采取满粘法。

② 砖墙上的卷材收头可直接铺压在女儿墙压顶下,压顶应进行防水处理;也可压入砖墙凹槽内固定密封,凹槽距屋面找平层不应小于 250mm,凹槽上部的墙体应进行防水处理。

③ 涂膜防水层应直接涂刷至女儿墙的压顶下,收头处理应用防水涂料多遍涂刷封严,压顶应进行防水处理。

④ 混凝土墙上的卷材收头应采用金属压条钉压,并用密封材料封严。

7.2.3.4　水落口

① 水落口杯上口的标高应设置在沟底的最低处。

② 防水层贴入水落口杯内不应小于 50mm。

③ 水落口周围直径 500mm 范围内的坡度不应小于 5%,并采用防水涂料或密封材料涂封,其厚度不应小于 2mm。

④ 水落口杯与基层接触处应留宽 20mm、深 20mm 凹槽,并嵌填密封材料。

7.2.3.5 变形缝

① 变形缝的泛水高度不应小于 250mm。

② 防水层应铺贴到变形缝两侧砌体的上部。

③ 变形缝内应填充聚苯乙烯泡沫塑料，上部填放衬垫材料，并用卷材封盖。

④ 变形缝顶部应加扣混凝土或金属盖板，混凝土盖板的接缝应用密封材料嵌填。

7.2.3.6 伸出屋面的管道

① 管道根部直径 500mm 范围内，找平层应抹出高度不小于 30mm 的圆台。

② 管道周围与找平层或细石混凝土防水层之间，应预留 20mm×20mm 的凹槽，并用密封材料嵌填严密。

③ 管道根部四周应增设附加层，宽度和高度均不应小于 300mm。

④ 管道上的防水层收头处应用金属箍紧固，并用密封材料封严。

7.2.4 屋面防水工程施工质量问题处理

7.2.4.1 卷材屋面开裂

（1）现象 卷材屋面开裂一般有两种情况。一种是装配式结构屋面上出现的有规则横向裂缝。当屋面无保温层时，这种横向裂缝往往是通长和笔直的，位置正对屋面板支座的上端；当屋面有保温层时，裂缝往往是断续的、弯曲的，位于屋面板支座两边 10～50cm 的范围内。这种有规则裂缝一般在屋面完成后 1～4 年的冬季出现，开始细如发丝，以后逐渐加剧，一直发展到 1～2mm 以至更宽。另一种是无规则裂缝，其位置、形状、长度各不相同，出现的时间也无规律，一般贴补后不再裂开。

（2）原因分析

① 产生有规则横向裂缝的主要原因是：温度变化，屋面板产生胀缩，引起板端角变；此外，卷材质量低、老化或在低温条件下产生冷脆，降低了其韧性和延伸度等原因也会产生横向裂缝。

② 产生无规则裂缝的原因是：卷材搭接太小，卷材收缩后接头开裂、翘起，卷材老化龟裂、鼓泡破裂或外伤等；此外，找平层的分格缝设置不当或处理不好，以及水泥砂浆不规则开裂等，也会引起卷材的无规则开裂。

（3）治理 对于基层未开裂的无规则裂缝（老化龟裂除外），一般在开裂处补贴卷材即可。有规则横向裂缝在屋面完工后的几年内，正处于发生和发展阶段，只有逐年治理方能收效。治理方法如下。

① 用盖缝条补缝：盖缝条用卷材或镀锌薄钢板制成。补缝时，按修补范围清理屋面，在裂缝处先嵌入防水油膏或浇灌热沥青。卷材盖缝条应用玛碲脂粘贴，周边要压实刮平。镀锌薄钢板盖缝条应用钉子钉在找平层上，其间距为 200mm 左右，两边再附贴一层宽 200mm 的卷材条。用盖缝条补缝，能适应屋面基层伸缩变形，避免防水层被拉裂，但盖缝条易被踩坏，故不适用于积灰严重、扫灰频繁的屋面。

② 用干铺卷材作延伸层：在裂缝处干铺一层 250～400mm 宽的卷材条作延伸层。干铺卷材的两侧 20mm 处应用玛碲脂粘贴。

③ 用防水油膏补缝：补缝用的油膏，目前采用的有聚氯乙烯胶泥和焦油麻丝两种。用聚

氯乙烯胶泥时，应先切除裂缝两边宽各 50mm 的卷材和找平层，保证深为 30mm。然后清理基层，热灌胶泥至高出屋面 5mm 以上。用焦油麻丝嵌缝时，先清理裂缝两边宽各 50mm 的绿豆砂保护层，再灌上油膏即可。油膏配合比（质量比）为焦油∶麻丝∶滑石粉＝100∶15∶60。

7.2.4.2　卷材屋面流淌

（1）现象

① 严重流淌：流淌面积占屋面 50% 以上，大部分流淌距离超过卷材搭接长度。卷材大多折皱成团，垂直面卷材拉开脱空，卷材横向搭接有严重错动。在一些脱空和拉断处，产生漏水。

② 中等流淌：流淌面积占屋面 20%～50%，大部分流淌距离在卷材搭接长度范围之内，屋面有轻微折皱，垂直面卷材被拉开 100mm 左右，只有天沟卷材脱空耸肩。

③ 轻微流淌：流淌面积占屋面 20% 以下，流淌长度仅 2～3cm，在屋架端坡处有轻微折皱。

（2）原因分析

① 胶结料耐热度偏低。

② 胶结料黏结层过厚。

③ 屋面坡度过陡，而采用平行屋脊铺贴卷材；或采用垂直屋脊铺贴卷材，在半坡进行短边搭接。

（3）治理　严重流淌的卷材防水层可考虑拆除重铺。轻微流淌如不发生渗漏，一般可不予治理。中等流淌可采用下列方法治理。

1）切割法　对于天沟卷材耸肩脱空等部位，可先清除保护层，切开将脱空的卷材，刮除卷材底下积存的旧胶结料，待内部冷凝水晒干后，将下部已脱开的卷材用胶结料粘贴好，加铺一层卷材，再将上部卷材盖上。

2）局部切除重铺法　对于天沟处折皱成团的卷材，先予以切除，仅保存原有卷材较为平整的部分，使之沿天沟纵向成直线（也可用喷灯烘烤胶结料后，将卷材剥离）；新旧卷材的搭接应按接槎法或搭槎法进行。

① 接槎法　先将旧卷材槎口切齐，并铲除槎口边缘 200mm 处的保护层。新旧卷材按槎口分层对接，最后将表面一层新卷材搭入旧卷材 150mm 并压平，上做一油一砂（此法一般用于治理天窗泛水和山墙泛水处）。

② 搭槎法　将旧卷材切成台阶形槎口，每阶宽大于 80～150mm。用喷灯将旧胶结料烤软后，分层掀起 80～150mm，把旧胶结料除净，卷材下面的水汽晒干。最后把新铺卷材分层压入旧卷材下面（此法多用于治理天沟处）。

3）钉钉子法　当施工后不久，卷材有下滑趋势时，可在卷材的上部离屋脊 300～450mm 范围内钉三排 50mm 长圆钉，钉眼上灌胶结料。卷材流淌后，横向搭接若有错动，应清除边缘翘起处的旧胶结料，重新浇灌胶结料，并压实刮平。

7.2.4.3　卷材屋面起鼓

（1）现象　卷材起鼓一般在施工后不久产生。在高温季节，有时上午施工下午就起鼓。鼓泡一般由小到大，逐渐发展，大的直径可达 200～300mm，小的数十毫米，大小鼓泡还可能成片串连。起鼓一般从底层卷材开始，其内还有冷凝水珠。

（2）原因分析　在卷材防水层中粘接不实的部位，窝有水分和气体；当其受到太阳照射或人工热源影响后，体积膨胀，造成鼓泡。

（3）治理

① 直径 100mm 以下的中、小鼓泡可用抽气灌胶法治理，并压上几块砖，几天后再将砖移去即可。

② 直径 100～300mm 的鼓泡可先铲除鼓泡处的保护层，再用刀将鼓泡按斜十字形割开，放出鼓泡内气体，擦干水，清除旧胶结料，用喷灯把卷材内部吹干；随后按顺序把旧卷材分片重新粘贴好，再新贴一块方形卷材（其边长比开刀范围大 100mm），压入卷材下；最后，粘贴覆盖好卷材，四边搭接好，并重做保护层。上述分片铺贴顺序是按屋面流水方向先下再左右后上。

③ 当屋面空鼓面积较大时，则需将卷材全部铲除翻新，重作防水层。

7.2.4.4 山墙、女儿墙部位漏水

（1）现象　在山墙、女儿墙部位漏水。

（2）原因分析

① 卷材收口处张口，固定不牢；封口砂浆开裂、剥落，压条脱落。

② 压顶板滴水线破损，雨水沿墙进入卷材。

③ 山墙或女儿墙与屋面板缺乏牢固拉结，转角处没有做成钝角，垂直面卷材与屋面卷材没有分层搭槎，基层松动（如墙外倾或不均匀沉陷）。

④ 垂直面保护层因施工困难而被省略。

（3）治理

① 清除卷材张口脱落处的旧胶结料，烤干基层，重新钉上压条，将旧卷材贴紧钉牢，再覆盖一层新卷材，收口处用防水油膏封口。

② 凿除开裂和剥落的压顶砂浆，重抹 1:(2～2.5) 水泥砂浆，并做好滴水线。

③ 将转角处开裂的卷材割开，旧卷材烘烤后分层剥离，清除旧胶结料，将新卷材分层压入旧卷材下，并搭接粘贴牢固。再在裂缝表面增加一层卷材，四周粘贴牢固。

任务 7.3　厨卫间防水施工

厨卫间一般有较多穿过楼地面或墙体的管道，平面形状较复杂、施工面积小并且长期处于潮湿受水状态，如果处理不好会影响上下层住户或相邻房间的正常使用。采用各种防水卷材施工时，因防水卷材的剪口和接缝较多，很难黏结牢固、封闭严密，难以形成一个有弹性的整体防水层，比较容易发生渗漏水问题。大量的试验和实践证明，以涂料防水代替各种卷材防水，可以使厨卫间的地面和墙面形成一个没有接缝、封闭严密的整体防水层，从而确保厨卫间的防水工程质量。下面以卫生间为例，介绍其防水做法。

7.3.1　卫生间楼地面聚氨酯防水涂料施工

聚氨酯防水涂料是指以聚氨酯树脂为主要成膜物质的双组分化学反应固化型的高弹性防水涂料。它的主要组成材料包括甲组分（预聚体）、乙组分和无机铝盐防水剂等，辅助材料有二甲苯、醋酸乙酯和磷酸等。

厨卫间防水施工

（1）基层处理　卫生间的防水基层必须用 1:3 的水泥砂浆找平，要求找平层应坚实无空鼓、表面不应有起砂、掉灰现象，如有油污用钢丝刷和砂纸刷掉。抹找平层时，应使管道根部

周围略高于地面，在地漏的周围，应做成略低于地面的洼坑。找平层的坡度以 1%～2% 为宜，并坡向地漏，凡遇到阴、阳角处，应抹成半径不小于 10mm 的小圆弧。与找平层相连接的管件、卫生洁具、排水口等，必须安装牢固，收头圆滑，按设计要求用密封膏嵌固。基层必须基本干燥，一般在基层表面均匀泛白无明显水印时，才能进行涂料防水层施工。

（2）施工工艺

① 清理基层　施工前要把基层表面的尘土、杂物彻底清扫干净。

② 涂布底胶　用聚氨酯甲、乙两组分和二甲苯按 1∶1.5∶2 的比例配合搅拌均匀，再用小滚刷或油漆刷均匀涂布在基层表面，涂刷量约为 0.15～0.2kg/m² 。待底胶干燥固化 4h 以上后，才能进行下道工序。

③ 涂布防水层　先配制聚氨酯涂膜防水涂料，即将聚氨酯甲、乙组份和二甲苯按 1∶1.5∶0.3 的比例配合，用电动搅拌器强力搅拌均匀，然后用小滚刷或油漆刷将配制好的防水涂料均匀涂布在基层表面。防水涂料应随配随用，一般应在 2h 内用完。聚氨酯的甲、乙组份必须密封存放，甲料开盖后，吸收空气中的水分会起反应而固化，如在施工中，混有水分，则聚氨酯固化后内部会有水泡，影响防水能力。涂完第一层涂膜后，一般需固化 5h 以上，当其基本不粘手时，再按上述方法涂布第二、三、四层涂膜。后一层与前一层涂膜的涂布方向应相互垂直，对管道根部、地漏周围以及墙转角部位，必须认真涂刷，涂刷厚度不小于 2mm。在最后一层涂膜固化前，应及时撒少许干净的粒径为 2～3mm 的小豆石，使其与涂膜黏结牢固，作为与水泥砂浆保护层黏结的过渡层。

（3）质量要求

① 聚氨酯涂膜防水材料的技术性能应符合设计要求或标准规定，并应附有质量证明文件、现场取样的检测报告及其他有关质量的证明文件。

② 涂膜厚度应均匀一致，总厚度应不小于 1.5mm。

③ 涂膜防水层必须均匀固化，不应有明显的凹坑、气泡和渗漏水现象。

7.3.2　卫生间楼地面氯丁胶乳沥青防水涂料施工

氯丁胶乳沥青防水涂料是指以氯丁橡胶和沥青为基料，加入表面活性剂、乳化剂、防霉剂等辅助材料，经专用设备精制而成的一种高弹性薄质防水涂料。它兼有橡胶和沥青的双重优点，具有弹性好、黏结力强、成膜性好、耐高低温、无污染等优点。

（1）基层处理　与聚氨酯防水涂料施工的基层处理要求相同。

（2）施工工艺　氯丁胶乳沥青防水涂料的施工工艺流程（二布六油防水层施工）：基层找平处理→满刮一遍氯丁胶乳沥青水泥腻子→满刮第一遍涂料→做细部构造加强层→铺贴第一层玻纤布同时刷第二遍涂料→刷第三遍涂料→铺贴第二层玻纤布，同时刷第四遍涂料→涂刷第五遍涂料→涂刷第六遍涂料并及时撒砂粒→蓄水试验→按设计要求做保护层和面层→防水层二次蓄水，验收。其施工要点如下。

① 在清理干净的基层上满刮一遍氯丁胶乳沥青水泥腻子（厚度为 2～3mm），管根和转角处要厚刮并抹平整。其中，水泥腻子的配制方法是将氯丁胶乳沥青防水涂料倒入水泥中，边倒边搅拌至稠浆状即可。

② 待水泥腻子干燥后，满刷一遍防水涂料，但涂刷不能过厚，表面要均匀，不得漏刷，涂料不流淌、不堆积，立面刷至设计标高。

③ 在细部构造部位，如阴阳角、管道根部、地漏、大便器蹲坑等部位，应分别附加一布二涂附加层。

④ 附加层干燥后，铺贴玻纤布，同时涂刷第二遍防水涂料，使防水涂料浸透布纹渗入下层。玻纤布搭接宽度应不小于100mm，立面贴至设计高度，顺水接搓，收口处要贴牢。

⑤ 第二遍防水涂料干燥后（约24h），刷第三遍涂料；待其干燥后（约4h），铺贴第二层玻纤布，同时刷第四遍防水涂料；第二层玻纤布与第一层玻纤布的接搓要错开，且玻纤布要展平且无褶皱。待上述涂层干燥后，再依次刷第五遍、第六遍防水涂料。

（3）质量要求

① 防水涂料应有产品质量说明书及现场取样的复检报告。

② 水泥砂浆找平层做完后，应对其平整度、坡度和干燥度进行预验收。

③ 施工完成后，氯丁胶乳沥青涂膜防水层不得有起鼓、裂纹和孔洞等缺陷。末端收头部位应粘贴牢固，封闭严密，形成一个整体的防水层。

7.3.3　蓄水试验

蓄水实验

蓄水深度在地面最高处应有20mm的积水，蓄水24h无渗漏为合格。防水涂层施工完毕保护层施工前要做第一次蓄水试验，厨卫间装饰工程全部完工后，要进行第二次蓄水试验。以检验防水层完工以后是否被水电或其他装饰工序所损坏。蓄水试验（图7-25）合格后，厨卫间的防水工程才算完成。

图7-25　卫生间蓄水试验

7.3.4　保护层施工

已完工的涂料防水层，必须经蓄水试验无渗漏现象后，方可进行刚性保护层的施工。进行刚性保护层施工时，切勿损坏防水层，以免留下渗漏隐患。保护层可采用15～25mm厚1:3的水泥砂浆，其上做地面砖等饰面层，材料由设计选定。防水层最后一遍施工中，在涂膜未完全固化时，可在其表面撒少量干净粗砂，以增强防水层与保护层之间的粘接；也可采用掺建筑胶的水泥浆在防水层表面进行拉毛处理后，再做保护层。

7.3.5　厨卫间涂料防水施工注意事项

施工用材料有毒性，存放材料的仓库和施工现场必须通风良好，无通风条件的地方必须安装机械通风设备。

施工材料多属易燃物质，存放、配料以及施工现场必须严禁烟火，现场要配备足够的消防器材。在施工过程中，严禁上人踩踏未完全干燥的涂料防水层。操作人员应穿平底胶布鞋，以免损坏涂料防水层。

凡需做附加补强层的部位应先施工，然后再进行大面防水层施工。卫生间防水找平层应向卫生间门口外延伸250～300mm，防止卫生间内水通过卫生间外楼板渗漏，图7-26。

地面四周与墙体连接处，防水层应往墙面上返

图7-26　防水找平层向卫生间门口外延伸

250mm 以上（图 7-27）；有淋浴设施的厕浴间墙面，防水层高度不应低于 1.8m，宜设防到墙顶（图 7-28）。

图 7-27 墙面防水层上返 250mm 以上   图 7-28 厕浴间墙面防水层高度不低于 1.8m

 思考与拓展题

1. 试述防水卷材的种类有哪些。
2. 防水涂料的防水有哪些特点？
3. 试述地下防水混凝土分项工程检验批的抽样检验数量要求。
4. 地下防水工程中后浇带是如何留设的？
5. 地下防水工程中变形缝的施工做法及质量要求是什么？
6. 试比较外防外贴法和外防内贴法的优缺点。
7. 简述屋面防水的等级和设防要求。
8. 在卷材屋面的防水施工中，对于卷材铺贴方向有哪些规定？
9. 屋面卷材起鼓是如何造成的？该如何分别进行处理？
10. 对于屋面涂料防水中胎体增强材料的铺贴有哪些要求？
11. 试述卫生间防水蓄水试验的要求。
12. 对于地下卷材防水层上的保护层有哪些要求？

 能力训练题

1. 当屋面坡度小于 3% 时，沥青防水卷材的铺贴方向宜（　　）。
    A. 平行于屋脊　　　　　　　　　B. 垂直于屋脊
    C. 与屋脊呈 45°　　　　　　　　D. 下层平行于屋脊，上层垂直于屋脊
2. 当屋面坡度大于 15% 或受震动时，沥青防水卷材的铺贴方向应（　　）。
    A. 平行于屋脊　　　　　　　　　B. 垂直于屋脊
    C. 与屋脊呈 45°　　　　　　　　D. 上下层相互垂直
3. 当屋面坡度大于（　　）时，应采取防止沥青卷材下滑的固定措施。
    A. 3%　　　　　B. 10%　　　　　C. 15%　　　　　D. 25%
4. 对屋面是同一坡面的防水卷材，最后铺贴的应为（　　）。

A. 水落口部位   B. 天沟部位

C. 沉降缝部位   D. 大屋面

5. 粘贴高聚物改性沥青防水卷材，使用最多的是（　　）。

A. 热粘接剂法   B. 热熔法

C. 冷粘法   D. 自粘法

6. 采用条粘法铺贴屋面卷材时，每幅卷材两边的粘贴宽度不应小于（　　）。

A. 50mm   B. 100mm   C. 150mm   D. 200mm

7. 冷粘法是指用（　　）粘贴卷材的施工方法。

A. 喷灯烘烤   B. 胶黏剂   C. 热沥青胶   D. 卷材上的自粘胶

8. 在涂膜防水屋面施工的工艺流程中，基层处理剂干燥后的第一项工作是（　　）。

A. 基层清理   B. 节点部位增强处理

C. 涂布大面防水涂料   D. 铺贴大面胎体增强材料

9. 地下工程的防水卷材的设置与施工最宜采用（　　）法。

A. 外防外贴   B. 外防内贴   C. 内防外贴   D. 内防内贴

10. 防水混凝土底板与墙体的水平施工缝应留在（　　）。

A. 底板下表面处

B. 底板上表面处

C. 距底板上表面不小于300mm的墙体上

D. 距孔洞边缘不少于100mm处

11. 铺贴卷材应采用搭接方法，上下两层卷材的铺贴方向应（　　）。

A. 相互垂直   B. 相互成45°斜交   C. 相互平行   D. 相互成60°斜交

12. 水泥砂浆屋面找平层应留设分格缝，分格缝间距为（　　）。

A. 纵、横向均为4m   B. 纵向6m，横向4m

C. 纵、横向均为6m   D. 纵向4m，横向6m

13. 卫生间防水施工结束后，应做（　　）h蓄水试验。

A. 4   B. 8   C. 12   D. 24

14. 地下结构防水混凝土的抗渗能力不应小于（　　）。

A. 0.6MPa   B. 0.3MPa   C. 0.8MPa   D. 1MPa

15. 屋面防水等级采用Ⅱ级防水时，其设防要求为（　　）。

A. 一道防水设防   B. 二道防水设防

C. 三道防水设防   D. 四道防水设防

项目8 装饰工程施工

知识目标

1. 掌握常见地面工程施工的方法；
2. 掌握抹灰工程构造组成及施工方法；
3. 掌握饰面板（砖）工程的种类及施工方法；
4. 掌握涂料和裱糊工程的施工要点；
5. 掌握顶棚工程的构造组成及施工方法；
6. 熟悉装饰工程施工中常见的质量、安全问题，以及质量、安全验收规范。

能力目标

1. 能编制一般的装饰工程专项施工方案；
2. 能进行一般的装饰工程施工技术交底；
3. 能进行一般的装饰工程施工质量控制、检查和验收。

素质目标

1. 通过对装饰工程中一些建筑材料检测指标的学习，让大家认识到每位工程人要用自身掌握的专业知识为建筑装饰装修工程把好关，就是在为提高人民的生活水平和保护人民群众的健康做贡献，而做好把关工作的前提是要扎实掌握专业知识；
2. 通过对日新月异的装饰技术发展的学习，激发大家对生活的热爱和学习专业技术的热情，提高创造美好生活的本领。

　　装饰是指为了使建筑物、构筑物内外空间达到一定的环境质量要求，使用装饰材料，对建筑物、构筑物外表和内部进行修饰处理的工程建筑活动。

　　建筑装饰工程的作用是，能增加建筑物的美观和艺术形象，改善清洁卫生条件，可以隔热、隔声、防潮，还可以减小外界有害物质及大自然对建筑物的腐蚀，延长围护结构的耐久性。

　　建筑装饰的分类如下。

　　① 根据使用功能的不同　建筑装饰可分为保护装饰、功能装饰和饰面装饰。保护装饰能防止结构构件遭受大气侵蚀和人为的污染；功能装饰能满足使用功能，如保温、隔热、隔声、防火、防潮、防腐和防静电等的要求；饰面装饰能美化建筑，以改善室内外环境。

　　② 根据所用材料的不同　建筑装饰可分为水泥类、石膏类、陶瓷类、石材类、玻璃类、塑料类、裱糊类、涂料类、木材类和金属类等。

　　③ 根据施工方法的不同　建筑装饰可分为抹、刷、涂、喷、滚、弹、铺、贴、裱、挂和钉等。

　　④ 根据工程部位的不同　建筑装饰可分为抹灰工程、楼地面工程、吊顶工程、轻质隔墙工程、饰面工程、门窗工程、幕墙工程、涂饰工程、裱糊与软包工程以及细部工程等。

　　装饰工程大多是以饰面为最终效果，所以许多处于隐蔽部位而对于工程质量起着关键作用的项目和操作工序易被忽略，或是其质量弊病易被表面的美化修饰所掩盖。如大量的预埋件、连接件、铆固件、骨架杆件、焊接件、饰面板下的基面或基层处理，防火、防腐、防潮、防水、防虫、绝缘和隔声等功能性与安全性的构造和处理等，包括钉件质量、规格、螺栓及各种连接紧固件的设置、数量及埋入深度等，如果在操作时偷工减序、偷工减料、草率作业，势必给工程留下质量隐患。为此，建筑装饰工程的从业人员应该是经过专业技术培训和接受一定职业教育的持证上岗人员，他们应具备一定的美学知识、识图能力、专业技能和及时发现问题并解决问题的能力，应具备严格执行国家政策和法规的强烈意识。对每一位建筑装饰工程的建设者来说，都必须规范自己的建设行为，严格按照法律、法规及规范和标准实施工程建设，切实保障建筑装饰工程施工的质量和安全。

为了加快工程进度，降低工程成本，满足装饰功能，增强装饰效果，装饰工程的发展方向是：必须不断采用新型材料，集材性、工艺、造型、色彩、美学为一体，逐步提高装饰工程工业化水平，将结构与装饰合一；尽可能采用干法施工和机械化作业。

任务 8.1　地面工程施工

弹 1m 线

地面工程
施工（一）

建筑地面是建筑物底层地面（地面）和楼层地面（楼面）的总称，由基层、结合层和面层等构造层次组成。基层是面层下的构造层，包括填充层、隔离层、绝热层、找平层、垫层和基土等构造层；结合层是面层与下一构造层相联结的中间层；面层即地面与楼面的表面层，可以做成整体面层、板块面层和木竹面层等。

8.1.1　基层施工

① 弹线，统一标高。检测各房间的地面标高，并将水平标高线弹在各房间墙体上，距离地面 500mm（或 1000mm）处。

② 当楼面的基层是楼板时，应做好楼板板缝的灌浆、堵塞与板面清理工作。

③ 地面下的填土应采用素土夯实。回填土的含水率应按照最佳含水率进行控制。

8.1.2　整体面层施工

整体面层是指一次性连续铺筑而成的面层。整体面层要按照设计要求，选用不同的材质和相应的配合比，经现场铺设而成，一般包括水泥砂浆面层、细石混凝土面层、水磨石面层、自流平面层等。

8.1.2.1　水泥砂浆面层施工

水泥砂浆面层的厚度应不小于 20mm，一般采用强度等级不低于 32.5 的硅酸盐水泥、普通硅酸盐水泥；砂应为中砂或粗砂，当采用石屑时，其粒径应为 1~5mm，且含泥量不应大于 3%；砂浆配合比（体积比）为 1∶2（水泥∶砂）或 1∶2.5。

（1）工艺流程　基层处理→找标高、弹线→洒水湿润→抹灰饼和标筋→刷水泥浆结合层→铺水泥砂浆面层→木抹子搓平→铁抹子压第一遍→第二遍压光→第三遍压光→养护。

（2）施工要点

① 施工前，应清理基层、提前浇水湿润。

② 铺抹砂浆前，应在四周墙上弹出一道水平基准线，作为确定水泥砂浆面层标高的依

据。面积较大的房间，要通过设置灰饼和标筋来控制面层厚度。

③ 刷素水泥浆结合层一道。

④ 铺水泥砂浆面层，用刮尺将水泥砂浆按控制标高刮平，用木抹子拍实。

⑤ 待砂浆终凝前，用铁抹子反复压光 3 次。

⑥ 待砂浆终凝后，覆盖锯末、草袋、塑料薄膜等，浇水养护。

⑦ 大面积水泥砂浆面层应按设计要求留分格缝，以防止砂浆面层产生不规则裂缝。水泥砂浆面层强度未达到 5MPa 之前，不准上人行走或进行其他作业。

8.1.2.2　细石混凝土面层施工

细石混凝土面层可以克服水泥砂浆面层干缩较大的特点。这种面层强度高，干缩值小，与水泥砂浆面层相比，它的耐久性更好，但厚度较大，一般为 30～40mm，粗骨料最大粒径不应大于 15mm，且不应大于面层厚度的 2/3。

（1）工艺流程　找标高、弹面层水平线→基层处理→洒水湿润→抹灰饼和标筋→刷素水泥浆结合层→浇筑细石混凝土→抹面层、压光养护。

（2）施工要点

① 清理基层。将基层上的杂物清理干净，不得有油污、浮土。用钢錾子（图 8-1）和钢丝刷（图 8-2）将沾在基层上的水泥浆皮錾掉铲净，提前浇水湿润。

地面
基层清理

图 8-1　钢錾子

图 8-2　钢丝刷

② 抹灰饼和标筋。根据地面设计标高和抹灰厚度以及预先在墙面弹定的基准墨线，在地面四周做灰饼，然后拉线打中间灰饼再用干硬性水泥砂浆做冲筋，冲筋间距约 1.5m。在有地漏和坡度要求的地面，应按设计要求做泛水和坡度。对于面积较大的地面，应用水准仪测出基层的平均标高并计算面层厚度，然后边测标高边做灰饼。

③ 刷素水泥浆结合层。在铺设细石混凝土面层前，需在已湿润的基层上刷一道水泥∶水＝1∶（0.4～0.5）的素水泥浆，不要刷的面积过大，要随刷随铺细石混凝土，避免时间过长水泥砂浆风干导致面层空鼓。

地面做灰饼

④ 浇筑细石混凝土。细石混凝土面层的强度等级应按设计要求做试配，如无设计要求，应不小于 C20。

⑤ 抹面层、压光。水泥砂浆面层一般要求进行三遍压光。

第一遍抹压：用铁抹子轻轻抹压一遍，直到出浆为止。

第二遍抹压：当面层砂浆初凝后，在地面面层上走有脚印但不下陷时，用铁抹子进行第二遍抹压，把凹坑、砂眼填实抹平，注意不得漏压。

第三遍抹压：当面层砂浆终凝前，即人踩上去稍有脚印，用铁抹子压光无抹痕时，可用铁抹子进行第三遍压光，此遍要用力抹压，把所有抹纹压平、压光，使面层表面密实光洁。

⑥ 养护。面层抹压 24h 后（有条件时可覆盖塑料薄膜养护）进行浇水养护，每天不少于 2 次，养护时间一般不少于 7d，养护期间禁止入内。

8.1.2.3 水磨石面层施工

水磨石面层（图 8-3）应在顶棚和墙面抹灰完成后再开始施工，也可以在水磨石楼面、地面磨光两遍后再进行顶棚、墙面抹灰。

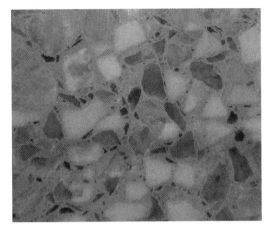

图 8-3 水磨石面层

（1）工艺流程 基层处理→找标高、弹水平线→打灰饼、做冲筋→抹找平层→养护→镶嵌分格条→铺水泥石子浆→养护试磨→磨第一遍并补浆→磨第二遍并补浆→磨第三遍并养护→过草酸上蜡抛光。

（2）施工要点 水磨石地面施工的基层处理和结合层的具体做法同细石混凝土面层施工，其面层施工要点如下。

1）铺抹水泥砂浆找平层 找平层用 1:3 干硬性水泥砂浆，先将砂浆摊平，再用压尺按冲筋刮平，随即用木抹子磨平压实，找平层抹好后，应浇水养护至少一天。

2）镶嵌分格条

① 在找平层上按设计要求弹出纵横两向或图案墨线，然后按墨线截裁分格条。

② 用纯水泥浆在分格条下部抹成八字角镶嵌牢固（与找平层约成 30°角），穿铜条的铁丝要埋好。纯水泥浆的涂抹高度比分格条低 3~5mm（见图 8-4），分格条应接头严密，顶面在同一平面上。

③ 分格条镶嵌好以后，隔 12h 开始浇水养护，最少应养护两天。

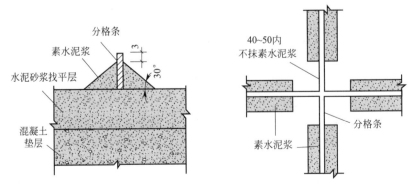

图 8-4 分格嵌条设置（单位：mm）

3）抹石子浆面层

① 铺水泥石子浆前一天，应洒水湿润，然后将分格条内的积水和浮砂清除干净，并涂刷素水泥浆一遍。随即将水泥石子浆先铺在分格条旁边，将分格条边约 10cm 内的水泥石子浆（石子浆配合比一般为 1∶1.25 或 1∶1.50）轻轻抹平压实，以保护分格条，然后再整格铺抹，用木磨子或铁抹子抹平压实，但不应用压尺平刮。面层应比分格条高 5mm 左右，如局部石子浆过厚，应用铁抹子挖去，再将周围的石子浆刮平压实，对局部水泥浆较厚处，应适当补撒一些石子，并压平压实，要达到表面平整，石子分布均匀。

② 在同一平面上如有几种颜色图案时，应先做深色，后做浅色。待前一种色浆凝固后，再抹后一种色浆。两种颜色的色浆不应同时铺抹，避免串色，但间隔时间也不宜过长，一般可隔日铺抹。

③ 石子浆铺抹完成后，次日起应进行浇水养护，并应设警戒线严防人行践踏。

4）磨光

① 大面积施工宜用机械磨石机（图 8-5）研磨，小面积、边角处可使用小型手提式磨石机研磨。开磨前应试磨，若试磨后石粒不松动，即可开磨。

② 磨光作业应采用"二浆三磨"方法进行，即整个磨光过程分为磨光三遍，补浆二次。

a. 试磨：一般根据气温情况确定养护天数，温度在 20～30℃时 2～3d 即可开始试磨，以面层不掉石粒为准，过早开磨石粒易松动；过迟会造成磨光困难，所以需进行试磨。

b. 粗磨：第一遍用 60～90 号粗金刚石磨，使磨石机机头在地面上走横"8"字形，边磨边加水（如磨石面层养护时间太长，可加细砂，加快机磨速度），随时清扫水泥浆，并用靠尺检查平整度，直至表面磨匀、磨平、磨透，使石粒面及全部分格条顶面外露（边角处用人工磨成同样效果），磨完后要及时将泥浆水冲

图 8-5 机械磨石机

洗干净，稍干后，涂刷一层同颜色水泥浆（即补浆），用以填补砂眼和凹痕，对个别脱石部位要填补好，不同颜色上浆时，要按先深后浅的顺序进行，再浇水养护 2～3d。

c. 细磨：第二遍用 90～120 号金刚石磨，要求磨至表面光滑为止。然后用清水冲净，满擦第二遍水泥浆，仍注意小孔隙要细致擦严密，然后养护 2～3d。

d. 磨光：第三遍用 200 号细金刚石磨，磨至表面石子显露均匀，无缺石粒现象，平整、光滑、无孔隙。普通水磨石面层磨光遍数不应少于 3 遍，高级水磨石面层的厚度和磨光遍数及油石规格应根据设计确定。

③ 过草酸出光。为了取得打蜡后显著的效果，在打蜡前磨石面层要进行一次适量限度的酸洗，一般均用草酸进行擦洗，再用油石轻轻磨一遍；磨出水泥及石粒本色后用水冲洗、晾干。

④ 上蜡抛光。将蜡薄薄地均匀涂刷在水磨石面上，待蜡干后，用包有麻布的木块代替油石装在磨石机的磨盘上进行磨光，直到水磨石表面光滑洁亮为止。

8.1.2.4　自流平面层施工

自流平面层是采用水泥基、石膏基、合成树脂基等拌合物加水后，形成自由流动浆料，缓慢地倒于处理后的基面上，让其自然流平，从而获得高平整度的地坪。自流平地面硬化速度快，4～5h 后可上人行走，24h 即可进行后续工程施工。

（1）特点

① 施工简单、方便快捷。

② 耐磨、耐用、经济、环保。

③ 具有优良的流动性，加适量的水即可形成近似自由流体浆料，能快速展开而获得高平整度地坪。

④ 对人体无害、无辐射。

⑤ 不增加标高，地面层可薄至 2～5mm，能节省材料，降低成本。

⑥ 广泛适用于民用、商用室内地面的精确找平。

（2）工艺流程　基层清理→界面处理→调制自流平水泥→浇筑与整平。

（3）施工要点

1）基层清理

① 检查地面平整度，确认地面平整，基层混凝土强度不应小于 C20，凹凸不平的地面、裂缝和孔洞应处理平整。

② 彻底清扫地面，清除地面各种污物，如油漆、油污及涂料等，然后将基面上的零散杂物清除干净；彻底吸净灰尘，保持表面洁净。

2）界面处理　在打磨平整的地面上涂刷两遍界面剂以便自流平水泥和基层能够衔接的更加紧密。

3）调制自流平水泥　严格按照不同自流平材料要求的水灰比进行材料配置，要确保水泥浆料能够流动，但又不可以太稀，否则干燥后强度不够，容易起灰。加水后，可用机械或人工搅拌，直到均匀无颗粒出现，静置约 3～4min 后再搅拌 1min 即可使用。

4）浇筑与整平

① 在界面剂干燥之后，就可以将搅拌好的自流平水泥倒在地上，水泥可以顺着地面流淌，但是不能完全流平，需要施工人员用工具将水泥推开，使水泥均匀地铺开。

② 施工人员可穿钉鞋进入施工地面，用齿口刮板将砂浆面层刮平，以消除倾倒衔接处的不平整，并保持所需的厚度。

③ 用放气滚筒轻轻滚动，以消除搅拌时产生的气泡。

④ 拌和好的自流平水泥应在半个小时之内用完。

5）注意事项

① 水泥不是纯液体，不可能绝对铺平，推赶过程中会有一些凹凸不平，这时就需靠滚筒将水泥压匀，避免地面出现局部的不平整以及后期局部的小块翘空等问题。

② 在施工过程中，施工人员难免要踩到水泥面上，为保证鞋子不会在水泥上留下印记，施工人员应穿上特殊的鞋子进行施工。

6）养护　自流平水泥一般情况下不需要养护，如果冬季施工，要在基层自流平水泥表面洒水或覆盖塑料薄膜等措施养护 1～3d，重要交通地面需要养护 3d 后方可通行。

8.1.3　板块面层施工

板块地面是将各种不同形状的人造或天然块材用水泥砂浆、水泥浆、胶黏剂铺设于基层上做成的地面，主要包括陶瓷锦砖、瓷砖、地砖、大理石、花岗岩、碎拼大理石以及预制混凝土、水磨石地面等。

地面工程
施工（二）

8.1.3.1　石材饰面施工

（1）工艺流程　基层处理→放线→试拼石材→铺设结合层砂浆→铺设石材→养护→勾缝。

（2）施工要点

① 基层处理：把沾在基层上的浮浆、落地灰等用錾子或钢丝刷清理掉，再用扫帚将浮土清扫干净。

② 放线：根据水平标准线和设计厚度，在四周墙、柱上弹出面层的水平标高控制线。

③ 试拼石材：将房间依照石材的尺寸，排出石材的放置位置，并在地面弹出十字控制线和分格线。

④ 铺设结合层砂浆：铺设前应将基底湿润，并在基底上刷一道素水泥浆或界面结合剂，随刷随铺设搅拌均匀的干硬性水泥砂浆。

⑤ 铺设石材：将石材放置在干拌料上，用橡皮锤敲击找平，之后将石材拿起，在干拌料上浇适量素水泥浆，同时在石材背面涂厚度约 1mm 的素水泥膏，再将石材放置在找过平的干拌料上，用橡皮锤将石材按标高控制线和方正控制线坐平坐正。

⑥ 养护：当石材面层铺贴完后应进行养护，养护时间不得小于 7d。

⑦ 勾缝：当石材面层的强度达到可上人的时候（结合层抗压强度达到 1.2MPa），用同种、同强度等级、同色的掺色水泥膏或专用勾缝膏进行勾缝。颜料应使用矿物颜料，严禁使用酸性颜料。缝要求清晰、顺直、平整、光滑、深浅一致，缝色与石材颜色一致。

8.1.3.2　瓷砖面层施工

（1）工艺流程　基底处理→放线→浸砖→铺设结合层砂浆→铺砖→养护→勾缝→检查验收。

（2）施工要点

① 基层处理：把沾在基层上的浮浆、落地灰等用錾子或钢丝刷清理掉，再用扫帚将浮土清扫干净。

② 放线：根据水平标准线和设计厚度，在四周墙、柱上弹出面层的水平标高控制线。

③ 浸砖：瓷砖铺贴前应在水中充分浸泡，以保证铺贴后不致吸走灰浆中水分而粘贴不牢。浸水后的瓷砖应阴干备用，阴干的时间视气温和环境温度而定，一般 3～5h，以瓷砖表面有潮湿感但手按无水迹为准。

④ 铺设结合层砂浆：铺设前应将基底湿润，并在基底上刷一道素水泥浆或界面结合剂，随刷随铺设搅拌均匀的干硬性水泥砂浆。

⑤ 铺砖：将砖放置在干拌料上，用橡皮锤敲打找平，之后将砖拿起，在干拌料上浇适量素水泥浆，同时在砖背面涂厚度约 1mm 的素水泥膏，再将砖放置在找过平的干拌料上，用橡皮锤将瓷砖按标高控制线和方正控制线坐平坐正。

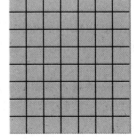

⑥ 养护：当砖面层铺贴完 24h 内应进行养护，养护时间不得小于 7d。

⑦ 勾缝：当砖面层的强度达到可上人的时候，用同种、同强度等级、同色的水泥膏或 1:1 水泥砂浆进行勾缝，要求缝清晰、顺直、平整、光滑、深浅一致，缝应低于砖面 0.5～1mm。

图 8-6　陶瓷锦砖

8.1.3.3　陶瓷锦砖面层施工

陶瓷锦砖（又称马赛克，图 8-6）常用于游泳池、浴室、厕所、餐厅等面层，具有耐酸碱、耐磨、不渗水、易清洗、色泽多样等优点。

（1）工艺流程　基层清理、弹线→结合层施工→铺贴陶瓷锦砖→刷水、揭纸→拨缝→灌缝→养护。

（2）施工要点

① 基层清理、弹线：将基层清理干净，扫净，将水平标高线弹在墙上。

② 结合层施工：在"硬底"上铺设锦砖时（在当日抹好的找平层上铺锦砖称为"软底"，在已完全硬化的找平层上铺称为"硬底"），先洒水湿润后刮一道厚2～3mm厚的水泥浆，在"软底"上铺设锦砖时应浇水泥浆，用刷子刷均匀，随贴随刷。

③ 铺贴陶瓷锦砖：在水泥浆尚未初凝时即铺贴陶瓷锦砖，从里向外沿控制线进行，铺时先翻起一边的纸。露出锦砖以便对正控制线，对好后立即将陶瓷锦砖铺贴上（纸面朝上），紧跟着用手将纸面铺平，用拍板拍实，使水泥浆渗入锦砖的缝内，直至纸面上显露出砖缝水印时为止。

④ 刷水、揭纸：面层铺贴完毕30min后，可用长毛刷蘸清水润湿牛皮纸，待纸面完全湿透后（15～30min），即可把纸揭掉并清理干净。

⑤ 拨缝：揭纸后，认真检查缝隙的大小、平直情况，如果缝隙大小不均匀，横竖不平直，必须要拨正调直。然后，用木拍板紧靠面层，用小锤敲木板，拍平、拍实，同时检查有无脱落，并及时将缺少的锦砖粘贴补齐。

⑥ 灌缝：拨缝后第二天（或水泥浆结合层终凝后），用白水泥浆或与锦砖同颜色的水泥素浆擦缝，用棉丝蘸素浆从里到外顺缝揉擦、擦满、擦实为止，并及时将锦砖表面的余灰清理干净，防止对面层的污染。

⑦ 养护：陶瓷锦砖地面擦缝24h后，应铺上锯末（或用塑料薄膜覆盖）常温养护，其养护时间不得少于7d，且不准上人。

8.1.3.4　地毯面层施工

（1）工艺流程　基层处理→放线→地毯下料→钉倒刺板条→铺衬垫→铺设地毯→细部收口。

（2）施工要点

① 基层处理　基层混凝土地面应平整，无凹凸不平处，凸出部分应先修平，凹处用108胶水泥砂浆修补，基层表面应保持平整清洁，沾在基层上的浮浆、落地灰等用錾子或钢丝刷清理掉，干燥基层表面的含水率要小于8%；基层面上黏结的油脂、油漆、蜡质等物，应用丙酮、松节油清净或用砂轮机磨净。如条件允许，用自流平水泥将地面找平为佳。

② 放线　严格依照设计图纸对各个房间的铺设尺寸进行度量，检查房间的方正情况，并在地面弹出地毯的铺设基准线和分格定位线。活动地毯应根据地毯的尺寸，在房间内弹出定位网格线。

③ 地毯下料　按房间大小（房间净尺寸）裁毯下料。裁下的每段地毯长要比房间长约长2cm，宽度要以裁去地毯边缘线后的尺寸计算，裁后卷好编号，对号进入房间（也可在现场裁）。

④ 钉倒刺板条　沿房间四周踢脚边缘，将倒刺板条牢固钉在地面基层上，倒刺板条应距踢脚8～10mm。

⑤ 铺衬垫　将衬垫采用点粘法粘在地面基层上，要离开倒刺板10mm左右。

⑥ 铺设地毯　先将地毯的一条长边固定在倒刺板上，毛边掩到踢脚板下，用地毯撑子拉伸地毯，直到拉平为止；然后将另一端固定在另一边的倒刺板上，掩好毛边到踢脚板下。

一个方向拉伸完，再进行另一个方向的拉伸，直到四个边都固定在倒刺板上。在边长较长的时候，应多人同时操作，拉伸完毕时应确保地毯的图案无扭曲变形。

⑦ 细部收口　地毯与其他地面材料交接处和门口等部位，应用收口条做收口处理。

8.1.3.5　塑料面层施工

（1）工艺流程　基层处理→弹线→刷底胶→铺塑料板。

（2）施工要点

① 基层处理　把基层上的浮浆、落地灰等用錾子或钢丝刷清理掉，再用扫帚将浮土清扫干净。用自流平水泥将地面找平，养护至达到强度要求。然后打磨及清洁，不得残留白灰。

② 弹线　将房间依照塑料板的尺寸，排出塑料板的放置位置，并在地面弹出十字控制线和分格线。

③ 刷底胶　铺设前应将基底清理干净，并在基底上刷一道薄而均匀的底胶，底胶干燥后，按弹线位置沿轴线由中央向四面铺贴。

④ 铺塑料板　将塑料板背面用干布擦净，在铺设塑料板的位置和塑料板的背面各涂刷一道胶。在涂刷基层时，应超出分格线 10mm，涂刷厚度应小于 1mm。在粘贴塑料板块时，应待胶干燥至不沾手为宜，按已弹好的线铺贴，应一次就位准确，粘贴密实。基层涂刷胶黏剂时，不得面积过大，要随贴随刷。铺塑料板时应先在房间中间按照十字线铺设十字控制板块，之后按照十字控制板块向四周铺设，并随时用 2m 靠尺和水平尺检查平整度。大面积铺贴时应分段、分部位铺贴。

⑤ 塑料卷材（图 8-7）的铺贴　预先按已计划好的卷材铺贴方向及房间尺寸裁料，按铺贴的顺序编号，刷胶铺贴时，将卷材的一边对准所弹的尺寸线，用压滚压实，要求对线连接平顺，不卷不翘。

图 8-7　塑料卷材面层

图 8-8　木地板面层

8.1.4　木地板面层施工

木地板面层（图 8-8）具有弹性好，耐磨性好，不易老化等特点。木地板面层有单层和双层两种，单层是在木搁栅上直接钉企口板；双层是在木搁栅上先钉一层毛地板。木地板一般有长条木地板、拼花木地板、薄木地板和碎拼木地板等。木地板面层施工有实铺和空铺两种，空铺是先在地面上做出木搁栅，然后在木搁栅上铺贴基层板，最后在基层板上镶铺面层板，实铺是在楼地面上直接拼铺木地板。空铺木地板面层施工内容如下。

（1）工艺流程　基层处理→弹线→安木搁栅→铺毛地板→铺钉木地板→刨平磨光→钉踢脚板。

（2）施工要点

① 基层处理　把沾在基层上的浮浆、落地灰等用錾子或钢丝刷清理掉，再用扫帚将浮土清扫干净。基层清理干净后，一般要做防潮层来防止潮气侵入引起木材变形、腐蚀等现象发生。

② 弹线　依水平基准线，在四周墙上弹出地面设计标高线，以便于找平木搁栅的顶面高度。

③ 安木搁栅　先在楼板上弹出各木格栅的安装位置线（间距300mm或按设计要求）及标高，将格栅（断面梯形，宽面在下）放平、放稳，并找好标高，用膨胀螺栓和角码（角钢上钻孔）把格栅牢固固定在基层上。

④ 铺毛地板　根据木格栅的模数和房间的情况，将毛地板下好料，再牢固钉在木格栅上，钉法采用直钉和斜钉混用，直钉钉帽不得突出板面。毛地板可采用条板，也可采用整张的细木工板或中密度板等类产品。采用整张板时，应在板上开槽，槽的深度为板厚的1/3，方向与格栅垂直，间距200mm左右。

⑤ 铺钉木地板　从墙的一边开始铺钉企口地板，靠墙的一块板应离开墙面10mm左右，以后逐块排紧。钉法采用斜钉，竹地板面层的接头应按设计要求留置。铺竹地板时应从房间内退着往外铺设。

⑥ 刨平磨光　需要刨平磨光的地板应先粗刨后细刨，使面层完全平整后用砂带机磨光，再进行油漆。不符合模数的板块，其不足部分在现场根据实际尺寸将板块切割后镶补，并应用胶黏剂加强固定。

⑦ 钉踢脚板　木地板房间的四周墙脚处应设木踢脚板，踢脚板一般高100～200mm。为防止翘曲，踢脚板在靠墙的一面应开成凹槽，当踢脚板高100mm时开一条凹槽，150mm时开两条凹槽，超过150mm时开三条凹槽，凹槽深度为3～5mm。

任务 8.2　抹灰工程施工

抹灰工程是指将水泥、砂、石灰膏、水等拌和后直接涂抹在建筑物的墙面、顶棚及地面上，形成连续均匀的抹灰层的一种装饰工程。

（1）抹灰工程的作用　抹灰工程主要有两大功能，一是防护功能，保护墙体不受风、雨、雪的侵蚀，增加墙面防潮、防风化、隔热的能力，提高墙身的耐久性能、热工性能；二是美化功能，改善室内卫生条件，净化空气，美化环境，提高居住舒适度。

（2）抹灰工程分类　按施工工艺不同，抹灰工程分为一般抹灰和装饰抹灰。

一般抹灰是指在建筑墙面（包括混凝土、砖砌体、加气混凝土砌块等墙体立面）涂抹石灰砂浆、水泥砂浆、水泥混合砂浆、聚合物水泥砂浆、麻刀灰、纸筋灰和石膏灰等的一种抹灰工程。

装饰抹灰是指在建筑墙面涂抹水刷石、干粘石、斩假石、拉毛灰和洒毛灰等的一种抹灰工程。

8.2.1　一般抹灰施工

8.2.1.1　一般抹灰的组成

一般抹灰施工

一般抹灰工程施工是分层进行的，以利于抹灰牢固、抹面平整和保证质量。各层厚度与使用砂浆品种有关，如果一次抹得太厚，由于内外收水快慢不同，容易出现干裂、起鼓和脱落现象。抹灰层一般由底层、中层和面层（或罩面）组成，如图 8-9 所示。一般抹灰按施工方法的不同，又可分为普通抹灰和高级抹灰。

普通抹灰：一般涂抹一遍底层、一遍中层和一遍面层，其质量要求为表面洁净光滑，接槎平整，分格缝清晰，阳角方正。

高级抹灰：一般涂抹一遍底层、多遍中层和一遍面层，其质量要求为表面洁净、光滑，颜色均匀，抹纹、分格缝和灰线清晰美观，阴阳角方正。

（1）底层　底层主要起与基层的黏结和初步找平作用，所使用材料随基层不同而异。底层砂浆的强度不能高于基层强度，以免抹灰砂浆在凝结过程中产生较强的收缩应力，破坏强度较低的基层，从而产生空鼓、裂缝、脱落等质量问题。

（2）中层　中层主要起找平作用。使用砂浆的稠度为 70～80mm，根据基层材料的不同，其做法基本上与底层的做法相同，只是稠度稍小。中层按照施工质量要求可一次抹成，也可分遍进行。

（3）面层　面层亦称罩面，主要起装饰作用，必须仔细操作，确保表面平整、光滑、无裂纹。

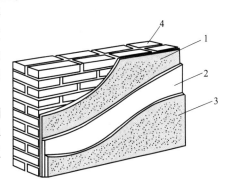

图 8-9　抹灰层的组成
1—底层；2—中层；3—面层；4—基层

各层砂浆的强度要求应为底层大于面层，并不得将水泥砂浆抹在石灰砂浆或混合砂浆上。

抹灰层的厚度宜根据基层材料、抹灰砂浆种类、墙体表面的平整度、抹灰质量要求及各地气候情况而定。抹水泥砂浆时，每遍厚度宜为 5～7mm。抹石灰砂浆和水泥混合砂浆时，每遍厚度宜为 7～9mm。抹灰层的平均总厚度不得大于表 8-1 的规定。

表 8-1　不同部位抹灰层的平均总厚度

抹灰部位	平均总厚度(不大于)
顶棚	板条、空心砖和现浇混凝土为 15mm，预制混凝土板为 18mm，金属网为 20mm
内墙	普通抹灰为 18～20mm，高级抹灰为 25mm
外墙	砖墙面为 20mm，勒脚及墙面突出部分为 25mm，石材墙面为 35mm

8.2.1.2　墙面一般抹灰施工

（1）材料准备　抹灰材料准备时，使用未经熟化的生石灰或过火石灰，会发生爆灰和开裂，俗称"出天花"，因此块状生石灰须经熟化成石灰膏才能使用，在常温下，熟化时间不应少于 15d。罩面用的磨细石灰粉的熟化期不应少于 3d。在熟化期间，石灰浆表面应保留一层水，以使其与空气隔开而避免碳化，同时应防止冻结和污染。

抹灰用砂子宜选用中砂，砂子使用前应过筛（不大于 5mm 的筛孔），不得含有杂质；细砂也可以使用，但特细砂不宜使用。

在装饰施工中常会使用预拌砂浆，预拌砂浆按生产方式的不同又分为湿拌砂浆和干混砂浆。湿拌砂浆是指在工厂加水拌和后，用搅拌输送车运至工地妥善存储，并在规定时间内使用完毕的砂浆拌合物。干混砂浆又称干混料、干拌粉，是指在工厂将干态材料混合而成的固态混合物，在工地加水搅拌均匀即可直接使用。

（2）工艺流程　基层处理→浇水湿润→抹灰饼→墙面充筋→分层抹灰。图 8-10 为常用的抹灰工具。

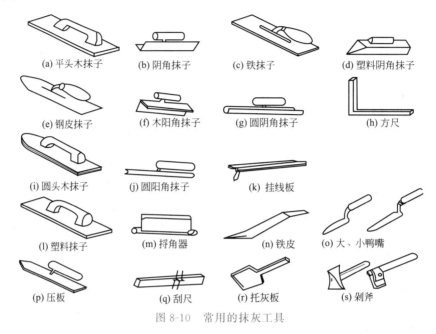

(a) 平头木抹子　　(b) 阴角抹子　　(c) 铁抹子　　(d) 塑料阴角抹子

(e) 钢皮抹子　　(f) 木阳角抹子　　(g) 圆阴角抹子　　(h) 方尺

(i) 圆头木抹子　　(j) 圆阳角抹子　　(k) 挂线板

(l) 塑料抹子　　(m) 捋角器　　(n) 铁皮　　(o) 大、小鸭嘴

(p) 压板　　(q) 刮尺　　(r) 托灰板　　(s) 剁斧

图 8-10　常用的抹灰工具

（3）施工要点

1）基层处理

① 抹灰前基层表面的尘土、污垢、油渍等应清除干净，表面太光的要剔毛，并应洒水润湿。其中砖砌体应清除表面杂物、尘土，抹灰前应洒水湿润；混凝土表面应凿毛或在表面洒水润湿后涂刷或喷涂水泥砂浆加适量胶黏剂（图 8-11）。表面凹凸明显的部位应事先剔平或用 1∶3 水泥砂浆补平。

墙面毛化

图 8-11　喷涂胶黏剂

② 当抹灰总厚度大于或等于 35mm 时，应采取加强措施。不同材料基体交接处表面的抹灰，应采取防止开裂的加强措施。当采用加强网时，加强网与各基体的搭接宽度不应小于100mm，如图 8-12、图 8-13，加强网应绷紧、钉牢。

③ 外墙抹灰工程施工前应先安装钢木门窗框、护栏等，并应将墙上的施工孔洞堵塞密实。室内墙面、柱面和门洞口的阳角做法应符合设计要求。设计无要求时，应采用不低于 M20 的水泥砂浆做护角，其高度不应低于 2m，每侧宽度不应小于 50mm，如图 8-14 所示。

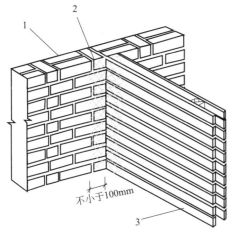

图 8-12　基层交接处金属网铺设
1—砖墙；2—钢丝网；3—板条墙

图 8-13　金属网铺设现场图

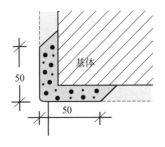

图 8-14　护角示意图

图 8-15　灰饼现场图

2）抹灰饼　根据设计图纸要求的抹灰质量，结合基层表面平整垂直情况，用一面墙做基准、吊垂直、套方、找规矩，抹灰饼确定抹灰厚度（见图 8-15～图 8-17）。操作时应先抹上灰饼，再抹下灰饼。抹灰饼时应根据室内抹灰要求，确定灰饼的正确位置，再用靠尺板找好垂直与平整。灰饼宜用 1∶3 水泥砂浆抹成 50mm 见方形状。

图 8-16　托线板挂垂直

图 8-17　做灰饼

　　房间面积较大时应先在地上弹出十字中心线，然后按基层面平整度弹出墙角线，随后在距墙阴角 100mm 处吊垂线并弹出铅垂线，再按地上弹出的墙角线往墙上翻引，弹出阴角两面墙上的墙面抹灰层厚度控制线，以此做灰饼。

　　3）墙面冲筋　当灰饼砂浆达到七八成干时，即可用与抹灰层相同砂浆冲筋，冲筋根数应根据房间的宽度和高度确定，一般标筋宽度为 50mm。两筋间距不大于 1.5m，当墙面高度小于 3.5m 时宜做立筋，大于 3.5m 时宜做横筋，图 8-18 为标筋的设置。

墙面冲筋

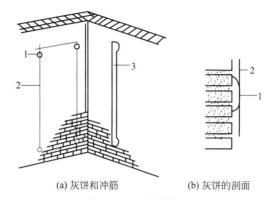

(a) 灰饼和冲筋　　　　(b) 灰饼的剖面

图 8-18　标筋的设置
1—灰饼；2—引线；3—冲筋

　　4）分层抹灰

　　① 底层抹灰。底层抹灰俗称"刮糙"。其方法是将砂浆抹于墙面两标筋之间，厚度应低于标筋，需与基层紧密结合。对混凝土基层，抹底层前应先刮素水泥浆一遍。

　　② 中层抹灰。中层抹灰视抹灰等级分一遍或几遍成活。待底层灰凝结后抹中层灰，中层灰每层厚度一般为 5～7mm，抹中层灰时，以标筋为准满铺砂浆，然后用中、短木杠按标筋刮平。局部凹陷处补平，直到普遍平直为止。再用木抹子搓磨一遍，使表面平整密实，如图 8-19。

图 8-19　刮杠示意图

　　③ 面层抹灰。当中层灰干至六七成后，可抹面层灰。抹面层灰一般从阴角或阳角开始，自左向右进行。

8.2.2　装饰抹灰施工

装饰抹灰与一般抹灰的底层和中层的做法基本相同,其区别在于两者具有不同的装饰面层。下面简单介绍几种主要的装饰抹灰面层的施工方法。

装饰抹灰施工

8.2.2.1　水刷石抹灰施工

水刷石饰面(图 8-20)是以水泥浆为胶结料,石渣为骨料组成的水泥石渣浆,涂抹在中层砂浆表面上,然后用硬毛刷蘸水刷去表面的水泥浆,露出着色石渣的外墙饰面。

面层材料的水泥可采用彩色水泥、白水泥或普通水泥。颜料应选耐碱、耐光、分散性好的矿物颜料。骨料可选用中、小八厘石粒、玻璃碴、粒砂等,骨料颗粒应坚硬、均匀、洁净,色泽一致。

水刷石的施工工艺流程为:清理基层→湿润墙面→设置标筋→抹底层砂浆→抹中层砂浆→弹线和粘贴分格条→抹水泥石子浆→洗刷→养护。

水刷石抹灰分三层,底层砂浆同一般抹灰,抹中层砂浆时表面压实搓平后划毛,然后进行面层施工。中层砂浆凝结后,按设计要求弹分格线,按分格线用水泥浆粘贴湿润过的分格条,贴条必须位置准确,横平竖直。

图 8-20　水刷石饰面

面层施工前必须在中层砂浆面上刷水泥浆一道,使面层与中层结合牢固,随后抹 1 : 1.2～1 : 2 水泥石子浆厚 10～12mm,抹平后用铁压板压实。当面层达到用手指按无明显指印时,用刷子刷去面层的水泥浆,使石子均匀外露,然后用喷雾器自上而下喷清水,将石子表面水泥浆冲洗干净,使石子清晰均匀,无脱落和接缝痕迹。线角处最好用小八厘水泥石子浆。

8.2.2.2　干粘石施工

干粘石饰面是在水泥砂浆面层上直接压粘石渣的工程做法,干粘石表面应色泽一致,不露浆,不漏粘,石粒应黏结牢固、分布均匀,阳角处应无明显黑边。

干粘石抹面所用的石子以小八厘为多(粒径 3～5mm),也可用中八厘(粒径 5～6mm),很少用大八厘,干粘石饰面所用砂子以 0.35～0.5mm 的中砂为好,含泥量不得超过 3%,使用前过筛。水泥用普通水泥和白水泥,同一饰面要用同一种强度等级的水泥。黏结砂浆可用 1 : 3 水泥砂浆,也可用水泥 : 石膏 : 砂为 1 : 0.5 : 2 的混合砂浆。美术干粘石要求在黏结砂浆中加矿物颜料,颜料的色彩和质量应按设计严格检查。为增强黏结层的黏结力,砂浆中还可掺入适量的环保胶。干粘石施工操作简便,但日久经风吹雨打易产生脱粒现象。

其施工工艺流程为:基层清理→抹底层砂浆→弹线嵌条→抹黏结层→撒石子→压石子→起分格条、勾缝→浇水养护。

(1) 基层清理　先将基层清扫干净,混凝土表面要清除隔离剂。

(2) 抹底层砂浆　浇水湿润后薄抹纯水泥浆一道,然后抹水泥砂浆。

(3) 弹线嵌条　按设计要求分格弹线,并按要求的宽度设置分格条,分格条表面应做到横平竖直、平整一致,并按部位要求粘设滴水槽,滴水槽宽、深应符合设计要求。

（4）抹黏结层 黏结层厚度一般为石子粒径的 $1\sim1.2$ 倍，并应低于分格条 $1\sim2mm$，黏结层表面应抹平。

（5）撒石子 黏结层砂浆抹完后立即甩石子，顺序是先边后中、先上后下，撒石子时，动作要快，撒均匀，撒完后可进行局部密度调整。上述为手工甩石子，也可用喷枪将石子均匀有力地喷射于黏结层上。

（6）压石子 水泥砂浆在不同凝结程度时用不同压法，要在水泥砂浆完全凝结前压完，并以不露浆且黏结牢固为原则。

（7）起分格条、勾缝 干粘石墙面达到表面平整，石子饱满，即可将分格条取出，取分格条应注意不要掉石子。如局部石子不饱满，可立即刷建筑用胶水溶液，再甩石子补齐。将分格条取出后，可以用素水泥膏将缝内勾平、勾严，也可待灰层全部干燥后再勾缝。

（8）浇水养护 常温施工干粘石后 24h，即可用喷壶浇水养护。

8.2.2.3 假面砖施工

假面砖是用掺入氧化铁颜料的水泥砂浆，通过手工操作，达到模拟面砖效果的方法，常用于公共建筑的外墙和园林建筑。

施工时先在底层上涂抹 $3\sim4mm$ 的面层砂浆，接着用铁梳子顺着靠尺由上向下划。然后根据面砖的尺寸，用铁钩子沿靠板横向划，其深度为 $3\sim4mm$，露出底层砂浆即成假面砖。面层所用砂浆的配合比一般为水泥∶石灰∶氧化铁红∶砂＝100∶20∶7∶150，假面砖饰面应色泽平整、沟纹清晰、留缝整齐、色泽一致，并应无掉角、脱皮、起砂等缺陷。

8.2.2.4 斩假石施工

斩假石又称剁斧石，是一种仿石材的施工方法。它是在硬化后的水泥石子浆面层上用斩斧、齿斧及各种凿子等专用工具剁出有规律的石纹，使其具有类似天然花岗岩、玄武石、青条石的表面状态。

斩假石的施工工艺流程为：清理基层→湿润墙面→设置标筋→抹底层砂浆→抹中层砂浆→弹线和粘贴分格条→抹水泥石子浆面层→养护→斩剁→清理。

操作程序是：分块弹线，嵌分格条，刷素水泥浆；接着将拌制好的水泥石屑砂浆分两次抹上，头道浆要薄，二道浆抹至与分格条齐平；待收水后用木抹子打磨压实，上下溜直，最后用软扫帚顺着斩纹方向清扫一遍。面层石屑抹浆后，要防烈日暴晒或冰冻，并需进行养护。养护 $2\sim5$ 天即可试斩，以石子不脱落为准。剁斧由上往下剁成平行齐直剁纹（分格缝周围或边缘留出 $15\sim40mm$ 不剁），剁石深度以石渣剁掉三分之一为适宜，在边角处要轻斩，斩成水平纹，中间部分斩成垂直纹。斩好后取出分格条并用钢丝刷顺斩纹刷净残渣。

斩假石的外观质量标准是：剁纹均匀顺直，深浅一致，不得有漏剁处。阳角处横剁或留出不剁的边条应宽窄一致，棱角不得有损坏。

8.2.2.5 拉条灰

拉条灰是以砂浆和灰浆做面层，然后用专用模具在墙面拉制出凹凸状平行条纹的一种内墙装饰抹灰方法。这种装饰抹灰墙面广泛用于剧场、展览厅等公共建筑物作吸声墙面。

拉条灰的施工工艺流程为：基层处理→抹底、中层灰→弹线、贴拉模轨道→抹面层灰→拉条→取木轨道、修整饰面。部分施工要点如下。

（1）弹线、贴拉模轨道 拉模轨道是由断面为 $8mm\times20mm$ 的杉木条制成，其作用是作为拉灰模具的竖向滑行控制依据。具体做法是弹出轨道的安装位置线（即横向间隔线），用黏稠的水泥浆将木轨道依线粘贴。

（2）抹面层灰及拉条　待拉模轨道安装牢固后，润湿墙面，刷一道 1:0.4 的水泥净浆，紧跟着抹面灰并拉条成型。面层灰根据所拉灰条的宽窄、配比有所不同，一般窄条形拉条灰灰浆配比为水泥:细纸筋石灰膏:砂=1:0.5:2；宽条形拉条灰面层灰浆分层采用两种配比：第一层（底层）采用混合砂浆，配比为水泥:纸筋石灰膏:砂=1:0.5:2.5，第二层（面层）采用纸筋水泥石灰膏，配比为水泥:细纸筋石灰膏=1:0.5。操作时用拉条模具靠在木轨道上，从上至下多次上浆拉动成型。操作面不论多高都要一次完成。墙面太高时可搭脚手步架，各层站人，逐级传递拉模，做到换人不换模，使灰条上下顺直，表面光滑密实。做完面层后，取下木轨道，然后用细纸筋石灰浆搓压抹平，使其无接槎，光滑通顺。面层完全干燥后，可按设计要求用涂料刷涂面层。

拉条灰的外观质量标准为：拉条清晰顺直，深浅一致，表面光滑洁净，上下端头齐平。

8.2.2.6　拉毛灰与洒毛灰施工

拉毛灰是在尚未凝结的面层灰上用工具在表面触拉，靠工具与灰浆间的黏结力拉出大小、粗细不同的凸起毛头的一种装饰抹灰方法，可用于有一定声学要求的内墙面和一般装饰的外墙面。

拉毛灰的施工工艺流程为：基层处理→抹底层灰→弹线、粘贴分格条→抹面层灰、拉毛→养护。部分施工要点如下。

（1）抹底层灰　底层灰分室内和室外两种，室内一般采用 1:1.6 水泥石灰混合砂浆，室外一般采用 1:2 或 1:3 水泥砂浆。抹灰厚度为 10~13mm，灰浆稠度为 8~11cm，抹后表面用木抹子搓毛，以利于与面层的黏结。

（2）抹面层灰，拉毛　待底层灰六七成干后即可抹面层灰和拉毛，两操作应连续进行，一般一人在前抹面层灰，另一人在后紧跟拉毛。拉毛分拉细毛、中毛、粗毛三种，每一种所采用的面层灰浆配比、拉毛工具及操作方法都有所不同：一般小拉毛灰采用水泥:石灰膏=1:(0.1~0.2) 的灰膏，而大拉毛灰采用水泥:石灰膏=1:(0.3~0.5) 的灰膏。为抑制干裂，通常可加入适量的沙子和纸筋。同时应掌握好其稠度，若太软易流浆、拉毛变形；若太硬又不易拉毛操作，也不易形成均匀一致的毛头。

拉细毛时，采用白麻缠绕的麻刷，正对着墙面抹灰面层一点一拉，靠灰浆的塑性和麻刷与灰膏间的黏附力顺势拉出毛头。拉中毛时，采用硬棕毛刷，正对墙面放在面层灰浆上，黏着后顺势拉出毛头。拉粗毛时，采用平整的铁抹子轻按在墙面面层灰浆上，待有吸附感觉时，顺势慢拉起铁抹子，即可拉出毛头。拉毛灰要注意"轻触慢拉"，用力均匀，快慢一致，切忌用力过猛，提拉过快，致使露出底灰。如发现拉毛大小不均，应及时抹平重拉。为保持拉毛均匀，最好在一个分格内由一人操作。应及时调整花纹、斑点的疏密。拉毛灰的外观质量标准为：花纹、斑点分布均匀，不显接槎。

图 8-21　笤帚

洒毛灰所用的材料、操作工艺与拉毛灰基本相同，只是面层采用 1:1 的彩色水泥砂浆，用茅草、竹丝或高粱穗绑成 20cm 长、手握粗细适宜的小笤帚（图 8-21），将砂浆泼洒到中层灰面上。操作时由上往下进行，要用力均匀，每次蘸用的砂浆量、洒向墙面的角度和与墙面的距离都要一样。如几个人同时操作，应先试洒，要求操作人员的手势做法基本一致，出入较大时应相互协调，以保证形成均匀呈云朵状的粒状饰面。也可使中层抹灰带有颜色，然后不均匀地洒上面层砂浆，并用抹子轻轻压平，使表面局部露底，形成带色底层与洒毛灰纵横交错的饰面。

8.2.3　抹灰工程施工质量的允许偏差和检验方法

一般抹灰工程、装饰抹灰工程质量的允许偏差和检验方法应符合表 8-2 和表 8-3 的规定。

表 8-2　一般抹灰工程质量的允许偏差和检验方法

项次	项目	允许偏差/mm		检验方法
		普通抹灰	高级抹灰	
1	立面垂直度	4	3	用 2m 垂直检测尺检查
2	表面平整度	4	3	用 2m 靠尺和塞尺检查
3	阴阳角方正	4	3	用直角测尺检查
4	分格条(缝)直线度	4	3	拉 5m 线，不足 5m 拉通线，用钢直尺检查
5	墙裙、勒脚上口直线度	4	3	拉 5m 线，不足 5m 拉通线，用钢直尺检查

注：1. 普通抹灰，本表第 3 项阴角方正不检查。
　　2. 顶棚抹灰，本表第 2 项表面平整度可不检查，但应平顺。

表 8-3　装饰抹灰工程质量的允许偏差和检验方法

项次	项目	允许偏差/mm				检验方法
		水刷石	斩假石	干粘石	假面砖	
1	立面垂直度	5	4	5	5	用 2m 垂直检测尺检查
2	表面平整度	3	3	5	4	用 2m 靠尺和塞尺检查
3	阴阳角方正	3	3	4	4	用直角测尺检查
4	分格条(缝)直线度	3	3	3	3	拉 5m 线，不足 5m 拉通线，用钢直尺检查
5	墙裙、勒脚上口直线度	3	3	—	—	拉 5m 线，不足 5m 拉通线，用钢直尺检查

任务 8.3　饰面工程施工

饰面工程
施工（一）

饰面工程是将块材镶贴（安装）在基层上，以形成饰面层的一种装饰工程。

8.3.1　材料技术要求

（1）饰面板（砖）工程分类

① 按面层材料不同，分为饰面板工程和饰面砖工程。饰面板工程按面层材料不同，分为石材饰面板工程、金属饰面板工程、木质饰面板工程、玻璃饰面板工程、塑料饰面板工程等；饰面砖工程按面层材料不同，分为陶瓷面砖工程和玻璃面砖工程。

② 按施工工艺不同，分为饰面板安装工程和饰面砖粘贴工程。其中，饰面砖粘贴工程按施工部位不同分为内墙饰面砖粘贴工程、外墙饰面砖粘贴工程。饰面板安装工程一般适用于内墙饰面板安装工程和高度不大于 24m、抗震设防烈度不大于 7 度的外墙饰面板安装工程。饰面砖粘贴工程一般适用于内墙饰面砖粘贴工程和高度不大于 100m、抗震设防烈度不大于 8 度、采用满粘法施工的外墙饰面砖粘贴工程。

（2）材料技术要求

① 粘贴用水泥应进行凝结时间、安定性和抗压强度的复检；

② 用于室内的天然石材应进行放射性指标的检验;

③ 应对陶瓷面砖的吸水率和抗冻性指标进行检验;

④ 饰面板（砖）的预埋件（或后置埋件）、连接节点、防水层应进行隐蔽工程验收;

⑤ 采用湿作业法施工的饰面板工程，石材应进行防碱背涂处理。饰面板与基体之间的灌注材料应饱满密实。防碱背涂处理是指石材安装前在石材背面和侧面背涂专用处理剂，该溶剂将渗入石材堵塞毛细管，使水、氢氧化钙、盐等其他物质无法侵入，从而切断了泛碱的途径。

8.3.2 陶瓷面砖施工

饰面工程
施工（二）

陶瓷面砖包括内墙陶瓷面砖（釉面砖）、外墙陶瓷面砖（墙地砖）、陶瓷锦砖及玻璃锦砖。饰面砖应镶贴在湿润、干净、平整的基层（找平层）上。为保证基层与基体黏结牢固，应对不同的基体采用不同的处理方法。

8.3.2.1 材料及质量要求

（1）釉面砖 釉面砖正面挂釉，又叫瓷砖或釉面瓷砖，是用瓷土或优质陶土烧成。底胎均为白色，挂釉面有白色和其他颜色，可带有各种花纹和图案。其表面光滑、美观、易于清洗，且防潮耐碱，具有较好的装饰效果，多用于室内卫生间、厨房、浴室、水池、游泳池等处作为饰面材料。由于釉面砖为多孔精陶，其坯体长期在空气中，特别是在潮湿环境中使用会产生吸湿膨胀，而釉面吸湿膨胀很小，故将釉面砖用于室外有可能受干湿的作用，会引起釉面开裂，以致剥落掉皮，因此釉面砖一般只用于室内而不用于室外。

釉面砖质量应满足下列要求：颜色均匀，尺寸一致，边缘整齐，棱角不得损坏，无缺釉、脱釉、裂纹、夹心及扭曲凹凸不平等现象。釉面砖的吸水率不得大于18%，抗折强度应达2~4MPa，以保证镶贴后不致发生后期开裂。

（2）外墙面砖 外墙面砖是以陶土为原料，经压制成型，而后在1100℃左右高温煅烧而成的粗炻类制品，表面可上釉或不上釉。其质地坚实，吸水率较小（不大于10%），色调美观，耐水抗冻，经久耐用。外墙面砖的质量要求为：表面光洁，质地坚固，尺寸、色泽一致，不得有暗痕和裂纹。

（3）陶瓷锦砖和玻璃锦砖 陶瓷锦砖旧称"马赛克"，是以优质瓷土烧制而成的小块瓷砖，有挂釉与不挂釉两种。由于陶瓷锦砖规格小，不宜分块铺贴，故出厂前工厂按各种图案组合将陶瓷锦砖反贴在314mm见方的护面纸上。陶瓷锦砖具有美观大方、拼接灵活、自重较轻、装饰效果好等特点，除用于地面外，还可用作为室内外墙面的饰面材料。

玻璃锦砖是用玻璃烧制成小块贴于纸上而成的饰面材料，有乳白、珠光、蓝、紫、橘黄等多种花色。其特点是质地坚硬、性能稳定、表面光滑、耐大气腐蚀、耐热、耐冻、不龟裂。其背面呈凹形有棱线条，四周有八字形斜角，使其与基层砂浆结合牢固，玻璃锦砖每联的规格为325mm×325mm。

陶瓷锦砖和玻璃锦砖的质量要求为：质地坚硬，边棱整齐，尺寸正确，脱纸时间不得大于40min。

8.3.2.2 基层处理和准备工作

饰面砖应镶贴在湿润、干净的基层上，同时应保证基层的平整度、垂直度和阴阳角方正。为此，在镶贴前应对基体进行表面处理。对于纸面石膏板基体，可将板缝用嵌缝腻子嵌填密实，并在其上粘贴玻璃丝网格布（或穿孔纸带）使之形成整体。对于砖墙、混凝土墙或加气混凝土墙可分别采用清扫湿润、刷聚合物水泥浆、喷甩水泥细砂浆或刷界面处理剂、铺钉金属网等方法对基体表面进行处理，然后贴灰饼，设置标筋，抹找平层灰，用木抹子搓平，隔天浇水养护。找平层灰浆对于砖墙、混凝土墙采用 1:3 水泥砂浆，对于加气混凝土墙应采用 1:1:6 的混合砂浆。

釉面砖和外墙面砖镶贴前应按其颜色的深浅（色差）进行挑选分类，并用自制套模对面砖的几何尺寸进行分选，以保证镶贴质量。而后浸水润砖，时间 4h 以上，将其取出阴干至表面无水膜（以手摸无水感为宜），然后备用。冬季施工，宜用掺入 2% 盐的温水泡砖。

8.3.2.3 镶贴施工方法

（1）内墙釉面砖镶贴　镶贴前，应在水泥砂浆基层上弹线分格，弹出水平、垂直控制线。在同一墙面上的横、竖排列中，不宜有一行以上的非整砖，非整砖行应安排在次要部位或阴角处。

在镶贴釉面砖的基层上用废面砖按镶贴厚度上下左右做灰饼，并上下用托线板校正垂直，横向用线绳拉平，按 1500mm 间距补做灰饼。阳角处做灰饼的面砖正面和侧边均应吊垂直，即所谓双面挂直。

镶贴用砂浆宜采用 1:2 水泥砂浆，砂浆厚度 6~10mm。为改善砂浆的和易性，可掺不大于水泥重量 15% 的石灰膏。釉面砖的镶贴也可采用专用胶黏剂或聚合物水泥浆，后者的配比（重量比）为水泥：107 胶：水＝10:0.5:2.6。采用聚合物水泥浆不但可提高其黏结强度而且可使水泥浆缓凝，利于镶贴时的压平和调整操作。

釉面砖镶贴前先应湿润基层，然后以弹好的地面水平线为基准，从阳角开始逐一镶贴。镶贴时用铲刀在砖背面刮满粘贴砂浆，四边抹出坡口，再准确置于墙面，用铲刀木柄轻击面砖表面，使其落实贴牢，随即将挤出的砂浆刮净。镶贴过程中，随时用靠尺以灰饼为准检查平整度和垂直度。如发现高出标准砖面，应立即压挤面砖；如低于标准砖面，应揭下重贴，严禁从砖侧边挤塞砂浆。接缝宽度应控制在 1~1.5mm 范围内，并保持宽窄一致。镶贴完毕后，应用棉纱浸水及时擦净表面余浆，并用薄皮刮缝，然后用同色水泥浆嵌缝。

镶贴釉面砖的基层表面遇到突出的管线、灯具、卫生设备的支承等，应用整砖套割吻合，不得用非整砖拼凑镶贴。同时在墙裙、浴盆、水池的上口和阴阳角处应使用配件砖，以便过渡圆滑、美观，同时不易碰损。

（2）外墙面砖镶贴　外墙底层、中层灰抹完后，养护 1~2d 即可镶贴施工。镶贴前应在基层上弹基准线，方法是在外墙阳角处用线锤吊垂线并经经纬仪校核，用花篮螺钉将钢丝绷紧作为基准线。以基准线为准，按预排大样先弹出顶面水平线，然后每隔约 1000mm 弹一垂线。在层高范围内按预排实际尺寸和面砖块数弹出水平分缝、分层皮数线。一般要求外墙面砖的水平缝与窗台面在同一水平线上，阳角到窗口都是整砖。外墙面砖一般都为离缝镶贴，可通过调整分格缝的尺寸（一个墙面分格缝尺寸应统一）来保证不出现非整砖。在镶贴面砖前应做标志块灰饼并洒水润湿墙面。

镶贴外墙面砖的顺序是整体自上而下分层分段进行，每段仍应自上而下镶贴，先贴墙柱、腰线等墙面突出物，然后再贴大片外墙面。

镶贴时先在面砖的上沿垫平分缝条，用 1:2 的水泥砂浆抹在面砖背面，厚度 6~10mm，自墙面阳角起顺着所弹水平线将面砖连续地镶贴在墙面找平层上。镶贴时应"平上不平下"，保证上口一线齐。竖缝的宽度和垂直度除依弹出的垂线校正外，应经常用靠尺检查或目测控制，并随时吊垂直线检查。一行贴完后，将砖面挤出的灰浆刮净并将第二根分缝条靠在第一行的下口作为第二行面砖的镶贴基准，然后依次镶贴。分缝条同时还起着防止上行面砖下滑的作用。分缝条可于当日或次日起出，起出后可刮净重复使用。一面墙贴完并检查合格后，即可用1：1的水泥细砂浆勾缝。

（3）陶瓷锦砖和玻璃锦砖的镶贴　陶瓷锦砖镶贴前，应按照设计图案及图纸要求，核实墙面的实际尺寸，根据排砖模数和分格要求，绘制出施工大样图，加工好分格条，并对陶瓷锦砖统一编号，便于镶贴时对号入座。

镶贴时（图8-22）基层上用12～15mm厚1：3水泥砂浆打底，找平划毛，洒水养护。镶贴前弹出水平、垂直分格线，找好规矩。然后在湿润的底层上刷素水泥浆一道，再抹一层2～3mm厚1：0.3水泥纸筋灰，或3mm厚1：1水泥砂浆（掺2％乳胶）黏结层，用靠尺刮平，抹子抹平。同时将锦砖底面铺在木垫板上，缝里撒灌1：2干水泥砂，并用软毛刷子刷净底面浮砂，薄薄涂上一层黏结灰浆，然后逐张拿起，清理四边余灰，按平尺板上口沿线由下往上对齐接缝粘贴于墙上。粘贴时应仔细拍实，使其表面平整。待水泥砂浆初凝后，即可在外墙面砖面纸上用软毛刷（图8-23）蘸水刷水湿润。护面牛皮纸被水泡开后便可揭纸，揭纸时应仔细按顺序用力向下揭，切忌向外猛揭，揭纸后凡弯弯曲曲的、缝不对齐的或过大的必须用刀拨正调直，再轻拍压实，粘贴48h后，除了取出米厘条后留下的大缝用1：1水泥砂浆嵌缝外，其他缝均用素水泥浆嵌平。待嵌缝材料硬化后用稀盐酸溶液刷洗，并随即用清水冲洗干净。

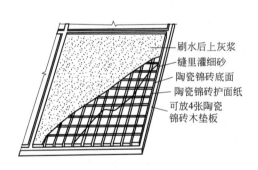

图 8-22　陶瓷锦砖镶贴

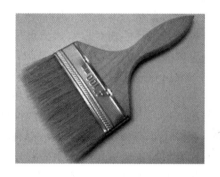

图 8-23　软毛刷

玻璃锦砖的镶贴工艺与陶瓷锦砖基本相似，但由于其材质的特点，故镶贴时应注意以下问题。

① 玻璃锦砖是半透明的，粘贴砂浆的颜色应与锦砖一致，以防透底。一般浅色玻璃锦砖可用白水泥和80目的石英砂，而深色玻璃锦砖应用同颜色彩色水泥调制水泥浆。

② 玻璃锦砖的晶体毛面易被水泥浆污染而失去光泽，所以擦缝工作只能在缝隙部位仔细刮浆，不可满刮，并应及时擦出光泽。

③ 玻璃锦砖与底纸的黏结强度较差，多次揭开校正易造成掉粒，故镶贴时力求一次就位准确。

④ 因玻璃锦砖吸水率极小，故黏结水泥浆的水灰比应控制在0.32左右，且水泥标号应不低于425号。

⑤ 整个墙面镶贴完毕且黏结层水泥浆终凝后，用清水从上至下淋湿锦砖表面，随即用

毛刷蘸 10%～20% 浓度的稀盐酸冲净表面，全面清洗后，隔日喷水养护。

8.3.3　石材饰面板施工

石材饰面板泛指天然大理石、花岗岩饰面板和人造石饰面板，三者的施工工艺基本相同。

8.3.3.1　材质要求

（1）天然大理石板材　建筑装饰工程上所指的大理石是广义的，除指大理石外，还泛指具有装饰功能，可以磨平、抛光的各种碳酸盐岩和与其有关的变质岩，如石灰岩、白云岩、钙质砂岩等。

大理石的质地较密实、抗压强度较高、吸水率低、质地较软，属碱性中硬石材。天然大理石易加工、常被制成抛光板材，其色调丰富、材质细腻、极富装饰性。

大理石的化学成分有 CaO、MgO、SiO_2 等，其中 CaO 和 MgO 的总量占 50% 以上，故大理石属碱性石材。在大气中受硫化物及水汽形成的酸雨长期的作用下，大理石容易发生腐蚀，造成表面强度降低、变色掉粉，失去光泽，影响其装饰性能。所以除少数大理石，如汉白玉、艾叶青等质纯、杂质少、比较稳定、耐久的品种可用于室外，绝大多数大理石品种只宜用于室内。对大理石板材的质量要求为：光洁度高，石质细密，色泽美观，棱角整齐，表面不得有隐伤、风化、腐蚀等缺陷。

天然大理石板材是装饰工程的常用饰面材料。一般用于宾馆、展览馆、剧院、商场、图书馆、机场、车站、办公楼、住宅等工程的室内墙面、柱面、服务台、栏板、电梯间门口等部位。由于其耐磨性相对较差，虽也可用于室内地面，但不宜用于人流较多场所的地面。大理石由于耐酸腐蚀能力较差，除个别品种外，一般只适用于室内。

（2）天然花岗岩板材　装饰工程上所指的花岗岩除常见的花岗岩外还泛指各种以石英、长石为主要组成矿物，含有少量云母和暗色矿物的火成岩和与其有关的变质岩。天然花岗岩板材材质坚硬、密实、强度高、耐酸性好，属硬石材。对花岗岩饰面板的质量要求为：棱角方正，规格尺寸符合设计要求，不得有隐伤（裂纹、砂眼）、风化等缺陷。

花岗岩板材主要应用于大型公共建筑或装饰等级要求较高的室内外装饰工程。花岗岩因不易风化，外观色泽可保持百年以上，所以，粗面和细面板材常用于室外地面、墙面、柱面、勒脚、基座、台阶；镜面板材主要用于室内外地面、墙面、柱面、台面、台阶等，特别适宜做大型公共建筑大厅的地面。

（3）人造石饰面板材　人造石饰面板材是采用无机或有机胶凝材料作为胶黏剂，以天然砂、碎石、石粉或工业渣等为粗、细填充料，经成型、固化、表面处理而成的一种人造材料。它一般具有重量轻、强度大、厚度薄、色泽鲜艳、花色繁多、装饰性好、耐腐蚀、耐污染、便于施工、价格较低的特点。按照所用材料和制造工艺的不同，可把人造饰面石材分为水泥型人造石材、聚酯型人造石材、复合型人造石材、烧结型人造石材和微晶玻璃型人造石材等。

8.3.3.2　安装工艺

饰面板的安装工艺有传统湿作业法（灌浆法）、干挂法和直接粘贴法。

（1）传统湿作业法（图 8-24）　传统湿作业法为在竖向基体上预挂钢筋网，用铜丝或镀锌钢丝绑扎板材并灌水泥砂浆黏牢。这种方法工序多，操作较复杂，而且易造成粘接不牢、表面接槎不平等弊病，仅适用于墙面高度不大于 10m 的多、高层建筑外墙首层或内墙面的装饰。其工艺流程为：施工准备（钻孔、剔槽）→穿铜丝或镀锌铁丝与块材固定→绑扎、固定钢丝网→放线→安装饰面板→灌浆→擦缝。

1）钻孔、剔槽　安装前先将饰面板按照设计要求用台钻打眼，在每块板的上、下两个面打眼，孔位打在距板宽的两端 1/4 处，每个面各打两个眼，孔径为 5mm，深度为 12mm，孔位距饰面板背面以 8mm 为宜。

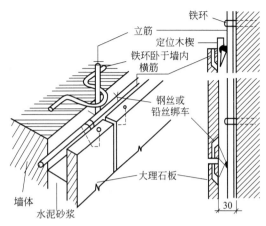

图 8-24　传统湿作业法

2）穿铜丝或镀锌铁丝与块材固定　用金刚錾子把孔壁轻剔一道槽，把备好的铜丝或镀锌铁丝剪成长 200mm 左右，一端用木楔粘环氧树脂将铜丝或镀锌铁丝楔进孔内固定牢固，另一端将铜丝或镀锌铁丝顺孔槽弯曲并卧入槽内，使饰面板上、下端面没有铜丝或镀锌铅丝突出，以便和相邻饰面板接缝严密。

3）绑扎、固定钢丝网　首先要剔出墙上的预埋筋，把墙面镶贴饰面板的部位清扫干净。接着绑扎一道竖向 $\phi 6$ 钢筋，并把绑好的竖筋用预埋筋弯压于墙面。横向钢筋为绑扎饰面板所用，如饰面板高度为 600mm 时，第一道横筋在地面以上 100mm 处与主筋绑牢，用作绑扎第一层板材的下口固定铜丝或镀锌铁丝。第二道横筋绑在 500mm 水平线上 70～80mm，比石板上口低 2～3cm 处，用于绑扎第一层饰面板上口固定铜丝或镀锌铁丝，再往上每 600mm 绑一道横筋即可。

4）放线　将要贴饰面板的墙面、柱面和门窗套用大线坠从上至下找出垂直。找出垂直后，在地面上顺墙弹出饰面板外廓尺寸线。

5）安装饰面板　按部位取饰面板并舒直铜丝或镀锌钢丝，将饰面板就位，把饰面板下口铜丝或镀锌钢丝绑扎在横筋上。绑扎时不要太紧，可留余量，只要把铜丝或镀锌钢丝和横筋拴牢即可，把饰面板竖起，便可绑饰面板上口铜丝或镀锌钢丝，并用木楔子垫稳，块材与基层间的缝隙一般为 30～50mm。用靠尺检查调整木楔，再拴紧铜丝或镀锌钢丝，依次向另一方进行。

6）灌浆　把配合比为 1∶2.5 的水泥砂浆分层灌注到饰面板背面与墙面之间的空隙内，每层灌注高度为 150～200mm，且不得大于板高的 1/3，边灌边用橡皮锤轻轻敲击饰面板使灌入砂浆排气。第一层灌浆很重要，因要锚固饰面板的下口铜丝又要固定饰面板，所以要轻轻操作，防止碰撞和猛灌。如发生饰面板外移错动，应立即拆除重新安装。

7）擦缝　全部饰面板安装完毕后，按饰面板颜色调制色浆嵌缝，边嵌边擦干净，使缝隙密实、均匀、干净、颜色一致。

（2）干挂法　干挂法施工（图 8-25），即在饰面板上直接打孔或开槽，用连接件与结构基体连接，饰面板与墙体之间留出 40～50mm 的空腔，空腔内不需要灌注砂浆或细石混凝土，这种方法一般适用于 30m 以下的钢筋混凝土外墙或有钢骨架的外墙饰面，不能用于砖墙或加气混凝土墙的饰面。

其工艺流程为：测量放线→钻孔开槽→龙骨（钢架）安装→石材安装→密封嵌胶。

1）测量放线　先将要干挂石材的墙面、柱面、门窗套等用测量仪器从上至下找出垂直。同时应考虑石材厚度及石材内皮距离结构表面的间距，一般以 60～80mm 为宜。根据石材的高度用水准仪测定水平线并标注在墙上，板缝一般为 6～10mm。弹线要从外墙饰面中心向两侧及上下分格，误差要匀开。

2）钻孔开槽　板材依靠插在板材侧面孔内的不锈钢销钉连接固定，钻孔位置的准确性关系到板材的安装精度。安装板材前先要准确标出开槽位置，再在板材的相应位置钻孔开槽。

3）龙骨（钢架）安装　根据设计要求及饰面石材的尺才，在结构基层上安装钢架，作为安装石材的龙骨。

4）石材安装　石材安装应自下而上进行，一般是从中间或墙面阳角开始就位安装，安装要求四角平整，纵横对缝。具体操作是将石板孔槽和锚固件的固定销对位安装好，利用锚固件的长方形螺栓孔，调节石板的平整，用方尺找阴阳角方正，拉通线找石板上口平直，检查安装质量，符合设计及规范要求后进行固定。

5）密封嵌胶　待石板挂贴完毕，进行表面清洁和清除缝隙中的灰尘，先用直径 8～10mm 的泡沫塑料条填板内侧，留 5～6mm 深缝，在缝两侧的石板上，靠缝粘贴 10～15mm 宽塑料胶带（图 8-26），以防打胶嵌缝时污染板面，然后用打胶枪填满封胶，若密封胶污染板面，必须立即擦净。最后揭掉胶带，清洁石板表面，打蜡抛光，达到质量标准后，拆除脚手架。

图 8-25　干挂法施工

图 8-26　打密封胶前贴胶带

（3）直接粘贴法　直接粘贴法适用于厚度在 10～12mm 的石材薄板和碎大理石板的铺设。黏结剂可采用不低于 325 号的普通硅酸盐水泥砂浆或白水泥白石屑浆，也可采用专用的石材黏结剂。对于薄型石材的水泥砂浆粘贴施工，主要应注意在粘贴第一皮时应沿水平基准线放一长板作为托底板，防止石板粘贴后下滑，粘贴顺序为由下至上逐层粘贴。

粘贴初步定位后，应用橡皮锤轻敲表面，以使得板面平整和与水泥砂浆接合牢固。使用黏结剂粘贴饰面板时，特别要注意检查板材的厚度是否一致，如厚度不一致，应在施工前分类，粘贴时按不同墙面分贴不同厚度的板材。

8.3.4　金属饰面板施工

常用的金属饰面板有不锈钢板、铝合金板、铜板等。

不锈钢板耐腐蚀、耐气候、防火、耐磨性均良好，具有较高的强度，抗拉能力强，并且具有质软、韧性强、便于加工的特点，是建筑物室内、室外墙体和柱面常用的装饰材料。

铝合金板耐腐蚀、耐气候、防火，具有可进行轧花，涂不同色彩，压制成不同波纹、花纹和平板冲孔的加工特性，适用于中、高级室内装修。

铜板具有不锈钢板的特点,其装饰效果金碧辉煌,多用于高级装修的柱、门厅入口、大堂等建筑局部。

金属饰面板施工的工艺流程为:放线→固定骨架连接件→固定骨架→金属饰面板安装。

(1) 放线　根据设计图纸的要求和几何尺寸,对要镶贴金属面板的大部面进行吊直、套方、找规矩,并进行实测和放线,确定饰面墙板的尺寸和数量。

(2) 固定骨架连接件　骨架的横竖杆件是通过连接件与结构固定的,连接件与结构之间,采用膨胀螺栓固定,施工时在螺栓位置画线按线开孔。

(3) 固定骨架　骨架进行防腐处理后开始安装,要求位置准确、结合牢固,安装后要全面检查中心线、表面标高,为保证饰面板的安装精度,宜用经纬仪对横竖杆件进行贯通,变形缝处需作妥善处理。

(4) 金属饰面板安装　墙板的安装顺序是从每面墙的边部竖向第一排下部的第一块板开始,自下而上安装,安装完该面墙的第一排再安装第二排。每安装铺设 10 排墙板后,应吊线检查一次,以便及时消除误差。为保证墙面外观质量,螺栓位置必须准确,并应用单面施工的钩形螺栓固定。固定金属板的方法有两种,一是将板条或方板用螺栓拧到型钢或木架上,另一种是将板条卡在特制的龙骨上。饰面板安装完毕后,应用塑料薄膜覆盖保护,易被划碰的部位,应设安全栏杆保护。

8.3.5　构件式玻璃幕墙施工

构件式玻璃幕墙是在现场依次安装立柱、横梁和玻璃面板的框支承玻璃幕墙,包括隐框玻璃幕墙、明框玻璃幕墙和半隐框玻璃幕墙等。

(1) 工艺流程　放样定位→安装立柱→安装横梁→安装玻璃→打胶→清理。

(2) 操作工艺

1) 放样定位　根据玻璃幕墙的造型、尺寸和图纸要求,在骨架体系与建筑结构之间设置连接固定支座。放样时,应使上下支座均在一条垂直线上,避免此位置上的立柱会发生歪斜。

2) 安装立柱　在固定支座的两角钢间,用不锈钢对拉螺栓将立柱按安装标高要求固定好,立柱轴线的前后偏差和左右偏差分别不应大于 2mm 和 3mm。支座的角钢和铝合金立柱接触处用柔性垫片进行隔离。立柱安装调整后,应及时紧固。立柱在加长时应用配套的专用芯管连接,上下柱之间应留有空隙,空隙宽度不宜小于 10m,其接头应为活动接头,从而满足立柱在热胀冷缩时发生的变形需求。

3) 安装横梁　先确定各横梁在方柱上的标高位置,在此位置处用厚度不小于 3mm 的铝角将横梁与立柱连接起来,在横梁与立柱的接触处应设置弹性橡胶垫。相邻两根横梁水平标高偏差不应大于 1mm。同层横梁的标高偏差,当幕墙宽度小于或等于 35m 时,不应大于 5mm;当幕墙宽度大于 35m 时,不应大于 7mm,同一层横梁在安装时应由下而上进行。当一层高度的横梁装好后,应进行检查、调整、校正后再进行固定。

4) 安装玻璃　玻璃的安装应根据幕墙的具体种类来定。如幕墙玻璃采用镀膜玻璃时,镀膜的一面应向室内。

① 隐框幕墙玻璃。隐框幕墙的玻璃是用结构硅酮结构胶黏结在铝合金框格上,从而形成玻璃单元体。玻璃单元体的加工一般在工厂内用专用打胶机来完成,这样能保证玻璃的黏结质量。因为在施工现场受环境条件的影响,较难保证玻璃与铝合金框格的黏结质量。玻璃单元体制成后,将单元件中铝合金框格的上边挂在横梁上,再用专用固定片将铝合金框格的其余三条边钩夹在立柱和横梁上,框格每边的固定片数量应不少于两片。

② 明框玻璃幕墙。明框玻璃幕墙是用压板和橡皮将玻璃固定在横梁和立柱上，固定玻璃时，在横梁上设置定位垫块，垫块的搁置点离玻璃垂直边缘的距离宜为玻璃宽度的 1/4，且不宜小于 150mm，垫块的宽度应不大于所支撑玻璃的厚度，长度不宜小于 25mm，并符合有关要求。

③ 半隐框玻璃幕墙。半隐框玻璃幕墙在一个方向上隐框的，在另一方面上则为明框。它在隐框方向上的玻璃边缘用结构硅酮胶固定，在明框方向上的玻璃边缘用压板和连接螺栓固定，隐框边和明框边的具体施工方法可分别参照隐框幕墙和明框幕墙的玻璃安装方法。

5）打胶、清理　打胶的温度和湿度应符合相关规范的要求。玻璃幕墙的玻璃安装完后，应用中性清洁剂和水对有污染的玻璃和铝型材进行清洗。

任务 8.4　涂料工程和裱糊工程施工

涂料和裱糊
工程施工

8.4.1　涂料工程施工

涂料工程是指将油质或水质涂料涂覆在木料、金属或混凝土等表面，形成黏结牢固、具有一定强度的、连续的固态薄膜（通称为涂膜、漆膜或涂层）的一种装饰工程。它是一种简单、经济且易于维修的装饰方法，具有色彩丰富、耐久性好及施工效率高等优点。

涂料主要由胶黏剂、颜料、溶剂和辅助材料等组成。油漆是涂料的旧称，泛指油类和漆类涂料产品，现通称"涂料"，它的种类很多，按装饰部位的不同分为内墙涂料、外墙涂料、顶棚涂料和地面涂料；按成膜物质的不同分为油性涂料、有机高分子涂料、无机高分子涂料和有机无机复合涂料；按涂料分散介质的不同分为溶剂型涂料和水性涂料，后者又分为水溶性涂料、水稀释性涂料和水分散性涂料（乳胶漆）。

各种建筑涂料的施工过程大同小异，大致上包括基层处理、刮腻子与磨平、涂料施涂三个施工过程。

（1）基层处理　基层处理的工作内容包括基层清理和基层修补。基层不同，表面处理的要求和方法也有所不同。

1）混凝土及砂浆的基层处理　基层表面必须坚实，无酥板、脱层、起砂和粉化等现象，否则应铲除。基层表面要求平整，如有孔洞、裂缝，需用同种涂料配制的腻子批嵌。对于施涂溶剂型涂料的基层，其含水率应控制在 8% 以内，对于施涂乳液型涂料的基层，其含水率应控制在 10% 以内。

2）木材与金属基层的处理及打底子　为保证涂抹与基层粘接牢固，木材表面的灰尘、污垢和金属表面的油渍、鳞皮、锈斑、焊渣、毛刺等必须清除干净。木料表面的裂缝等在清理和修整后应用石膏腻子填补密实、刮平收净，用砂纸磨光以使表面平整。在处理好的基层表面应刷底子油（可适当加色）一遍，打底子处理是为使基层表面具有均匀吸收涂料的性能，以保证面层的色泽均匀一致。涂料施涂前被涂物件的表面必须干燥，以免水分蒸发造成涂膜起泡，一般木材含水率不得大于 12%。

（2）刮腻子与磨平　涂膜对光线的反射比较均匀，因而在一般情况下不易觉察的基层表面细小的凹凸不平和砂眼，在涂刷涂料后由于光影作用都将显现出来，影响美观。所以基层必须刮腻子数遍予以找平，并在每遍所刮腻子干燥后用砂纸打磨，以保证基层表面平整光滑。需要刮腻子的遍数，视涂饰工程的质量等级，基层表面的平整度和所用的涂料品种而定。

（3）涂料施涂　涂料在施涂前及施涂过程中，必须充分搅拌均匀，可采用图 8-27 所示的手提式涂料搅拌器，用于同一表面的涂料应注意保证颜色一致。涂料黏度应调整合适，使其在施涂时不流坠、不显刷纹，如需稀释应用该种涂料所规定的稀释剂稀释。涂料的施涂遍数应根据涂料工程的质量等级而定，施涂溶剂型涂料时，后一遍涂料必须在前一遍涂料干燥后进行；施涂乳液型和水溶性涂料时，后一遍涂料必须在前一遍涂料表干后进行。每一遍涂料不宜施涂过厚，应施涂均匀，各层必须结合牢固。

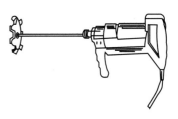

图 8-27　手提式涂料搅拌器

1）刷涂　是人工用油漆刷、排笔等将涂料刷涂在物体表面上的一种施工方法。此法操作方便，适应性广，但不适于流平性较差或干燥太快的涂料的施工。

要求：不流、不挂、不皱、不漏和不露刷痕。刷涂一般不少于两道，应在前一道涂料表面干燥后再涂刷下一道。两道施涂间隔时间由涂料品种和涂刷厚度确定，一般为 2～4h。刷涂顺序是先左后右、先上后下、先边后面、先难后易。

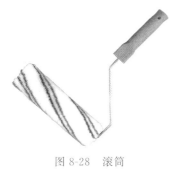

图 8-28　滚筒

2）滚涂（或称辊涂）　是利用滚筒（或称辊筒，涂料辊，图 8-28）蘸取涂料并将其涂布到物体表面上的一种施工方法。滚筒表面有的是粘贴合成纤维长毛绒，也有的是粘贴橡胶（称之为橡胶压辊），当绒面压花滚筒或橡胶压花压辊表面为凸出的花纹图案时，即可在涂层上滚压出相应的花纹。阴角及上下口一般需先用排笔、鬃刷刷涂。

3）喷涂　是一种利用压缩空气将涂料制成雾状（或粒状）通过喷枪或喷斗（图 8-29）喷出，涂于被饰涂面的机械施工方法。喷涂的涂层较均匀，颜色也较均匀，施工效率高，适用于大面积施工。

施工中可以通过调整涂料的黏度、喷嘴口径大小及喷涂压力来获得不同的饰面质感。喷涂的压力一般控制在 0.3～0.8MPa。喷涂时喷枪嘴应与被喷涂面保持垂直，与被喷涂面的距离控制在 400～600mm 内。喷涂路线可视施工条件，按横向、竖向或 S 形往返进行，喷枪移动速度应均匀一致。喷涂时应先喷门窗等附近，后喷大面，一般两道成活，喷涂面的搭接宽度应控制在喷涂宽度的 1/3 左右。喷涂要求厚度均匀，平整光滑，且无露底、皱纹、流挂、针孔、气泡和失光等现象。

4）刮涂　是利用刮板（图 8-30）将涂料厚浆均匀地批刮于饰涂面上，形成厚度为 1～2mm 的厚涂层。这种施工方法多用于地面等较厚层涂料的施涂。

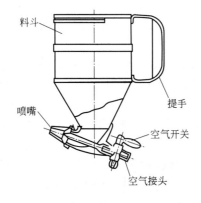

料斗

提手

喷嘴

空气开关

空气接头

图 8-29　喷斗

图 8-30　刮板

5）弹涂　是利用专用电动或手动弹涂器将涂料以圆点形状弹到被涂面上的一种施工方法。若分数次弹涂，每次用不同颜色的涂料，被涂面由不同色点的涂料装饰，相互衬托，可使饰面增加装饰效果。

施工时先在基层刷涂1～2道底涂层，待其干燥后通过机械的方法将色浆均匀地溅在墙面上，形成1～3mm的圆状色点。弹涂时，弹涂器的喷出口应垂直正对被饰面，距离300～500mm，按一定速度自上而下，由左至右弹涂。选用压花型弹涂时，应适时将彩点压平。

6）抹涂　先在基层刷涂或滚涂1～2道底层涂料，待其干燥后，使用不锈钢抹灰工具将饰面涂料抹到底层涂料上，一般抹1～2遍，间隔1h后再抹干压平。涂抹厚度内墙为1.5～2mm，外墙2～3mm。

8.4.2　裱糊工程施工

裱糊工程，是指将壁纸或墙布粘贴在室内的墙面、柱面、天棚面的装饰工程。它具有装饰性好，图案花纹丰富多彩，材料质感自然，功能多样。除装饰功能外，有的还具有吸声、隔热、防潮、防霉、防水、防火等功能。

裱糊工程施工的工艺流程为：基层处理→涂刷防潮底漆和底胶→放线→裁纸→刷胶→裱贴。

（1）基层处理　要求基层平整、洁净，有足够的强度并适宜与墙纸牢固粘贴，要结合基层的材质，采用相应的处理方法。

① 混凝土及抹灰基层处理。裱糊壁纸的基层是混凝土面、抹灰面（如水泥砂浆、水泥混合砂浆、石灰砂浆等）时，要满刮腻子一遍并打磨砂纸。但有的混凝土面、抹灰面有气孔、麻点、凹凸不平时，为了保证质量，应增加满刮腻子和磨砂纸遍数。刮腻子时，将混凝土或抹灰面清扫干净，使用胶皮刮板满刮一遍。刮时要有规律，要一板排一板，两板中间顺一板。既要刮严，又不得有明显接搓和凸痕，做到凸处薄刮、凹处厚刮、大面积找平。

② 木质基层处理。木质基层要求接缝不显接茬，接缝、钉眼应用腻子补平并满刮油性腻子一遍（第一遍），然后用砂纸磨平。第二遍可用石膏腻子找平，可在该腻子五六成干时，用塑料刮板有规律地压光，最后用干净的抹布轻轻将表面灰粒擦净。

③ 石膏板基层处理。纸面石膏板比较平整，批抹腻子主要是在对缝处和螺钉孔位处。对缝批抹腻子后，还需用棉纸带贴缝，以防止对缝处的开裂。在纸面石膏板上，应用腻子满刮一遍，找平大面，砂纸打磨后再刮第二遍腻子进行修整。

④ 不同基层对接处的处理。不同基层材料的相接处，如石膏板与木夹板、水泥或抹灰面与木夹板、水泥或抹灰面与石膏板之间的对缝，应用棉纸带或穿孔纸带粘贴封口，以防止裱糊后的壁纸面层被拉裂撕开。

（2）涂刷防潮底漆和底胶　为了防止壁纸受潮脱胶，一般对要裱糊塑料壁纸、壁布、纸基塑料壁纸、金属壁纸的墙面，涂刷防潮底漆。涂刷底胶是为了增加黏结力，防止处理好的基层受潮弄污。

（3）放线　首先应将房间四角的阴阳角通过吊垂直、套方、找规矩，并确定从哪个阴角开始按照壁纸的尺寸进行分块弹线控制。

（4）裁纸　按基层实际尺寸计算所需材料用量，根据墙面尺寸，壁纸和墙布品种、图案、颜色、规格进行选配分类，拼花裁切。裁剪时，要注意壁纸花纹的整体性，要保证壁纸之间的花形、尺寸一致。如采用搭接施工应在每边增加2～3cm作为裁纸量。

（5）刷胶　纸面、胶面、布面等壁纸，在进行施工前将2～3块壁纸进行刷胶，使壁纸起到湿润、软化的作用，塑料纸基背面和墙面都应涂刷胶黏剂，刷胶应薄厚均匀，从刷胶到最后上墙的时间一般控制在 5～7min。

（6）裱贴　裱贴壁纸时，将纸幅垂直对准基准线粘贴，花纹图案拼缝应严密，不允许搭接，再用刮板用力抹压平整，壁纸应按壁纸背面箭头方向进行裱贴。原则是先垂直面后水平面，先细部后大面。贴垂直面时先上后下，贴水平面时先高后低。

任务 8.5　顶棚工程施工

顶棚又称天花板、天棚、平顶，是现代室内装饰工程的一个重要组成部分。它直接影响整个建筑空间的装饰风格与效果，同时还起着吸收和反射音响、照明、保温、隔热、通风、防火等作用。

顶棚工程施工

8.5.1　分类

顶棚按照形式分为直接式和悬吊式两种。

8.5.1.1　直接式顶棚

直接式顶棚是指在楼板底面直接涂刷和抹灰，或者粘贴装饰材料。一般用于装饰要求不高的办公、住宅等建筑。直接式顶棚按施工方法和装饰材料的不同，可分为直接喷（刷）顶棚、直接抹灰式顶棚和直接粘贴式顶棚。

（1）直接喷（刷）顶棚施工

① 喷（刷）常在混凝土底板上进行。若为预制混凝土板，要扫净板底浮灰、砂浆等杂物，再用水泥砂浆将板的接缝抹平。预制板安装时要调整好板底的平整度，不宜出现太大的高差。现浇混凝土板底面平整度要好，不应出现凹凸和麻面，也不宜太光滑，喷（刷）前应预先修补。

② 板表面过于平滑时，在浆液中加适量的羧甲基纤维素、环保胶等，以增加黏结效果，或选用黏结性好的涂料。

③ 喷（刷）浆由顶棚一端开始至另一端结束。要掌握好浆液的稠度，既要使板底均匀覆盖，又不产生流坠现象。

（2）直接抹灰式顶棚施工　顶棚抹灰不用做标志、标筋，只要在顶棚周围的墙面弹出顶棚抹灰层的面层标高线，此标高线必须从地面量起，不可从顶棚底向下量。钢筋混凝土楼板下的顶棚抹灰，应待上层楼板地面面层完成后才能进行。

顶棚刮腻子

顶棚抹灰宜从房间里面开始，向门口进行，最后从门口退出。在钢筋混凝土楼板底层灰，铁抹抹压方向应与模板纹路或预制板拼缝相垂直；在板条、金属网顶棚上抹底层灰，铁抹抹压方向应与板条长度方向相垂直，在板条缝处要用力压抹，使底层灰压入板条缝或网眼内，形成转脚以使结合牢固，底层灰要抹得平整。

抹中层灰时，铁抹抹压方向宜与底层灰抹压方向相垂直。高级顶棚抹灰，应加钉长 350～450mm 的麻束，间距为 400mm，并交错布置，分遍按放射状梳理抹进中层灰内，中层灰应抹得平整、光洁。

抹面层灰时，铁抹抹压方向宜平行于房间进光方向，面层灰应抹得平整、光滑，不见抹印。

顶棚抹灰应待前一层灰凝结后才能抹后一层灰，顶棚面积较小时，整个顶棚抹上灰后再进行压平、压光；顶棚面积较大时，可分段分块进行抹灰、压平、压光，但接合处必须理顺。

（3）直接粘贴式顶棚的施工　直接粘贴式顶棚有两种做法：一是将装饰材料在支撑时铺于模板上，然后浇灌混凝土，使装饰材料粘于混凝土上，拆除模板后即可作为装饰面层，这种饰面使用的是板材，如干抹灰板、压型钢板等。二是在混凝土构件安装和现浇混凝土拆模后，清理楼底面，以黏结剂把装饰面层粘上，这种饰面使用的是干抹灰板、石膏板等。

8.5.1.2　悬吊式顶棚

在屋顶（或楼板层）结构下，另吊挂一顶棚，称悬吊式顶棚。悬吊式顶棚的作用是为了对一些楼板底面极不平整或在楼板底敷设管线的房间加以修饰美化，或为了满足较高隔音要求而在楼板下部空间所作的装修。悬吊式顶棚可节约空调能源消耗，结构层与悬吊式顶棚之间可作布置设备管线之用。下面将重点介绍其相关施工工艺。

8.5.2　悬吊式顶棚

8.5.2.1　基本组成

悬吊式顶棚（吊顶）是由吊杆、龙骨骨架和罩面板等三大部分组成（图8-31）。

（1）吊杆　吊杆又称吊筋，其作用是将整个吊顶系统与结构件相连接，将整个吊顶荷载传递给结构构件承受。此外还可以用其调整吊顶的空间高度以适应不同场合、不同艺术处理的需要。

（2）龙骨骨架　吊顶龙骨骨架是由各种大小的龙骨组成，其作用是支撑并固定顶棚的罩面板以及承受作用在吊顶

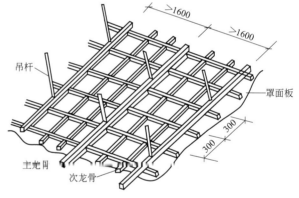

图8-31　吊顶的基本组成（单位：mm）

上的其他附加荷载。按骨架的承载能力可分为上人龙骨骨架和不上人龙骨骨架；按龙骨在骨架中所起作用可分为承载龙骨、覆面龙骨与边龙骨，承载龙骨是主龙骨，其与吊杆相连接，是骨架中的主要受力构件；覆面龙骨又称次龙骨，在骨架中起联系杆件的构造作用并为罩面板搁置或固定的支撑件；边龙骨主要用于吊顶与四周墙相接处，支撑该交接处的罩面板。按吊定龙骨的材质分有木材与金属两大类别，但木龙骨因防火性差已较少使用。

（3）罩面板　吊顶用罩面板按尺寸规格大小一般可分为两大类：一类是幅面较大的板材，规格一般为(600～1200)mm×(1000～3000)mm；另一类是幅面较小成正方形的吊顶装饰板材，规格一般为(300～600)mm×(300～600)mm。按板材所用材料分有石膏类、无机矿物材料类、塑料类、金属类等。

8.5.2.2　施工工艺

下面以轻钢骨架罩面板顶棚施工为例来说明吊顶工程的施工操作工艺。轻钢龙骨是利用薄壁镀锌钢板带经机械冲压而成，轻钢吊顶龙骨有T形（图8-32）和U形（图8-33）两种。

工艺流程为：弹顶棚标高水平线→划龙骨分档线→安装主龙骨吊杆→安装主龙骨→安装次龙骨→安装罩面板→安装压条。

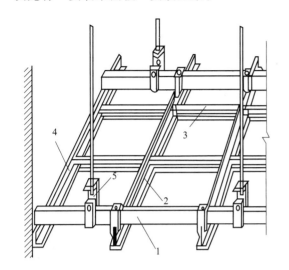

图 8-32 T 形轻钢吊顶龙骨
1—大龙骨；2—大 T；3—小 T；
4—角条；5—大吊挂件

图 8-33 U 形轻钢吊顶龙骨

（1）弹顶棚标高水平线 根据楼层标高水平线，用尺竖向量至顶棚设计标高，沿墙往四周弹顶棚标高水平线。

（2）划龙骨分档线 按设计要求的主、次龙骨间距布置，在已弹好的顶棚标高水平线上划龙骨分档线。

（3）安装主龙骨吊杆 弹好顶棚标高水平线及龙骨分档位置线后，确定吊杆下端头的标高，按主龙骨位置及吊挂间距，将吊杆无螺栓丝扣的一端与楼板预埋钢筋连接固定。未预埋钢筋时可用膨胀螺栓。

（4）安装主龙骨

① 配装吊杆螺母。

② 在主龙骨上安装吊挂件。

③ 安装主龙骨。将组装好吊挂件的主龙骨，按分档线位置使吊挂件穿入相应的吊杯螺栓，拧好螺母。

④ 主龙骨相接处装好连接件，拉线调整标高、起拱和平直。

⑤ 安装洞口附加主龙骨，按图集相应节点构造，设置连接卡固件。

⑥ 钉固边龙骨，采用射钉固定，射钉间距一般小于 1200mm。

（5）安装次龙骨

① 按已弹好的次龙骨分档线，卡放次龙骨吊挂件。

② 吊挂次龙骨。按设计规定的次龙骨间距，将次龙骨通过吊挂件吊挂在大龙骨上，设计无要求时，一般间距为 500～600mm。

③ 当次龙骨长度需多根延续接长时，用次龙骨连接件，在吊挂次龙骨的同时相接，调直固定。

④ 当采用 T 形龙骨组成轻钢骨架时，次龙骨的卡档龙骨应在安装罩面板时，每装一块罩面板先后各装一根卡档次龙骨。

（6）安装罩面板　在安装罩面板前必须对顶棚内的各种管线进行检查验收，并经打压试验合格后，才允许安装罩面板。顶棚罩面板的品种繁多，一般在设计文件中应明确选用的种类、规格和固定方式。

1）罩面板与龙骨的连接

① 粘接法：用各种胶黏剂将板材粘贴于龙骨上或其他基板上。

② 钉接法：用铁钉或螺钉将饰面板固定于龙骨上。

③ 挂牢法：指利用金属挂钩将板材挂于龙骨下的方法。

④ 搁置法：指将饰面板直接搁于龙骨翼缘上的做法。

⑤ 卡牢法：利用龙骨本身或另用卡具将饰面板卡在龙骨上的做法，常用于以轻钢、型钢龙骨配以金属板材等。

2）板面的接缝处理

① 密缝法：指板之间在龙骨处对接，也叫对缝法。板与龙骨的连接多为粘接和钉接。

② 离缝法：两板接缝处利用板面的形状和长短做出凹缝，有 V 形缝和矩形缝两种，缝的宽度不小于 10mm。

（7）安装压条　罩面板顶棚如设计要求有压条，待一间顶棚罩面板安装后，经调整位置，使接缝均匀，对缝平整，按压条位置弹线，然后按线进行压条安装。其固定方法宜用自攻螺钉，也可用胶结料粘贴。

思考与拓展题

1. 试述自流平地面的特点。

2. 试述水磨石地面施工工艺流程。

3. 试述空铺木地板的操作工艺流程。

4. 瓷砖地面施工时浸砖有何作用？

5. 马赛克地面适用于何处？如何施工？

6. 为什么天然大理石板材不适用于室外？

7. 试述湿作业法安装饰面板的工艺流程。

8. 试述石材防碱背涂处理的作用。

9. 试述石材饰面打密封胶的操作流程。

10. 一般抹灰中各抹灰层的作用和施工要求是什么？

11. 常见的装饰抹灰有哪些形式？

12. 简述水刷石的施工要点。

13. 试述裱糊工程的主要施工工序。

14. 悬吊式顶棚由哪几个部分组成？

15. 吊顶施工中罩面板的接缝有哪些处理方法？

能力训练题

1. 托线板的作用主要是（　　）。

   A. 靠吊墙面的垂直度　　　　　　　　B. 靠吊墙面的平整度

   C. 测量阴角的方正　　　　　　　　　D. 测量阳角的方正

2. 一般抹灰通常分为三层施工，底层主要起（　　）作用。

  A. 找平　　　　　　B. 黏结　　　　　　C. 装饰　　　　　　D. 节约材料

3. 检查抹灰层是否空鼓用（　　　）。

  A. 仪器　　　　　　B. 超声波　　　　　C. 小锤轻击　　　　D. 手敲

4. 为了保护门洞口墙面转角处不易遭碰撞损坏，在室内抹面的门洞口阳角处应做水泥砂浆护角，其护角高度一般不低于（　　　）。

  A. 0.5m　　　　　　B. 1m　　　　　　C. 1.5m　　　　　　D. 2m

5. （　　　）不属于装饰抹灰的种类。

  A. 干粘石　　　　　B. 斩假石　　　　　C. 高级抹灰　　　　D. 喷涂

6. 大理石湿作业法安装时，灌浆应分三层进行，其第三层灌浆高度为（　　　）。

  A. 视板材吸水率而定　　　　　　　　B. 高于板材上口 20mm

  C. 与板材上口齐平　　　　　　　　　D. 低于板材上口 50mm

7. 室外装饰工程必须采用的施工顺序是（　　　）。

  A. 自上而下　　　　B. 自下而上　　　　C. 同时进行　　　　D. 以上都不对

8. 下列楼面工程属于整体面层的是（　　　）。

  A. 花岗岩　　　　　B. 马赛克　　　　　C. 现浇水磨石　　　D. 预制水磨石

9. 抹灰用的石灰膏的熟化期不应小于（　　　）。

  A. 5d　　　　　　　B. 10d　　　　　　C. 15d　　　　　　D. 20d

10. 采用湿作业法施工的饰面板工程，石材应进行（　　　）。

  A. 防酸背涂处理　　　　　　　　　　B. 防碱背涂处理

  C. 防腐背涂处理　　　　　　　　　　D. 防潮背涂处理

11. 在下列选项中不属于抹灰层的是（　　　）。

  A. 基层　　　　　　B. 底层　　　　　　C. 中层　　　　　　D. 面层

12. 将玻璃两对边嵌在铝框内，另两对边用结构胶黏结在铝框上而形成的玻璃幕墙是（　　　）。

  A. 明框幕墙　　　　B. 半隐框幕墙　　　C. 隐框幕墙　　　　D. 全玻璃幕墙

13. 为避免一般抹灰各抹灰层间产生开裂、空鼓或脱落，（　　　）。

  A. 中层砂浆强度不能高于底层砂浆强度

  B. 底层砂浆强度应等于中层砂浆强度

  C. 底层砂浆强度应高于中层砂浆强度

  D. 底层砂浆强度应高于基层砂浆强度

14. 水磨石施工贴镶嵌条抹八字形灰埂时，其灰浆顶部应比嵌条顶部（　　　）。

  A. 高 3mm 左右　　　　　　　　　　B. 低 3mm 左右

  C. 高 10mm 左右　　　　　　　　　　D. 低 10mm 左右

项目9 外墙外保温工程施工

知识目标

1. 了解三种外墙保温技术的特点；
2. 熟悉常见外墙外保温系统的构造、特点；
3. 掌握常见外墙外保温系统的施工方法、质量标准和质量验收方法。

能力目标

1. 能编制外墙外保温工程专项施工方案；
2. 能进行外墙外保温工程施工技术交底；
3. 能进行外墙外保温工程施工质量控制、检查和验收。

素质目标

能通过保温施工技术的学习，进一步树立绿色、节能意识。

　　节约能源已成为我国社会发展的一项重要国策，建筑节能在节约能源的系统工程中占有举足轻重的地位，我国政府十分重视建筑节能工作。在建筑中，外墙围护结构的热损耗较大，墙体又是外围护结构的主要组成部分，按价值工程原理，发展外墙保温技术成了实现建筑节能的重要环节，这样不仅能节约大量能源，还能给住户提供一个舒适的环境，带来许多实惠。

　　按保温材料所处位置不同，外墙保温技术又分为外墙内保温、外墙夹芯保温和外墙外保温三种方式。在我国20世纪90年代初开始实施了外墙内保温技术，已有较长时间，其造价低，施工方便，技术相对成熟，但存在不少缺点，诸如减少了住户的使用面积；"热桥"问题不易解决；易出现结露现象，保温隔热效果差；容易出现内保温面层的开裂；影响住户的二次装修；装修过程中对保温层的破坏大，从而产生新一轮的建筑垃圾。夹芯保温技术在理论上无问题，因受目前施工人员素质影响，且施工工艺比较复杂，容易出现质量问题。

　　外墙外保温系统是目前国际上普遍采用的一种利用墙体材料来进行建筑节能的体系，它的基本原理就是在建筑外墙体外侧贴上一层保温隔热材料，以隔断室内外热量通过墙体材料进行传递，并对外墙体起到保护和装饰作用。在国外发达国家，外墙外保温技术已有几十年的应用历史，经过多年的实践，证明采用该保温系统具有如下显著优势。

　　① 适用范围广　外保温不仅适用于北方需冬季采暖的建筑，也适用于南方需夏季隔热的空调建筑；既适用于砖混结构建筑砌体外墙的保温，也适用于剪力墙结构混凝土外墙的保温；既适用于新建建筑，也适用于既有建筑的节能改造。

② 保温效果好　因为保温材料置于建筑物外墙的外侧，基本上可以消除建筑物各个部位的"冷、热桥"影响。能充分发挥轻质高效保温材料的保温效能，相对于外墙内保温和夹芯保温墙体，在使用相同保温材料情况下，保温材料的厚度要求小，并能达到较高的节能效果。

③ 便于旧建筑物进行节能改造　外墙外保温技术在改造旧房方面的施工中非常方便快捷，外保温可以进行集中改造，不必在室内施工，最大的优点是无需临时搬迁，基本不影响室内居民的正常工作和生活。

④ 改善了室内环境　外保温提高了墙体的保温隔热性能，减少了室内热能的传导损失，增加了室内的热稳定性，还在一定程度上阻止了风、霜、雨、雪等对外围墙体的浸湿，提高了墙体的防潮性能，避免了室内的霉斑、结露、透寒等现象，进而创造了舒适的室内居住环境。

⑤ 可以避免装修对保温层的破坏　不管是买新房还是买二手房，消费者一般都需要按照自己喜好进行装修，在装修中，内保温层容易遭到破坏，外保温层则可以避免这种问题。

⑥ 增加了房屋使用面积　由于外保温技术保温材料贴在墙体的外侧，其保温、隔热效果优于内保温，故可使主体结构墙体减薄，从而有效增大了每户的使用面积。

外墙外保温对产品技术和施工质量要求比较高，对施工队伍也提出了很高的要求。因此，要提高外保温的质量，必须要从材料、施工两方面严格把关。

任务 9.1　现浇混凝土复合保温板外墙外保温工程施工

现浇混凝土复合保温板外墙外保温系统是由保温板（包括 EPS、XPS、PUR 等）与现浇混凝土外墙复合而成。

现浇混凝土复
合保温板外墙
外保温工程施工

9.1.1　基本构造

（1）现浇混凝土复合保温板外墙外保温系统　又称无网现浇系统，是以现浇混凝土外墙作为基层，以保温板为保温层，保温板内表面（与现浇混凝土接触的表面）沿水平方向开有矩形齿槽或燕尾槽，内、外表面均满涂界面砂浆。在施工时将保温板置于外模板内侧，并安装锚栓作为辅助固定件。浇筑混凝土后，墙体与保温板以及锚栓结合为一体，拆模后外保温与墙体同时完成。保温板表面做抗裂砂浆薄抹面层，抹面层中应满铺耐碱玻纤网，外表以涂料或饰面砂浆为饰面层，其构造见图 9-1。

（2）现浇混凝土复合钢丝网架保温板外墙外保温系统　又称有网现浇系统，是一种以腹丝穿透型钢丝网架保温板为保温层，置于现浇混凝土基层墙体外侧，辅以锚固筋拉结，与混凝土墙体一起浇筑成型，并在钢丝网架保温板外表面抹聚合物砂浆作防护层，采用防水弹性涂料饰面（图 9-2）或面砖（图 9-3）的外墙外保温系统。此种系统仅能用于现浇钢筋混凝土墙体，对于砌体围护结构无法采用。

单面钢丝网架保温板安装可与主体结构施工同时进行，利用主体结构施工的脚手架和安全防护设施，有利于安全施工、加快施工进度、降低模板损耗和施工成本。冬期施工时，单面钢丝网架保温板还可起保温作用。同时有网现浇系统设置有腹丝穿透型钢丝网架，使得浇筑时保温层能很好地与混凝土墙体粘接、锚固，能够承受重量较大的面砖粘贴和适应其他的饰面形式。同时此系统也存在着热桥影响较大、施工工序多的问题，对以涂料为饰面的外墙保温系统，采用有网现浇系统无疑也提高了施工成本和难度，所以常用无网现浇系统。

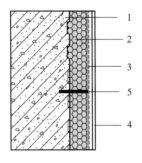

图 9-1　现浇混凝土复合
保温板外墙外保温系统的
基本构造

1—基层墙体；2—保温板；
3—抗裂砂浆复合耐碱网布；
4—弹性底涂、柔性腻子及涂料面层；
5—锚栓

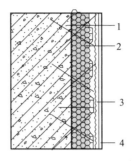

图 9-2　现浇混凝土复合
钢丝网架保温板涂料饰面
系统的基本构造

1—基层墙体；2—钢丝网架保温板；
3—抗裂砂浆复合耐碱网布；
4—弹性底涂、柔性腻子及涂料面层

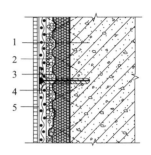

图 9-3　现浇混凝土复合
钢丝网架保温板面砖饰面
系统的基本构造

1—基层墙体；2—钢丝网架保温板；
3—防火保温砂浆；4—抗裂砂浆两遍＋
热镀锌金属网；5—面砖饰面

9.1.2　施工工艺流程

现浇混凝土复合保温板外墙外保温系统的施工工艺流程见图 9-4。

图 9-4　施工工艺流程

9.1.3　施工要点

（1）现浇混凝土复合保温板外墙外保温系统（无网现浇系统）安装

① 绑扎墙体钢筋时，靠保温板一侧的横向分布筋宜弯成 L 形。绑扎完墙体钢筋后，在外墙钢筋外侧绑扎水泥砂浆垫块（不得使用塑料卡）。然后在墙体钢筋外侧安装保温板。

② 安装顺序：安装时先安装阴阳角处保温板，然后再安装大墙面保温板，并且根据其特殊节点的形状预先将保温板裁好，板与板之间的企口缝在安装前涂刷保温板胶粘剂，随即安装。

③ 保温板安装完毕后，在板缝处及板中间设置塑料卡钉，塑料卡钉呈梅花状分布，双向间距 600mm，用电烙铁或其他工具在锚栓定位处穿孔，然后在孔内塞入胀管或塑料卡钉，并将其尾部用钢丝绑扎固定在钢筋上。注意保温板底部应绑扎紧，使底部内收 3～5mm，以使拆模后保温板底部与上口平齐。

（2）现浇混凝土复合钢丝网架保温板外墙外保温系统（有网现浇系统）安装

① 围护结构钢筋验收合格后方可进行外墙外保温板安装。按照设计图样上的墙体厚度尺寸弹水平线及垂直线，同时在外墙钢筋外侧绑扎按混凝土保护层厚度要求制作好的水泥砂浆垫块，垫块应固定于保温板内侧，垫块数量每平方米不少于 4 个。

②　拼装保温板：安装保温板就位后，将塑料锚栓穿过保温板，深入墙内长度不得小于 50mm，并将螺钉拧入套管，让其尾部全部张开。其尾部与墙体钢筋用火烧丝绑扎作临时固定。

③　板缝处钢丝网用火烧丝绑扎，间隔 150mm，或用钢丝网片搭接，搭接宽度 50mm。

（3）模板安装

①　宜采用大模板施工，模板组合配制尺寸及数量应考虑保温板的厚度。

②　模板安装时，应在下一层墙体混凝土强度不低于 7.5MPa 时，开始安装上一层模板。

③　安装外墙大模板前，必须在现浇混凝土墙体的根部或保温板外侧采取可靠的定位措施，以防模板挤靠保温板。严禁在墙体钢筋底部布置定位筋，宜采用模板上部定位的方法。安装上一层模板时，利用下一层外墙螺栓孔挂三角平台架及金属防护栏。模板的连接与拼接要严密、牢固，防止出现错台和漏浆现象。

（4）混凝土浇筑

①　混凝土坍落度应不小于 180mm，在浇筑混凝土前，应在保温板槽口处连同外模板扣上金属"Ⅱ"形保护帽。混凝土应分层浇筑，分层振捣，分层高度应控制在 500mm 以内，两次浇筑混凝土接槎处应均匀浇筑 30～50mm 同强度等级的碱石混凝土。混凝土应连续浇筑，间隔时间不超过混凝土的初凝时间。

②　振捣棒的振动间距一般应小于 50cm，严禁将振捣棒紧靠保温板进行振捣，每一振动点的振捣时间以表面浮浆和不再下沉为宜。洞口处浇筑混凝土时，应在洞口两边同时浇筑混凝土，并使两侧的浇筑高度大体一致，振捣棒应距洞口边 30cm 以上，以保证洞口下部混凝土密实。施工缝应留在门洞过梁 1/3 范围内，也可留在纵、横墙的交接处。

（5）模板拆除

①　墙体混凝土强度应能保证其表面及棱角不受损伤即可拆模，在常温条件下，墙体混凝土的强度不应低于 1.0MPa；冬期施工时，墙体混凝土的强度不应低于 7.5MPa。拆模时混凝土的强度等级应以现场同条件养护的试块抗压强度为标准。

②　先拆除外墙模板，再拆除外墙内侧模板，并及时修补混凝土墙面的缺陷。

③　穿墙套管拆除后，混凝土墙部分孔洞应用干硬性砂浆捻塞密实，并在外侧留出余量（≥50mm），随后用保温材料堵塞，保温板部分孔洞应用保温材料补齐。拆模后保温板上的横向钢丝必须对准凹槽，钢丝距槽底不小于 8mm。

（6）混凝土养护　常温施工时，模板拆除后 12h 内喷水或养护剂养护，不少于 7d，次数以保持混凝土具有湿润状态为准。冬期施工时应有专人定点、定时测定混凝土养护温度，并做好记录。

（7）板面抹灰

1）抹灰前准备工作

①　保温板表面的余浆和有疏松空鼓现象的均应清除干净，确保保温板表面干净、无灰尘、油渍和污垢。

②　板面及钢丝上界面砂浆如有缺损，应予修补，要求均匀一致，不得露底。

2）板面抹灰

①　抹聚合物水泥砂浆，并按层高、窗台高和过梁高将玻璃纤维网格布在施工前裁好备用，待抹完第一层聚合物砂浆后，立即铺设玻璃纤维网格布，并用木抹子将其压入聚合物砂浆内。网格布之间搭接长度宜≥80mm，紧接再抹面层聚合物砂浆，以网格布均被砂浆覆盖为宜。在首层和窗台四角部位则要压入两层网格布。

②　在薄弱部位应用玻璃纤维网格布加强，如门窗四角（四角网片尺寸为 400mm×

200mm 与窗角呈 45°），具体做法见图 9-5，首层阳角处应加设一根长宽为 50mm×50mm、高 2m 冲孔镀锌铁皮护角。在抹完第一道抗裂聚合物砂浆后，将冲孔金属护角调直压入砂浆内（以护角条孔内挤出砂浆为宜），然后同大面一起压入玻璃纤维网格布包裹金属护角。

③ 抹灰层之间及抹灰层与保温板之间必须黏结牢固，无脱层、空鼓现象。凹槽内砂浆饱满，并全面包裹住横向钢丝，抹灰层表面应接槎平整。

（8）面层施工

① 涂料饰面。如面层采用涂料型饰面层做法，常温下抹灰完成 24h 后表面平整无裂纹，即可在面层抹 5mm 厚聚合物水泥砂浆防护层，然后刮柔性腻子和做装饰涂料，腻子、涂料型饰面层和聚合物水泥砂浆防护层三者的材性应具有相容性。

② 面砖饰面。选择面砖饰面时，要将复合玻璃纤维网格布改为热镀锌钢丝网，并用锚固件与基层固定。在样板墙测试合格、抹面砂浆施工 7d 后，按《外墙饰面砖工程施工及验收规程》（JGJ 126—2015）的要求进行施工。

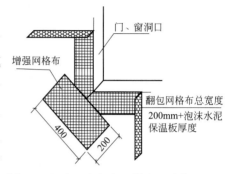

图 9-5　门窗四角加强网做法（单位：mm）

9.1.4　施工验收

（1）材料质量

① 现浇混凝土模板复合保温板外墙外保温系统做法（包括有网现浇系统、无网现浇系统）的所有材料质量和技术性能，应满足国家、行业相关标准规定的各项要求。

② 材料及制品性能应按照国家、行业相关标准规定的方法，由具有资质的检测部门进行检验，并出具报告。

（2）施工质量

① 有网现浇系统和无网现浇系统的节能保温施工质量验收应按照《建筑节能工程施工质量验收标准》（GB 50411—2019）执行。

② 有网现浇系统、无网现浇系统施工质量的检验与验收应满足《混凝土结构工程施工质量验收规范》（GB 50204—2015）、《建筑装饰装修工程质量验收标准》（GB 50210—2018）的规定。

③ 粘贴面砖应按照《建筑工程饰面砖粘接强度检验标准》（JGJ/T 110—2017）、《外墙饰面砖工程施工及验收规程》（JGJ 126—2015）进行施工及检验。

9.1.5　保温材料和成品的保护

（1）消防安全管理规定　对包括保温材料在内的易燃材料在工地现场存放时，应符合建设工程施工现场消防安全管理规定。

（2）保温层的保护　在施工过程中避免碰撞保温板。首层阳角在脱模后，及时用竹胶板或其他方法加以保护，以免棱角遭到破坏。外挂架下端与墙体接触面必须用板垫实，以免外挂架挤压保温层。模板拆除后，应及时抹灰。

（3）防护层的保护　做完防护层或找平层的墙面不得随意开凿孔洞，如确有开洞需要，应在砂浆达到设计强度后方可进行，待安装物体完毕后修补洞口。

严禁重物、锐器冲击墙面。翻拆架子时应防止撞击已装修好的墙面，门窗洞口、边、角、垛处应采取保护措施。其他作业也不得污染墙面，严禁踩踏窗台。

任务 9.2　EPS 膨胀聚苯板薄抹灰外墙外保温工程施工

EPS 膨胀聚苯板薄抹灰外墙外保温工程施工

EPS 膨胀聚苯板薄抹灰外墙外保温系统是采用聚苯乙烯泡沫塑料板（以下简称苯板）作为建筑物的外保温材料，当建筑主体结构完成后，将苯板用专用黏结砂浆按要求粘贴上墙。如有特殊加固要求，可使用塑料膨胀螺钉加以锚固。然后在苯板表面抹聚合物水泥砂浆，其中压入耐碱涂塑玻纤网格布加强以形成抗裂砂浆保护层，最后为腻子和涂料的装饰面层（如装饰面层为瓷砖，则应改用镀锌钢丝网和专用瓷砖胶黏剂、勾缝剂）。

EPS 膨胀聚苯板薄抹灰外墙外保温系统具有优越的保温隔热性能，良好的防水性能及抗风压、抗冲击性能，能有效解决墙体的龟裂和渗漏水问题。由于它在英国、法国、德国及美国等国家均得到了广泛的应用，此项技术已形成体系，黏结层、保温层与饰面层可配套使用，是国内外使用最普遍、技术上最成熟的外保温系统。该系统 EPS 板热导率小，并且 EPS 板厚度一般不受限制，可满足严寒地区节能设计标准要求。由于其对施工的环境温度要求为 4℃以上，故在北方不适合冬期施工。

9.2.1　工艺流程

基层清理→测量放线→胶黏剂配制→粘贴翻包网格布→粘贴聚苯板→放置 24h 后安装固定件→聚苯板打磨→抹第一遍抹面胶浆→埋贴网格布→抹第二遍抹面胶浆→饰面层施工。

（1）基层清理

① 砖墙、混凝土墙等外墙基层表面应清洁，无油污、脱模剂等妨碍粘贴的附着物。突起、空鼓和疏松部位应剔除并找平。混凝土墙面应清除脱模剂，墙面可采用 1∶3 水泥砂浆找平，平整度误差不得超过 4mm。找平层应与墙体黏结牢固，不得有脱层、空鼓、裂缝，面层不得有粉化、起皮、爆灰等现象。

② 外墙立面应拉通线检查平整度，超差部分应剔凿或用水泥砂浆修补平整。对旧房节能改造，应彻底清理，不利于粘贴聚苯板的外墙面层用水泥砂浆修补缺陷，加固找平。

③ 基层墙体处理完毕后，应将墙面略微润湿，以备粘贴聚苯板工序的施工。

（2）测量放线

① 施工前首先读懂图纸，确认基层结构墙体的伸缩缝、结构沉降缝、防震缝墙体体型突变的具体部位，并做出标记。此外还应弹出首层散水标高线和伸缩缝具体位置。

② 挂基准线。在建筑物外墙大角（阳角、阴角）及其他必要处挂出垂直基准线控制线，弹出水平控制基准线。施工过程中每层适当挂水平线，以控制苯板的垂直度和平整度。

（3）胶黏剂配制　胶黏剂有单组分和双组分两种。单组分将胶黏剂干粉与水按约 5∶1 质量比配制，用电动搅拌器搅拌均匀，一次配制用量以 2h 内用完为宜（夏天施工时的时间宜控制在 1.5h 内）；配好的胶浆注意防晒避风，超过可操作时间，禁止再度加水使用。应集中搅拌，专人定岗。双组分料由聚合物乳液和普通硅酸盐水泥搅拌而成，现场使用应根据产品使用说明书的要求进行配置。

（4）粘贴翻包网格布　在保温层截止的部位应做翻包网格布处理，在需翻包部位的墙面上涂抹 7cm 宽的胶黏剂，将网格布一端 7cm 压入胶黏剂内，余下部分应满足构造要求。

（5）粘贴聚苯板

① 施工前，根据整个建筑外墙立面的设计尺寸编制聚苯板的排板图，以达到节约材料、加快施工速度的目的。聚苯板以长向水平铺贴，保证连续结合，上下两排板需竖向错缝1/2板长，局部最小错缝不得小于200mm。

② 聚苯板的粘贴应从细部节点（如飘窗、阳台、挑檐）及阴阳角部位开始向中间进行。施工时要求在建筑物外墙所有阴阳角部位沿全高挂通线控制其顺直度（保温施工时控制阴阳角的顺直度而非垂直度），并要求事先用墨斗弹好底边水平线及100mm控制线，以确保水平铺贴，在区段内的铺贴由下向上进行。

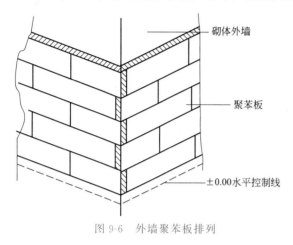

图9-6　外墙聚苯板排列

③ 粘贴聚苯板时，板缝应挤紧，相邻板应齐平，施工时控制板间缝隙不得大于2mm，板间高差不得大于1.5mm。当板间缝隙大于2mm时，必须用聚苯板条将缝塞满，板条不得用砂浆或胶黏剂粘接；板间平整度高差大于1.5mm的部位应在施工面层前用木锉、粗砂纸或砂轮打磨平整。

④ 按照事先排好的尺寸（图9-6）切割聚苯板，从拐角处垂直错缝连接，要求拐角处沿建筑物全高顺直、完整。

⑤ 聚苯板粘贴常用方法有点粘法和条粘法两种，应优先采用条粘法。应注意的是无论采用哪种方法，在粘贴时应将胶黏剂涂在聚苯板背面，施工时涂抹胶黏剂应确保板的四个侧端面上（自由端除外）无胶浆，并且粘贴面积应不小于整个板面面积的40%。

a. 点粘法：用抹子在每块EPS板（标准板尺寸为600mm×1200mm）四周边上涂上宽约50mm、厚约10mm的胶黏剂，然后在中部均匀抹上8块直径约100mm、厚约10mm的粘接点，此粘接点要布置均匀，必须保证聚苯板与基层墙面的粘贴面积达到40%，板口宜留50mm排气口。聚苯板点粘法如图9-7所示。

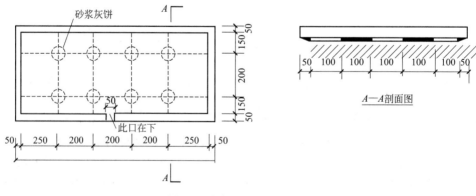

图9-7　点粘法（单位：mm）

b. 条粘法：适用于平整度较好墙体表面，施工时首先用抹灰刀将胶黏剂均匀地涂到聚苯板表面上，涂抹面积应为100%，然后在聚苯板表面用专用锯齿抹刀紧压板面，并保持45°角刮除锯齿间多余胶浆，使板面留有若干条中心间距40mm、宽度10mm、厚度13mm的条状灰条（图9-8）。

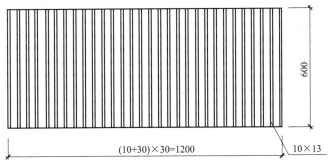

图 9-8　条粘法（单位：mm）

⑥ 粘贴时不允许采用使板左右、上下错动的方式调整欲粘贴板与已粘贴板间的平整度，而应采用橡胶锤敲击调整；目的是防止由于聚苯板左右错动而导致聚合物黏结砂浆溢进板与板间的缝隙内。

⑦ 聚苯板按照上述要求贴墙后，用 2m 靠尺反复压平，保证其平整度及黏结牢固，板与板间要挤紧，不得有缝，板缝间不得有黏结砂浆，否则该部位则形成冷桥。每贴完一块，要及时清除板四周挤出的聚合物砂浆；若因聚苯板切割不直形成缝隙，要用木锉锉直后再粘贴。

⑧ 网格布翻包：从拐角处开始粘贴大块聚苯板后，遇到阳台、门窗洞口、挑檐等部位需进行耐碱玻璃纤维网格布翻包，即在基层墙体上用聚合物黏结砂浆预贴网格布，翻包部分在基层上粘接宽度不小于 80mm，且翻包网格布本身不得出现搭接（目的是避免面层大面施工时在此部位出现三层网格布搭接导致面层施工后露网），如图 9-9 所示。

⑨ 在门窗洞口部位的聚苯板，不允许用碎板拼凑，需用整幅板切割，其切割边缘必须顺直、平整、尺寸方正，其他接缝距洞口四边应大于 200mm，如图 9-10 所示。

⑩ 在窗洞口位置的板块之间搭接留缝要考虑防水问题，在窗台部位要求水平粘贴板压立面板，即避免迎水面出现竖缝；在窗户上口，要求立面板压住横板。

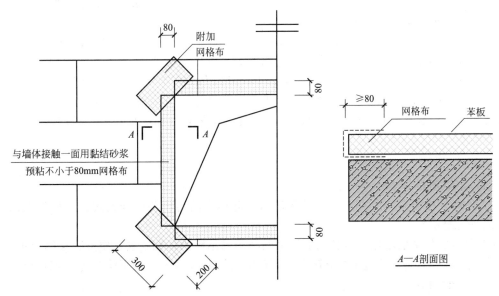

图 9-9　门窗洞口附加网格布（单位：mm）

⑪ 在遇到脚手架连墙件等突出墙面且以后要拆除的部位，按照整幅板预留，最后随拆

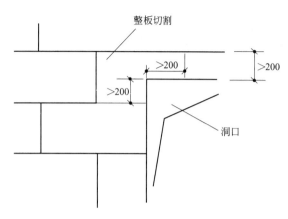

图 9-10　聚苯板洞口处切割及接缝
距离要求（单位：mm）

除随进行收尾施工。

（6）安装固定件　使用电钻进行打孔以安装锚栓。结构墙体上的孔深应在 3cm 以上，保证锚栓的入墙深度，墙体的抹灰层或旧饰面层不应作为锚固深度。锚栓应打在有胶处，阳角处第一个钉应离墙角 6～10cm，以免损坏墙体。锚栓的数量及布置应满足设计要求，并应采用现场拉拔试验检验其强度是否满足设计要求。

（7）打磨　EPS 板贴完至少 24h 后，用专用打磨工具对保温边角不平处进行打磨，打磨动作最好是轻柔的圆周运动，不要沿着与 EPS 板接缝平行的方向打磨。打磨后，应用刷子将打磨操作产生的碎屑清理干净，平面上的 EPS 板不宜打磨，以免降低 EPS 板厚度，影响保温效果。

（8）抹第一遍抹面胶浆　第一遍抹面胶浆，厚度约 2mm。防护层如一遍抹成，则可借助（6mm×6mm）～（10mm×10mm）的锯齿抹灰刀控制材料厚度；先用抹灰刀平的一侧将抹面胶浆均匀饱满地抹到 EPS 板面上，随即以带齿的一侧以 60°角在板面上拖刮出胶条，注意保证胶条的饱满，再以平的一侧重新抹平胶浆并压入玻璃纤维网。

（9）埋贴网格布　将网格布绷紧后贴于底层抹面胶浆上，用抹子由中间向四周把网格布压入胶浆的表层，要平整压实，严禁网格布皱褶。铺贴遇有搭接时，必须满足横向 100mm、纵向 100mm 的搭接长度要求。玻璃纤维网必须在胶浆湿软状态时及时压入并抹平。严禁先铺网，再抹灰。

（10）抹第二遍抹面胶浆　在第一遍抹面胶浆凝结后再抹一道抹面胶浆，厚度 1～2mm，玻纤网应位于防护层靠外一侧的约 1/3 处，不得裸露在外，也不应埋入太深，具体以玻纤网看得见格子看不见颜色为标准。面层胶浆切忌不停操搓，以免形成空鼓。胶浆抹灰施工间歇应在自然断开处，方便后续施工的搭接，如伸缩缝、阴阳角、挑台等部位。在连续墙面上如需停顿，面层胶浆不应完全覆盖已铺好的网格布，需与网格布、第一遍抹面胶浆呈台阶形坡槎，留槎间距不小于 150mm，以免网格布搭接处平整度超出偏差。

抹面胶浆施工完毕，应自然养护 2～3d 以上，经验收合格后，方可进行后续饰面层施工。

（11）饰面层施工　根据施工图设计及相关技术要求进行涂料、柔性面砖等饰面层施工。饰面层施工前应检查基层干燥程度及碱性，一般要求含水率不大于 10%，pH 值小于 10。

9.2.2　检查验收

（1）主控项目

① 外墙外保温系统所有组成材料质量和性能均应满足相关标准的规定，应检查出厂合格证或进行复检。

② 保温层与基层墙体以及各构造层之间必须黏结牢固，无脱层、空鼓、裂缝等现象。

③ 保温层的厚度及构造做法应符合建筑节能设计要求，主体部位平均厚度不允许有负偏差。

（2）一般项目

① 表面平整、洁净，接槎平整、无明显抹纹，线角应顺直、清晰，面层无粉化、起皮、爆灰现象。

② 墙体上容易碰撞的阳角、门窗洞口及不同材料基体的交接处等特殊部位，均需要网

格布加强。

③ 墙面埋设暗线、管道后，应用网格布和抗裂砂浆加强，表面抹灰平整。

④ 分格缝宽度与深度均匀一致，平整光滑，棱角整齐、顺直。

⑤ 滴水线（槽）流水坡度正确，且顺直。

9.2.3　安全措施

① 在外脚手架上操作的人员，必须经过培训，持有国家劳动部门颁发的作业证件持证上岗。

② 工人在脚手架上作业必须戴好安全帽，系好帽带，必须佩戴安全带，将保险钩挂在大横杆上后方可进行施工。

③ 安装固定件前打眼用的电锤必须有出厂合格证，末级开关箱必须配漏电保护器，工人必须戴绝缘手套进行操作，专业电工进行接线。

④ 在外脚手架上的操作人员需穿防滑鞋，有恐高症、心脏病的人员禁止上架，严禁酒后上架施工。

9.2.4　文明施工及成品保护

① 裁切下来的聚苯板碎板条必须随手用袋子装好，禁止到处乱丢，随处飘洒。

② 在涂抹聚苯板黏结砂浆时，注意不要污染窗副框，被污染的副框必须及时用湿布擦洗干净。

③ 粘贴上部聚苯板时，掉落下来的黏结砂浆可能会污染下部聚苯板及网格布，必须及时清理干净。

④ 拆除脚手架时应做好对成品墙面的保护工作，禁止钢管等重物撞击聚苯板墙面。

⑤ 严禁在聚苯板上面进行电、气焊作业。

⑥ 施工用砂浆必须用小桶拌制，用完水后关好水管阀门。

⑦ 进场的聚苯板必须堆积成方，做好防雨保护。

9.2.5　成本降低措施

① 施工中依据配板图裁切聚苯板，减少浪费。

② 对工人进行交底，使其熟悉节点部位做法，合理利用边角料。

③ 控制好砂浆的拌制量，特别在施工停歇前应计算好砂浆的用量，防止砂浆超时而无法使用，造成浪费。

④ 通过样板层的施工，准确掌握每个部位网格布的规格、尺寸，做到定型加工、定点使用。

9.2.6　环境保护措施

① 涂刷聚苯板的界面剂必须集中堆放在地面已硬化的库房里，严禁界面剂撒入土层中。

② 裁切下来的聚苯板板条必须分类存放、集中回收，禁止其四处洒落、埋入土中或作为一般的建筑垃圾处理，避免污染环境。

任务 9.3　胶粉聚苯颗粒外墙外保温工程施工

胶粉聚苯颗粒
外墙外保温
工程施工

胶粉聚苯颗粒外墙外保温系统是设置在外墙外侧，由界面层、胶粉聚苯颗粒保温层、抗裂防护层和饰面层构成，起保温隔热、防护和装饰作用的构造系统。其主要是利用胶粉聚苯颗粒与轻质填充墙等墙体构成复合保温层，以达到节能要求，充分利用了胶粉聚苯颗粒外墙外保温系统抗裂性能好、耐候能力强、防火等级高等优点。

胶粉聚苯颗粒外墙外保温系统总体造价较低，能满足节能要求，而且特别适合建筑造型复杂的各种外墙保温工程。

9.3.1 优点

① 胶粉聚苯颗粒外墙外保温系统与基层全面黏结，形成连续整体，保证保温层牢固安全。

② 胶粉聚苯颗粒保温体系，保温层均匀一致，能够逐层释放变形应力，微孔网状结构能消化变形，从根本杜绝开裂。

③ 胶粉聚苯颗粒保温体系材质单纯，透气性好，传热均匀，封闭孔结构阻碍了气体的对流，保证了保温效果，不会形成冷凝水滞留现象。

④ 胶粉聚苯颗粒保温体系采用现场涂抹施工，工艺简单，可以随意造型，整体性好，特别适用于异型部位，能在普通外墙、弧形外墙、拐角外墙、楼梯间隔墙等不同结构部位广泛使用。

⑤ 胶粉聚苯颗粒保温体系本身的强度较高，在采取了适当的加强措施后，可以满足涂料、面砖等多种饰面的要求。

⑥ 胶粉聚苯颗粒保温体系利用了废旧聚苯板、工业粉煤灰等废料，在创造新价值的同时，净化了环境，是一种真正的环保节能建材，具有极佳的经济和社会效益。

9.3.2 基本构造

① 涂料饰面　见图 9-11。
② 面砖饰面　见图 9-12。

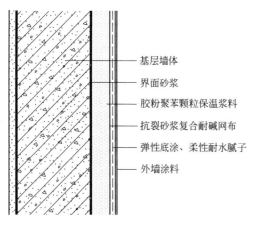

图 9-11　涂料饰面基本构造

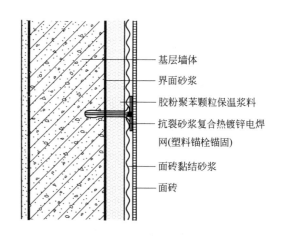

图 9-12　面砖饰面基本构造

9.3.3 施工工艺流程

施工工艺流程如图 9-13 所示。

9.3.4 施工要点

(1) 基层墙面处理　墙面应清理干净，无油渍、浮灰等。墙面松动、风化部分应剔除干

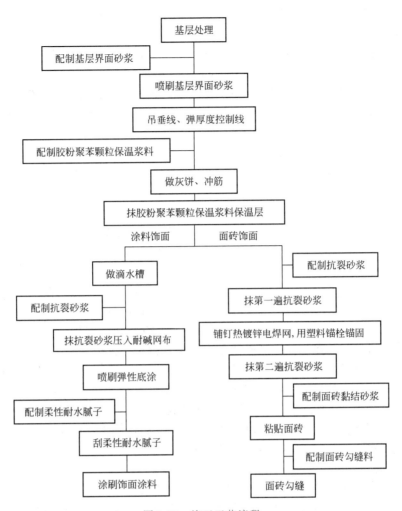

图 9-13　施工工艺流程

净，墙表面凸起物大于 10mm 时应剔除。

（2）界面处理　基层应满涂界面砂浆，用喷枪或滚刷均匀喷刷。

（3）吊垂直、弹厚度控制线　吊垂直，弹厚度控制线。在建筑外墙大角及其他必要处挂垂直基准线。

（4）做灰饼、冲筋　按厚度控制线用胶粉聚苯颗粒保温浆料或 EPS 板做标准厚度灰饼、冲筋。

（5）抹胶粉聚苯颗粒保温浆料保温层　抹胶粉聚苯颗粒保温浆料，不应少于两遍，每遍施工间隔应在 24h 以上，每遍厚度不宜大于 30mm，最后一遍施工厚度宜控制在 10mm 左右，达到灰饼或冲筋厚度，墙面门窗洞口平整度和垂直度应达到规定要求。

（6）做滴水槽　涂料饰面时，保温层施工完成后，根据设计要求拉滴水槽控制线。用壁纸刀沿线划出滴水槽，槽深 15mm 左右，用抗裂砂浆填满凹槽，将塑料滴水槽（成品）嵌入凹槽与抗裂砂浆黏结牢固。

（7）抗裂砂浆层及饰面层施工　待保温层施工完成 3～7d 且保温层施工质量验收合格以后，即可进行抗裂砂浆层施工。

1）涂料饰面

① 抹抗裂砂浆、铺压耐碱网格布　耐碱网格布长度 3m 左右，预先裁好。抹抗裂砂浆一般分两遍完成，总厚度约 3～5mm。抹面积与网格布相当的抗裂砂浆后应立即用铁抹子压入耐碱网格布。耐碱网格布之间搭接宽度不应小于 50mm，先压入一侧，再压入另一侧，严禁干搭。阴阳角处也应压槎搭接，其搭接宽度不小于 150mm，应保证阴阳角处的方正和垂直度。耐碱网格布要含在抗裂砂浆中，铺贴要平整，无皱折，可隐约见网格，砂浆饱满度达到 100%，局部不饱满处应随即补抹第二遍抗裂砂浆找平并压实。

在门窗洞口等处应沿 45°方向提前用抗裂砂浆增贴一道网格布（300mm×400mm），如图 9-14 所示。

首层墙面应铺贴双层耐碱网格布，第一层铺贴应采用对接方法，然后进行第二层网格布铺贴，两层网格布之间抗裂砂浆应饱满，严禁干贴。

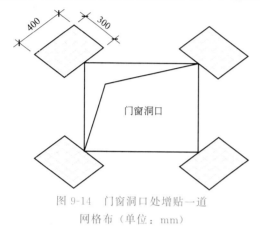

图 9-14　门窗洞口处增贴一道
网格布（单位：mm）

建筑物首层外保温应在阳角处双层网格布之间设专用金属护角，护角高度一般为 2m。在第一层网格布铺贴好后，应放好金属护角，用抹子拍压出抗裂砂浆，抹第二遍抗裂砂浆复合网格布包裹住护角。

抗裂砂浆施工完后，应检查平整、垂直及阴阳角方正，不符合要求的应用抗裂砂浆进行修补。严禁在此面层上抹普通水泥砂浆腰线、窗口套线等。

② 喷刷弹性底涂　抗裂层施工完后 2～4h 即可喷刷弹性底涂。喷刷应均匀，不得有漏底现象。

③ 刮柔性耐水腻子、涂刷饰面涂料　抗裂层干燥后，刮柔性耐水腻子（多遍成活，每次刮涂厚度控制在 0.5mm 左右），涂刷饰面涂料，应做到平整光洁。

2）面砖饰面

① 抗裂砂浆层　保温层验收后，抹第一遍抗裂砂浆，厚度控制在 2～3mm。根据结构尺寸裁剪热镀锌电焊网分段进行铺贴，热镀锌电焊网的长度最长不应超过 3m，为使边角施工质量得到保证，将边角处的热镀锌电焊网施工前预先折成直角。在裁剪网丝过程中不得将网形成死褶，铺贴过程中不应形成网兜，网张开后应顺方向依次平整铺贴，先用 12 号钢丝制成的 U 形卡子卡住热镀锌电焊网使其紧贴抗裂砂浆表面，然后用塑料锚栓将热镀锌电焊网锚固在基层墙体上，塑料锚栓按双向间隔 500mm 梅花状分布，有效锚固深度不得小于 25mm，局部不平整处应用 U 形卡子压平。热镀锌电焊网之间搭接宽度不应小于 50mm，搭接层数不得大于 3 层，搭接处用 U 形卡子、钢丝或锚栓固定。窗口内侧面、女儿墙、沉降缝等热镀锌电焊网收头处应用水泥钉加垫片使热镀锌电焊网固定在主体结构上。

热镀锌电焊网铺贴完毕经检查合格后抹第二遍抗裂砂浆，并将热镀锌电焊网包覆于抗裂砂浆之中，抗裂砂浆的总厚度宜控制在（10±2）mm，抗裂砂浆面层应达到平整度和垂直度要求。

② 贴面砖　抗裂砂浆施工完一般应适当喷水养护，约 7d 后即可进行饰面砖粘贴工序。面砖黏结砂浆厚度宜控制在 3～5mm。

 思考与拓展题

1. 简述外墙外保温系统的优点。
2. 按保温材料所处位置不同，外墙保温技术分为哪几种方式？

3. 简述无网现浇系统的施工工艺流程。

4. 简述现浇混凝土复合钢丝网架保温板外墙外保温系统的缺点。

5. 简述 EPS 膨胀聚苯板薄抹灰外墙外保温系统的施工工艺流程。

6. 试述点粘法施工 EPS 膨胀聚苯板的基本要求。

7. 试述胶粉聚苯颗粒外墙外保温系统的优点。

8. 简述胶粉聚苯颗粒外墙外保温系统的施工要点。

 能力训练题

1. 抹胶粉聚苯颗粒保温浆料时应分层作业，每次抹灰厚度不宜大于（　　）mm。

　　A. 30　　　　　　　B. 20　　　　　　　C. 25　　　　　　　D. 15

2. 现浇混凝土复合保温板外墙外保温系统构造是将由工厂预制的保温构件放在墙体钢筋（　　）侧。

　　A. 内　　　　　　　B. 外　　　　　　　C. 哪侧都可以　　　D. 视具体情况而定

3. 膨胀聚苯板与混凝土一次现浇外墙外保温系统，适用于（　　）。

　　A. 多层民用建筑现浇混凝土结构外墙内保温工程

　　B. 多层和高层民用建筑现浇混凝土结构外墙外保温工程

　　C. 高层民用建筑现浇混凝土结构外墙内保温工程

　　D. 多层民用建筑砌体结构外墙外保温工程

4. 胶粉聚苯颗粒保温砂浆外墙外保温系统中，宜分遍抹灰，时间间隔应在（　　）h 以上。

　　A. 6　　　　　　　　B. 12　　　　　　　C. 24　　　　　　　D. 48

5. 采用面砖作为饰面层时，耐碱玻璃纤维网格布应（　　）。

　　A. 采用双层耐碱玻璃纤维网格布　　　B. 搭接处局部加强

　　C. 采用机械锚固　　　　　　　　　　D. 改为镀锌钢丝网，并采用锚固件固定

6. 粘贴 EPS 板时，应将胶粘剂涂在 EPS 板背面，涂胶粘剂面积不得小于 EPS 板面积的（　　）。

　　A. 30%　　　　　　B. 40%　　　　　　C. 50%　　　　　　D. 60%

7. 胶粉聚苯颗粒保温砂浆外墙外保温系统中，若饰面层采用面砖粘贴，面砖粘贴应在（　　）养护约 7 天后进行。

　　A. 抗裂砂浆　　　B. 水泥砂浆　　　　C. 防水砂浆　　　　D. 混合砂浆

8. 外墙内保温技术具有（　　）的优点。

　　A. 增加了住户的使用面积　　　　　　B. 解决了"热桥"问题

　　C. 不易出现结露现象　　　　　　　　D. 造价低，施工方便，技术相对成熟

9. 外墙保温层施工现场裁切保温板时，切口与板面应垂直，墙面的边角处应用（　　）粘贴。

　　A. 不小于 200mm 的保温板　　　　　B. 不小于 300mm 的保温板

　　C. 不小于 100mm 的保温板　　　　　D. 不小于 150mm 的保温板

10. 钢丝网架板现浇混凝土外墙外保温工程是以现浇混凝土为基层墙体，采用腹丝穿透型钢丝网架聚苯板作保温隔热材料，聚苯板单面钢丝网架板置于（　　）。

　　A. 外墙外模板内侧

　　B. 外墙外模板内侧，并以 $\phi6$ 锚筋钩紧钢丝网片作为辅助固定

　　C. 外墙内模板外侧

　　D. 外墙内模板内侧

参考文献

［1］ 王强，张贵国.建筑施工技术.北京：高等教育出版社，2016.

［2］ 郑传明，宁仁岐.建筑施工技术.3版.北京：高等教育出版社，2015.

［3］ 惠彦涛.建筑施工技术.上海：上海交通大学出版社，2019.

［4］ 董迎霞.建筑施工技术.北京：人民交通出版社，2016.

［5］ 叶爱崇.主体结构工程施工.北京：北京理工大学出版社，2017.

［6］ 张蓓，曲大林，赵继伟.主体结构工程施工.北京：北京理工大学出版社，2018.

［7］ 钟振宇，甘静艳.装配式混凝土建筑施工.北京：科学出版社，2018.

［8］ 张波.装配式混凝土结构工程.北京：北京理工大学出版社，2016.

［9］ 郭学明.装配式混凝土建筑制作与施工.北京：机械工业出版社，2017.

［10］ 陈雄辉.建筑施工技术.2版.北京：北京大学出版社，2015.

［11］ 张健为，朱敏捷.土木工程施工.北京：机械工业出版社，2017.

［12］ 王强，张贵国.建筑施工技术.北京：高等教育出版社，2016.

［13］ 姚谨英.建筑施工技术.6版.北京：中国建筑工业出版社，2017.

［14］ 杨嗣信.高层建筑施工手册.3版.北京：中国建筑工业出版社，2017.